线性代数 第二版

□ 北京理工大学　闫桂峰　编

中国教育出版传媒集团
高等教育出版社·北京

内容简介

本书是作者根据非数学类专业线性代数课程的基本要求编著的。内容包括线性方程组、矩阵、向量空间、行列式、方阵的特征值与特征向量、二次型与正定矩阵。本书与国家精品在线开放课程“线性代数”的资源关联，教学视频以二维码的形式置于书中相应位置。

本书可作为高等学校非数学类专业线性代数课程的教材或教学参考书，也可供社会学习者学习线性代数时参考使用。

图书在版编目(CIP)数据

线性代数 / 闫桂峰编. -- 2版. -- 北京 : 高等教育出版社，2023.8
ISBN 978-7-04-060979-0

Ⅰ.①线… Ⅱ.①闫… Ⅲ.①线性代数-高等学校-教材 Ⅳ.①O151.23

中国国家版本馆CIP数据核字(2023)第140720号

XIANXING DAISHU

策划编辑 李 茜　责任编辑 李 茜　封面设计 张 志　版式设计 李彩丽
责任绘图 李沛蓉　责任校对 张 薇　责任印制 田 甜

出版发行 高等教育出版社
社 址 北京市西城区德外大街4号
邮政编码 100120
印 刷 山东新华印务有限公司
开 本 787mm×1092mm 1/16
印 张 17.75
字 数 300千字
购书热线 010-58581118
咨询电话 400-810-0598
网 址 http://www.hep.edu.cn
http://www.hep.com.cn
网上订购 http://www.hepmall.com.cn
http://www.hepmall.com
http://www.hepmall.cn
版 次 2016年9月第1版
2023年8月第2版
印 次 2023年8月第1次印刷
定 价 35.30元

物 料 号 60979-00

第二版前言

作为一本与国家精品在线开放课程关联的新形态教材,《线性代数》自2016年出版以来,受到了广大教师、学生和线上学习者的欢迎和肯定,也获得了有关专家的好评,2020年荣获“北京高等学校优质本科教材课件”。

自2015年开始,作者与同事使用本书(包括它的前身讲义)连续8年为北京理工大学非数学类专业的学生讲授线性代数课程,效果良好。根据新时代的教学要求,结合教材使用的经验总结和使用者的反馈,我们对本书进行修订,使之更加完善,更具特色。更加适应新工科创新人才培养的需求。

线性代数是研究线性方程组、矩阵理论和向量空间及其应用的一门基础学科。作者在本书修订过程中保留了原书体系科学、结构紧凑、内容丰富、语言精练的特点,对部分概念的定义、结论的表述以及一些记号做了修改,在强调逻辑、锻炼思维的同时,增加了一些应用案例和几何背景的元素。具体修订的内容包括:

1. 对线性方程组同解的定义、阶梯形矩阵的定义、线性无关和线性表示的定义进行了修改,使内容更加紧凑。

2. 对线性方程组的基本结论的推导过程和初等变换对矩阵的行(列)构成的向量组的线性相关性的作用做了一些修改和补充。

3. 对初等矩阵的记法和简化阶梯形矩阵对应的方程组的表示方法进行了修改。

4. 增加了3维空间中平面之间的位置关系、二次曲线方程的确定等应用案例,给出了2维和3维空间中方程组、向量空间、施密特正交化方法、特征值与特征向量、二次型的正交替换的几何意义与各种定性二次型的图像。

5. 修订或新增了超过30%的习题。除了传统的计算题、解答题,本次修订特别增加了一定数量的判断题和证明题。判断题的配置是为了鼓励和引导学生阅读课本内容,并且进行深入的思考,而证明题可以帮助学生练习严谨的数学论述。独立思考和科学论述的训练对理工科大学生是非常必要的。

除此之外,在本书第一版出版后我们还建设了多种数字教学资源——“线性代数数字课程”、“线性代数习题选讲”在线开放课程、线性代数在线评测系统等,这些数字教学资源与纸质教材相辅相成,可以为读者带来更好的学习体验。

本书的出版得到北京理工大学“十四五”教材规划的资助，特此向北京理工大学教务部表示衷心感谢；在这次修订过程中得到了北京理工大学数学与统计学院徐厚宝副院长、李炳照副院长的关心和支持，特此向他们表示衷心感谢；感谢北京理工大学同事李春辉、张艳霞，教学干事郭冀隆在教材修订期间的帮助；感谢多年来使用我们的教材的所有师生。

作者衷心感谢本书的责任编辑李茜女士，她为本书的出版付出了辛勤的劳动。

作者热诚欢迎广大读者对本书提出宝贵意见。

闫桂峰

2022 年 12 月

第一版前言

本书讲授的线性代数是面向非数学类专业学生的一门公共基础课，它不仅为我们提供学好后继课程的数学知识，而且为我们提供在各个学科领域中通用的分析问题与解决问题的方法。

本书是我们为了适应 MOOC 需要编著的，由我们制作的线性代数 MOOC 已在中国大学 MOOC 上线。我们按照教育部高等学校大学数学课程教学指导委员会以及全国硕士研究生入学考试大纲对线性代数课程的要求，基于 MOOC 的特点，本着“由浅入深、由易到难”的原则，对线性代数的课程内容做了系统整合，使得课程结构更加紧凑，课程的前后顺序更加合理，使得这门课更加容易教与学。全书分为 6 章。

第一章讲线性方程组。我们由线性方程组的化简，引出线性方程组的初等变换（互换两个方程的位置，某个方程乘非零常数，某个方程的倍数加到另外一个方程上）；将方程组等价到增广矩阵、方程组的初等变换等价到增广矩阵的初等行变换，定义一般矩阵的初等行变换；用矩阵的阶梯形的非零行数定义矩阵的秩；给出线性方程组有解的充分必要条件是线性方程组的系数矩阵的秩等于增广矩阵的秩，线性方程组有解并且解唯一的充分必要条件是线性方程组的系数矩阵的秩等于增广矩阵的秩且等于方程组的未知数的个数；通过方程组的增广矩阵的简化阶梯形给出求有解线性方程组的解的方法。

第二章讲矩阵代数。我们定义了矩阵的 4 种运算：加法、数乘、乘法、转置。在定义矩阵乘法的时候，我们特别注重矩阵的行与列的整体性，将矩阵按行或者按列表示，这不仅讲清了矩阵乘法的本质，也为后面讲矩阵的分块、向量以及向量组做了铺垫和准备。进一步地，矩阵的按行、按列表示也为证明矩阵运算的性质提供了极大的方便。

第三章讲向量空间，这是线性代数的核心内容。在这一章，判断向量组的线性相关与线性无关，以及向量可否由向量组线性表示的工具是线性方程组，求向量组的极大无关组与秩的工具是矩阵以及矩阵的初等行变换。矩阵与向量组是可以互相转换的。一个矩阵可以决定 3 个向量空间：零空间、列空间、行空间。由矩阵的零空间可以给出线性方程组的解的向量形式，这样就完善了线性方程组的解的理论。在 n 元实向量空间上定义了两个向量的内积、向量的长度，以及两个向量的正交，给出了线性无关向量组的施密特正交化方法，为讲行列式在几何方面的应用与实对称矩阵的相似对角化准备好了工具。

第四章讲行列式。我们采用递归的方法定义行列式，先给出 2 阶行列式的定义与性质,然后利用行列式的第 1 行的展开,递归定义当 $n>2$ 时的 n 阶行列式。这样定义既容易理解,也方便低阶时直接计算,并且它还是行列式按行展开的一种特殊情况。关于行列式性质的证明,只要熟悉数学归纳法,并不是很难理解。而且弄懂一个性质的证明即可,方法都是一样的。作为行列式在代数方面的应用,我们证明了矩阵的秩等于矩阵的非零子式的最大阶数,通过伴随矩阵证明了求解 $n\times n$ 线性方程组的克拉默法则。作为行列式在几何方面的应用,我们给出了 3 阶行列式的几何意义:实数集上的 3 阶行列式的绝对值等于以行列式的行向量组或者列向量组为邻边构成的平行六面体的体积。

第五章讲方阵的特征值与特征向量。这一章分为两部分,第 1 部分讨论方阵可以相似对角化的条件,第 2 部分证明实对称矩阵可以用正交矩阵化为对角矩阵。第 2 部分为下一章介绍用正交替换化实二次型为标准形提供了理论基础。

第六章讲二次型与正定矩阵。这一章的前半部分介绍了化二次型为标准形的 3 种方法(配方法、初等变换法、正交替换法),前两种方法适用于任意二次型,第 3 种方法只能用于实二次型;后半部分讨论实二次型的定性与正定矩阵的充分必要条件。

线性代数的内容是自封闭的。在本书中,除了代数学基本定理(超出了范围)以及少数几个浅显易懂的结论(避免过于冗长)以外,其他结论都给出了证明。此外,我们对线性代数的实际背景与历史人物作了适当介绍。所以,这是一本内容丰富而又全面的线性代数教材,它既适用于课堂讲授,也适用于自学。如果将本书与我们制作的 MOOC 视频一起使用,采用“翻转课堂”教学法,那么将会极大地调动学生的学习积极性,收到非常好的效果。

本书可以作为 30 到 60 学时之间的线性代数课程的教材或者教学参考书。如果学时数比较少,那么定理 1.3、定理 1.5、定理 2.9、定理 5.5、定理 5.6、定理 5.9、定理 6.5、定理 6.9 的证明,不相容方程组的最小二乘法以及行列式的几何应用都可以作为选修内容,灵活处理。

本书的出版得到北京理工大学“十三五”教材规划的资助;我们的许多同事对本书的写作提供了慷慨的帮助;我们的学生在使用本书初稿时,指出了若干错误;高等教育出版社的张长虹编辑对我们的写作提供了许多指导;本书的责任编辑李茜为本书的出版做了大量工作。在此一并表示衷心感谢!

孙　良　闫桂峰

2016 年 3 月

目　录

第一章　线性方程组

MOOC 1.1
线性方程组

线性方程组不仅是线性代数的研究对象，也是我们研究线性代数中其他问题的重要工具，所以本课程从线性方程组讲起．我们对线性方程组并不陌生，在中学的数学课程里，我们学习过一些特殊类型的线性方程组——方程的个数与未知数的个数都为 2 或 3 的线性方程组．我们在这一章讨论的是方程的个数与未知数的个数都是任意有限多个的、一般情况下的线性方程组．

1.1　线性方程与线性方程组

在这一节，我们介绍与线性方程组有关的基本概念，并且提出关于线性方程组所要研究的基本问题．

定义 1.1　设 a_1，a_2，…，a_n，b 是常数，x_1，x_2，…，x_n 是未知数，形如

$$a_1x_1+a_2x_2+\cdots+a_nx_n=b$$

的表达式称为 n 元线性方程，其中 a_i 是未知数 x_i 的系数，$i\in\{1,2,\cdots,n\}$，b 是常数项．

定义 1.1 中的“元”是未知数的简称，“n 元”表示方程中有 n 个未知数；“线性”表示方程中只有“加法”和“常数与未知数的乘法”这两种运算，这就是我们通常所说的线性运算．

定义 1.2　对于 n 元线性方程

$$a_1x_1+a_2x_2+\cdots+a_nx_n=b, \tag{1}$$

如果存在 n 个常数 s_1，s_2，…，s_n，当我们将 $x_1=s_1$，$x_2=s_2$，…，$x_n=s_n$ 代入方程(1) 时，能使得等号成立，即

$$a_1s_1+a_2s_2+\cdots+a_ns_n=b,$$

那么称

$$\begin{cases}x_1=s_1,\\x_2=s_2,\\\quad\vdots\\x_n=s_n\end{cases} \tag{2}$$

是方程(1) 的一个解．

2 元实系数线性方程 $ax+by=d$ 表示平面上的一条直线，3 元线性方程 $ax+by+cz=d$ 表示空间中的一个平面．

现在我们给出线性方程组的定义.

定义1.3　设m，n是两个正整数. 由m个n元线性方程按如下形式构成的表达式：

$$\begin{cases} a_{11}x_1+a_{12}x_2+\cdots+a_{1n}x_n=b_1, \\ a_{21}x_1+a_{22}x_2+\cdots+a_{2n}x_n=b_2, \\ \cdots\cdots\cdots\cdots \\ a_{m1}x_1+a_{m2}x_2+\cdots+a_{mn}x_n=b_m \end{cases} \tag{3}$$

称为$m\times n$线性方程组.

在线性方程组(3)中，未知数的系数是用双下标来描述的，a_{ij}是第i个方程中第j个未知数x_j的系数；b_i是第i个方程的常数项.

因为线性代数中涉及的方程组都是线性的，所以我们经常将线性方程组简称为方程组.

我们用**F**表示实数集**R**或者复数集**C**. 显然，**F**中两个数的和、差、积、商(零不为除数)仍然在**F**中. 在本书中，未加特别说明的常数都在**F**中. 我们将系数和常数项都在数集**F**中的方程组称为**F**上的方程组.

下面给出方程组的解的定义.

定义1.4　如果存在n个常数s_1，s_2，…，s_n，使得

$$\begin{cases} x_1=s_1, \\ x_2=s_2, \\ \quad\vdots \\ x_n=s_n \end{cases} \tag{4}$$

是线性方程组(3)中所有方程的解，那么称式(4)为线性方程组(3)的一个解.

如果式(4)是方程组(3)的一个解，我们也称式(4)满足方程组(3). 根据定义，一组常数满足方程组的所有方程才叫做方程组的一个解，只要有一个方程得不到满足，这组常数就不是方程组的解. 方程组的所有的解构成的集合称为该方程组的解集.

例1.1　考虑下列线性方程组：

(1) $\begin{cases} x_1+x_2=3, \\ 2x_1+4x_2=10; \end{cases}$

(2) $\begin{cases} x_1+x_2=3, \\ 2x_1+2x_2=6; \end{cases}$

(3) $\begin{cases} x_1+2x_2=3, \\ 2x_1+4x_2=-5. \end{cases}$

判断其是否有解，如果有解，解是否唯一．

解　（1）这个方程组有唯一解 $\begin{cases} x_1 = 1, \\ x_2 = 2. \end{cases}$

（2）这个方程组有解，并且 $\begin{cases} x_1 = 1, \\ x_2 = 2 \end{cases}$ 和 $\begin{cases} x_1 = 0, \\ x_2 = 3 \end{cases}$ 都是它的解，因此这个方程组的解不唯一．

（3）容易验证这个方程组无解．

3 个方程组表示的平面上两条直线的位置关系如图 1.1 所示．■

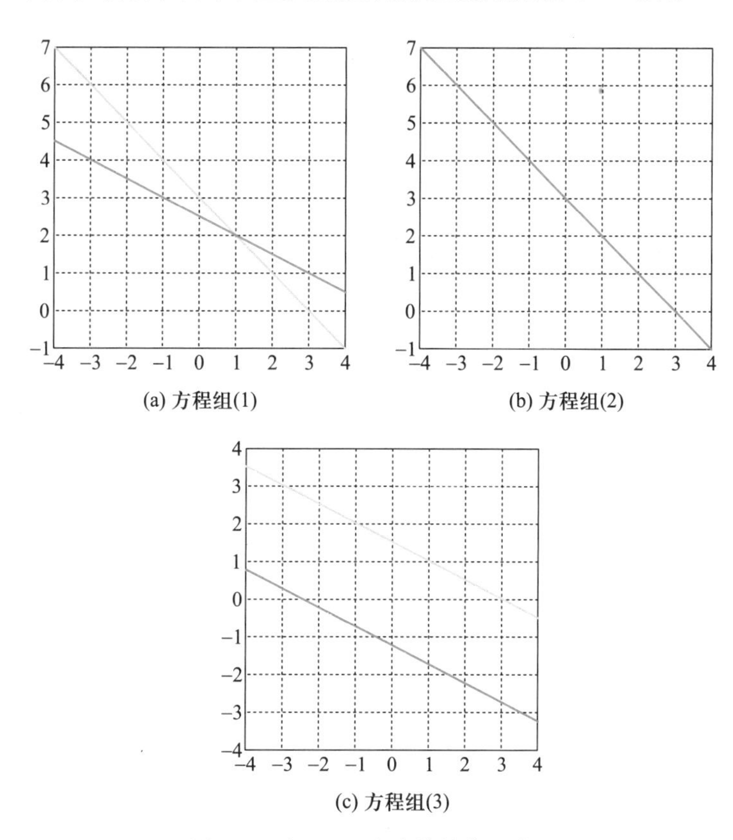

(a) 方程组(1)　(b) 方程组(2)　(c) 方程组(3)

图 1.1　平面上两条直线的位置关系

一般来说，一个线性方程组可能有解，也可能无解；在有解的情况下，其解可能唯一，也可能不唯一．

有了线性方程组的这些基本概念，我们就可以提出关于线性方程组所要研究的基本问题．

问题 1　如何判断一个线性方程组是否有解？

问题 2　如果一个线性方程组有解，如何判断其解是否唯一？

问题 3　如何求出有解线性方程组的解？

本章的主要任务就是要解决这 3 个问题．对于问题 1 与问题 2，我们将给出判断的充分必要条件；对于问题 3，我们将给出计算的方法．

1.2　线性方程组的初等变换

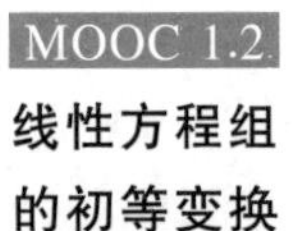

本节介绍线性方程组的初等变换．

为了解决上一节提出的关于线性方程组的基本问题，需要将方程组化简．在化简时，要保持方程组的性质不变，也就是说，有解的方程组经过化简得到的方程组仍然是有解的，并且解集不变；无解的方程组经过化简还是无解的．这就需要制定化简的规则，在此之前，我们定义同解方程组．

定义 1.5　设

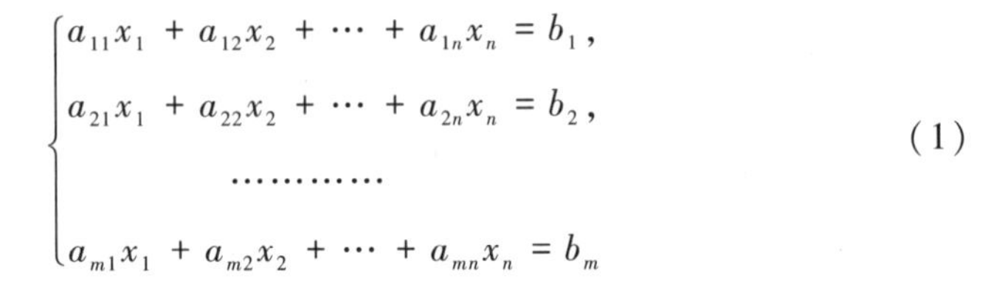

$$\begin{cases} a_{11}x_1+a_{12}x_2+\cdots+a_{1n}x_n=b_1, \\ a_{21}x_1+a_{22}x_2+\cdots+a_{2n}x_n=b_2, \\ \cdots\cdots\cdots\cdots \\ a_{m1}x_1+a_{m2}x_2+\cdots+a_{mn}x_n=b_m \end{cases} \tag{1}$$

与

$$\begin{cases} c_{11}x_1+c_{12}x_2+\cdots+c_{1n}x_n=d_1, \\ c_{21}x_1+c_{22}x_2+\cdots+c_{2n}x_n=d_2, \\ \cdots\cdots\cdots\cdots \\ c_{t1}x_1+c_{t2}x_2+\cdots+c_{tn}x_n=d_t \end{cases} \tag{2}$$

都是以 x_1，x_2，…，x_n 为未知数的线性方程组．如果方程组(1)和方程组(2)的解集相同，那么方程组(1)与方程组(2)称为是同解的．

根据定义，如果方程组(1)与方程组(2)是同解的，那么方程组(1)无解当且仅当方程组(2)无解．

所谓求解线性方程组就是将方程组化为简单的同解方程组，从而判断出原方程组是否有解，并且在有解的时候，求出它的全部解．下面引入线性方程组的初等变换．

定义 1.6　对线性方程组所作的以下 3 种变形：

(1) 互换方程组中第 i 个方程与第 j 个方程的位置；

(2) 将方程组中的第 i 个方程乘非零常数 h；

(3) 将方程组中第 i 个方程的 k 倍加到第 j 个方程上，

统称为线性方程组的初等变换．

下面的例子展示了初等变换的作用.

例 1.2 对线性方程组

$$\begin{cases} x_1+x_2-2x_3+x_4=4, \\ 2x_1+4x_2-6x_3+4x_4=8, \\ 2x_1-3x_2+x_3-x_4=2, \\ 3x_1+6x_2-9x_3+7x_4=9 \end{cases} \tag{3}$$

作 3 种初等变换：互换方程组(3)中第 1 个方程与第 3 个方程的位置，将方程组(3)中第 2 个方程乘常数$\frac{1}{2}$，将方程组(3)中第 1 个方程的-2 倍加到第 3 个方程上．求经过变换后得到的线性方程组．

解 (1) 互换方程组(3)中第 1 个方程与第 3 个方程的位置，得到的方程组为

$$\begin{cases} 2x_1-3x_2+x_3-x_4=2, \\ 2x_1+4x_2-6x_3+4x_4=8, \\ x_1+x_2-2x_3+x_4=4, \\ 3x_1+6x_2-9x_3+7x_4=9. \end{cases}$$

(2) 将方程组(3)中的第 2 个方程乘$\frac{1}{2}$，得到的方程组为

$$\begin{cases} x_1+x_2-2x_3+x_4=4, \\ x_1+2x_2-3x_3+2x_4=4, \\ 2x_1-3x_2+x_3-x_4=2, \\ 3x_1+6x_2-9x_3+7x_4=9. \end{cases}$$

(3) 将方程组(3)中第 1 个方程的-2 倍加到第 3 个方程上，得到的方程组为

$$\begin{cases} x_1+x_2-2x_3+x_4=4, \\ 2x_1+4x_2-6x_3+4x_4=8, \\ \quad -5x_2+5x_3-3x_4=-6, \\ 3x_1+6x_2-9x_3+7x_4=9. \end{cases}$$ ∎

从例 1.2 我们看到了 3 种初等变换在线性方程组上是怎样进行的．经过初等变换，线性方程组的形式发生了变化，那么初等变换前后的方程组有什么样的关系呢？为了回答这一问题，我们先给出一个引理．

引理 1.1 如果对线性方程组作一次初等变换得到另一个线性方程组，那么这两个方程组是同解的．

证明 设

$$\begin{cases} a_{11}x_1 + a_{12}x_2 + \cdots + a_{1n}x_n = b_1, \\ a_{21}x_1 + a_{22}x_2 + \cdots + a_{2n}x_n = b_2, \\ \cdots\cdots\cdots\cdots \\ a_{m1}x_1 + a_{m2}x_2 + \cdots + a_{mn}x_n = b_m \end{cases} \tag{4}$$

是一个 $m \times n$ 线性方程组．下面按照 3 种初等变换讨论 3 种情况．

情况 1　设互换方程组(4)中第 i 个方程与第 j 个方程(不妨假设 $i < j$)得到的方程组为

$$\begin{cases} a_{11}x_1 + a_{12}x_2 + \cdots + a_{1n}x_n = b_1, \\ \cdots\cdots\cdots\cdots \\ a_{j1}x_1 + a_{j2}x_2 + \cdots + a_{jn}x_n = b_j, \\ \cdots\cdots\cdots\cdots \\ a_{i1}x_1 + a_{i2}x_2 + \cdots + a_{in}x_n = b_i, \\ \cdots\cdots\cdots\cdots \\ a_{m1}x_1 + a_{m2}x_2 + \cdots + a_{mn}x_n = b_m. \end{cases} \tag{5}$$

因为方程组(4)与方程组(5)只是方程的排列顺序不同，所以它们是同解的．

情况 2　设方程组(4)中第 i 个方程乘非零常数 h 得到的方程组为

$$\begin{cases} a_{11}x_1 + a_{12}x_2 + \cdots + a_{1n}x_n = b_1, \\ \cdots\cdots\cdots\cdots \\ ha_{i1}x_1 + ha_{i2}x_2 + \cdots + ha_{in}x_n = hb_i, \\ \cdots\cdots\cdots\cdots \\ a_{m1}x_1 + a_{m2}x_2 + \cdots + a_{mn}x_n = b_m. \end{cases} \tag{6}$$

这时候方程组(4)与方程组(6)只有第 i 个方程不同，其余方程都是一样的．因为 $h \neq 0$，所以线性方程

$$a_{i1}x_1 + a_{i2}x_2 + \cdots + a_{in}x_n = b_i$$

与线性方程

$$ha_{i1}x_1 + ha_{i2}x_2 + \cdots + ha_{in}x_n = hb_i$$

是同解的．因此，方程组(4)与方程组(6)是同解的．

情况 3　设方程组(4)中第 i 个方程的 k 倍加到第 j 个方程上(不妨假设 $i < j$)得到的方程组为

$$\begin{cases} a_{11}x_1 + a_{12}x_2 + \cdots + a_{1n}x_n = b_1, \\ \cdots\cdots\cdots\cdots \\ a_{i1}x_1 + a_{i2}x_2 + \cdots + a_{in}x_n = b_i, \\ \cdots\cdots\cdots\cdots \\ (ka_{i1} + a_{j1})x_1 + (ka_{i2} + a_{j2})x_2 + \cdots + (ka_{in} + a_{jn})x_n = kb_i + b_j, \\ \cdots\cdots\cdots\cdots \\ a_{m1}x_1 + a_{m2}x_2 + \cdots + a_{mn}x_n = b_m. \end{cases} \tag{7}$$

这时候，方程组(4)与方程组(7)只有第 j 个方程不同，其余方程都是一样的．设

$$\begin{cases} x_1 = s_1, \\ x_2 = s_2, \\ \vdots \\ x_n = s_n \end{cases} \tag{8}$$

是方程组(4)的解，那么我们有

$$a_{i1}s_1 + a_{i2}s_2 + \cdots + a_{in}s_n = b_i, \tag{9}$$

$$a_{j1}s_1 + a_{j2}s_2 + \cdots + a_{jn}s_n = b_j. \tag{10}$$

将等式(9)的 k 倍加到等式(10)上，得到

$$(ka_{i1} + a_{j1})s_1 + (ka_{i2} + a_{j2})s_2 + \cdots + (ka_{in} + a_{jn})s_n = kb_i + b_j,$$

这表明式(8)是方程组(7)中第 j 个方程的解，所以式(8)是方程组(7)的解．于是方程组(4)的解都是方程组(7)的解．

反过来，设式(8)是方程组(7)的解，则有

$$a_{i1}s_1 + a_{i2}s_2 + \cdots + a_{in}s_n = b_i, \tag{11}$$

$$(ka_{i1} + a_{j1})s_1 + (ka_{i2} + a_{j2})s_2 + \cdots + (ka_{in} + a_{jn})s_n = kb_i + b_j. \tag{12}$$

将等式(11)的 $-k$ 倍加到等式(12)上，得到

$$a_{j1}s_1 + a_{j2}s_2 + \cdots + a_{jn}s_n = b_j,$$

这表明式(8)是方程组(4)中第 j 个方程的解，所以式(8)是方程组(4)的解．于是方程组(7)的解都是方程组(4)的解．显然，当方程组(4)无解时，方程组(7)一定无解，反之亦然．

因此，方程组(4)与方程组(7)是同解的．

综合以上 3 种情况可知，对方程组作一次初等变换得到的方程组与原方程组是同解的． ■

反复利用引理 1.1 的结论，我们可以得到下面的定理．

定理 1.1 如果对一个线性方程组作有限次初等变换得到另外一个线性方程组，那么这两个线性方程组是同解的． ■

这个定理等价于说对一个有解的方程组作初等变换不改变这个方程组的解集，对一个无解的方程组作初等变换得到的方程组还是无解的．因此，可以用初等变换化简方程组．

1.3　解线性方程组的消元法

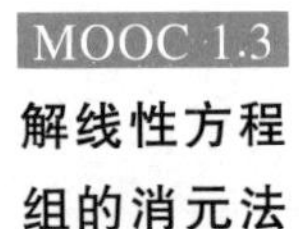

MOOC 1.3
解线性方程组的消元法

现在我们看一个用初等变换求有解线性方程组的解的例子．

例 1.3　求解方程组

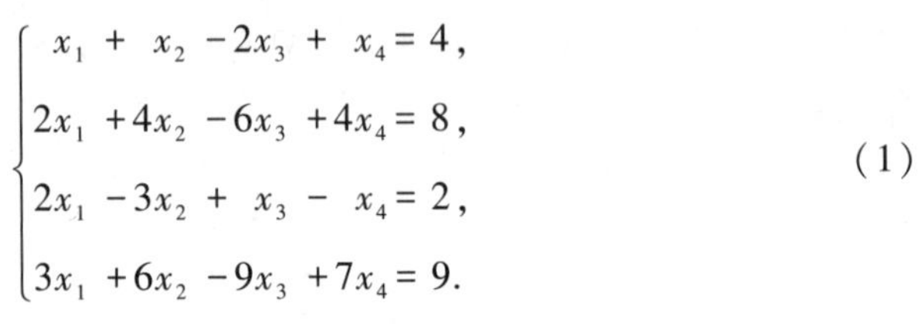

$$\begin{cases} x_1 + x_2 - 2x_3 + x_4 = 4, \\ 2x_1 + 4x_2 - 6x_3 + 4x_4 = 8, \\ 2x_1 - 3x_2 + x_3 - x_4 = 2, \\ 3x_1 + 6x_2 - 9x_3 + 7x_4 = 9. \end{cases} \tag{1}$$

解　将方程组(1)的第 1 个方程乘−2 分别加到第 2 与第 3 两个方程上，将第 1 个方程乘−3 加到第 4 个方程上，消去第 2、第 3 与第 4 个方程中的未知数 x_1，得到

$$\begin{cases} x_1 + x_2 - 2x_3 + x_4 = 4, \\ 2x_2 - 2x_3 + 2x_4 = 0, \\ -5x_2 + 5x_3 - 3x_4 = -6, \\ 3x_2 - 3x_3 + 4x_4 = -3. \end{cases} \tag{2}$$

将方程组(2)中的第 2 个方程乘$\frac{5}{2}$加到第 3 个方程上，第 2 个方程乘$-\frac{3}{2}$加到第 4 个方程上，消去第 3 与第 4 两个方程中的未知数 x_2，x_3，得到

$$\begin{cases} x_1 + x_2 - 2x_3 + x_4 = 4, \\ 2x_2 - 2x_3 + 2x_4 = 0, \\ 2x_4 = -6, \\ x_4 = -3. \end{cases} \tag{3}$$

将方程组(3)中的第 3 个方程乘$-\frac{1}{2}$加到第 4 个方程上，消去第 4 个方程中的未知数 x_4，并且去掉方程 0=0，得到

$$\begin{cases} x_1 + x_2 - 2x_3 + x_4 = 4, \\ 2x_2 - 2x_3 + 2x_4 = 0, \\ 2x_4 = -6. \end{cases} \tag{4}$$

将方程组(4)中的第 3 个方程分别乘$-\frac{1}{2}$与−1 加到第 1 与第 2 两个方程

上，消去第 1 与第 2 两个方程中的未知数 x_4，得到

$$\begin{cases} x_1 + x_2 - 2x_3 = 7, \\ 2x_2 - 2x_3 = 6, \\ 2x_4 = -6. \end{cases} \tag{5}$$

将方程组(5)中的第 2 方程乘$-\frac{1}{2}$加到第 1 个方程上，消去第 1 个方程中的未知数 x_2，得到

$$\begin{cases} x_1 - x_3 = 4, \\ 2x_2 - 2x_3 = 6, \\ x_4 = -6. \end{cases} \tag{6}$$

将方程组(6)中的第 2 个与第 3 个方程乘$\frac{1}{2}$得到

$$\begin{cases} x_1 - x_3 = 4, \\ x_2 - x_3 = 3, \\ x_4 = -3. \end{cases} \tag{7}$$

到这里，我们就将方程组(1)化成了最简形式的方程组(7)．在方程组(7)中，每个方程中出现的第 1 个未知数的系数都是 1，并且这些未知数只在一个方程中出现，具体地说，x_1 只在第 1 个方程中出现，x_2 只在第 2 个方程中出现，x_4 只在第 3 个方程中出现．

因为方程组(7)是由方程组(1)经过有限次初等变换得到的，所以根据定理 1.1，方程组(7)与方程组(1)是同解的．因此，求出了方程组(7)的解，也就得到了方程组(1)的解．

将方程组(7)中每个方程的第 1 个未知数项留在等式左边，其余的项都移到等式右边，得到

$$\begin{cases} x_1 = 4 + x_3, \\ x_2 = 3 + x_3, \\ x_4 = -3. \end{cases} \tag{8}$$

在方程组(8)中，令 x_3 等于任意一个常数 c，得到方程组(7)的一个解

$$\begin{cases} x_1 = 4 + c, \\ x_2 = 3 + c, \\ x_3 = c, \\ x_4 = -3. \end{cases}$$

进一步地，如果$\begin{cases}x_1=s_1,\\x_2=s_2,\\x_3=s_3,\\x_4=s_4\end{cases}$是方程组(7)的一个解，那么令$s_3=c$，则有

$$\begin{cases}s_1=4+c,\\s_2=3+c,\\s_3=c,\\s_4=-3.\end{cases}$$

这就是我们在前面得到的方程组(7)的解．因此，方程组(1)的解的一般形式为

$$\begin{cases}x_1=4+c,\\x_2=3+c,\\x_3=c,\\x_4=-3,\end{cases}$$

其中c为任意常数．■

例1.3中的方程组(1)有无穷多个解，最后给出的对所有解的描述称为方程组(1)的通解．只有当一个方程组有无穷多个解的时候，才有通解的概念．在通解中一定含有任意常数，这种任意常数可以是一个，也可以是多个，这是由方程组决定的．

例题中解方程组的方法称为高斯消元法①．从解题过程可以看出，消元法分为两个阶段：第1个阶段是从方程组(1)到方程组(4)的过程，在这一阶段里，我们是用方程组中上面方程的未知数去消下面方程中的部分未知数，消去未知数的下标是递增的；第2个阶段是从方程组(4)到方程组(7)，在这一阶段里，我们是用下面方程中的未知数去消上面方程中的部分未知数，消去未知数的下标是递减的．这样做的目的是为了减少计算次数，提高效率．

从前面的讨论以及求解线性方程组的过程可以看出以下几个事实：

(1) 在求解方程组的过程中，方程是作为一个整体参加运算的，运算是在相同未知数的系数之间以及常数项之间进行的，未知数不参加运

① 在有的文献中，这种方法被称为高斯-若尔当消元法(Gauss-Jordan elimination)．高斯(C. F. Gauss，1777—1855)，德国数学家；若尔当(W. Jordan，1842—1899)，德国大地测量学家，他将高斯给出的消元法进行了改进，并发表在他的名著《大地测量学手册》(*Handbook of Geodesy*，1888)中．实际上，在公元前250年前后，中国数学家就发明了消元法，并计算了3×3，5×5，7×7线性方程组的解．

算；

（2）线性方程 $a_1x_1+a_2x_2+\cdots+a_nx_n=b$ 与有序数组$(a_1, a_2, \cdots, a_n, b)$是一一对应的，具体地说，有一个线性方程就可以写出唯一的有序数组与方程相对应，反过来，有一个有序数组，就可以构造唯一的线性方程与之相对应；

（3）$m\times n$ 线性方程组

$$\begin{cases}a_{11}x_1+a_{12}x_2+\cdots+a_{1n}x_n=b_1,\\ a_{21}x_1+a_{22}x_2+\cdots+a_{2n}x_n=b_2,\\ \cdots\cdots\cdots\cdots\\ a_{m1}x_1+a_{m2}x_2+\cdots+a_{mn}x_n=b_m\end{cases}$$

与下面 m 个按顺序排列的有序数组

$$(a_{11}, a_{12}, \cdots, a_{1n}, b_1),$$
$$(a_{21}, a_{22}, \cdots, a_{2n}, b_2),$$
$$\cdots,$$
$$(a_{m1}, a_{m2}, \cdots, a_{mn}, b_m)$$

是一一对应的．

因此，由 m 个有序数组按顺序排列而成的数表可以用来简记线性方程组．这种被称作“矩阵”的数表有着十分广泛的用途，在下一节，我们将给出矩阵的正式定义．

1.4 矩阵的定义

MOOC 1.4
矩阵的定义

定义 1.7 由 $\mathbf{F}$ 中的 $m\cdot n$ 个数构成的 m 行 n 列的矩形数表（或矩形阵列）

$$\boldsymbol{A}=\begin{pmatrix}a_{11} & a_{12} & \cdots & a_{1n}\\ a_{21} & a_{22} & \cdots & a_{2n}\\ \vdots & \vdots & & \vdots\\ a_{m1} & a_{m2} & \cdots & a_{mn}\end{pmatrix}$$

称为 $\mathbf{F}$ 上的 $m\times n$ 矩阵[①]，构成 $\boldsymbol{A}$ 的 $m\cdot n$ 个数称为 $\boldsymbol{A}$ 的元素．位于矩阵 $\boldsymbol{A}$ 的第 i 行第 j 列的元素 a_{ij} 称为 $\boldsymbol{A}$ 的 (i, j)-元．如果矩阵 $\boldsymbol{A}$ 的元素都是实数，则称 $\boldsymbol{A}$ 为实矩阵．元素为复数的矩阵称为复矩阵．

通常用大写英文字母表示矩阵，小写英文字母表示矩阵的元素．

---

① 矩阵是由英国数学家西尔维斯特（J. J. Sylvester，1814—1897）在 19 世纪中期命名的．实际上，在此之前很久，矩阵就被发现并应用于很多问题中，最早的文献可以追溯到中国汉代的《九章算术》中．

对于 $m\times n$ 矩阵

$$\boldsymbol{A}=\begin{pmatrix} a_{11} & a_{12} & \cdots & a_{1n} \\ a_{21} & a_{22} & \cdots & a_{2n} \\ \vdots & \vdots & & \vdots \\ a_{m1} & a_{m2} & \cdots & a_{mn} \end{pmatrix},$$

它有 m 个行

$$(a_{11}, a_{12}, \cdots, a_{1n}),$$
$$(a_{21}, a_{22}, \cdots, a_{2n}),$$
$$\cdots,$$
$$(a_{m1}, a_{m2}, \cdots, a_{mn}),$$

有 n 个列

$$\begin{pmatrix} a_{11} \\ a_{21} \\ \vdots \\ a_{m1} \end{pmatrix}, \begin{pmatrix} a_{12} \\ a_{22} \\ \vdots \\ a_{m2} \end{pmatrix}, \cdots, \begin{pmatrix} a_{1n} \\ a_{2n} \\ \vdots \\ a_{mn} \end{pmatrix}.$$

$m\times n$ 矩阵 $\boldsymbol{A}=\begin{pmatrix} a_{11} & a_{12} & \cdots & a_{1n} \\ a_{21} & a_{22} & \cdots & a_{2n} \\ \vdots & \vdots & & \vdots \\ a_{m1} & a_{m2} & \cdots & a_{mn} \end{pmatrix}$ 可以简记为 $\boldsymbol{A}=(a_{ij})$.

如果将 $\boldsymbol{A}$ 的 m 个行依次记为

$$\boldsymbol{A}_1=(a_{11}, a_{12}, \cdots, a_{1n}),$$
$$\boldsymbol{A}_2=(a_{21}, a_{22}, \cdots, a_{2n}),$$
$$\cdots,$$
$$\boldsymbol{A}_m=(a_{m1}, a_{m2}, \cdots, a_{mn}),$$

那么 $\boldsymbol{A}$ 可以按行记作 $\boldsymbol{A}=\begin{pmatrix} \boldsymbol{A}_1 \\ \boldsymbol{A}_2 \\ \vdots \\ \boldsymbol{A}_m \end{pmatrix}$.

类似地，如果将 $\boldsymbol{A}$ 的 n 个列依次记为

$$\boldsymbol{\alpha}_1=\begin{pmatrix} a_{11} \\ a_{21} \\ \vdots \\ a_{m1} \end{pmatrix}, \quad \boldsymbol{\alpha}_2=\begin{pmatrix} a_{12} \\ a_{22} \\ \vdots \\ a_{m2} \end{pmatrix}, \quad \cdots, \quad \boldsymbol{\alpha}_n=\begin{pmatrix} a_{1n} \\ a_{2n} \\ \vdots \\ a_{mn} \end{pmatrix},$$

那么 $\boldsymbol{A}$ 可以按列记作 $\boldsymbol{A}=(\boldsymbol{\alpha}_1,\ \boldsymbol{\alpha}_2,\ \cdots,\ \boldsymbol{\alpha}_n)$.

$1\times n$ 矩阵 $(a_1,\ a_2,\ \cdots,\ a_n)$ 只有一行，称为行矩阵；$n\times 1$ 矩阵 $\begin{pmatrix} b_1 \\ b_2 \\ \vdots \\ b_n \end{pmatrix}$ 只有一列，称为列矩阵，列矩阵常用小写希腊字母表示；1×1 矩阵 (a) 经常等同于这个矩阵中的唯一元素 a，其确切身份由上下文决定.

如果矩阵 $\boldsymbol{A}$ 的所有元素都为零，则称 $\boldsymbol{A}$ 为零矩阵；否则称为非零矩阵.

矩阵中所有元素都为零的行称为零行，否则称为非零行；所有元素都为零的列称为零列，否则称为非零列.

例 1.4　$\begin{pmatrix} 1 & 0 & 3 & 5 \\ -9 & 6 & 4 & 3 \end{pmatrix}$ 是一个 2×4 实矩阵；

$\begin{pmatrix} 13 & 6 & 1+2\mathrm{i} \\ 2 & 2 & 2 \\ 2 & 2 & 2 \end{pmatrix}$ 是一个 3×3 复矩阵；

$\begin{pmatrix} 1 \\ 2 \\ 4 \end{pmatrix}$ 是 3×1 矩阵（列矩阵）；

$\left(-2,\ 7,\ 5,\ \dfrac{3}{5}\right)$ 是 1×4 矩阵（行矩阵）；

$\begin{pmatrix} 0 & 0 \\ 0 & 0 \\ 0 & 0 \end{pmatrix}$ 是 3×2 零矩阵. ■

线性方程组与矩阵有着密切的关系. $m\times n$ 线性方程组

$$\begin{cases} a_{11}x_1+a_{12}x_2+\cdots+a_{1n}x_n=b_1, \\ a_{21}x_1+a_{22}x_2+\cdots+a_{2n}x_n=b_2, \\ \cdots\cdots\cdots\cdots \\ a_{m1}x_1+a_{m2}x_2+\cdots+a_{mn}x_n=b_m \end{cases} \tag{1}$$

的系数构成的矩阵

$$\boldsymbol{A}=\begin{pmatrix} a_{11} & a_{12} & \cdots & a_{1n} \\ a_{21} & a_{22} & \cdots & a_{2n} \\ \vdots & \vdots & & \vdots \\ a_{m1} & a_{m2} & \cdots & a_{mn} \end{pmatrix}$$

称为方程组(1)的系数矩阵. $\boldsymbol{A}$ 的行数等于方程组(1)中方程的个数，$\boldsymbol{A}$ 的第 i 行是由方程组(1)的第 i 个方程中的未知数的系数构成的；$\boldsymbol{A}$ 的列数等于方程组(1)中未知数的个数，$\boldsymbol{A}$ 的第 j 列是由方程组中第 j 个未知数 x_j 的系数构成的.

n 个未知数构成的列矩阵记为 $\boldsymbol{X}=\begin{pmatrix} x_1 \\ x_2 \\ \vdots \\ x_n \end{pmatrix}$，常数项构成的列矩阵记为 $\boldsymbol{\beta}=\begin{pmatrix} b_1 \\ b_2 \\ \vdots \\ b_m \end{pmatrix}$. 由系数和常数项构成的 $m\times(n+1)$ 矩阵

$$\begin{pmatrix} a_{11} & a_{12} & \cdots & a_{1n} & b_1 \\ a_{21} & a_{22} & \cdots & a_{2n} & b_2 \\ \vdots & \vdots & & \vdots & \vdots \\ a_{m1} & a_{m2} & \cdots & a_{mn} & b_m \end{pmatrix}$$

称为方程组(1)的增广矩阵①，记为$(\boldsymbol{A},\ \boldsymbol{\beta})$.

显然，线性方程组(1)与其增广矩阵$(\boldsymbol{A},\ \boldsymbol{\beta})$是一一对应的，并且对所有的 $i\in\{1,\ 2,\ \cdots,\ m\}$，方程组(1)中的第 i 个方程正好对应于增广矩阵的第 i 行，所以我们可以将对方程组的消元转移到它的增广矩阵上来进行，具体方法将在下一节讨论.

MOOC 1.5
矩阵的初等行变换

1.5 矩阵的初等行变换

根据上节的讨论，我们知道线性方程组与其增广矩阵是一一对应的. 在这一节，我们将把方程组的初等变换类比到矩阵上，从而定义矩阵的初等行变换.

关于方程组，我们定义了 3 种初等变换，这 3 种变换是在方程组中的方程之间进行的，而方程组中的方程是与增广矩阵的行相对应的，因此，对方程组的方程作初等变换，等价于对它的增广矩阵作行变换，具体的对应关系如下：

① 增广矩阵最早出现在中国. 大约公元前 250 年，中国人开创了用矩形数表缩记线性方程组的方法. 增广矩阵的近代定义是由英国数学家史密斯(H. Smith，1826—1883)给出的.

线性方程组的 3 种初等变换	增广矩阵的 3 种行变换
互换第 i 个方程与第 j 个方程	互换第 i 行与第 j 行
第 i 个方程乘非零常数 h	第 i 行乘非零常数 h
第 i 个方程的 k 倍加到第 j 个方程上	第 i 行的 k 倍加到第 j 行上

下面我们通过一个具体的例子来进一步熟悉这些对应关系．

例 1.5　对线性方程组

$$\begin{cases} x_1 + x_2 - 2x_3 + x_4 = 4, \\ 2x_1 + 4x_2 - 6x_3 + 4x_4 = 8, \\ 2x_1 - 3x_2 + x_3 + x_4 = 2, \\ 3x_1 + 6x_2 - 9x_3 + 7x_4 = 9 \end{cases} \tag{1}$$

分别作下列 3 种初等变换：(1) 互换方程组(1)中第 1 个方程与第 3 个方程的位置；(2) 将方程组(1)中的第 2 个方程乘$\frac{1}{2}$；(3) 将方程组(1)的第 1 个方程的-2 倍加到第 3 个方程上．求经过变换后得到的方程组以及这些方程组对应的增广矩阵．

解　根据定义，方程组(1)的增广矩阵为

$$\begin{pmatrix} 1 & 1 & -2 & 1 & 4 \\ 2 & 4 & -6 & 4 & 8 \\ 2 & -3 & 1 & 1 & 2 \\ 3 & 6 & -9 & 7 & 9 \end{pmatrix}.$$

(1) 互换方程组(1)中第 1 个方程与第 3 个方程的位置，得到的方程组为

$$\begin{cases} 2x_1 - 3x_2 + x_3 + x_4 = 2, \\ 2x_1 + 4x_2 - 6x_3 + 4x_4 = 8, \\ x_1 + x_2 - 2x_3 + x_4 = 4, \\ 3x_1 + 6x_2 - 9x_3 + 7x_4 = 9, \end{cases} \tag{2}$$

方程组(2)的增广矩阵为

$$\begin{pmatrix} 2 & -3 & 1 & 1 & 2 \\ 2 & 4 & -6 & 4 & 8 \\ 1 & 1 & -2 & 1 & 4 \\ 3 & 6 & -9 & 7 & 9 \end{pmatrix}.$$

这个矩阵也可以由互换方程组(1)的增广矩阵的第 1 行与第 3 行得到．

（2）将方程组(1)中的第 2 个方程乘$\frac{1}{2}$，得到的方程组为

$$\begin{cases} x_1 + x_2 - 2x_3 + x_4 = 4, \\ x_1 + 2x_2 - 3x_3 + 2x_4 = 4, \\ 2x_1 - 3x_2 + x_3 + x_4 = 2, \\ 3x_1 + 6x_2 - 9x_3 + 7x_4 = 9, \end{cases} \tag{3}$$

方程组(3)的增广矩阵为

$$\begin{pmatrix} 1 & 1 & -2 & 1 & 4 \\ 1 & 2 & -3 & 2 & 4 \\ 2 & -3 & 1 & 1 & 2 \\ 3 & 6 & -9 & 7 & 9 \end{pmatrix}.$$

这个矩阵也可以由方程组(1)的增广矩阵的第 2 行乘$\frac{1}{2}$得到．

（3）将方程组(1)中的第 1 个方程的-2倍加到第 3 个方程上，得到的线性方程组为

$$\begin{cases} x_1 + x_2 - 2x_3 + x_4 = 4, \\ 2x_1 + 4x_2 - 6x_3 + 4x_4 = 8, \\ \quad -5x_2 + 5x_3 - x_4 = -6, \\ 3x_1 + 6x_2 - 9x_3 + 7x_4 = 9, \end{cases} \tag{4}$$

方程组(4)的增广矩阵为

$$\begin{pmatrix} 1 & 1 & -2 & 1 & 4 \\ 2 & 4 & -6 & 4 & 8 \\ 0 & -5 & 5 & -1 & -6 \\ 3 & 6 & -9 & 7 & 9 \end{pmatrix}.$$

这个矩阵也可以由方程组(1)的增广矩阵的第 1 行的-2倍加到第 3 行上得到． ■

通过例 1.5，我们看到了方程组的 3 种初等变换与它的增广矩阵的 3 种行变换之间的对应关系．矩阵的行变换是一个非常重要的概念，下面我们给出它的正式定义．

定义 1.8　在矩阵 $\boldsymbol{A}$ 上所作的下列变换：

（1）互换矩阵 $\boldsymbol{A}$ 的第 i 行与第 j 行，记为 $R_i \leftrightarrow R_j$；

（2）用非零常数 h 乘 $\boldsymbol{A}$ 的第 i 行，记为 hR_i；

（3）$\boldsymbol{A}$ 的第 i 行的 k 倍加到第 j 行上，记为 $kR_i + R_j$，

统称为**矩阵 A 的初等行变换**．如果矩阵 $\boldsymbol{A}$ 可以经过有限次初等行变换化

为矩阵 $\boldsymbol{B}$，那么称矩阵 A 与矩阵 B 是行等价的．

我们用 $\boldsymbol{A}\to\boldsymbol{B}$ 表示矩阵 $\boldsymbol{A}$ 经过初等行变换化为矩阵 $\boldsymbol{B}$，必要时可以在箭头上方加变换提示语说明所作的初等行变换．

矩阵的 3 种初等行变换对应着方程组的 3 种初等变换．通过增广矩阵的初等行变换，我们可以实现对方程组的消元．

对于给定的方程组（Ⅰ），为了用（Ⅰ）的增广矩阵研究它的解，我们首先写出（Ⅰ）的增广矩阵$(\boldsymbol{A},\boldsymbol{\beta})$，然后用初等行变换将$(\boldsymbol{A},\boldsymbol{\beta})$化为“结构简单”的矩阵$(\boldsymbol{T},\boldsymbol{\gamma})$，最后写出矩阵$(\boldsymbol{T},\boldsymbol{\gamma})$所对应的方程组（Ⅱ）．图 1.2 描述了这一过程．

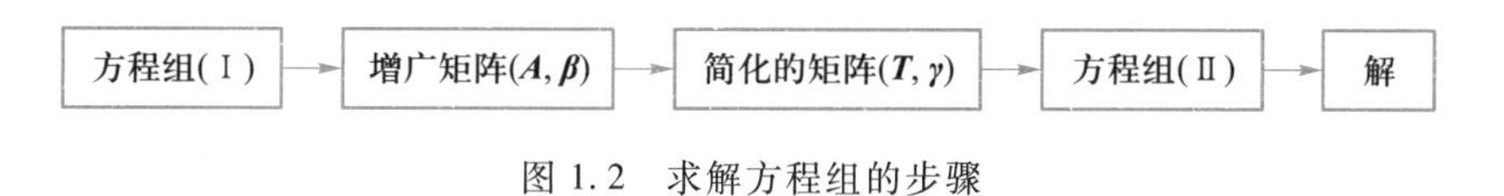

图 1.2　求解方程组的步骤

根据前面的讨论，我们知道（Ⅰ）与（Ⅱ）这两个方程组是同解的，并且方程组（Ⅱ）是方程组（Ⅰ）的“简化”形式．我们需要借助于化简后的方程组（Ⅱ）解答关于方程组（Ⅰ）的 3 个基本问题，而方程组（Ⅱ）的特征是由矩阵$(\boldsymbol{T},\boldsymbol{\gamma})$决定的．那么，$(\boldsymbol{T},\boldsymbol{\gamma})$具有什么样的结构才能够使我们可以很容易地解决关于方程组（Ⅰ）的基本问题呢？为了解决这个问题，我们在下一节引进两种特殊类型的矩阵——阶梯形矩阵与简化阶梯形矩阵．

1.6　阶梯形矩阵与简化阶梯形矩阵

在这一节，我们介绍阶梯形矩阵与简化阶梯形矩阵．

一、阶梯形矩阵

MOOC 1.6
阶梯形矩阵

定义 1.9　我们将满足下列 2 个条件的矩阵 $\boldsymbol{T}$ 称为阶梯形矩阵：

(1) $\boldsymbol{T}$ 的零行集中在 $\boldsymbol{T}$ 的底部；

(2) 如果 $\boldsymbol{T}$ 有 r 个非零行，$\boldsymbol{T}$ 的第 i 个非零行的第 1 个非零元（从左边起）位于第 j_i 列，$i\in\{1,2,\cdots,r\}$，那么 $j_1<j_2<\cdots<j_r$．

根据阶梯形矩阵的定义可知

$$\begin{pmatrix}1&1&-2&1&4\\0&2&-2&2&0\\0&0&0&2&-6\\0&0&0&0&0\end{pmatrix}$$

是阶梯形矩阵，而

$$\begin{pmatrix}1&2&3&4\\0&1&1&0\\0&2&1&1\end{pmatrix},\quad\begin{pmatrix}1&0&1&2\\0&0&1&3\\0&1&2&1\end{pmatrix}$$

不是阶梯形矩阵．

定义 1.10　阶梯形矩阵 $\boldsymbol{T}$ 的非零行的第 1 个非零元称为 $\boldsymbol{T}$ 的主元．

说明　(1) 阶梯形矩阵的主元的个数等于其非零行的个数．

例如，$\begin{pmatrix}1&1&-2&1&4\\0&2&-2&2&0\\0&0&0&2&-6\\0&0&0&0&0\end{pmatrix}$是阶梯形矩阵，它有 3 个非零行，所以有 3 个主元，它们分别是矩阵的(1，1)-元，(2，2)-元和(3，4)-元．

(2) 零矩阵是阶梯形矩阵，并且零矩阵是唯一没有主元的阶梯形矩阵．

定义 1.11　如果一个矩阵 $\boldsymbol{A}$ 与一个阶梯形矩阵 $\boldsymbol{T}$ 是行等价的，那么称 $\boldsymbol{T}$ 为 $\boldsymbol{A}$ 的一个阶梯形．

任意给定一个矩阵 $\boldsymbol{A}$，它是否能够行等价于一个阶梯形矩阵呢？下面的定理给出了这个问题肯定的回答．

定理 1.2　对于任意 $m\times n$ 矩阵 $\boldsymbol{A}$，存在阶梯形矩阵 $\boldsymbol{T}$，使得 $\boldsymbol{A}$ 与 $\boldsymbol{T}$ 是行等价的(或者等价地，任意矩阵都可以经过有限次初等行变换化为阶梯形矩阵)．

证明　如果 $\boldsymbol{A}$ 为零矩阵，那么 $\boldsymbol{A}$ 已经是阶梯形矩阵，故设 $\boldsymbol{A}$ 不为零矩阵．

(1) 确定 $\boldsymbol{A}$ 的第 1 个非零列，设其为第 j_1 列；

(2) 如果有必要的话，通过互换行使得 $\boldsymbol{A}$ 的第 1 行第 j_1 列元素不为零(这个非零元是我们要求的 $\boldsymbol{A}$ 的阶梯形的第 1 个主元)；

(3) 将第 1 行分别乘适当常数加到下面各行上，使得矩阵中第 j_1 列的主元下方的元素都为零，得到的矩阵记为 $\boldsymbol{T}_1$，$\boldsymbol{T}_1$ 的第 1 行是我们要求的 $\boldsymbol{A}$ 的阶梯形的第 1 行；

(4) 对 $\boldsymbol{T}_1$ 的第 2，3，…，m 行构成的部分矩阵重复以上步骤，就可以得到 $\boldsymbol{A}$ 的阶梯形的第 2 行．

因为 $\boldsymbol{A}$ 的行数是有限的，所以重复这一过程有限多次，就一定可以将矩阵 $\boldsymbol{A}$ 用初等行变换化为阶梯形． ■

一般来说，矩阵的阶梯形不是唯一的．对于矩阵 $\boldsymbol{A}=\begin{pmatrix}1&2&1&-1\\1&2&2&2\end{pmatrix}$，容易验证矩阵 $\boldsymbol{B}=\begin{pmatrix}1&2&1&-1\\0&0&1&3\end{pmatrix}$，$\boldsymbol{C}=\begin{pmatrix}1&2&0&-4\\0&0&1&3\end{pmatrix}$都是 $\boldsymbol{A}$ 的阶梯形．

虽然一个矩阵的阶梯形有不同的表现形式，但是这些阶梯形还是存在着一些相同的特性.

定理 1.3 矩阵的阶梯形的非零行的个数是唯一的. ■

这个定理的证明将在 1.8 节中给出.

矩阵的阶梯形的非零行的个数是矩阵的基本属性，为此，我们给出如下定义.

定义 1.12 矩阵 $\boldsymbol{A}$ 的阶梯形的非零行的个数称为 $\boldsymbol{A}$ 的秩，记作 $\mathrm{r}(\boldsymbol{A})$.

因为零矩阵没有非零行，所以零矩阵的秩等于零；反过来，秩等于零的矩阵一定是零矩阵.

关于矩阵的秩，我们有如下结论.

命题 1.1 如果 $\boldsymbol{A}$ 是 $m\times n$ 矩阵，那么 $\mathrm{r}(\boldsymbol{A})\leqslant\min\{m, n\}$.

证明 设 $\boldsymbol{T}$ 是 $\boldsymbol{A}$ 的一个阶梯形. 根据定义，$\boldsymbol{A}$ 的秩等于 $\boldsymbol{T}$ 的非零行的个数. 因为 $\boldsymbol{T}$ 的非零行的个数等于 $\boldsymbol{T}$ 的主元的个数，并且 $\boldsymbol{T}$ 的主元分布在 $\boldsymbol{T}$ 的不同行不同列上，所以 $\mathrm{r}(\boldsymbol{A})\leqslant\min\{m, n\}$. ■

例 1.6 求下列矩阵的秩：

$$\boldsymbol{A}=\begin{pmatrix}0&0&2&10&1\\0&0&0&5&-1\\2&-2&4&-2&0\\3&-3&2&-21&-3\\2&-2&5&3&4\end{pmatrix}.$$

解 根据定义，$\boldsymbol{A}$ 的秩等于其阶梯形的非零行的个数，所以我们只需用初等行变换将 $\boldsymbol{A}$ 化为阶梯形，就可以求得 $\boldsymbol{A}$ 的秩.

$$\boldsymbol{A}=\begin{pmatrix}0&0&2&10&1\\0&0&0&5&-1\\2&-2&4&-2&0\\3&-3&2&-21&-3\\2&-2&5&3&4\end{pmatrix}\xrightarrow{R_1\leftrightarrow R_3}\begin{pmatrix}2&-2&4&-2&0\\0&0&0&5&-1\\0&0&2&10&1\\3&-3&2&-21&-3\\2&-2&5&3&4\end{pmatrix}$$

$$\xrightarrow[(-1)R_1+R_5]{\left(-\frac{3}{2}\right)R_1+R_4}\begin{pmatrix}2&-2&4&-2&0\\0&0&0&5&-1\\0&0&2&10&1\\0&0&-4&-18&-3\\0&0&1&5&4\end{pmatrix}$$

$$
\xrightarrow{R_2 \leftrightarrow R_5}
\begin{pmatrix}
2 & -2 & 4 & -2 & 0 \\
0 & 0 & 1 & 5 & 4 \\
0 & 0 & 2 & 10 & 1 \\
0 & 0 & -4 & -18 & -3 \\
0 & 0 & 0 & 5 & -1
\end{pmatrix}
$$

$$
\xrightarrow[4R_2 + R_4]{(-2)R_2 + R_3}
\begin{pmatrix}
2 & -2 & 4 & -2 & 0 \\
0 & 0 & 1 & 5 & 4 \\
0 & 0 & 0 & 0 & -7 \\
0 & 0 & 0 & 2 & 13 \\
0 & 0 & 0 & 5 & -1
\end{pmatrix}
$$

$$
\xrightarrow{R_3 \leftrightarrow R_4}
\begin{pmatrix}
2 & -2 & 4 & -2 & 0 \\
0 & 0 & 1 & 5 & 4 \\
0 & 0 & 0 & 2 & 13 \\
0 & 0 & 0 & 0 & -7 \\
0 & 0 & 0 & 5 & -1
\end{pmatrix}
$$

$$
\xrightarrow{\left(-\frac{5}{2}\right) R_3 + R_5}
\begin{pmatrix}
2 & -2 & 4 & -2 & 0 \\
0 & 0 & 1 & 5 & 4 \\
0 & 0 & 0 & 2 & 13 \\
0 & 0 & 0 & 0 & -7 \\
0 & 0 & 0 & 0 & -\frac{67}{2}
\end{pmatrix}
$$

$$
\xrightarrow{\left(-\frac{67}{14}\right) R_4 + R_5}
\begin{pmatrix}
2 & -2 & 4 & -2 & 0 \\
0 & 0 & 1 & 5 & 4 \\
0 & 0 & 0 & 2 & 13 \\
0 & 0 & 0 & 0 & -7 \\
0 & 0 & 0 & 0 & 0
\end{pmatrix} = \boldsymbol{T}.
$$

最后得到的矩阵 $\boldsymbol{T}$ 是 $\boldsymbol{A}$ 的一个阶梯形．因为 $\boldsymbol{T}$ 有 4 个非零行，所以 $\boldsymbol{A}$ 的秩为 4. ■

MOOC 1.7
简化阶梯形矩阵

二、简化阶梯形矩阵

定义 1.13　设 $\boldsymbol{T}$ 是阶梯形矩阵．如果 $\boldsymbol{T}$ 的主元是 1，并且主元所在列上主元以外的元素全为零，那么称 $\boldsymbol{T}$ 为简化阶梯形矩阵．

例 1.7　矩阵 $\boldsymbol{A}=\begin{pmatrix} 1 & 1 & -2 & 1 & 4 \\ 0 & 2 & -2 & 2 & 0 \\ 0 & 0 & 0 & 1 & -3 \\ 0 & 0 & 0 & 0 & 0 \end{pmatrix}$，$\boldsymbol{B}=\begin{pmatrix} 1 & 0 & -1 & 0 & 4 \\ 0 & 1 & -1 & 0 & 3 \\ 0 & 0 & 0 & 1 & -3 \\ 0 & 0 & 0 & 0 & 0 \end{pmatrix}$都是阶梯形矩阵．因为 $\boldsymbol{A}$ 中第 2 个主元为 2，并且第 2 列与第 4 列的主元上方有非零元素，故 $\boldsymbol{A}$ 不是简化阶梯形矩阵；因为 $\boldsymbol{B}$ 的 3 个主元都为 1，且主

元所在列上主元以外的元素都为零，所以 $\boldsymbol{B}$ 是简化阶梯形矩阵． ■

定理 1.2 表明任意一个矩阵都可以行等价为一个阶梯形矩阵．关于简化阶梯形矩阵，我们有类似的结论．

定理 1.4 对于任意矩阵 $\boldsymbol{A}$，存在简化阶梯形矩阵 $\boldsymbol{T}$，使得 $\boldsymbol{A}$ 与 $\boldsymbol{T}$ 是行等价的(或者等价地，任意矩阵都可以经过有限次初等行变换化为简化阶梯形矩阵)．

证明 设 $\boldsymbol{T}_0$ 为 $\boldsymbol{A}$ 的一个阶梯形，$\boldsymbol{T}_0$ 有 r 个主元，主元所在的列的标号为 $j_1, j_2, \cdots, j_r\,(j_1 < j_2 < \cdots < j_r)$．将 $\boldsymbol{T}_0$ 的前 r 行分别乘主元的倒数，使主元化为 1．将所得矩阵的第 r 行分别乘适当的常数加到第 1，2，…，$r-1$ 行上，使得第 j_r 列上主元以外的元素都为零．然后将所得矩阵的第 $r-1$ 行分别乘适当的常数加到第 1，2，…，$r-2$ 行上，使得第 j_{r-1} 列上主元以外的元素都为零．这样一直做下去，因为 $\boldsymbol{T}_0$ 的主元的个数是有限的，所以经过有限多次初等行变换就一定可以将 $\boldsymbol{T}_0$ 化为简化阶梯形矩阵，因此就得到了 $\boldsymbol{A}$ 的简化阶梯形． ■

根据定理 1.4，我们要求一个矩阵的简化阶梯形，可以先用初等行变换将这个矩阵化为阶梯形，然后将主元化为 1，最后从右向左考虑得到的这个阶梯形矩阵主元所在的列，将这些列上主元以外的非零元素都用初等行变换化为零．现在我们看一个例子．

例 1.8 求下列矩阵的简化阶梯形：

$$\boldsymbol{A}=\begin{pmatrix}1&1&-2&1&4\\2&4&-6&4&8\\2&-3&1&-1&2\\3&6&-9&7&9\end{pmatrix}.$$

解 首先用初等行变换将 $\boldsymbol{A}$ 化为阶梯形．

$$\boldsymbol{A}=\begin{pmatrix}1&1&-2&1&4\\2&4&-6&4&8\\2&-3&1&-1&2\\3&6&-9&7&9\end{pmatrix}\xrightarrow[(-3)R_1+R_4]{\substack{(-2)R_1+R_2\\(-2)R_1+R_3}}\begin{pmatrix}1&1&-2&1&4\\0&2&-2&2&0\\0&-5&5&-3&-6\\0&3&-3&4&-3\end{pmatrix}$$

$$\xrightarrow{\substack{\frac{5}{2}R_2+R_3\\ \left(-\frac{3}{2}\right)R_2+R_4}}\begin{pmatrix}1&1&-2&1&4\\0&2&-2&2&0\\0&0&0&2&-6\\0&0&0&1&-3\end{pmatrix}\xrightarrow{\left(-\frac{1}{2}\right)R_3+R_4}\begin{pmatrix}1&1&-2&1&4\\0&2&-2&2&0\\0&0&0&2&-6\\0&0&0&0&0\end{pmatrix}$$

$$=\boldsymbol{T}_0.$$

T_0 是 A 的一个阶梯形，其主元位于第 1，2，4 列上．继续对 T_0 施行初等行变换，将其化为简化阶梯形．

$$T_0=\begin{pmatrix}1&1&-2&1&4\\0&2&-2&2&0\\0&0&0&2&-6\\0&0&0&0&0\end{pmatrix}\xrightarrow[\frac{1}{2}R_3]{\frac{1}{2}R_2}\begin{pmatrix}1&1&-2&1&4\\0&1&-1&1&0\\0&0&0&1&-3\\0&0&0&0&0\end{pmatrix}$$

$$\xrightarrow[(-1)R_3+R_2]{(-1)R_3+R_1}\begin{pmatrix}1&1&-2&0&7\\0&1&-1&0&3\\0&0&0&1&-3\\0&0&0&0&0\end{pmatrix}$$

$$\xrightarrow{(-1)R_2+R_1}\begin{pmatrix}1&0&-1&0&4\\0&1&-1&0&3\\0&0&0&1&-3\\0&0&0&0&0\end{pmatrix}=T.$$

最后得到的矩阵 T 是 A 的简化阶梯形． ■

关于矩阵的简化阶梯形，我们有下面的结论．

定理 1.5　任意矩阵的简化阶梯形是唯一的． ■

这个结论的证明将在 3.4 节中给出．

MOOC 1.8

关于线性方程组的基本定理

1.7　关于线性方程组的基本定理

在这一节，我们将解决在 1.1 节中提出的关于线性方程组的 3 个基本问题，所用的工具是线性方程组的增广矩阵的阶梯形与简化阶梯形．

已知

$$\begin{cases}a_{11}x_1+a_{12}x_2+\cdots+a_{1n}x_n=b_1,\\a_{21}x_1+a_{22}x_2+\cdots+a_{2n}x_n=b_2,\\\cdots\cdots\cdots\cdots\\a_{m1}x_1+a_{m2}x_2+\cdots+a_{mn}x_n=b_m\end{cases}\tag{1}$$

是一个 $m\times n$ 线性方程组，A 是方程组(1)的系数矩阵，$(A,\ \beta)$ 是方程组(1)的增广矩阵．

假设 A 的秩为 r. 我们首先用初等行变换将方程组(1)的增广矩阵 $B=(A,\ \beta)$ 化为阶梯形 C，设 C 的第 $r+1$ 行为 $(0,\ 0,\ \cdots,\ 0,\ \delta)$. 根据 $\delta\neq0$ 或者 $\delta=0$ 分两种情况讨论方程组的解的情况．

情况 1　如果 $\delta\neq0$. 这等价于 $\mathrm{r}(A)<\mathrm{r}(A,\ \beta)=r+1$. 在这种情况下，

增广矩阵的阶梯形对应的方程组的第 $r+1$ 个方程为

$$0 \cdot x_1 + 0 \cdot x_2 + \cdots + 0 \cdot x_n = \delta,$$

即 $0=\delta$，显然，这个方程无解，所以增广矩阵的阶梯形对应的方程组无解．因此，方程组(1)无解．

情况 2　如果 $\delta=0$．这等价于 $\mathrm{r}(\boldsymbol{A})=\mathrm{r}(\boldsymbol{A}, \boldsymbol{\beta})$．在这种情况下，我们进一步用初等行变换将方程组(1)的增广矩阵化为简化阶梯形$(\boldsymbol{T}, \boldsymbol{\gamma})$，其中 $\boldsymbol{T}$ 是 $\boldsymbol{A}$ 的简化阶梯形．设 $\boldsymbol{T}$ 的主元所在的列的标号为 $j_1, j_2, \cdots, j_r$ $(j_1<j_2<\cdots<j_r)$，那么$(\boldsymbol{T}, \boldsymbol{\gamma})$的形状为

$$(\boldsymbol{T}, \boldsymbol{\gamma}) = \left(\begin{array}{cccccccccccccc:c} 0 & \cdots & 0 & \overset{j_1}{1} & * & \cdots & * & \overset{j_2}{0} & * & \cdots & * & \overset{j_r}{0} & * & \cdots & * & d_1 \\ 0 & \cdots & 0 & 0 & 0 & \cdots & 0 & 1 & * & \cdots & * & 0 & * & \cdots & * & d_2 \\ \vdots & & \vdots & \vdots & \vdots & & \vdots & \vdots & \vdots & & \vdots & \vdots & \vdots & & \vdots & \vdots \\ 0 & \cdots & 0 & 0 & 0 & \cdots & 0 & 0 & 0 & \cdots & 0 & 1 & * & \cdots & * & d_r \\ 0 & \cdots & 0 & 0 & 0 & \cdots & 0 & 0 & 0 & \cdots & 0 & 0 & 0 & \cdots & 0 & 0 \\ 0 & \cdots & 0 & 0 & 0 & \cdots & 0 & 0 & 0 & \cdots & 0 & 0 & 0 & \cdots & 0 & 0 \\ \vdots & & \vdots & \vdots & \vdots & & \vdots & \vdots & \vdots & & \vdots & \vdots & \vdots & & \vdots & \vdots \\ 0 & \cdots & 0 & 0 & 0 & \cdots & 0 & 0 & 0 & \cdots & 0 & 0 & 0 & \cdots & 0 & 0 \end{array}\right).$$

根据简化阶梯形矩阵的定义，$\boldsymbol{T}$ 的主元所在的列上，只有主元不等于零，其余元素都等于零；$\boldsymbol{T}$ 的主元所在的行上，主元左边的元素都等于零，对于主元右边的元素，如果它们所在的列上有主元，那么它们等于零，如果它们所在的列上没有主元，那么它们可能等于零也可能不等于零，它们的取值对于方程组是否有解，解是否唯一都没有影响．关于 $\boldsymbol{\gamma}$，它的前 r 个元素用 $d_1, d_2, \cdots, d_r$ 表示．

在以$(\boldsymbol{T}, \boldsymbol{\gamma})$为增广矩阵的线性方程组中，因为 $\boldsymbol{T}$ 的主元所在的列的标号为 $j_1, j_2, \cdots, j_r$，所以 $\boldsymbol{T}$ 的主元所在的列对应的未知数为 $x_{j_1}, x_{j_2}, \cdots, x_{j_r}$．于是我们将未知数 $x_{j_1}, x_{j_2}, \cdots, x_{j_r}$ 称为主元未知数，其余未知数 $x_{j_{r+1}}, x_{j_{r+2}}, \cdots, x_{j_n}$ 称为自由未知数．

因此，以$(\boldsymbol{T}, \boldsymbol{\gamma})$为增广矩阵的线性方程组的形状如下：

$$\begin{cases} x_{j_1} \quad\quad + t_{1j_{r+1}} x_{j_{r+1}} + t_{1j_{r+2}} x_{j_{r+2}} + \cdots + t_{1j_n} x_{j_n} = d_1, \\ \quad x_{j_2} \quad + t_{2j_{r+1}} x_{j_{r+1}} + t_{2j_{r+2}} x_{j_{r+2}} + \cdots + t_{2j_n} x_{j_n} = d_2, \\ \quad\quad \cdots\cdots\cdots\cdots \\ \quad\quad x_{j_r} + t_{rj_{r+1}} x_{j_{r+1}} + t_{rj_{r+2}} x_{j_{r+2}} + \cdots + t_{rj_n} x_{j_n} = d_r. \end{cases} \qquad (2)$$

下面再分两种情况讨论．

情况 2.1　$r(\boldsymbol{A})=r(\boldsymbol{A},\boldsymbol{\beta})=n$. 此时方程组(2)为

$$\begin{cases}x_1=d_1,\\ x_2=d_2,\\ \quad\vdots\\ x_n=d_n.\end{cases}\tag{3}$$

显然，方程组(3)有解，并且解唯一．因此，方程组(1)有解，并且解唯一．

情况 2.2　$r(\boldsymbol{A})=r(\boldsymbol{A},\boldsymbol{\beta})<n$. 此时方程组(2)中的自由未知数的个数 $n-r(\boldsymbol{A})$ 大于零．将方程组(2)中含自由未知数的项都移到等式右边，得到

$$\begin{cases}x_{j_1}=d_1-t_{1j_{r+1}}x_{j_{r+1}}-t_{1j_{r+2}}x_{j_{r+2}}-\cdots-t_{1j_n}x_{j_n},\\ x_{j_2}=d_2-t_{2j_{r+1}}x_{j_{r+1}}-t_{2j_{r+2}}x_{j_{r+2}}-\cdots-t_{2j_n}x_{j_n},\\ \cdots\cdots\cdots\cdots\\ x_{j_r}=d_r-t_{rj_{r+1}}x_{j_{r+1}}-t_{rj_{r+2}}x_{j_{r+2}}-\cdots-t_{rj_n}x_{j_n}.\end{cases}\tag{4}$$

方程组(1)与方程组(4)是同解的．将自由未知数 $x_{j_{r+1}}$，$x_{j_{r+2}}$，…，x_{j_n} 的任意赋值

$$\begin{cases}x_{j_{r+1}}=c_1,\\ x_{j_{r+2}}=c_2,\\ \quad\vdots\\ x_{j_n}=c_{n-r}\end{cases}\tag{5}$$

代入方程组(4)，得到

$$\begin{cases}x_{j_1}=d_1-t_{1j_{r+1}}c_1-t_{1j_{r+2}}c_2-\cdots-t_{1j_n}c_{n-r},\\ x_{j_2}=d_2-t_{2j_{r+1}}c_1-t_{2j_{r+2}}c_2-\cdots-t_{2j_n}c_{n-r},\\ \cdots\cdots\cdots\cdots\\ x_{j_r}=d_r-t_{rj_{r+1}}c_1-t_{rj_{r+2}}c_2-\cdots-t_{rj_n}c_{n-r}.\end{cases}\tag{6}$$

将式(5)与式(6)合并起来，得到 n 个等式．通过这 n 个等式，每个未知数就获得了一个确定的值，这组值满足方程组(2)，所以它是方程组(1)的一个解．反过来，方程组(1)的任意一个解都给自由未知数赋了值，并且这个解一定满足式(6)，所以方程组(1)的任意一个解都可以写成式(5)与式(6)合并的形式．

说明　(1) 在式(5)与式(6)合并的过程中，作为方程组的解，未知数的下标必须从上到下按照自然顺序排列；

(2) 在式(5)中，c_1，c_2，…，c_{n-r} 为任意常数，于是 $x_{j_{r+1}}$，$x_{j_{r+2}}$，…，

x_{j_n}是可以任意取值的．因此，方程组(1)有无穷多个解，并且式(5)和式(6)按照说明(1)的方式的合并给出了方程组(1)的所有解．我们将式(5)和式(6)的合并称为方程组(1)的通解．

综合以上讨论，我们可以得到如下关于线性方程组的基本定理．

定理 1.6 考虑 $m \times n$ 线性方程组(1)．设 $\boldsymbol{A}$ 是方程组(1)的系数矩阵，$(\boldsymbol{A}, \boldsymbol{\beta})$是方程组(1)的增广矩阵，那么，我们有下列结论：

(1) 方程组(1)有解的充要条件是 $\mathrm{r}(\boldsymbol{A})=\mathrm{r}(\boldsymbol{A}, \boldsymbol{\beta})$①；

(2) 方程组(1)有解并且解唯一的充要条件是 $\mathrm{r}(\boldsymbol{A})=\mathrm{r}(\boldsymbol{A}, \boldsymbol{\beta})=n$；

(3) 当方程组(1)有解并且解不唯一时，它一定有无穷多个解． ■

定理 1.6 解决了 1.1 节中提出的关于方程组的 3 个基本问题中的前两个，当方程组有解时，定理 1.6 前面的讨论已经给出了求解的方法．另外，定理 1.6 的结论只与方程组的系数矩阵以及增广矩阵的秩有关，所以此结论的证明只用到增广矩阵的阶梯形(系数矩阵的阶梯形含在增广矩阵的阶梯形中)，并不需要增广矩阵的简化阶梯形，只有当求有解方程组的解时，才需要将增广矩阵化为简化阶梯形．

根据定理 1.6 前面的推导，可以得到利用增广矩阵求解方程组的步骤：

(1) 写出方程组的增广矩阵；

(2) 用初等行变换将增广矩阵化为阶梯形，根据 $\mathrm{r}(\boldsymbol{A})$与 $\mathrm{r}(\boldsymbol{A}, \boldsymbol{\beta})$的值确定方程组是否有解，如果方程组无解，则停止，否则进行下一步；

(3) 继续用初等行变换将增广矩阵的阶梯形化为简化阶梯形；

(4) 写出简化阶梯形对应的方程组，并求解．

例 1.9 下列矩阵是线性方程组对应的增广矩阵：

$$(1)\begin{pmatrix}1&*&*&*\\0&2&*&*\\0&0&3&*\end{pmatrix};\qquad(2)\begin{pmatrix}1&*&*&*&*\\0&0&2&*&*\\0&0&0&3&*\end{pmatrix};$$

$$(3)\begin{pmatrix}1&*&*&*&*\\0&0&2&*&*\\0&0&0&0&3\end{pmatrix};\qquad(4)\begin{pmatrix}1&*&*&*&*\\0&0&2&*&*\\0&0&0&0&0\end{pmatrix},$$

矩阵中的 * 表示任意常数．讨论方程组的解的情况．

解 (1) 因为系数矩阵的秩为 3，等于增广矩阵的秩，并且等于方程组中未知数的个数，所以这个矩阵对应的方程组有解，并且解是唯一的；

---

① 这个结论是英国数学家道奇森(C. L. Dodgson，1832—1898)的贡献．

（2）因为系数矩阵的秩为3，等于增广矩阵的秩，而未知数的个数等于4，所以这个矩阵对应的方程组有无穷多个解；

（3）因为系数矩阵的秩小于增广矩阵的秩，所以这个矩阵对应的方程组无解；

（4）因为系数矩阵的秩等于增广矩阵的秩，并且小于未知数的个数，所以这个矩阵对应的方程组有无穷多个解．■

例 1.10　判断方程组是否有解，在有解的情况下求解方程组.

MOOC 1.9
例题
（例 1.10 ~ 例 1.12）

$$\begin{cases} x_1 - x_2 - x_3 + 3x_5 = -1, \\ 2x_1 - 2x_2 - x_3 + 2x_4 + 4x_5 = -2, \\ 3x_1 - 3x_2 - x_3 + 4x_4 + 5x_5 = -3, \\ x_1 - x_2 + x_3 + x_4 + 8x_5 = 2. \end{cases}$$

解　写出方程组的增广矩阵$(\boldsymbol{A}, \boldsymbol{\beta})$，并且用初等行变换将$(\boldsymbol{A}, \boldsymbol{\beta})$化为阶梯形．

$$(\boldsymbol{A}, \boldsymbol{\beta}) = \begin{pmatrix} 1 & -1 & -1 & 0 & 3 & -1 \\ 2 & -2 & -1 & 2 & 4 & -2 \\ 3 & -3 & -1 & 4 & 5 & -3 \\ 1 & -1 & 1 & 1 & 8 & 2 \end{pmatrix} \to \begin{pmatrix} 1 & -1 & -1 & 0 & 3 & -1 \\ 0 & 0 & 1 & 2 & -2 & 0 \\ 0 & 0 & 2 & 4 & -4 & 0 \\ 0 & 0 & 2 & 1 & 5 & 3 \end{pmatrix}$$

$$\to \begin{pmatrix} 1 & -1 & -1 & 0 & 3 & -1 \\ 0 & 0 & 1 & 2 & -2 & 0 \\ 0 & 0 & 0 & 0 & 0 & 0 \\ 0 & 0 & 0 & -3 & 9 & 3 \end{pmatrix} \to \begin{pmatrix} 1 & -1 & -1 & 0 & 3 & -1 \\ 0 & 0 & 1 & 2 & -2 & 0 \\ 0 & 0 & 0 & -3 & 9 & 3 \\ 0 & 0 & 0 & 0 & 0 & 0 \end{pmatrix}$$

$$= \boldsymbol{T}_0.$$

$\boldsymbol{T}_0$ 是增广矩阵的阶梯形，因为 $\mathrm{r}(\boldsymbol{A}) = \mathrm{r}(\boldsymbol{A}, \boldsymbol{\beta}) = 3 < 5$，所以方程组有无穷多个解．将 $\boldsymbol{T}_0$ 化为简化阶梯形．

$$\boldsymbol{T}_0 \to \begin{pmatrix} 1 & -1 & -1 & 0 & 3 & -1 \\ 0 & 0 & 1 & 2 & -2 & 0 \\ 0 & 0 & 0 & 1 & -3 & -1 \\ 0 & 0 & 0 & 0 & 0 & 0 \end{pmatrix} \to \begin{pmatrix} 1 & -1 & -1 & 0 & 3 & -1 \\ 0 & 0 & 1 & 0 & 4 & 2 \\ 0 & 0 & 0 & 1 & -3 & -1 \\ 0 & 0 & 0 & 0 & 0 & 0 \end{pmatrix}$$

$$\to \begin{pmatrix} 1 & -1 & 0 & 0 & 7 & 1 \\ 0 & 0 & 1 & 0 & 4 & 2 \\ 0 & 0 & 0 & 1 & -3 & -1 \\ 0 & 0 & 0 & 0 & 0 & 0 \end{pmatrix} = (\boldsymbol{T}, \boldsymbol{\gamma}).$$

写出$(\boldsymbol{T},\ \boldsymbol{\gamma})$所对应的方程组

$$\begin{cases} x_1 - x_2 \qquad + 7x_5 = 1, \\ \qquad\quad x_3 \quad + 4x_5 = 2, \\ \qquad\qquad x_4 - 3x_5 = -1, \end{cases}$$

其中 x_1，x_3，x_4 为主元未知数，x_2，x_5 为自由未知数．将包含自由未知数 x_2，x_5 的项都移到等式的右边，得到

$$\begin{cases} x_1 = 1 + x_2 - 7x_5, \\ x_3 = 2 - 4x_5, \\ x_4 = -1 + 3x_5. \end{cases}$$

令 $x_2 = c_1$，$x_5 = c_2$，得到原方程组的通解

$$\begin{cases} x_1 = 1 + c_1 - 7c_2, \\ x_2 = c_1, \\ x_3 = 2 - 4c_2, \\ x_4 = -1 + 3c_2, \\ x_5 = c_2, \end{cases}$$

其中 c_1，c_2 为任意常数． ■

例 1.11 设方程组

$$\begin{cases} ax_1 + x_2 + x_3 = 1, \\ x_1 + ax_2 + x_3 = a, \\ x_1 + x_2 + ax_3 = a^2, \end{cases} \tag{7}$$

其中 a 为任意常数，讨论常数 a 与方程组的解的关系．

解 写出方程组(7)的增广矩阵$(\boldsymbol{A},\ \boldsymbol{\beta})$，并作初等行变换．

$$(\boldsymbol{A},\ \boldsymbol{\beta}) = \begin{pmatrix} a & 1 & 1 & 1 \\ 1 & a & 1 & a \\ 1 & 1 & a & a^2 \end{pmatrix} \xrightarrow{R_1 \leftrightarrow R_3} \begin{pmatrix} 1 & 1 & a & a^2 \\ 1 & a & 1 & a \\ a & 1 & 1 & 1 \end{pmatrix}$$

$$\xrightarrow[(-a)R_1 + R_3]{(-1)R_1 + R_2} \begin{pmatrix} 1 & 1 & a & a^2 \\ 0 & a-1 & 1-a & a-a^2 \\ 0 & 1-a & 1-a^2 & 1-a^3 \end{pmatrix}$$

$$\xrightarrow{R_2 + R_3} \begin{pmatrix} 1 & 1 & a & a^2 \\ 0 & a-1 & 1-a & a(1-a) \\ 0 & 0 & (1-a)(2+a) & (1-a)(1+a)^2 \end{pmatrix}.$$

下面讨论常数 a 与方程组(7)的解的关系．

情况 1　$a=1$. 这时候，方程组(7)的增广矩阵的阶梯形为

$$\begin{pmatrix}1&1&1&1\\0&0&0&0\\0&0&0&0\end{pmatrix}.$$

显然 $\mathrm{r}(\boldsymbol{A})=\mathrm{r}(\boldsymbol{A},\boldsymbol{\beta})=1$. 因为未知数的个数为 3，所以方程组(7)有无穷多个解，并且方程组(7)的通解为

$$\begin{cases}x_1=1-c_1-c_2,\\x_2=c_1,\\x_3=c_2,\end{cases}$$

其中 c_1，c_2 为任意常数.

情况 2　$a=-2$. 这时

$$(\boldsymbol{A},\boldsymbol{\beta})\to\begin{pmatrix}1&1&-2&4\\0&-3&3&-6\\0&0&0&3\end{pmatrix}.$$

因为 $\mathrm{r}(\boldsymbol{A})=2$，$\mathrm{r}(\boldsymbol{A},\boldsymbol{\beta})=3$，所以方程组(7)无解.

情况 3　$a\neq1$，$a\neq-2$. 因为 $a-1\neq0$，并且 $(1-a)(2+a)\neq0$，所以 $\mathrm{r}(\boldsymbol{A})=\mathrm{r}(\boldsymbol{A},\boldsymbol{\beta})=3$. 因此，方程组(7)有解，并且解是唯一的. 为了求出方程组(7)的唯一解，我们将增广矩阵 $(\boldsymbol{A},\boldsymbol{\beta})$ 化为简化阶梯形

$$(\boldsymbol{A},\boldsymbol{\beta})\to\begin{pmatrix}1&1&a&a^2\\0&a-1&1-a&a(1-a)\\0&0&(1-a)(2+a)&(1-a)(1+a)^2\end{pmatrix}$$

$$\xrightarrow{\frac{1}{a-1}R_2,\ \frac{1}{(1-a)(a+2)}R_3}\begin{pmatrix}1&1&a&a^2\\0&1&-1&-a\\0&0&1&\dfrac{(1+a)^2}{a+2}\end{pmatrix}$$

$$\xrightarrow{R_3+R_2,\ (-a)R_3+R_1}\begin{pmatrix}1&1&0&-\dfrac{a}{a+2}\\0&1&0&\dfrac{1}{a+2}\\0&0&1&\dfrac{(1+a)^2}{a+2}\end{pmatrix}$$

$$\xrightarrow{(-1)R_2+R_1}\begin{pmatrix} 1 & 0 & 0 & -\dfrac{a+1}{a+2} \\ 0 & 1 & 0 & \dfrac{1}{a+2} \\ 0 & 0 & 1 & \dfrac{(1+a)^2}{a+2} \end{pmatrix}.$$

由$(\boldsymbol{A},\boldsymbol{\beta})$的简化阶梯形的最后一列可以得到方程组(7)的唯一解为

$$x_1=-\frac{a+1}{a+2},\quad x_2=\frac{1}{a+2},\quad x_3=\frac{(a+1)^2}{a+2}.$$

综上所述，我们得到下列结论：

(1) 如果 $a=1$，那么方程组(7)有无穷多个解；

(2) 如果 $a=-2$，那么方程组(7)无解；

(3) 如果 $a\neq 1$，$a\neq -2$，那么方程组(7)有唯一解． ■

下面介绍几个线性方程组的应用实例.

正整数的幂次和公式　在一些应用中，需要计算如下的正整数的幂次和：

$$1+2+3+\cdots+n=\frac{n(n+1)}{2},$$

$$1^2+2^2+3^2+\cdots+n^2=\frac{n(n+1)(2n+1)}{6},\ \cdots.$$

这些公式可以用下面的结果导出：设 m，n 为正整数，则存在常数 a_1，a_2，$\cdots$，a_{m+1}，使得前 n 个正整数的 m 次幂的和满足公式①

$$1^m+2^m+3^m+\cdots+n^m=a_1n+a_2n^2+\cdots+a_{m+1}n^{m+1}. \tag{8}$$

例 1.12　设 n 为正整数，求前 n 个正整数的 3 次幂的和 $1^3+2^3+3^3+\cdots+n^3$ 的计算公式．

解　由等式(8)知，存在 4 个常数 a_1，a_2，a_3，a_4，使得

$$1^3+2^3+3^3+\cdots+n^3=a_1n+a_2n^2+a_3n^3+a_4n^4. \tag{9}$$

为了求得 a_1，a_2，a_3，a_4，分别令 $n=1$，2，3，4，代入等式(9)，得到方程组

$$\begin{cases} a_1+a_2+a_3+a_4=1, \\ 2a_1+4a_2+8a_3+16a_4=9, \\ 3a_1+9a_2+27a_3+81a_4=36, \\ 4a_1+16a_2+64a_3+256a_4=100. \end{cases} \tag{10}$$

① 这个公式可以用差分的方法证明．

写出方程组(10)的增广矩阵$(\boldsymbol{A},\ \boldsymbol{\beta})$，并用初等行变换将$(\boldsymbol{A},\ \boldsymbol{\beta})$化为简化阶梯形.

$$(\boldsymbol{A},\ \boldsymbol{\beta})=\begin{pmatrix}1&1&1&1&1\\2&4&8&16&9\\3&9&27&81&36\\4&16&64&256&100\end{pmatrix}\rightarrow\begin{pmatrix}1&0&0&0&0\\0&1&0&0&\frac{1}{4}\\0&0&1&0&\frac{1}{2}\\0&0&0&1&\frac{1}{4}\end{pmatrix}.$$

$(\boldsymbol{A},\ \boldsymbol{\beta})$的简化阶梯形意味着方程组(10)有唯一解，并且由简化阶梯形的最后一列，得到

$$a_1=0,\quad a_2=\frac{1}{4},\quad a_3=\frac{1}{2},\quad a_4=\frac{1}{4}.$$

因此

$$1^3+2^3+3^3+\cdots+n^3=\frac{1}{4}n^2+\frac{1}{2}n^3+\frac{1}{4}n^4=\frac{n^2(n+1)^2}{4}.\qquad\blacksquare$$

例 1.12 的方法具有一般性，对于任意给定的正整数 m 都可以用这个方法求出前 n 个正整数的 m 次幂的和的计算公式.

城市交通模型 现代城市的交通情况纷繁复杂，为了更好地规划城市交通，人们经常需要对交通情况进行比较精确的研究，根据交通流量的统计建立数学模型进行分析是一种常用的研究方法.

例 1.13 图 1.3 是某城市的局部交通流量分布图，每一条道路都是单行道，图中数字表示某一个时段该路段的机动车流量. 假设进入和离开每一个十字路口(结点)的车辆数相等. 计算图示的相邻结点间的交通流量 x_1，x_2，…，x_6.

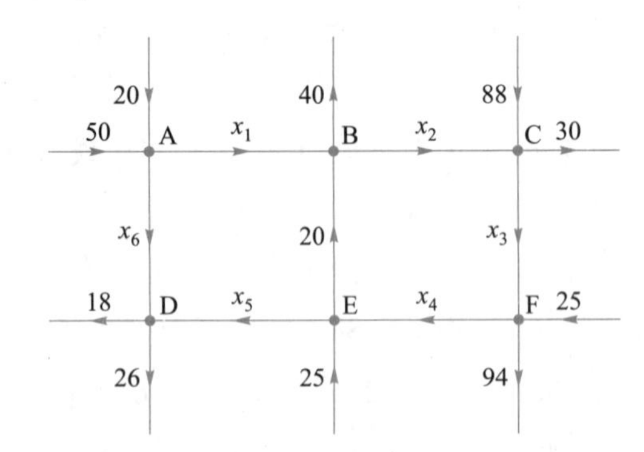

图 1.3 交通流量分布

解 根据已知数据可以写出每个结点的流量方程：

A：$20+50=x_1+x_6$.

B：$20+x_1=40+x_2$.

C：$88+x_2=30+x_3$.

D：$x_5+x_6=18+26$.

E：$25+x_4=20+x_5$.

F：$25+x_3=94+x_4$.

以上方程构成的方程组为

$$\begin{cases} x_1 \quad\quad\quad\quad + x_6 = 70, \\ x_1 - x_2 \quad\quad\quad\quad = 20, \\ x_2 - x_3 \quad\quad\quad = -58, \\ x_5 + x_6 = 44, \\ x_4 - x_5 \quad = -5, \\ x_3 - x_4 \quad\quad = 69. \end{cases} \tag{11}$$

用初等行变换将方程组(11)的增广矩阵$(\boldsymbol{A}, \boldsymbol{\beta})$化为简化阶梯形，得到

$$(\boldsymbol{A}, \boldsymbol{\beta}) = \begin{pmatrix} 1 & 0 & 0 & 0 & 0 & 1 & 70 \\ 1 & -1 & 0 & 0 & 0 & 0 & 20 \\ 0 & 1 & -1 & 0 & 0 & 0 & -58 \\ 0 & 0 & 0 & 0 & 1 & 1 & 44 \\ 0 & 0 & 0 & 1 & -1 & 0 & -5 \\ 0 & 0 & 1 & -1 & 0 & 0 & 69 \end{pmatrix} \to \begin{pmatrix} 1 & 0 & 0 & 0 & 0 & 1 & 70 \\ 0 & 1 & 0 & 0 & 0 & 1 & 50 \\ 0 & 0 & 1 & 0 & 0 & 1 & 108 \\ 0 & 0 & 0 & 1 & 0 & 1 & 39 \\ 0 & 0 & 0 & 0 & 1 & 1 & 44 \\ 0 & 0 & 0 & 0 & 0 & 0 & 0 \end{pmatrix}.$$

简化阶梯形对应的方程组为

$$\begin{cases} x_1 + x_6 = 70, \\ x_2 + x_6 = 50, \\ x_3 + x_6 = 108, \\ x_4 + x_6 = 39, \\ x_5 + x_6 = 44, \end{cases}$$

其中 x_6 为自由未知数．将含有 x_6 的项移到等式的右边，得到

$$\begin{cases} x_1 = 70 - x_6, \\ x_2 = 50 - x_6, \\ x_3 = 108 - x_6, \\ x_4 = 39 - x_6, \\ x_5 = 44 - x_6. \end{cases}$$

令 $x_6=c$，得到方程组(11)的通解

$$\begin{cases} x_1 = 70 - c, \\ x_2 = 50 - c, \\ x_3 = 108 - c, \\ x_4 = 39 - c, \\ x_5 = 44 - c, \\ x_6 = c, \end{cases}$$

根据问题的实际意义，c 可以取 0 与 39 之间的任意整数．例如，令 $x_6=20$，那么

$$\begin{cases} x_1 = 50, \\ x_2 = 30, \\ x_3 = 88, \\ x_4 = 19, \\ x_5 = 24, \\ x_6 = 20. \end{cases}$$

■

几何问题研究　利用线性方程组，我们可以对平面上的直线、空间中的平面之间的关系等几何问题作详细的研究．

例 1.14　讨论空间中两个平面的可能位置关系．

解　空间中的两个平面的方程可以组成一个 2×3 线性方程组

$$\begin{cases} a_{11}x_1 + a_{12}x_2 + a_{13}x_3 = b_1, \\ a_{21}x_1 + a_{22}x_2 + a_{23}x_3 = b_2, \end{cases} \tag{12}$$

其中 a_{ij}，b_i 是常数，a_{1j}不全为零，a_{2j}不全为零，$i=1，2，j=1，2，3$. 令

$$\boldsymbol{A} = \begin{pmatrix} a_{11} & a_{12} & a_{13} \\ a_{21} & a_{22} & a_{23} \end{pmatrix}, \quad \boldsymbol{\beta} = \begin{pmatrix} b_1 \\ b_2 \end{pmatrix},$$

根据方程组(12)的系数矩阵 $\boldsymbol{A}$ 的秩和增广矩阵$(\boldsymbol{A}，\boldsymbol{\beta})$的秩的关系，可以分成以下 3 种情况：

情况 1　$\mathrm{r}(\boldsymbol{A})=2$. 这时候，$\mathrm{r}(\boldsymbol{A}，\boldsymbol{\beta})=2$. 根据定理 1.6，方程组(12)有无穷多个解．对应着几何上的结果：方程组(12)表示的两个平面

$$\pi_1: \ a_{11}x_1 + a_{12}x_2 + a_{13}x_3 = b_1,$$

$$\pi_2: \ a_{21}x_1 + a_{22}x_2 + a_{23}x_3 = b_2$$

相交于一条直线，该直线上的所有的点都是方程组的解．如图 1.4(a)所示．

情况 2　$\mathrm{r}(\boldsymbol{A})=1$，$\mathrm{r}(\boldsymbol{A}，\boldsymbol{\beta})=2$. 根据定理 1.6，方程组(12)无解．

因为 $r(\boldsymbol{A})=1$，$r(\boldsymbol{A},\boldsymbol{\beta})=2$，所以 $\boldsymbol{A}$ 的两行的元素对应成比例，但是$(\boldsymbol{A},\boldsymbol{\beta})$的两个行的元素不成比例，即 $a_{11}:a_{21}=a_{12}:a_{22}=a_{13}:a_{23}\neq b_1:b_2$，对应着几何上的结果：两个平面 π_1，π_2 平行，但是不重合．如图 1.4(b)所示．

情况 3　$r(\boldsymbol{A})=1$，$r(\boldsymbol{A},\boldsymbol{\beta})=1$．根据定理 1.6，方程组(12)有无穷多个解．因为 $r(\boldsymbol{A})=1$，$r(\boldsymbol{A},\boldsymbol{\beta})=1$，所以$(\boldsymbol{A},\boldsymbol{\beta})$的两个行的元素对应成比例，即 $a_{11}:a_{21}=a_{12}:a_{22}=a_{13}:a_{23}=b_1:b_2$．对应着几何上的结果：两个平面 π_1，π_2 重合．如图 1.4(c)所示．■

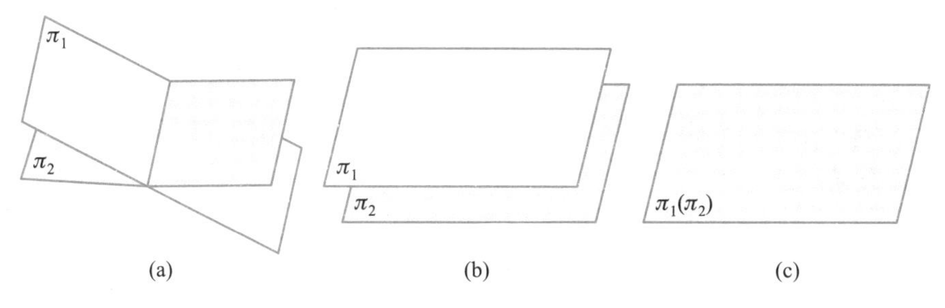

图 1.4　空间中两个平面位置关系

1.8　齐次线性方程组及其应用

MOOC 1.10 齐次线性方程组

定义 1.14　常数项都为零的线性方程组

$$\begin{cases}a_{11}x_1+a_{12}x_2+\cdots+a_{1n}x_n=0,\\ a_{21}x_1+a_{22}x_2+\cdots+a_{2n}x_n=0,\\ \cdots\cdots\cdots\cdots\\ a_{m1}x_1+a_{m2}x_2+\cdots+a_{mn}x_n=0\end{cases}\tag{1}$$

称为齐次线性方程组，否则称为非齐次线性方程组．

因为 $x_1=0$，$x_2=0$，…，$x_n=0$ 是齐次线性方程组(1)的一个解，所以齐次线性方程组一定有解．齐次线性方程组的所有未知数都为零的解称为齐次线性方程组的零解，齐次线性方程组零解以外的解称为非零解．对于齐次线性方程组来说，我们关心的是它是否有非零解．

定理 1.7　如果 $m\times n$ 齐次线性方程组(1)的系数矩阵为 $\boldsymbol{A}$，那么齐次线性方程组(1)有非零解的充要条件是 $r(\boldsymbol{A})<n$．

证明　根据定理 1.6，齐次线性方程组(1)有唯一解(即零解)的充要条件是 $r(\boldsymbol{A})=n$．因此，齐次线性方程组(1)有非零解的充要条件是 $r(\boldsymbol{A})<n$．■

由定理 1.7 可以得到下面的推论．

推论　如果 $m<n$，那么 $m\times n$ 齐次线性方程组一定有非零解.

证明　设齐次线性方程组的系数矩阵为 $\boldsymbol{A}$. 因为 $m<n$，所以由命题 1.1 可知，

$$\mathrm{r}(\boldsymbol{A})\leqslant \min\{m, n\}=m<n.$$

因此，当 $m<n$ 时，$m\times n$ 齐次线性方程组一定有非零解. ■

例 1.15　求下列齐次线性方程组的通解：

$$\begin{cases} x_1-x_2-x_3+3x_5=0,\\ 2x_1-2x_2-x_3+2x_4+4x_5=0,\\ 3x_1-3x_2-x_3+4x_4+5x_5=0,\\ x_1-x_2+x_3+4x_4-x_5=0. \end{cases} \tag{2}$$

解　写出齐次线性方程组(2)的系数矩阵 $\boldsymbol{A}$，并用初等行变换将 $\boldsymbol{A}$ 化为简化阶梯形.

$$\boldsymbol{A}=\begin{pmatrix} 1 & -1 & -1 & 0 & 3\\ 2 & -2 & -1 & 2 & 4\\ 3 & -3 & -1 & 4 & 5\\ 1 & -1 & 1 & 4 & -1 \end{pmatrix} \xrightarrow[(-1)R_1+R_4]{\substack{(-2)R_1+R_2\\(-3)R_1+R_3}} \begin{pmatrix} 1 & -1 & -1 & 0 & 3\\ 0 & 0 & 1 & 2 & -2\\ 0 & 0 & 2 & 4 & -4\\ 0 & 0 & 2 & 4 & -4 \end{pmatrix}$$

$$\xrightarrow{\substack{(-2)R_2+R_3\\(-2)R_2+R_4}} \begin{pmatrix} 1 & -1 & -1 & 0 & 3\\ 0 & 0 & 1 & 2 & -2\\ 0 & 0 & 0 & 0 & 0\\ 0 & 0 & 0 & 0 & 0 \end{pmatrix} \xrightarrow{R_2+R_1} \begin{pmatrix} 1 & -1 & 0 & 2 & 1\\ 0 & 0 & 1 & 2 & -2\\ 0 & 0 & 0 & 0 & 0\\ 0 & 0 & 0 & 0 & 0 \end{pmatrix}=\boldsymbol{T}.$$

$\boldsymbol{T}$ 对应的方程组为

$$\begin{cases} x_1-x_2+2x_4+x_5=0,\\ x_3+2x_4-2x_5=0. \end{cases} \tag{3}$$

在方程组(3)中，x_2，x_4，x_5 为自由未知数. 将方程组(3)中含有自由未知数的项全部移到等式右边，得到

$$\begin{cases} x_1=x_2-2x_4-x_5,\\ x_3=-2x_4+2x_5. \end{cases} \tag{4}$$

在方程组(4)中，令 $x_2=c_1$，$x_4=c_2$，$x_5=c_3$，得到方程组(2)的通解

$$\begin{cases} x_1=c_1-2c_2-c_3,\\ x_2=c_1,\\ x_3=-2c_2+2c_3,\\ x_4=c_2,\\ x_5=c_3, \end{cases}$$

其中 c_1，c_2，c_3 为任意常数. ■

齐次线性方程组的一个应用涉及二次方程

$$ax^2+bxy+cy^2+dx+ey+f=0,$$

其中 a，b，c，d，e，f 都是实数，它的图像是 Oxy 平面上的一条曲线. 如果 a，b，c 中至少有一个数不为零，那么该图像被称为二次曲线. 二次曲线在天文学中有重要的应用，一般天体的运动轨迹都是二次曲线. 下面的例子是一个利用数据拟合确定二次曲线方程的问题.

例 1.16 求经过点$(-4,\ 1)$，$(-1,\ 2)$，$(3,\ 2)$，$(5,\ 1)$，$(7,\ -1)$的二次曲线.

解 将给定的 5 个点的坐标依次代入到二次方程中，得到方程组

$$\begin{cases}16a-4b+c-4d+e+f=0,\\ a-2b+4c-d+2e+f=0,\\ 9a+6b+4c+3d+2e+f=0,\\ 25a+5b+c+5d+e+f=0,\\ 49a-7b+c+7d-e+f=0,\end{cases}$$

写出方程组的系数矩阵 $\boldsymbol{A}$ 并用初等行变换将 $\boldsymbol{A}$ 化为简化阶梯形矩阵

$$\begin{pmatrix}16&-4&1&-4&1&1\\1&-2&4&-1&2&1\\9&6&4&3&2&1\\25&5&1&5&1&1\\49&-7&1&7&-1&1\end{pmatrix}\rightarrow\begin{pmatrix}1&0&0&0&0&\dfrac{3}{113}\\0&1&0&0&0&-\dfrac{3}{113}\\0&0&1&0&0&-\dfrac{1}{113}\\0&0&0&1&0&0\\0&0&0&0&1&\dfrac{54}{113}\end{pmatrix}$$

简化阶梯形对应的方程组为

$$\begin{cases}a+\dfrac{3}{113}f=0,\\ b-\dfrac{3}{113}f=0,\\ c-\dfrac{1}{113}f=0,\\ d\qquad\quad=0,\\ e+\dfrac{54}{113}f=0,\end{cases}$$

f是自由未知数，取$f=-113$，得到$a=3$，$b=-3$，$c=-1$，$d=0$，$e=54$.

因此所求的二次曲线的方程为

$$3x^2-3xy-y^2+54y-113=0$$

这是一个双曲线，如图 1.5 所示． ■

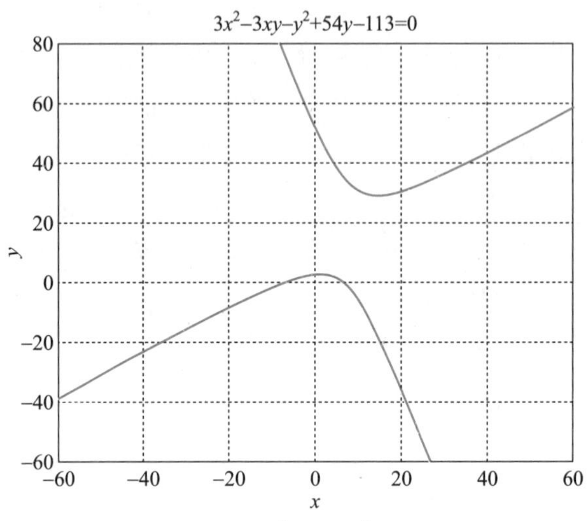

图 1.5　双曲线 $3x^2-3xy-y^2+54y-113=0$

在这一节的最后，我们给出定理 1.3 的证明，即证明"矩阵的阶梯形的非零行的个数是唯一的".

定理 1.3 的证明　设$\boldsymbol{A}=(a_{ij})$是任意一个$m\times n$矩阵．如果$\boldsymbol{A}$为零矩阵，那么结论显然成立，所以假设$\boldsymbol{A}$不为零矩阵．设以$\boldsymbol{A}$为系数矩阵的齐次线性方程组为

$$\begin{cases}a_{11}x_1+a_{12}x_2+\cdots+a_{1n}x_n=0,\\a_{21}x_1+a_{22}x_2+\cdots+a_{2n}x_n=0,\\\cdots\cdots\cdots\cdots\\a_{m1}x_1+a_{m2}x_2+\cdots+a_{mn}x_n=0.\end{cases}\tag{5}$$

设$\boldsymbol{H}=(h_{ij})$，$\boldsymbol{K}=(k_{ij})$都是$\boldsymbol{A}$的阶梯形，$\boldsymbol{H}$，$\boldsymbol{K}$的非零行的个数分别为r，s. 下面用反证法证明$r=s$. 假设$r\neq s$，不妨设$s<r$. 设$\boldsymbol{H}$的主元位于第j_1，j_2，…，j_r列上，其中$j_1<j_2<\cdots<j_r$，那么以$\boldsymbol{H}$为系数矩阵的齐次线性方程组为

$$\begin{cases}h_{1j_1}x_{j_1}\qquad\qquad+h_{1j_1+1}x_{j_1+1}+\cdots+h_{1n}x_{j_n}=0,\\\qquad h_{2j_2}x_{j_2}\qquad+h_{2j_1+1}x_{j_1+1}+\cdots+h_{2n}x_{j_n}=0,\\\qquad\qquad\cdots\cdots\cdots\cdots\\\qquad\qquad h_{rj_r}x_{j_r}+h_{rj_1+1}x_{j_1+1}+\cdots+h_{rn}x_{j_n}=0.\end{cases}\tag{6}$$

在方程组(6)中，x_{j_1}，x_{j_2}，…，x_{j_r}为主元未知数，其余未知数 $x_{j_{r+1}}$，$x_{j_{r+2}}$，…，x_{j_n}为自由未知数.

以 $\boldsymbol{K}$ 为系数矩阵的齐次线性方程组为

$$\begin{cases} k_{11}x_1 + k_{12}x_2 + \cdots + k_{1n}x_n = 0, \\ k_{21}x_1 + k_{22}x_2 + \cdots + k_{2n}x_n = 0, \\ \cdots\cdots\cdots\cdots \\ k_{s1}x_1 + k_{s2}x_2 + \cdots + k_{sn}x_n = 0. \end{cases} \tag{7}$$

因为 $\boldsymbol{H}$，$\boldsymbol{K}$ 都是 $\boldsymbol{A}$ 的阶梯形，所以齐次线性方程组(6)和(7)都与齐次线性方程组(5)是同解的，从而方程组(6)与(7)是同解的.

在方程组(6)中，令自由未知数 $x_{j_{r+1}}$，$x_{j_{r+2}}$，…，x_{j_n} 都为零，得到以 x_{j_1}，x_{j_2}，…，x_{j_r} 为未知数的齐次线性方程组

$$\begin{cases} x_{j_1} = 0, \\ x_{j_2} = 0, \\ \cdots\cdots\cdots\cdots \\ x_{j_r} = 0. \end{cases} \tag{8}$$

在方程组(7)中，令未知数 $x_{j_{r+1}}$，$x_{j_{r+2}}$，…，x_{j_n} 都为零，得到以 x_{j_1}，x_{j_2}，…，x_{j_r} 为未知数的 $s \times r$ 齐次线性方程组

$$\begin{cases} k_{1j_1}x_{j_1} + k_{1j_2}x_{j_2} + \cdots + k_{1j_r}x_{j_r} = 0, \\ k_{2j_1}x_{j_1} + k_{2j_2}x_{j_2} + \cdots + k_{2j_r}x_{j_r} = 0, \\ \cdots\cdots\cdots\cdots \\ k_{sj_1}x_{j_1} + k_{sj_2}x_{j_2} + \cdots + k_{sj_r}x_{j_r} = 0. \end{cases} \tag{9}$$

一方面，因为方程组(6)与(7)是同解的，所以方程组(8)与(9)是同解的. 另一方面，方程组(8)只有零解，但是，因为 $s < r$，所以根据定理 1.7 的推论，方程组(9)有非零解，这说明方程组(8)与(9)不是同解的，得出矛盾. 因此，我们得到 $r = s$，即 $\boldsymbol{A}$ 的阶梯形的非零行的个数是唯一的. ■

说明　在定理 1.3 的证明过程中，我们只用了定理 1.7 的推论. 这个结论在证明了任意一个矩阵都可以用初等行变换化为阶梯形之后就可以直接证明，所以我们关于定理 1.3 的证明是合乎逻辑的，这样处理是为了避免重复.

习题一

1. 用消元法解如下方程组：

(1) $\begin{cases} 2x_1 + x_3 = -2, \\ 3x_1 + 5x_2 - 5x_3 = 1, \\ 2x_1 + 4x_2 - 2x_3 = 2; \end{cases}$　　(2) $\begin{cases} 3x_2 - 6x_3 + 6x_4 + 4x_5 = -5, \\ 3x_1 - 7x_2 + 8x_3 - 5x_4 + 8x_5 = 9, \\ 3x_1 - 9x_2 + 12x_3 - 9x_4 + 6x_5 = 15. \end{cases}$

2. 写出下列线性方程组的增广矩阵：

(1) $\begin{cases} x_1 + 2x_2 + 4x_3 = 1, \\ 4x_1 - x_2 + 3x_3 = 0, \\ 3x_1 + 2x_2 + 6x_3 = 5; \end{cases}$　　(2) $\begin{cases} 4x_1 - 3x_2 + x_3 + 2x_4 = 4, \\ 3x_1 + x_2 - 3x_3 + 2x_4 = 6, \\ x_1 + x_2 + 2x_3 + 3x_4 = 7, \\ 3x_1 + 2x_2 + 3x_3 - 2x_4 = 8. \end{cases}$

3. 下列矩阵中，哪些是阶梯形矩阵？哪些是简化阶梯形矩阵？将不是简化阶梯形的矩阵化为简化阶梯形．

(1) $\boldsymbol{A} = \begin{pmatrix} 1 & 2 & 3 & 4 \\ 0 & 0 & 3 & 2 \\ 0 & 0 & 0 & 0 \end{pmatrix}$；　　(2) $\boldsymbol{B} = \begin{pmatrix} 1 & 0 & 0 \\ 0 & 0 & 0 \\ 0 & 0 & 1 \end{pmatrix}$；

(3) $\boldsymbol{C} = \begin{pmatrix} 1 & 1 & 0 \\ 0 & 1 & 2 \\ 0 & 0 & 3 \end{pmatrix}$；　　(4) $\boldsymbol{D} = \begin{pmatrix} 1 & 0 & 0 & 1 & 2 \\ 0 & 1 & 0 & 2 & 3 \\ 0 & 0 & 1 & 3 & 4 \end{pmatrix}$.

4. 求下列矩阵的秩：

(1) $\boldsymbol{A} = \begin{pmatrix} 1 & 1 & 1 & 1 \\ 3 & 2 & 1 & 1 \\ 0 & 1 & 2 & 3 \\ 5 & 4 & 3 & 2 \end{pmatrix}$；　　(2) $\boldsymbol{B} = \begin{pmatrix} 3 & 4 & -5 & 7 \\ 2 & -3 & 3 & -2 \\ 4 & 11 & -13 & 16 \\ 7 & -2 & 1 & 3 \end{pmatrix}$；

(3) $\boldsymbol{C} = \begin{pmatrix} 1 & 2 & 4 & 1 \\ 4 & -1 & 3 & 0 \\ 3 & 2 & 6 & 5 \end{pmatrix}$；　　(4) $\boldsymbol{D} = \begin{pmatrix} 2 & -1 & 1 & -1 & 5 \\ 1 & 1 & 2 & 1 & 3 \\ 2 & 5 & 4 & -1 & 0 \\ 3 & 3 & 3 & -3 & 2 \end{pmatrix}$.

5. 确定参数 a 与 b，使得矩阵 $\boldsymbol{A} = \begin{pmatrix} 1 & a & 1 & 3 \\ 2 & -1 & b & 4 \\ 1 & 5 & 4 & 1 \end{pmatrix}$ 的秩达到最小．

6. 将下列矩阵化为阶梯形，然后再化为简化阶梯形：

（1）$\boldsymbol{A}=\begin{pmatrix}0&3&-6&6&4&-5\\3&-7&8&-5&8&9\\3&-9&12&-9&6&15\end{pmatrix}$；　　（2）$\boldsymbol{B}=\begin{pmatrix}1&1&-2&1&4\\2&4&-6&4&8\\2&-3&1&-1&2\\3&6&-9&7&9\end{pmatrix}$.

7. 判断下列命题的真假，并且给出理由：

（1）$a_1x_1+a_2x_2+\cdots+a_nx_n=b$ 是一个方程组；

（2）如果两个线性方程组的增广矩阵是行等价的，那么这两个线性方程组的解集相同；

（3）矩阵的初等行变换都是可逆的；

（4）对增广矩阵作初等行变换不改变相应的线性方程组的解集；

（5）如果两个矩阵的行数是相同的，那么它们是行等价的；

（6）如果两个矩阵是行等价的，那么它们的行数一定是相等的；

（7）如果(0，0，0，3，0）是某个线性方程组的增广矩阵的一行，那么这个线性方程组是无解的；

（8）如果 $m>n$，那么 $m\times n$ 线性方程组一定无解；

（9）存在只有两个解的线性方程组；

（10）矩阵的阶梯形是唯一的；

（11）如果 $m<n$，那么 $m\times n$ 线性方程组一定有无穷多个解.

8. 下列矩阵是线性方程组的增广矩阵的阶梯形，讨论方程组的解的情况，并且当方程组有唯一解时，求出该解.

（1）$\begin{pmatrix}1&2&3\\0&3&2\\0&0&1\end{pmatrix}$；　　（2）$\begin{pmatrix}1&2&-1\\0&2&1\\0&0&0\end{pmatrix}$；

（3）$\begin{pmatrix}1&2&-4&1\\0&0&4&1\\0&0&0&0\end{pmatrix}$；　　（4）$\begin{pmatrix}1&0&0&2\\0&2&0&3\\0&0&3&0\end{pmatrix}$.

9. 求解下列线性方程组：

（1）$\begin{cases}-x_2-x_3+x_4=0,\\x_1+x_2+x_3+x_4=3,\\2x_1+4x_2+x_3-2x_4=-1,\\3x_1+x_2-2x_3+2x_4=3;\end{cases}$　　（2）$\begin{cases}2x_1+4x_2-x_3+4x_4=1,\\-3x_1-6x_2+2x_3-6x_4=-1,\\3x_1+6x_2-4x_3+6x_4=-1,\\x_1+2x_2+5x_3+2x_4=6;\end{cases}$

(3) $\begin{cases} x_1+x_2+x_3+x_4+x_5=1, \\ -x_1-x_2+x_5=-1, \\ -2x_1-2x_2+3x_5=1, \\ x_3+x_4+3x_5=3, \\ x_1+x_2+2x_3+2x_4+4x_5=4; \end{cases}$　(4) $\begin{cases} x_1+3x_2+5x_3-4x_4=1, \\ x_1+3x_2+2x_3-2x_4=-1, \\ x_1-2x_2+x_3-x_4=3, \\ x_1-4x_2+x_3+x_4=2, \\ x_1+2x_2+x_3-x_4=-1. \end{cases}$

10. 讨论下列方程组中参数 a，b 的取值与方程组的解的关系，并且在方程组有解时求出它们的解：

(1) $\begin{cases} x_1-2x_2+3x_3-x_4=2, \\ x_1+x_2-x_3+x_4=1, \\ x_1-x_2+x_3=2, \\ 2x_1+2x_2-5x_3+ax_4=b; \end{cases}$　(2) $\begin{cases} x_1+2x_2+3x_3-x_4=1, \\ 2x_1+3x_2+5x_3+2x_4=2, \\ 2x_1+4x_2+7x_3+x_4=a, \\ x_1+2x_2+4x_3-bx_4=1. \end{cases}$

11. 证明方程组

$$\begin{cases} x_1-x_2=b_1, \\ x_2-x_3=b_2, \\ x_3-x_4=b_3, \\ x_4-x_5=b_4, \\ x_5-x_1=b_5 \end{cases}$$

有解的充要条件是 $b_1+b_2+b_3+b_4+b_5=0$. 当方程组有解时，求出它的解.

12. 已知平面上的 3 条直线

$x-y+a=0$，　$2x+3y-1=0$，　$2x-2ay-1=0$.

讨论 a 的取值与这 3 条直线相互位置之间的关系.

13. 求解下列齐次线性方程组：

(1) $\begin{cases} 3x_1+5x_2-4x_3=0, \\ -3x_1-2x_2+4x_3=0, \\ 6x_1+x_2-8x_3=0; \end{cases}$　(2) $\begin{cases} 3x_1+4x_2-5x_3+7x_4=0, \\ 2x_1-3x_2+3x_3-2x_4=0, \\ 4x_1+11x_2-13x_3+16x_4=0, \\ 7x_1-2x_2+x_3+3x_4=0. \end{cases}$

14. 讨论下列齐次线性方程组中参数 a 的取值与方程组的解的关系，并且在方程组有非零解时求出通解：

(1) $\begin{cases} x_1+x_2+x_3=0, \\ x_1+2x_2+ax_3=0, \\ 2x_1+ax_2+2x_3=0; \end{cases}$ (2) $\begin{cases} x_1+x_2+x_3+x_4=0, \\ x_1+ax_2+x_3+x_4=0, \\ 2x_1+x_2+2x_3-ax_4=0, \\ 3x_1+x_2-x_3+x_4=0. \end{cases}$

15. (应用题)在热传导的研究中，一个重要的问题是确定图 1.6 中所示的平板的稳恒温度分布．图中给出了平板的边界上的温度分布，T_1，T_2，T_3，T_4 表示平板的 4 个内部结点的温度．

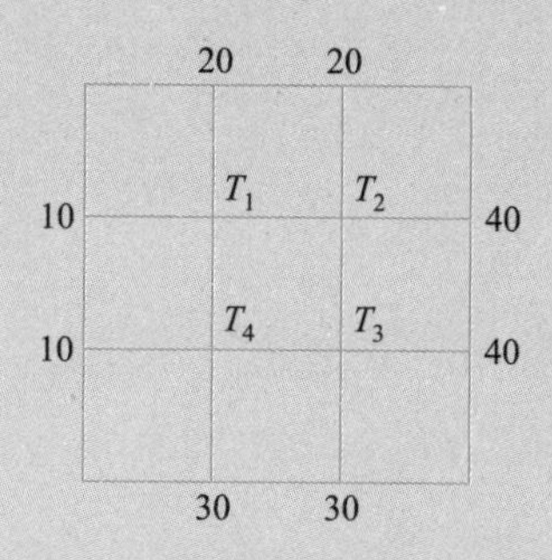

图 1.6 平板的边界上的温度分布

已知内部结点的温度近似地等于 4 个与它最接近结点(上、下、左、右)的温度的平均值，例如 $T_1=(20+T_4+10+T_2)/4$. 写出 T_1，T_2，T_3，T_4 所满足的方程组并且求出这个方程组的解．

第二章　矩阵

我们在第一章定义了矩阵以及矩阵的初等行变换，并且借助于矩阵这个强有力的工具解决了关于线性方程组的基本问题．在这一章，我们将学习矩阵的4种运算，这些运算的性质，以及与矩阵运算有关的基础知识．

MOOC 2.1
矩阵的线性运算

2.1　矩阵的线性运算

首先给出两个矩阵相等的定义．

定义 2.1　设 $\boldsymbol{A}=(a_{ij})$，$\boldsymbol{B}=(b_{ij})$ 是两个 $m\times n$ 矩阵．如果对任意的 $i\in\{1,2,\cdots,m\}$，$j\in\{1,2,\cdots,n\}$，都有 $a_{ij}=b_{ij}$，那么称 $\boldsymbol{A}$ 与 $\boldsymbol{B}$ 相等，记作 $\boldsymbol{A}=\boldsymbol{B}$.

现在定义矩阵的加法运算和常数与矩阵的乘法运算．

定义 2.2　设 $\boldsymbol{A}=(a_{ij})$，$\boldsymbol{B}=(b_{ij})$ 是两个 $m\times n$ 矩阵．对任意的 $i\in\{1,2,\cdots,m\}$，$j\in\{1,2,\cdots,n\}$，令 $c_{ij}=a_{ij}+b_{ij}$，那么 $m\times n$ 矩阵 $\boldsymbol{C}=(c_{ij})$ 称为 $\boldsymbol{A}$ 与 $\boldsymbol{B}$ 的和，记作 $\boldsymbol{C}=\boldsymbol{A}+\boldsymbol{B}$.

定义 2.3　设 k 是常数，$\boldsymbol{A}=(a_{ij})$ 是 $m\times n$ 矩阵．对任意的 $i\in\{1,2,\cdots,m\}$，$j\in\{1,2,\cdots,n\}$，令 $b_{ij}=ka_{ij}$，那么 $m\times n$ 矩阵 $\boldsymbol{B}=(b_{ij})$ 称为常数 k 与矩阵 $\boldsymbol{A}$ 的乘积，简称为数乘，记作 $\boldsymbol{B}=k\boldsymbol{A}$.

矩阵的加法和数乘运算统称为矩阵的线性运算．

下面给出几个常用的记号：

(1) 零矩阵记作 $\boldsymbol{0}$；

(2) $(-1)\boldsymbol{A}$ 记作 $-\boldsymbol{A}$，$-\boldsymbol{A}$ 称为 $\boldsymbol{A}$ 的负矩阵；

(3) $\boldsymbol{A}+(-\boldsymbol{B})$ 记作 $\boldsymbol{A}-\boldsymbol{B}$，$\boldsymbol{A}-\boldsymbol{B}$ 称为 $\boldsymbol{A}$ 与 $\boldsymbol{B}$ 的差．

矩阵的线性运算有下列性质．

性质 2.1　设 $\boldsymbol{A}$，$\boldsymbol{B}$，$\boldsymbol{C}$ 是 $m\times n$ 矩阵，h，k 是常数，那么下列结论成立：

(1) $\boldsymbol{A}+\boldsymbol{B}=\boldsymbol{B}+\boldsymbol{A}$；

(2) $(\boldsymbol{A}+\boldsymbol{B})+\boldsymbol{C}=\boldsymbol{A}+(\boldsymbol{B}+\boldsymbol{C})$；

(3) $\boldsymbol{A}+\boldsymbol{0}=\boldsymbol{A}$；

(4) $\boldsymbol{A}+(-\boldsymbol{A})=\boldsymbol{0}$；

(5) $1\boldsymbol{A}=\boldsymbol{A}$；

(6) $(hk)\boldsymbol{A}=h(k\boldsymbol{A})$；

(7) $(h+k)\boldsymbol{A}=h\boldsymbol{A}+k\boldsymbol{A}$;

(8) $k(\boldsymbol{A}+\boldsymbol{B})=k\boldsymbol{A}+k\boldsymbol{B}$.

以上 8 个等式都可以根据矩阵相等以及矩阵的线性运算的定义证明．例如，为了证明第 1 个结论，我们设 $\boldsymbol{A}=(a_{ij})$，$\boldsymbol{B}=(b_{ij})$．于是 $\boldsymbol{A}+\boldsymbol{B}$ 的 (i,j)－元为 $a_{ij}+b_{ij}$，$\boldsymbol{B}+\boldsymbol{A}$ 的 (i,j)－元为 $b_{ij}+a_{ij}$．因为 $a_{ij}+b_{ij}=b_{ij}+a_{ij}$，所以 $\boldsymbol{A}+\boldsymbol{B}$ 的 (i,j)－元等于 $\boldsymbol{B}+\boldsymbol{A}$ 的 (i,j)－元，对所有的 $i\in\{1,2,\cdots,m\}$，$j\in\{1,2,\cdots,n\}$ 都成立．因此 $\boldsymbol{A}+\boldsymbol{B}=\boldsymbol{B}+\boldsymbol{A}$．另外 7 个结论可以类似地证明．■

由 (2) 知矩阵加法满足结合律，所以 3 个 $m\times n$ 矩阵 $\boldsymbol{A}$，$\boldsymbol{B}$，$\boldsymbol{C}$ 的和可以记作 $\boldsymbol{A}+\boldsymbol{B}+\boldsymbol{C}$．一般地，$s$ 个 $m\times n$ 矩阵 $\boldsymbol{A}_1$，$\boldsymbol{A}_2$，$\cdots$，$\boldsymbol{A}_s$ 的和可以记作 $\boldsymbol{A}_1+\boldsymbol{A}_2+\cdots+\boldsymbol{A}_s$.

例 2.1　设 $\boldsymbol{A}-2\boldsymbol{B}=3\boldsymbol{A}+\boldsymbol{C}$，其中

$$\boldsymbol{A}=\begin{pmatrix}-1 & 3\\ 2 & -1\\ 0 & 1\end{pmatrix},\quad \boldsymbol{C}=\begin{pmatrix}4 & -3\\ 1 & 2\\ -2 & 5\end{pmatrix}.$$

求矩阵 $\boldsymbol{B}$.

解　在等式 $\boldsymbol{A}-2\boldsymbol{B}=3\boldsymbol{A}+\boldsymbol{C}$ 两边加 $-\boldsymbol{A}$，得 $-2\boldsymbol{B}=2\boldsymbol{A}+\boldsymbol{C}$．在等式 $-2\boldsymbol{B}=2\boldsymbol{A}+\boldsymbol{C}$ 两边乘 $-\dfrac{1}{2}$，于是有

$$\boldsymbol{B}=-\frac{1}{2}(2\boldsymbol{A}+\boldsymbol{C})=\begin{pmatrix}-1 & -3/2\\ -5/2 & 0\\ 1 & -7/2\end{pmatrix}.$$ ■

2.2　矩阵的乘法运算及其性质

矩阵的乘法运算

一、矩阵的乘法运算

定义矩阵的乘法，是为了提供一种描述变量之间的线性关系的简便方式．例如，设变量 x_1，x_2，$\cdots$，x_n 和变量 y 满足线性关系

$$a_1x_1+a_2x_2+\cdots+a_nx_n=y, \tag{1}$$

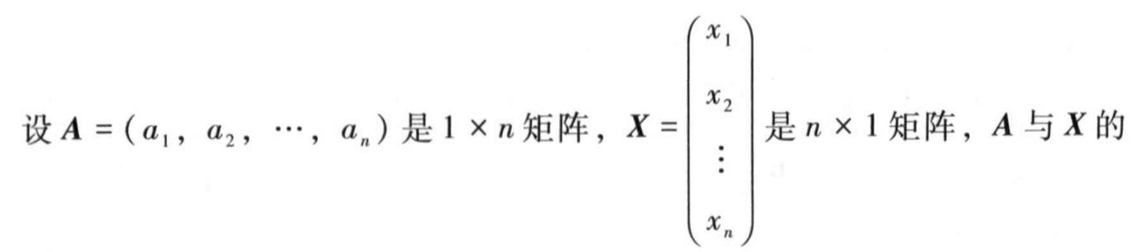

设 $\boldsymbol{A}=(a_1,a_2,\cdots,a_n)$ 是 $1\times n$ 矩阵，$\boldsymbol{X}=\begin{pmatrix}x_1\\ x_2\\ \vdots\\ x_n\end{pmatrix}$ 是 $n\times 1$ 矩阵，$\boldsymbol{A}$ 与 $\boldsymbol{X}$ 的乘积 $\boldsymbol{AX}$ 定义为

$$AX=(a_1,\ a_2,\ \cdots,\ a_n)\begin{pmatrix}x_1\\x_2\\\vdots\\x_n\end{pmatrix}=a_1x_1+a_2x_2+\cdots+a_nx_n=\sum_{k=1}^{n}a_kx_k.$$

于是，式(1)可以表示为 $\boldsymbol{AX}=y$.

再如，设变量 x_1，x_2，…，x_n 和变量 y_1，y_2，…，y_n 通过下列线性方程组相关联：

$$\begin{cases}a_{11}x_1+a_{12}x_2+\cdots+a_{1n}x_n=y_1,\\a_{21}x_1+a_{22}x_2+\cdots+a_{2n}x_n=y_2,\\\cdots\cdots\cdots\cdots\\a_{m1}x_1+a_{m2}x_2+\cdots+a_{mn}x_n=y_m.\end{cases}\tag{2}$$

记 $\boldsymbol{X}=\begin{pmatrix}x_1\\x_2\\\vdots\\x_n\end{pmatrix}$，$\boldsymbol{Y}=\begin{pmatrix}y_1\\y_2\\\vdots\\y_m\end{pmatrix}$，那么式(2)定义了从 $n\times1$ 列矩阵 $\boldsymbol{X}$ 到 $m\times1$ 列矩阵 $\boldsymbol{Y}$ 的一个对应关系 $\boldsymbol{X}\rightarrow\boldsymbol{Y}$. 式(2)中的第 i 个方程为

$$a_{i1}x_1+a_{i2}x_2+\cdots+a_{in}x_n=y_i.\tag{3}$$

如果 $\boldsymbol{A}$ 是式(2)的系数矩阵，即

$$\boldsymbol{A}=\begin{pmatrix}a_{11}&a_{12}&\cdots&a_{1n}\\a_{21}&a_{22}&\cdots&a_{2n}\\\vdots&\vdots&&\vdots\\a_{m1}&a_{m2}&\cdots&a_{mn}\end{pmatrix},$$

那么式(3)左边正好是 $\boldsymbol{A}$ 的第 i 行与矩阵 $\boldsymbol{X}$ 的乘积，于是 $\boldsymbol{A}$ 与 $\boldsymbol{X}$ 的乘积由下式给出：

$$\boldsymbol{AX}=\begin{pmatrix}a_{11}x_1+a_{12}x_2+\cdots+a_{1n}x_n\\a_{21}x_1+a_{22}x_2+\cdots+a_{2n}x_n\\\vdots\\a_{m1}x_1+a_{m2}x_2+\cdots+a_{mn}x_n\end{pmatrix}.$$

根据矩阵相等的定义，可以看到矩阵等式 $\boldsymbol{AX}=\boldsymbol{Y}$ 与方程组(2)等价.

一般地，我们可以将矩阵与列矩阵的乘积推广到任意 $m\times n$ 矩阵 $\boldsymbol{A}$ 与 $n\times t$ 矩阵 $\boldsymbol{B}$ 的乘积，有如下定义.

定义 2.4 设 $\boldsymbol{A}=(a_{ij})$ 是 $m\times n$ 矩阵，$\boldsymbol{B}=(b_{ij})$ 是 $n\times t$ 矩阵. 将 $\boldsymbol{A}$ 按行记作

$$A = \begin{pmatrix} A_1 \\ A_2 \\ \vdots \\ A_m \end{pmatrix},$$

其中 $A_i = (a_{i1},\ a_{i2},\ \cdots,\ a_{in}),\ i \in \{1,\ 2,\ \cdots,\ m\}$；将 B 按列记作

$$B = (B_1,\ B_2,\ \cdots,\ B_t),$$

其中 $B_j = \begin{pmatrix} b_{1j} \\ b_{2j} \\ \vdots \\ b_{nj} \end{pmatrix},\ j \in \{1,\ 2,\ \cdots,\ t\}$. 矩阵 A 与 B 的乘积 AB 是一个 $m \times t$ 矩阵，AB 的 $(i,\ j)$ - 元定义为

$$A_iB_j = (a_{i1},\ a_{i2},\ \cdots,\ a_{in}) \begin{pmatrix} b_{1j} \\ b_{2j} \\ \vdots \\ b_{nj} \end{pmatrix} = a_{i1}b_{1j} + a_{i2}b_{2j} + \cdots + a_{in}b_{nj},$$

$$i \in \{1,\ 2,\ \cdots,\ m\},\ j \in \{1,\ 2,\ \cdots,\ t\}.$$

根据矩阵乘法的定义，我们有

$$AB = \begin{pmatrix} A_1B_1 & A_1B_2 & \cdots & A_1B_t \\ A_2B_1 & A_2B_2 & \cdots & A_2B_t \\ \vdots & \vdots & & \vdots \\ A_mB_1 & A_mB_2 & \cdots & A_mB_t \end{pmatrix}.$$

说明　(1) 只有矩阵 A 的列数等于矩阵 B 的行数，A 与 B 的乘积 AB 才有意义；

(2) A 与 B 的乘积 AB 继承了左边矩阵 A 的行数，右边矩阵 B 的列数.

形象地，我们可以用图 2.1 表示矩阵的乘积.

$$\begin{pmatrix} a_{11} & a_{12} & \cdots & a_{1n} \\ \vdots & \vdots & & \vdots \\ a_{i1} & a_{i2} & \cdots & a_{in} \\ \vdots & \vdots & & \vdots \\ a_{m1} & a_{m2} & \cdots & a_{mn} \end{pmatrix} \begin{pmatrix} b_{11} & \cdots & b_{1j} & \cdots & b_{1t} \\ b_{21} & \cdots & b_{2j} & \cdots & b_{2t} \\ \vdots & & \vdots & & \vdots \\ b_{n1} & \cdots & b_{nj} & \cdots & b_{nt} \end{pmatrix} = \begin{pmatrix} c_{11} & \cdots & c_{1j} & \cdots & c_{1t} \\ \vdots & & \vdots & & \vdots \\ c_{i1} & \cdots & c_{ij} & \cdots & c_{it} \\ \vdots & & \vdots & & \vdots \\ c_{m1} & \cdots & c_{mj} & \cdots & c_{mt} \end{pmatrix}$$

图 2.1　矩阵的乘积

我们已经介绍了矩阵的 3 种运算(加法、数乘和乘法). 在这 3 种运算中，只有数乘运算对矩阵的行数与列数没有特殊要求，加法与乘法对矩阵的行数与列数都有严格的规定. 为了方便起见，我们约定，今后出现的矩阵运算都是合理的. 如果出现了 $\boldsymbol{A}+\boldsymbol{B}$，则意味着矩阵 $\boldsymbol{A}$ 与 $\boldsymbol{B}$ 可以相加；如果出现了 $\boldsymbol{AB}$，则意味着矩阵 $\boldsymbol{A}$ 与 $\boldsymbol{B}$ 可以相乘.

例 2.2 设 $\boldsymbol{A}=\begin{pmatrix}-1&3\\2&-1\\0&1\end{pmatrix}$，$\boldsymbol{B}=\begin{pmatrix}2&0&3&1\\1&5&-2&4\end{pmatrix}$，求 $\boldsymbol{A}$ 与 $\boldsymbol{B}$ 的乘积 $\boldsymbol{AB}$.

解 写出 $\boldsymbol{A}$ 的 3 个行

$$\boldsymbol{A}_1=(-1,3),\quad \boldsymbol{A}_2=(2,-1),\quad \boldsymbol{A}_3=(0,1);$$

写出 $\boldsymbol{B}$ 的 4 个列

$$\boldsymbol{B}_1=\begin{pmatrix}2\\1\end{pmatrix},\quad \boldsymbol{B}_2=\begin{pmatrix}0\\5\end{pmatrix},\quad \boldsymbol{B}_3=\begin{pmatrix}3\\-2\end{pmatrix},\quad \boldsymbol{B}_4=\begin{pmatrix}1\\4\end{pmatrix}.$$

因为

$$\begin{aligned}
&\boldsymbol{A}_1\boldsymbol{B}_1=1,\quad \boldsymbol{A}_1\boldsymbol{B}_2=15,\quad \boldsymbol{A}_1\boldsymbol{B}_3=-9,\quad \boldsymbol{A}_1\boldsymbol{B}_4=11,\\
&\boldsymbol{A}_2\boldsymbol{B}_1=3,\quad \boldsymbol{A}_2\boldsymbol{B}_2=-5,\quad \boldsymbol{A}_2\boldsymbol{B}_3=8,\quad \boldsymbol{A}_2\boldsymbol{B}_4=-2,\\
&\boldsymbol{A}_3\boldsymbol{B}_1=1,\quad \boldsymbol{A}_3\boldsymbol{B}_2=5,\quad \boldsymbol{A}_3\boldsymbol{B}_3=-2,\quad \boldsymbol{A}_3\boldsymbol{B}_4=4,
\end{aligned}$$

所以

$$\boldsymbol{AB}=\begin{pmatrix}-1&3\\2&-1\\0&1\end{pmatrix}\begin{pmatrix}2&0&3&1\\1&5&-2&4\end{pmatrix}=\begin{pmatrix}1&15&-9&11\\3&-5&8&-2\\1&5&-2&4\end{pmatrix}.$$ ■

有了矩阵相等以及矩阵的 3 种运算，我们可以将线性方程组用矩阵的形式表示出来. 设 $m\times n$ 线性方程组

$$\begin{cases}a_{11}x_1+a_{12}x_2+\cdots+a_{1n}x_n=b_1,\\a_{21}x_1+a_{22}x_2+\cdots+a_{2n}x_n=b_2,\\\cdots\cdots\cdots\cdots\\a_{m1}x_1+a_{m2}x_2+\cdots+a_{mn}x_n=b_m\end{cases}\tag{4}$$

的系数矩阵为

$$\boldsymbol{A}=\begin{pmatrix}a_{11}&a_{12}&\cdots&a_{1n}\\a_{21}&a_{22}&\cdots&a_{2n}\\\vdots&\vdots&&\vdots\\a_{m1}&a_{m2}&\cdots&a_{mn}\end{pmatrix},$$

未知数构成的列矩阵为 $\boldsymbol{X}=\begin{pmatrix}x_1\\x_2\\\vdots\\x_n\end{pmatrix}$，常数项构成的列矩阵为 $\boldsymbol{\beta}=\begin{pmatrix}b_1\\b_2\\\vdots\\b_m\end{pmatrix}$，那么根据矩阵乘法与矩阵相等的定义，我们可以将方程组(4)表示为

$$\boldsymbol{AX}=\boldsymbol{\beta}. \tag{5}$$

进一步地，设 $\boldsymbol{A}$ 的 n 个列为

$$\boldsymbol{\alpha}_1=\begin{pmatrix}a_{11}\\a_{21}\\\vdots\\a_{m1}\end{pmatrix},\quad \boldsymbol{\alpha}_2=\begin{pmatrix}a_{12}\\a_{22}\\\vdots\\a_{m2}\end{pmatrix},\quad \cdots,\quad \boldsymbol{\alpha}_n=\begin{pmatrix}a_{1n}\\a_{2n}\\\vdots\\a_{mn}\end{pmatrix}.$$

因为

$$\begin{pmatrix}a_{11}x_1+a_{12}x_2+\cdots+a_{1n}x_n\\a_{21}x_1+a_{22}x_2+\cdots+a_{2n}x_n\\\vdots\\a_{m1}x_1+a_{m2}x_2+\cdots+a_{mn}x_n\end{pmatrix}=\begin{pmatrix}a_{11}x_1\\a_{21}x_1\\\vdots\\a_{m1}x_1\end{pmatrix}+\begin{pmatrix}a_{12}x_2\\a_{22}x_2\\\vdots\\a_{m2}x_2\end{pmatrix}+\cdots+\begin{pmatrix}a_{1n}x_n\\a_{2n}x_n\\\vdots\\a_{mn}x_n\end{pmatrix}$$

$$=x_1\begin{pmatrix}a_{11}\\a_{21}\\\vdots\\a_{m1}\end{pmatrix}+x_2\begin{pmatrix}a_{12}\\a_{22}\\\vdots\\a_{m2}\end{pmatrix}+\cdots+x_n\begin{pmatrix}a_{1n}\\a_{2n}\\\vdots\\a_{mn}\end{pmatrix}$$

$$=x_1\boldsymbol{\alpha}_1+x_2\boldsymbol{\alpha}_2+\cdots+x_n\boldsymbol{\alpha}_n,$$

所以方程组(4)又可以表示为

$$x_1\boldsymbol{\alpha}_1+x_2\boldsymbol{\alpha}_2+\cdots+x_n\boldsymbol{\alpha}_n=\boldsymbol{\beta}. \tag{6}$$

由等式(5)与等式(6)可得

$$x_1\boldsymbol{\alpha}_1+x_2\boldsymbol{\alpha}_2+\cdots+x_n\boldsymbol{\alpha}_n=\boldsymbol{AX}. \tag{7}$$

式(7)说明 $m\times n$ 矩阵 $\boldsymbol{A}$ 与 $n\times 1$ 列矩阵 $\boldsymbol{X}$ 的乘积可以看成 $\boldsymbol{A}$ 的 n 个列的一个线性运算的结果.

MOOC 2.3
矩阵乘法的性质

二、矩阵乘法的性质

这部分讨论矩阵乘法的性质．设 $\boldsymbol{A}=(a_{ij})$ 是 $m\times n$ 矩阵，$\boldsymbol{B}=(b_{ij})$ 是

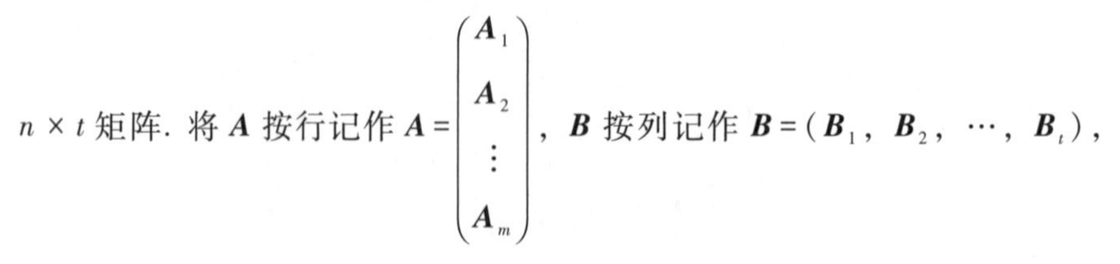

$n\times t$ 矩阵. 将 $\boldsymbol{A}$ 按行记作 $\boldsymbol{A}=\begin{pmatrix}\boldsymbol{A}_1\\\boldsymbol{A}_2\\\vdots\\\boldsymbol{A}_m\end{pmatrix}$，$\boldsymbol{B}$ 按列记作 $\boldsymbol{B}=(\boldsymbol{B}_1,\ \boldsymbol{B}_2,\ \cdots,\ \boldsymbol{B}_t)$，

根据矩阵乘法的定义，$\boldsymbol{A}$ 与 $\boldsymbol{B}$ 的乘积

$$\boldsymbol{AB}=\begin{pmatrix}\boldsymbol{A}_1\\\boldsymbol{A}_2\\\vdots\\\boldsymbol{A}_m\end{pmatrix}(\boldsymbol{B}_1,\ \boldsymbol{B}_2,\ \cdots,\ \boldsymbol{B}_t)=\begin{pmatrix}\boldsymbol{A}_1\boldsymbol{B}_1 & \boldsymbol{A}_1\boldsymbol{B}_2 & \cdots & \boldsymbol{A}_1\boldsymbol{B}_t\\\boldsymbol{A}_2\boldsymbol{B}_1 & \boldsymbol{A}_2\boldsymbol{B}_2 & \cdots & \boldsymbol{A}_2\boldsymbol{B}_t\\\vdots & \vdots & & \vdots\\\boldsymbol{A}_m\boldsymbol{B}_1 & \boldsymbol{A}_m\boldsymbol{B}_2 & \cdots & \boldsymbol{A}_m\boldsymbol{B}_t\end{pmatrix}.$$

因为 $\boldsymbol{AB}$ 的第 i 行为$(\boldsymbol{A}_i\boldsymbol{B}_1,\ \boldsymbol{A}_i\boldsymbol{B}_2,\ \cdots,\ \boldsymbol{A}_i\boldsymbol{B}_t)=\boldsymbol{A}_i\boldsymbol{B}$，$i\in\{1,\ 2,\ \cdots,\ m\}$，所以

$$\boldsymbol{AB}=\begin{pmatrix}\boldsymbol{A}_1\\\boldsymbol{A}_2\\\vdots\\\boldsymbol{A}_m\end{pmatrix}\boldsymbol{B}=\begin{pmatrix}\boldsymbol{A}_1\boldsymbol{B}\\\boldsymbol{A}_2\boldsymbol{B}\\\vdots\\\boldsymbol{A}_m\boldsymbol{B}\end{pmatrix},$$

这相当于将 $\boldsymbol{B}$ 从右边去乘 $\boldsymbol{A}$ 的每一行．

因为 $\boldsymbol{AB}$ 的第 j 列为

$$\begin{pmatrix}\boldsymbol{A}_1\boldsymbol{B}_j\\\boldsymbol{A}_2\boldsymbol{B}_j\\\vdots\\\boldsymbol{A}_m\boldsymbol{B}_j\end{pmatrix}=\boldsymbol{AB}_j,\quad j\in\{1,\ 2,\ \cdots,\ t\},$$

所以

$$\boldsymbol{AB}=\boldsymbol{A}(\boldsymbol{B}_1,\ \boldsymbol{B}_2,\ \cdots,\ \boldsymbol{B}_t)=(\boldsymbol{AB}_1,\ \boldsymbol{AB}_2,\ \cdots,\ \boldsymbol{AB}_t).$$

这说明 $\boldsymbol{A}$ 与 $\boldsymbol{B}$ 的乘积相当于将 $\boldsymbol{A}$ 从左边去乘 $\boldsymbol{B}$ 的每一列．

根据矩阵乘法的定义，如果 $\boldsymbol{A}=\boldsymbol{0}$ 或者 $\boldsymbol{B}=\boldsymbol{0}$，那么 $\boldsymbol{AB}=\boldsymbol{0}$. 结合前面的讨论，我们可以得到下面的命题．

命题 2.1　如果 $\boldsymbol{A}$ 的第 i 行为零行，那么 $\boldsymbol{AB}$ 的第 i 行为零行；如果 $\boldsymbol{B}$ 的第 j 列为零列，那么 $\boldsymbol{AB}$ 的第 j 列为零列．因此，$\boldsymbol{AB}$ 的非零行的个数不大于 $\boldsymbol{A}$ 的非零行的个数，$\boldsymbol{AB}$ 的非零列的个数不大于 $\boldsymbol{B}$ 的非零列的个数． ■

例 2.3　设 $\boldsymbol{A}=\begin{pmatrix}a_{11} & a_{12} & \cdots & a_{1n}\\a_{21} & a_{22} & \cdots & a_{2n}\\\vdots & \vdots & & \vdots\\a_{m1} & a_{m2} & \cdots & a_{mn}\end{pmatrix}$，$\boldsymbol{W}=(w_1,\ w_2,\ \cdots,\ w_m)$，$\boldsymbol{X}=$

$\begin{pmatrix} x_1 \\ x_2 \\ \vdots \\ x_n \end{pmatrix}$，证明$(\boldsymbol{WA})\boldsymbol{X}=\boldsymbol{W}(\boldsymbol{AX})$.

证明 因为

$$\boldsymbol{WA}=\left(\sum_{i=1}^{m} w_i a_{i1},\ \sum_{i=1}^{m} w_i a_{i2},\ \cdots,\ \sum_{i=1}^{m} w_i a_{in}\right),$$

所以

$$(\boldsymbol{WA})\boldsymbol{X}=\sum_{j=1}^{n}\left(\sum_{i=1}^{m} w_i a_{ij}\right) x_j=\sum_{j=1}^{n}\sum_{i=1}^{m} w_i a_{ij} x_j .$$

另一方面，由于

$$\boldsymbol{AX}=\begin{pmatrix} \sum\limits_{j=1}^{n} a_{1j}x_j \\ \sum\limits_{j=1}^{n} a_{2j}x_j \\ \vdots \\ \sum\limits_{j=1}^{n} a_{mj}x_j \end{pmatrix},$$

所以

$$\boldsymbol{W}(\boldsymbol{AX})=\sum_{i=1}^{m} w_i\left(\sum_{j=1}^{n} a_{ij}x_j\right)=\sum_{i=1}^{m}\sum_{j=1}^{n} w_i a_{ij} x_j .$$

由于

$$\sum_{j=1}^{n}\sum_{i=1}^{m} w_i a_{ij} x_j=\sum_{i=1}^{m}\sum_{j=1}^{n} w_i a_{ij} x_j,$$

故有$(\boldsymbol{WA})\boldsymbol{X}=\boldsymbol{W}(\boldsymbol{AX})$. ■

下面介绍矩阵乘法的性质.

性质 2.2 设 $\boldsymbol{A}$，$\boldsymbol{B}$，$\boldsymbol{C}$ 是矩阵，k 是常数，则有下列结论：

(1) $(\boldsymbol{AB})\boldsymbol{C}=\boldsymbol{A}(\boldsymbol{BC})$； 结合律

(2) $\boldsymbol{A}(\boldsymbol{B}+\boldsymbol{C})=\boldsymbol{AB}+\boldsymbol{AC}$,

$(\boldsymbol{B}+\boldsymbol{C})\boldsymbol{A}=\boldsymbol{BA}+\boldsymbol{CA}$； 分配律

(3) $k(\boldsymbol{AB})=(k\boldsymbol{A})\boldsymbol{B}=\boldsymbol{A}(k\boldsymbol{B})$.

证明 (1) 设 $\boldsymbol{A}$ 的第 i 行为 $\boldsymbol{A}_i$，$\boldsymbol{C}$ 的第 j 列为 $\boldsymbol{C}_j$. 因为 $\boldsymbol{AB}$ 的第 i 行为 $\boldsymbol{A}_i\boldsymbol{B}$，所以$(\boldsymbol{AB})\boldsymbol{C}$ 的(i,j)-元为$(\boldsymbol{A}_i\boldsymbol{B})\boldsymbol{C}_j$；因为 $\boldsymbol{BC}$ 的第 j 列为 $\boldsymbol{BC}_j$，所以$\boldsymbol{A}(\boldsymbol{BC})$的$(i,j)$-元为 $\boldsymbol{A}_i(\boldsymbol{BC}_j)$. 根据例 2.3，我们有$(\boldsymbol{A}_i\boldsymbol{B})\boldsymbol{C}_j=\boldsymbol{A}_i(\boldsymbol{BC}_j)$，于是$(\boldsymbol{AB})\boldsymbol{C}$ 的(i,j)-元等于 $\boldsymbol{A}(\boldsymbol{BC})$ 的(i,j)-元. 因此

$(\boldsymbol{AB})\boldsymbol{C}=\boldsymbol{A}(\boldsymbol{BC})$.

相同的方法可以证明结论(2)与(3). ■

因为矩阵乘法满足结合律，所以 3 个矩阵 $\boldsymbol{A}$，$\boldsymbol{B}$，$\boldsymbol{C}$ 的乘积可以记作 $\boldsymbol{ABC}$. 一般地，s 个矩阵 $\boldsymbol{A}_1$，$\boldsymbol{A}_2$，…，$\boldsymbol{A}_s$ 的乘积可以记作 $\boldsymbol{A}_1\boldsymbol{A}_2\cdots\boldsymbol{A}_s$.

根据矩阵乘法的定义，两个矩阵相乘是有顺序的，所以矩阵乘法不满足交换律. $\boldsymbol{A}$ 与 $\boldsymbol{B}$ 可以相乘，$\boldsymbol{B}$ 与 $\boldsymbol{A}$ 不一定可以相乘. 即使 $\boldsymbol{A}$ 与 $\boldsymbol{B}$ 可以相乘，$\boldsymbol{B}$ 与 $\boldsymbol{A}$ 也可以相乘，$\boldsymbol{AB}$ 与 $\boldsymbol{BA}$ 也不一定相等.

例 2.4 设 $\boldsymbol{A}=\begin{pmatrix}1&1\\2&3\end{pmatrix}$，$\boldsymbol{B}=\begin{pmatrix}2&1\\-1&5\end{pmatrix}$，则有

$$\boldsymbol{AB}=\begin{pmatrix}1&6\\1&17\end{pmatrix},\quad \boldsymbol{BA}=\begin{pmatrix}4&5\\9&14\end{pmatrix}.$$

$\boldsymbol{AB}$ 与 $\boldsymbol{BA}$ 都是 2×2 矩阵，但是 $\boldsymbol{AB}\neq\boldsymbol{BA}$. ■

矩阵乘法也不满足消去律，即 $\boldsymbol{AB}=\boldsymbol{AC}$，并且 $\boldsymbol{A}\neq\boldsymbol{0}$，我们不一定能得出 $\boldsymbol{B}=\boldsymbol{C}$.

例 2.5 设 $\boldsymbol{A}=\begin{pmatrix}1&1\\1&1\end{pmatrix}$，$\boldsymbol{B}=\begin{pmatrix}0&2\\2&0\end{pmatrix}$，$\boldsymbol{C}=\begin{pmatrix}2&0\\0&2\end{pmatrix}$，则

$$\boldsymbol{AB}=\begin{pmatrix}1&1\\1&1\end{pmatrix}\begin{pmatrix}0&2\\2&0\end{pmatrix}=\begin{pmatrix}2&2\\2&2\end{pmatrix},$$

$$\boldsymbol{AC}=\begin{pmatrix}1&1\\1&1\end{pmatrix}\begin{pmatrix}2&0\\0&2\end{pmatrix}=\begin{pmatrix}2&2\\2&2\end{pmatrix}.$$

于是 $\boldsymbol{AB}=\boldsymbol{AC}$，并且 $\boldsymbol{A}\neq\boldsymbol{0}$，但是 $\boldsymbol{B}\neq\boldsymbol{C}$. ■

如果 $\boldsymbol{A}=\boldsymbol{0}$ 或 $\boldsymbol{B}=\boldsymbol{0}$，则 $\boldsymbol{AB}=\boldsymbol{0}$. 但是 $\boldsymbol{AB}=\boldsymbol{0}$ 不一定能得出 $\boldsymbol{A}=\boldsymbol{0}$ 或 $\boldsymbol{B}=\boldsymbol{0}$.

例 2.6 设 $\boldsymbol{A}=\begin{pmatrix}1&1\\1&1\end{pmatrix}$，$\boldsymbol{B}=\begin{pmatrix}2&-2\\-2&2\end{pmatrix}$，则 $\boldsymbol{A}\neq\boldsymbol{0}$，$\boldsymbol{B}\neq\boldsymbol{0}$，但是 $\boldsymbol{AB}=\boldsymbol{0}$. ■

因此，关于矩阵的乘法我们不能随便套用关于数的乘法法则.

2.3 方阵

MOOC 2.4

方阵

这一节介绍方阵以及方阵的多项式.

定义 2.5 行数与列数相等的矩阵称为方阵，行数与列数都为 n 的方阵称为 n 阶矩阵或者 n 阶方阵.

n 阶矩阵 $\boldsymbol{A}=(a_{ij})$ 的元素 a_{11}，a_{22}，…，a_{nn} 称为 $\boldsymbol{A}$ 的对角元. 对角元

都等于 1，其他元素都等于零的方阵称为单位矩阵，n 阶单位矩阵记作 $\boldsymbol{I}_n$，即

$$\boldsymbol{I}_n=\begin{pmatrix}1&0&0&\cdots&0\\0&1&0&\cdots&0\\0&0&1&\cdots&0\\\vdots&\vdots&\vdots&&\vdots\\0&0&0&\cdots&1\end{pmatrix}.$$

很容易验证，对任意的 $m\times n$ 矩阵 $\boldsymbol{A}$，都有 $\boldsymbol{I}_m\boldsymbol{A}=\boldsymbol{A}\boldsymbol{I}_n=\boldsymbol{A}$. 因此，单位矩阵相当于数的乘法运算中的单位元 1.

下面定义方阵的乘方 .

定义 2.6　设 m 是正整数，$\boldsymbol{A}$ 是方阵，m 个 $\boldsymbol{A}$ 相乘之积称为 $\boldsymbol{A}$ 的 m 次幂，记作 $\boldsymbol{A}^m$.

我们约定 $\boldsymbol{A}^0=\boldsymbol{I}$ 为单位矩阵，$\boldsymbol{A}^1=\boldsymbol{A}$.

方阵的乘方有下面的性质 .

性质 2.3　如果 $\boldsymbol{A}$ 是方阵，s，t 是非负整数，那么

$$\boldsymbol{A}^s\boldsymbol{A}^t=\boldsymbol{A}^{s+t},\ (\boldsymbol{A}^s)^t=\boldsymbol{A}^{st}.$$

指数定律 ■

例 2.7　设 $\boldsymbol{A}$，$\boldsymbol{B}$ 是同阶方阵 . 证明 $(\boldsymbol{A}+\boldsymbol{B})^2=\boldsymbol{A}^2+2\boldsymbol{AB}+\boldsymbol{B}^2$ 成立的充要条件是 $\boldsymbol{AB}=\boldsymbol{BA}$.

证明　对任意两个同阶方阵 $\boldsymbol{A}$ 与 $\boldsymbol{B}$，都有

$$\begin{aligned}(\boldsymbol{A}+\boldsymbol{B})^2&=(\boldsymbol{A}+\boldsymbol{B})(\boldsymbol{A}+\boldsymbol{B})=\boldsymbol{A}(\boldsymbol{A}+\boldsymbol{B})+\boldsymbol{B}(\boldsymbol{A}+\boldsymbol{B})\\&=\boldsymbol{A}^2+\boldsymbol{AB}+\boldsymbol{BA}+\boldsymbol{B}^2.\end{aligned}\tag{1}$$

充分性　设 $\boldsymbol{AB}=\boldsymbol{BA}$，那么

$$(\boldsymbol{A}+\boldsymbol{B})^2=\boldsymbol{A}^2+\boldsymbol{AB}+\boldsymbol{BA}+\boldsymbol{B}^2=\boldsymbol{A}^2+2\boldsymbol{AB}+\boldsymbol{B}^2.$$

必要性　设

$$(\boldsymbol{A}+\boldsymbol{B})^2=\boldsymbol{A}^2+2\boldsymbol{AB}+\boldsymbol{B}^2.\tag{2}$$

比较(1)，(2)两式，可得 $\boldsymbol{AB}=\boldsymbol{BA}$. ■

例 2.8　设 $\boldsymbol{A}=\begin{pmatrix}\lambda&1&0\\0&\lambda&1\\0&0&\lambda\end{pmatrix}$ 是 3 阶矩阵 . 证明对于任意正整数 k，都有

$$\boldsymbol{A}^k=\begin{pmatrix}\lambda^k&k\lambda^{k-1}&\dfrac{k(k-1)}{2}\lambda^{k-2}\\0&\lambda^k&k\lambda^{k-1}\\0&0&\lambda^k\end{pmatrix}.$$

证明　对 k 用数学归纳法 . 当 $k=1$ 时，结论显然成立 . 设 $k\geqslant 2$，并

且当 $k=n$ 时，结论成立，即

$$A^n=\begin{pmatrix}\lambda^n & n\lambda^{n-1} & \frac{n(n-1)}{2}\lambda^{n-2}\\ 0 & \lambda^n & n\lambda^{n-1}\\ 0 & 0 & \lambda^n\end{pmatrix},$$

下面证明当 $k=n+1$ 时，结论也成立．因为

$$A^{n+1}=A^nA=\begin{pmatrix}\lambda^n & n\lambda^{n-1} & \frac{n(n-1)}{2}\lambda^{n-2}\\ 0 & \lambda^n & n\lambda^{n-1}\\ 0 & 0 & \lambda^n\end{pmatrix}\begin{pmatrix}\lambda & 1 & 0\\ 0 & \lambda & 1\\ 0 & 0 & \lambda\end{pmatrix}$$

$$=\begin{pmatrix}\lambda^{n+1} & (n+1)\lambda^n & \frac{n(n+1)}{2}\lambda^{n-1}\\ 0 & \lambda^{n+1} & (n+1)\lambda^n\\ 0 & 0 & \lambda^{n+1}\end{pmatrix},$$

所以对任意的正整数 k，都有

$$A^k=\begin{pmatrix}\lambda^k & k\lambda^{k-1} & \frac{k(k-1)}{2}\lambda^{k-2}\\ 0 & \lambda^k & k\lambda^{k-1}\\ 0 & 0 & \lambda^k\end{pmatrix}.$$ ■

下面定义方阵的多项式．

定义 2.7　设 a_0，a_1，a_2，…，a_m 是常数，$f(x)=a_0x^m+a_1x^{m-1}+\cdots+a_{m-1}x+a_m$ 是 x 的多项式．如果 A 是方阵，那么

$$f(A)=a_0A^m+a_1A^{m-1}+\cdots+a_{m-1}A+a_mI$$

称为 A 的多项式．

方阵的多项式有下面的性质．

性质 2.4　设 $f(x)$，$g(x)$，$h(x)$ 是 x 的多项式，A 是方阵．如果 $f(x)=g(x)h(x)$，那么 $f(A)=g(A)h(A)$． ■

根据这一性质，方阵的多项式可以像代数多项式一样进行因式分解．

这一节的最后我们给出方阵乘方的一个应用．

定义 2.8　如果数列 $\{F_n\}$ 满足下列两个条件：

(1) $F_0=1$，$F_1=1$；

(2) 当 $n\geqslant 2$ 时，$F_n=F_{n-1}+F_{n-2}$，

那么数列$\{F_n\}$称为斐波那契[1]数列.

许多实际问题都可以导出斐波那契数列，其中之一是兔子繁衍的数量.假设年初的时候有一对新出生的兔子，新出生的兔子过了两个月，在下个月底繁衍出一对兔子，以后每个月底繁衍出一对兔子，并且所有兔子都能成活一年，问到年底的时候，有多少对兔子？显然，在年初的时候，兔子数量为$F_0=1$.一月末的时候，兔子数量为$F_1=1$，年底时的兔子数量为$F_{12}=F_{11}+F_{10}$.

我们可以用一个方阵的乘方描述斐波那契数列.

例 2.9　斐波那契数列的矩阵形式

$$\begin{pmatrix} F_{n+1} \\ F_n \end{pmatrix}=\begin{pmatrix} 1 & 1 \\ 1 & 0 \end{pmatrix}\begin{pmatrix} F_n \\ F_{n-1} \end{pmatrix}=\begin{pmatrix} 1 & 1 \\ 1 & 0 \end{pmatrix}^2\begin{pmatrix} F_{n-1} \\ F_{n-2} \end{pmatrix}$$

$$=\cdots=\begin{pmatrix} 1 & 1 \\ 1 & 0 \end{pmatrix}^n\begin{pmatrix} F_1 \\ F_0 \end{pmatrix}=\begin{pmatrix} 1 & 1 \\ 1 & 0 \end{pmatrix}^n\begin{pmatrix} 1 \\ 1 \end{pmatrix}. \qquad \blacksquare$$

如果我们能够求出$\begin{pmatrix} 1 & 1 \\ 1 & 0 \end{pmatrix}^n$，那么我们就可以得到斐波那契数列的通项$F_n$.一般来说，求一个方阵的乘方并不是一件很容易的事情.我们将在第五章给出一种计算一类特殊方阵的乘方的方法，并且求出$\begin{pmatrix} 1 & 1 \\ 1 & 0 \end{pmatrix}^n$，从而求出$F_n$的表达式.

MOOC 2.5
矩阵的转置

2.4　矩阵的转置

这一节介绍矩阵的转置，这是矩阵的第4种运算.

定义 2.9　设$A=(a_{ij})$是$m\times n$矩阵.对任意的$i\in\{1, 2, \cdots, m\}$，$j\in\{1, 2, \cdots, n\}$，令$b_{ij}=a_{ji}$，那么$n\times m$矩阵$B=(b_{ij})$称为A的转置，记作A^{T}.

根据定义，A的转置就是将A的行与列互换位置，即如果

$$A=\begin{pmatrix} a_{11} & a_{12} & \cdots & a_{1n} \\ a_{21} & a_{22} & \cdots & a_{2n} \\ \vdots & \vdots & & \vdots \\ a_{m1} & a_{m2} & \cdots & a_{mn} \end{pmatrix},$$

那么

[1] 斐波那契（Fibonacci，约1170—1250），意大利数学家.

$$A^{\mathrm{T}}=\begin{pmatrix}a_{11}&a_{21}&\cdots&a_{m1}\\a_{12}&a_{22}&\cdots&a_{m2}\\\vdots&\vdots&&\vdots\\a_{1n}&a_{2n}&\cdots&a_{mn}\end{pmatrix}.$$

例 2.10 设 $\boldsymbol{A}=\begin{pmatrix}1&2&2\\4&5&8\end{pmatrix}$，$\boldsymbol{B}=(-2, 8)$，那么

$$\boldsymbol{A}^{\mathrm{T}}=\begin{pmatrix}1&4\\2&5\\2&8\end{pmatrix},\quad \boldsymbol{B}^{\mathrm{T}}=\begin{pmatrix}-2\\8\end{pmatrix}.$$ ■

例 2.11 如果 $\boldsymbol{A}=(a_1, a_2, \cdots, a_n)$是 $1\times n$ 矩阵，$\boldsymbol{B}=\begin{pmatrix}b_1\\b_2\\\vdots\\b_n\end{pmatrix}$是 $n\times 1$ 矩阵，那么

$$\boldsymbol{A}^{\mathrm{T}}=\begin{pmatrix}a_1\\a_2\\\vdots\\a_n\end{pmatrix},\quad \boldsymbol{B}^{\mathrm{T}}=(b_1, b_2, \cdots, b_n),$$

并且

$$\begin{aligned}\boldsymbol{AB}&=a_1b_1+a_2b_2+\cdots+a_nb_n\\&=b_1a_1+b_2a_2+\cdots+b_na_n\\&=(b_1, b_2, \cdots, b_n)\begin{pmatrix}a_1\\a_2\\\vdots\\a_n\end{pmatrix}\\&=\boldsymbol{B}^{\mathrm{T}}\boldsymbol{A}^{\mathrm{T}}.\end{aligned}$$ ■

需要注意的是，这个结论在一般情况下并不成立．

例 2.12 设 $\boldsymbol{A}=(a_{ij})$是 n 阶实矩阵．证明：如果 $\boldsymbol{AA}^{\mathrm{T}}=\boldsymbol{0}$，那么 $\boldsymbol{A}=\boldsymbol{0}$.

证明 对于任意的 $i\in\{1, 2, \cdots, n\}$，因为 $\boldsymbol{AA}^{\mathrm{T}}$ 的(i, i)-元满足

$$(a_{i1}, a_{i2}, \cdots, a_{in})\begin{pmatrix}a_{i1}\\a_{i2}\\\vdots\\a_{in}\end{pmatrix}=(a_{i1})^2+(a_{i2})^2+\cdots+(a_{in})^2=0,$$

并且 a_{i1}，a_{i2}，…，a_{in} 都是实数，所以

$$a_{i1}=a_{i2}=\cdots=a_{in}=0.$$

因此 $\boldsymbol{A}=\boldsymbol{0}$. ■

下面介绍矩阵转置的性质 .

性质 2.5　设 $\boldsymbol{A}$，$\boldsymbol{B}$ 是矩阵，k 是常数，则有下列 4 个结论：

(1) $(\boldsymbol{A}^{\mathrm{T}})^{\mathrm{T}}=\boldsymbol{A}$；

(2) $(\boldsymbol{A}+\boldsymbol{B})^{\mathrm{T}}=\boldsymbol{A}^{\mathrm{T}}+\boldsymbol{B}^{\mathrm{T}}$；

(3) $(k\boldsymbol{A})^{\mathrm{T}}=k\boldsymbol{A}^{\mathrm{T}}$；

(4) $(\boldsymbol{A}\boldsymbol{B})^{\mathrm{T}}=\boldsymbol{B}^{\mathrm{T}}\boldsymbol{A}^{\mathrm{T}}$.

证明　前 3 个等式显然成立，下面证明第 4 个等式 . 因为

$$\begin{aligned}(\boldsymbol{AB})^{\mathrm{T}}\text{ 的}(i,j)-\text{元}&=\boldsymbol{AB}\text{ 的}(j,i)-\text{元}\\&=(\boldsymbol{A}\text{ 的第 }j\text{ 行})(\boldsymbol{B}\text{ 的第 }i\text{ 列})\\&=(\boldsymbol{B}^{\mathrm{T}}\text{ 的第 }i\text{ 行})(\boldsymbol{A}^{\mathrm{T}}\text{ 的第 }j\text{ 列})\\&=\boldsymbol{B}^{\mathrm{T}}\boldsymbol{A}^{\mathrm{T}}\text{ 的}(i,j)-\text{元},\end{aligned}$$

例 2.11

所以 $(\boldsymbol{AB})^{\mathrm{T}}=\boldsymbol{B}^{\mathrm{T}}\boldsymbol{A}^{\mathrm{T}}$. ■

一般地，对正整数 m 用数学归纳法可以证明

$$(\boldsymbol{A}_1\boldsymbol{A}_2\cdots\boldsymbol{A}_m)^{\mathrm{T}}=\boldsymbol{A}_m^{\mathrm{T}}\cdots\boldsymbol{A}_2^{\mathrm{T}}\boldsymbol{A}_1^{\mathrm{T}}.$$

例 2.13　设 $\boldsymbol{A}=\begin{pmatrix}3&-2\\-1&4\\1&5\end{pmatrix}$，计算 $\boldsymbol{A}^{\mathrm{T}}\boldsymbol{A}$ 与 $\boldsymbol{A}\boldsymbol{A}^{\mathrm{T}}$.

解　$\boldsymbol{A}^{\mathrm{T}}\boldsymbol{A}=\begin{pmatrix}3&-1&1\\-2&4&5\end{pmatrix}\begin{pmatrix}3&-2\\-1&4\\1&5\end{pmatrix}=\begin{pmatrix}11&-5\\-5&45\end{pmatrix}$，

$$\boldsymbol{A}\boldsymbol{A}^{\mathrm{T}}=\begin{pmatrix}3&-2\\-1&4\\1&5\end{pmatrix}\begin{pmatrix}3&-1&1\\-2&4&5\end{pmatrix}=\begin{pmatrix}13&-11&-7\\-11&17&19\\-7&19&26\end{pmatrix}.$$ ■

例 2.14　设 4 个矩阵 $\boldsymbol{A}$，$\boldsymbol{B}$，$\boldsymbol{C}$，$\boldsymbol{D}$ 满足 $\boldsymbol{A}^{\mathrm{T}}+\boldsymbol{B}^{\mathrm{T}}\boldsymbol{C}=\boldsymbol{D}$，求 $\boldsymbol{A}$ 的表达式 .

解　由于 $\boldsymbol{A}^{\mathrm{T}}+\boldsymbol{B}^{\mathrm{T}}\boldsymbol{C}=\boldsymbol{D}$，所以 $\boldsymbol{A}^{\mathrm{T}}=\boldsymbol{D}-\boldsymbol{B}^{\mathrm{T}}\boldsymbol{C}$. 因此，$\boldsymbol{A}=\boldsymbol{D}^{\mathrm{T}}-\boldsymbol{C}^{\mathrm{T}}\boldsymbol{B}$. ■

我们将 n 阶单位矩阵 $\boldsymbol{I}_n$ 的 n 个列依次记为

$$\boldsymbol{\varepsilon}_1=\begin{pmatrix}1\\0\\0\\\vdots\\0\end{pmatrix},\quad\boldsymbol{\varepsilon}_2=\begin{pmatrix}0\\1\\0\\\vdots\\0\end{pmatrix},\quad\cdots,\quad\boldsymbol{\varepsilon}_n=\begin{pmatrix}0\\0\\0\\\vdots\\1\end{pmatrix}.$$

借助于 $\boldsymbol{I}_n$ 的列的记号可以将 $\boldsymbol{I}_n$ 的 n 个行表示为

$$\boldsymbol{\varepsilon}_1^{\mathrm{T}}=(1,0,0,\cdots,0),\quad \boldsymbol{\varepsilon}_2^{\mathrm{T}}=(0,1,0,\cdots,0),\cdots,$$

$$\boldsymbol{\varepsilon}_n^{\mathrm{T}}=(0,0,0,\cdots,1).$$

命题 2.2　设 $m\times n$ 矩阵 $\boldsymbol{A}$ 的 n 个列为 $\boldsymbol{\alpha}_1$，$\boldsymbol{\alpha}_2$，…，$\boldsymbol{\alpha}_n$，那么

$$\boldsymbol{\alpha}_j=\boldsymbol{A}\boldsymbol{\varepsilon}_j,\quad j\in\{1,2,\cdots,n\}.$$

证明　因为

$$(\boldsymbol{\alpha}_1,\boldsymbol{\alpha}_2,\cdots,\boldsymbol{\alpha}_n)=\boldsymbol{A}=\boldsymbol{A}\boldsymbol{I}_n=\boldsymbol{A}(\boldsymbol{\varepsilon}_1,\boldsymbol{\varepsilon}_2,\cdots,\boldsymbol{\varepsilon}_n)$$
$$=(\boldsymbol{A}\boldsymbol{\varepsilon}_1,\boldsymbol{A}\boldsymbol{\varepsilon}_2,\cdots,\boldsymbol{A}\boldsymbol{\varepsilon}_n),$$

所以

$$\boldsymbol{\alpha}_j=\boldsymbol{A}\boldsymbol{\varepsilon}_j,\quad j\in\{1,2,\cdots,n\}.$$ ■

命题 2.3　如果将 $m\times n$ 矩阵 $\boldsymbol{A}$ 按行记作 $\boldsymbol{A}=\begin{pmatrix}\boldsymbol{A}_1\\ \boldsymbol{A}_2\\ \vdots\\ \boldsymbol{A}_m\end{pmatrix}$，那么

$$\boldsymbol{A}_i=\boldsymbol{\varepsilon}_i^{\mathrm{T}}\boldsymbol{A},\quad i\in\{1,2,\cdots,m\}.$$

证明　因为 m 阶单位矩阵 $\boldsymbol{I}_m$ 的 m 个行为 $\boldsymbol{\varepsilon}_1^{\mathrm{T}}$，$\boldsymbol{\varepsilon}_2^{\mathrm{T}}$，…，$\boldsymbol{\varepsilon}_m^{\mathrm{T}}$，所以

$$\begin{pmatrix}\boldsymbol{A}_1\\ \boldsymbol{A}_2\\ \vdots\\ \boldsymbol{A}_m\end{pmatrix}=\boldsymbol{I}_m\boldsymbol{A}=\begin{pmatrix}\boldsymbol{\varepsilon}_1^{\mathrm{T}}\\ \boldsymbol{\varepsilon}_2^{\mathrm{T}}\\ \vdots\\ \boldsymbol{\varepsilon}_m^{\mathrm{T}}\end{pmatrix}\boldsymbol{A}=\begin{pmatrix}\boldsymbol{\varepsilon}_1^{\mathrm{T}}\boldsymbol{A}\\ \boldsymbol{\varepsilon}_2^{\mathrm{T}}\boldsymbol{A}\\ \vdots\\ \boldsymbol{\varepsilon}_m^{T}\boldsymbol{A}\end{pmatrix}.$$

因此

$$\boldsymbol{A}_i=\boldsymbol{\varepsilon}_i^{\mathrm{T}}\boldsymbol{A},\quad i\in\{1,2,\cdots,m\}.$$ ■

命题 2.2 与命题 2.3 为我们提供了表示矩阵的列与行的新的方法 .

2.5　初等矩阵及其应用

一、矩阵的初等变换

在 1.5 节中，我们定义了矩阵 $\boldsymbol{A}$ 的 3 种初等行变换：互换 $\boldsymbol{A}$ 的第 i 行与第 j 行，$\boldsymbol{A}$ 的第 i 行乘非零常数 h，$\boldsymbol{A}$ 的第 i 行的 k 倍加到第 j 行上 . 现在定义矩阵 $\boldsymbol{A}$ 的初等列变换 .

MOOC 2.6
初等矩阵

定义 2.10　对矩阵 $\boldsymbol{A}$ 的列所作的下列变换：

(1) 互换 $\boldsymbol{A}$ 的第 i 列与第 j 列；

(2) $\boldsymbol{A}$ 的第 i 列乘非零常数 h；

(3) $\boldsymbol{A}$ 的第 i 列的 k 倍加到第 j 列上，

称为矩阵 A 的初等列变换．

定义 2.11　如果 $\boldsymbol{A}$ 可以经过有限次初等列变换化为矩阵 $\boldsymbol{B}$，那么称 A 与 B 是列等价的．

定义 2.12　矩阵的初等行变换与初等列变换统称为矩阵的初等变换．

定义 2.13　如果矩阵 $\boldsymbol{A}$ 可以经过有限次初等变换化为矩阵 $\boldsymbol{B}$，那么称 A 与 B 是等价的，记为 $\boldsymbol{A}\cong\boldsymbol{B}$.

在第一章，我们用 $\boldsymbol{A}\to\boldsymbol{B}$ 表示矩阵 $\boldsymbol{A}$ 经过初等行变换化为矩阵 $\boldsymbol{B}$. 今后我们也用 $\boldsymbol{A}\to\boldsymbol{B}$ 表示矩阵 $\boldsymbol{A}$ 经过初等变换化为矩阵 $\boldsymbol{B}$.

二、初等矩阵

定义 2.14　对 n 阶单位矩阵 $\boldsymbol{I}_n$ 作一次初等变换得到的矩阵称为 n 阶初等矩阵．

初等矩阵有 3 种类型：

（1）互换单位矩阵的两行或者两列得到的初等矩阵；

（2）用非零常数乘单位矩阵的某行或者某列得到的初等矩阵；

（3）单位矩阵的某行（列）的常数倍加到另一行（列）得到的初等矩阵．

下面我们分 3 种情况介绍初等矩阵的结构以及它们的按行与按列表示．

（1）设 $i<j$，互换 n 阶单位矩阵的第 i 行与第 j 行，或者第 i 列与第 j 列得到的初等矩阵都是

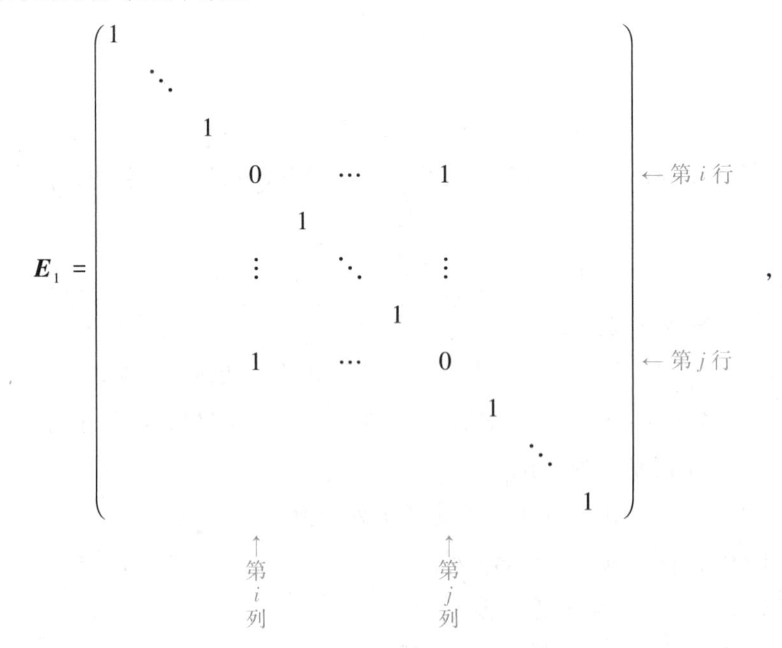

$$\boldsymbol{E}_1=\begin{pmatrix}1&&&&&&&&&\\&\ddots&&&&&&&&\\&&1&&&&&&&\\&&&0&\cdots&&1&&&\\&&&&1&&&&&\\&&&\vdots&&\ddots&\vdots&&&\\&&&&&1&&&&\\&&&1&\cdots&&0&&&\\&&&&&&&1&&\\&&&&&&&&\ddots&\\&&&&&&&&&1\end{pmatrix}\begin{matrix}\\\\\\\leftarrow\text{第 } i \text{ 行}\\\\\\\\\leftarrow\text{第 } j \text{ 行}\\\\\\\\\end{matrix},$$

$\boldsymbol{E}_1$ 可以按行表示为

$$\boldsymbol{E}_1=\begin{pmatrix}\boldsymbol{\varepsilon}_1^{\mathrm{T}}\\ \vdots\\ \boldsymbol{\varepsilon}_{i-1}^{\mathrm{T}}\\ \boldsymbol{\varepsilon}_j^{\mathrm{T}}\\ \boldsymbol{\varepsilon}_{i+1}^{\mathrm{T}}\\ \vdots\\ \boldsymbol{\varepsilon}_{j-1}^{\mathrm{T}}\\ \boldsymbol{\varepsilon}_i^{\mathrm{T}}\\ \boldsymbol{\varepsilon}_{j+1}^{\mathrm{T}}\\ \vdots\\ \boldsymbol{\varepsilon}_n^{\mathrm{T}}\end{pmatrix},$$

$\boldsymbol{E}_1$ 可以按列表示为

$$\boldsymbol{E}_1=(\boldsymbol{\varepsilon}_1,\ \cdots,\ \boldsymbol{\varepsilon}_{i-1},\ \boldsymbol{\varepsilon}_j,\ \boldsymbol{\varepsilon}_{i+1},\ \cdots,\ \boldsymbol{\varepsilon}_{j-1},\ \boldsymbol{\varepsilon}_i,\ \boldsymbol{\varepsilon}_{j+1},\ \cdots,\ \boldsymbol{\varepsilon}_n).$$

（2）n 阶单位矩阵的第 i 行或者第 i 列乘非零常数 h 得到的初等矩阵都是

$$\boldsymbol{E}_2=\begin{pmatrix}1&&&&&&\\&\ddots&&&&&\\&&1&&&&\\&&&h&&&\\&&&&1&&\\&&&&&\ddots&\\&&&&&&1\end{pmatrix}\begin{matrix}\\\\\\ \leftarrow \text{第 } i \text{ 行},\\\\\\\\\end{matrix}$$

↑第 i 列

$\boldsymbol{E}_2$ 可以按行表示为

$$\boldsymbol{E}_2=\begin{pmatrix}\boldsymbol{\varepsilon}_1^{\mathrm{T}}\\ \vdots\\ \boldsymbol{\varepsilon}_{i-1}^{\mathrm{T}}\\ h\boldsymbol{\varepsilon}_i^{\mathrm{T}}\\ \boldsymbol{\varepsilon}_{i+1}^{\mathrm{T}}\\ \vdots\\ \boldsymbol{\varepsilon}_n^{\mathrm{T}}\end{pmatrix},$$

$\boldsymbol{E}_2$ 可以按列表示为

$$\boldsymbol{E}_2=(\boldsymbol{\varepsilon}_1,\ \cdots,\ \boldsymbol{\varepsilon}_{i-1},\ h\boldsymbol{\varepsilon}_i,\ \boldsymbol{\varepsilon}_{i+1},\ \cdots,\ \boldsymbol{\varepsilon}_n).$$

（3）设 $i<j$，n 阶单位矩阵的第 i 行的 k 倍加到第 j 行得到的初等矩阵是

$$\boldsymbol{E}_3=\begin{pmatrix}1 & & & & & \\ & \ddots & & & & \\ & & 1 & & & \\ & & \vdots & \ddots & & \\ & & k & \cdots & 1 & \\ & & & & & \ddots & \\ & & & & & & 1\end{pmatrix}\begin{matrix} \\ \\ \leftarrow 第\,i\,行 \\ \\ \leftarrow 第\,j\,行 \\ \\ \\ \end{matrix},$$

↑第 i 列　↑第 j 列

它也是 n 阶单位矩阵的第 j 列的 k 倍加到第 i 列得到的初等矩阵.

$\boldsymbol{E}_3$ 可以按行表示为

$$\boldsymbol{E}_3=\begin{pmatrix}\boldsymbol{\varepsilon}_1^{\mathrm{T}} \\ \vdots \\ \boldsymbol{\varepsilon}_i^{\mathrm{T}} \\ \vdots \\ \boldsymbol{\varepsilon}_{j-1}^{\mathrm{T}} \\ k\boldsymbol{\varepsilon}_i^{\mathrm{T}}+\boldsymbol{\varepsilon}_j^{\mathrm{T}} \\ \boldsymbol{\varepsilon}_{j+1}^{\mathrm{T}} \\ \vdots \\ \boldsymbol{\varepsilon}_n^{\mathrm{T}}\end{pmatrix},$$

$\boldsymbol{E}_3$ 可以按列表示为

$$\boldsymbol{E}_3=(\boldsymbol{\varepsilon}_1,\ \cdots,\ \boldsymbol{\varepsilon}_{i-1},\ k\boldsymbol{\varepsilon}_j+\boldsymbol{\varepsilon}_i,\ \boldsymbol{\varepsilon}_{i+1},\ \cdots,\ \boldsymbol{\varepsilon}_j,\ \cdots,\ \boldsymbol{\varepsilon}_n).$$

单位矩阵 $\boldsymbol{I}_n$ 的第 i 列的 k 倍加到第 j 列得到的初等矩阵就是 $\boldsymbol{I}_n$ 的第 j 行的 k 倍加到第 i 行得到的初等矩阵.

上面的讨论是在条件 $i<j$ 下进行的，当 $i>j$ 时，讨论的方法是一样的，我们就不赘述了.

关于初等矩阵的转置，我们有如下结论.

命题 2.4　初等矩阵的转置是同种类型的初等矩阵. ■

MOOC 2.7

初等矩阵的应用

三、初等矩阵的应用

在这部分，我们介绍初等矩阵的应用．假设 $\boldsymbol{A}=(a_{ij})$ 是 $m\times n$ 矩阵，并且将 $\boldsymbol{A}$ 按行记作 $\boldsymbol{A}=\begin{pmatrix}\boldsymbol{A}_1\\ \boldsymbol{A}_2\\ \vdots\\ \boldsymbol{A}_m\end{pmatrix}$，按列记作 $\boldsymbol{A}=(\boldsymbol{\alpha}_1,\ \boldsymbol{\alpha}_2,\ \cdots,\ \boldsymbol{\alpha}_n)$．我们的目的是将对 $\boldsymbol{A}$ 所作的初等行变换转化为初等矩阵与 $\boldsymbol{A}$ 的乘积，对 $\boldsymbol{A}$ 所作的初等列变换转化为 $\boldsymbol{A}$ 与初等矩阵的乘积．因为矩阵的初等行变换与初等列变换各有 3 种，所以我们分 6 种情况讨论它们的转化关系．

引理 2.1　如果互换 $\boldsymbol{A}$ 的第 i 行与第 j 行得到的矩阵为 $\boldsymbol{B}$，互换 m 阶单位矩阵 $\boldsymbol{I}_m$ 的第 i 行与第 j 行得到的初等矩阵为 $\boldsymbol{P}_1$ 那么

$$\boldsymbol{B}=\boldsymbol{P}_1\boldsymbol{A}.$$

证明　因为 $\boldsymbol{A}_s=\boldsymbol{\varepsilon}_s^{\mathrm{T}}\boldsymbol{A}$，$s\in\{1,\ 2,\ \cdots,\ m\}$，所以

$$\boldsymbol{B}=\begin{pmatrix}\boldsymbol{A}_1\\ \vdots\\ \boldsymbol{A}_{i-1}\\ \boldsymbol{A}_j\\ \boldsymbol{A}_{i+1}\\ \vdots\\ \boldsymbol{A}_{j-1}\\ \boldsymbol{A}_i\\ \boldsymbol{A}_{j+1}\\ \vdots\\ \boldsymbol{A}_m\end{pmatrix}=\begin{pmatrix}\boldsymbol{\varepsilon}_1^{\mathrm{T}}\boldsymbol{A}\\ \vdots\\ \boldsymbol{\varepsilon}_{i-1}^{\mathrm{T}}\boldsymbol{A}\\ \boldsymbol{\varepsilon}_j^{\mathrm{T}}\boldsymbol{A}\\ \boldsymbol{\varepsilon}_{i+1}^{\mathrm{T}}\boldsymbol{A}\\ \vdots\\ \boldsymbol{\varepsilon}_{j-1}^{\mathrm{T}}\boldsymbol{A}\\ \boldsymbol{\varepsilon}_i^{\mathrm{T}}\boldsymbol{A}\\ \boldsymbol{\varepsilon}_{j+1}^{\mathrm{T}}\boldsymbol{A}\\ \vdots\\ \boldsymbol{\varepsilon}_m^{\mathrm{T}}\boldsymbol{A}\end{pmatrix}=\begin{pmatrix}\boldsymbol{\varepsilon}_1^{\mathrm{T}}\\ \vdots\\ \boldsymbol{\varepsilon}_{i-1}^{\mathrm{T}}\\ \boldsymbol{\varepsilon}_j^{\mathrm{T}}\\ \boldsymbol{\varepsilon}_{i+1}^{\mathrm{T}}\\ \vdots\\ \boldsymbol{\varepsilon}_{j-1}^{\mathrm{T}}\\ \boldsymbol{\varepsilon}_i^{\mathrm{T}}\\ \boldsymbol{\varepsilon}_{j+1}^{\mathrm{T}}\\ \vdots\\ \boldsymbol{\varepsilon}_m^{\mathrm{T}}\end{pmatrix}\boldsymbol{A}=\boldsymbol{P}_1\boldsymbol{A}.\qquad\blacksquare$$

引理 2.2　如果互换 $\boldsymbol{A}$ 的第 i 列与第 j 列得到的矩阵为 $\boldsymbol{C}$，互换 n 阶单位矩阵 $\boldsymbol{I}_n$ 的第 i 列与第 j 列得到的初等矩阵为 $\boldsymbol{Q}_1$，那么

$$\boldsymbol{C}=\boldsymbol{A}\boldsymbol{Q}_1.$$

证明　因为 $\boldsymbol{\alpha}_t=\boldsymbol{A}\boldsymbol{\varepsilon}_t$，$t=1,\ 2,\ \cdots,\ n$，所以

$$\begin{aligned}\boldsymbol{C}&=(\boldsymbol{\alpha}_1,\ \cdots,\ \boldsymbol{\alpha}_{i-1},\ \boldsymbol{\alpha}_j,\ \boldsymbol{\alpha}_{i+1},\ \cdots,\ \boldsymbol{\alpha}_{j-1},\ \boldsymbol{\alpha}_i,\ \boldsymbol{\alpha}_{j+1},\ \cdots,\ \boldsymbol{\alpha}_n)\\ &=(\boldsymbol{A}\boldsymbol{\varepsilon}_1,\ \cdots,\ \boldsymbol{A}\boldsymbol{\varepsilon}_{i-1},\ \boldsymbol{A}\boldsymbol{\varepsilon}_j,\ \boldsymbol{A}\boldsymbol{\varepsilon}_{i+1},\ \cdots,\ \boldsymbol{A}\boldsymbol{\varepsilon}_{j-1},\ \boldsymbol{A}\boldsymbol{\varepsilon}_i,\ \boldsymbol{A}\boldsymbol{\varepsilon}_{j+1},\ \cdots,\ \boldsymbol{A}\boldsymbol{\varepsilon}_n)\\ &=\boldsymbol{A}(\boldsymbol{\varepsilon}_1,\ \cdots,\ \boldsymbol{\varepsilon}_{i-1},\ \boldsymbol{\varepsilon}_j,\ \boldsymbol{\varepsilon}_{i+1},\ \cdots,\ \boldsymbol{\varepsilon}_{j-1},\ \boldsymbol{\varepsilon}_i,\ \boldsymbol{\varepsilon}_{j+1},\ \cdots,\ \boldsymbol{\varepsilon}_n)\\ &=\boldsymbol{A}\boldsymbol{Q}_1.\end{aligned}\qquad\blacksquare$$

下面的引理 2.3~2.6 的证明方法与引理 2.1 和引理 2.2 的证明方法是一样的，请读者自己证明.

引理 2.3　如果 $\boldsymbol{A}$ 的第 i 行乘非零常数 h 得到的矩阵为 $\boldsymbol{B}$，m 阶单位矩阵 $\boldsymbol{I}_m$ 的第 i 行乘非零常数 h 得到的初等矩阵为 $\boldsymbol{P}_2$，那么

$$\boldsymbol{B}=\boldsymbol{P}_2\boldsymbol{A}.$$ ■

引理 2.4　如果 $\boldsymbol{A}$ 的第 i 列乘非零常数 h 得到的矩阵为 $\boldsymbol{C}$，n 阶单位矩阵 $\boldsymbol{I}_n$ 的第 j 列乘非零常数 h 得到的初等矩阵为 $\boldsymbol{Q}_2$ 那么

$$\boldsymbol{C}=\boldsymbol{A}\boldsymbol{Q}_2.$$ ■

引理 2.5　如果 $\boldsymbol{A}$ 的第 i 行的 k 倍加到第 j 行得到的矩阵为 $\boldsymbol{B}$，m 阶单位矩阵 $\boldsymbol{I}_m$ 的第 i 行的 k 倍加到第 j 行得到的初等矩阵为 $\boldsymbol{P}_3$ 那么

$$\boldsymbol{B}=\boldsymbol{P}_3\boldsymbol{A}.$$ ■

引理 2.6　如果 $\boldsymbol{A}$ 的第 i 列的 k 倍加到第 j 列得到的矩阵为 $\boldsymbol{C}$，n 阶单位矩阵 $\boldsymbol{I}_n$ 的第 i 列的 k 倍加到第 j 列得到的初等矩阵为 Q_3，那么

$$\boldsymbol{C}=\boldsymbol{A}\boldsymbol{Q}_3.$$ ■

综合引理 2.1~2.6 中的 6 个等式，我们可以得到下面的定理.

定理 2.1　设 $\boldsymbol{A}$ 是 $m\times n$ 矩阵. 如果对 $\boldsymbol{A}$ 作一次初等行变换得到的矩阵为 $\boldsymbol{B}$，相同的初等行变换作用到 m 阶单位矩阵上得到的初等矩阵为 $\boldsymbol{P}$，那么 $\boldsymbol{B}=\boldsymbol{P}\boldsymbol{A}$；如果对 $\boldsymbol{A}$ 作一次初等列变换得到的矩阵为 $\boldsymbol{C}$，相同的初等列变换作用到 n 阶单位矩阵上得到的初等矩阵为 $\boldsymbol{Q}$，那么 $\boldsymbol{C}=\boldsymbol{A}\boldsymbol{Q}$.

反过来，如果存在初等矩阵 $\boldsymbol{P}$，使得 $\boldsymbol{P}\boldsymbol{A}=\boldsymbol{B}$，那么对 $\boldsymbol{A}$ 作一次适当的初等行变换可以得到 $\boldsymbol{B}$；如果存在初等矩阵 $\boldsymbol{Q}$，使得 $\boldsymbol{A}\boldsymbol{Q}=\boldsymbol{C}$，那么对 $\boldsymbol{A}$ 作一次适当的初等列变换可以得到 $\boldsymbol{C}$. ■

推论　设 $\boldsymbol{A}$ 是 $m\times n$ 矩阵，那么

(1) 矩阵 $\boldsymbol{A}$ 与 $\boldsymbol{B}$ 是行等价的当且仅当存在 m 阶初等矩阵 $\boldsymbol{P}_1$，$\boldsymbol{P}_2$，…，$\boldsymbol{P}_s$，使得

$$\boldsymbol{P}_s\cdots\boldsymbol{P}_2\boldsymbol{P}_1\boldsymbol{A}=\boldsymbol{B};$$

(2) 矩阵 $\boldsymbol{A}$ 与 $\boldsymbol{B}$ 是列等价的当且仅当存在 n 阶初等矩阵 $\boldsymbol{Q}_1$，$\boldsymbol{Q}_2$，…，$\boldsymbol{Q}_t$，使得

$$\boldsymbol{A}\boldsymbol{Q}_1\boldsymbol{Q}_2\cdots\boldsymbol{Q}_t=\boldsymbol{B};$$

(3) 矩阵 $\boldsymbol{A}$ 与 $\boldsymbol{B}$ 是等价的当且仅当存在 m 阶初等矩阵 $\boldsymbol{P}_1$，$\boldsymbol{P}_2$，…，$\boldsymbol{P}_s$，以及 n 阶初等矩阵 $\boldsymbol{Q}_1$，$\boldsymbol{Q}_2$，…，$\boldsymbol{Q}_t$，使得

$$\boldsymbol{P}_s\cdots\boldsymbol{P}_2\boldsymbol{P}_1\boldsymbol{A}\boldsymbol{Q}_1\boldsymbol{Q}_2\cdots\boldsymbol{Q}_t=\boldsymbol{B}.$$ ■

例 2.15　设 $\boldsymbol{A}$ 是 3×4 矩阵.

(1) 将 $\boldsymbol{A}$ 的第 2 与第 3 两行互换得到的矩阵记作为 $\boldsymbol{B}$，求初等矩阵

$\boldsymbol{P}$，使得 $\boldsymbol{PA}=\boldsymbol{B}$；

（2）将 $\boldsymbol{A}$ 的第 1 列的 k 倍加到第 4 列得到的矩阵记作为 $\boldsymbol{C}$，求初等矩阵 $\boldsymbol{Q}$，使得 $\boldsymbol{AQ}=\boldsymbol{C}$.

解 $\boldsymbol{P}=\begin{pmatrix}1&0&0\\0&0&1\\0&1&0\end{pmatrix}$，$\boldsymbol{Q}=\begin{pmatrix}1&0&0&k\\0&1&0&0\\0&0&1&0\\0&0&0&1\end{pmatrix}$. ■

命题 2.5 如果 $\boldsymbol{P}$ 是初等矩阵，那么存在同阶初等矩阵 $\boldsymbol{Q}$，使得

$$\boldsymbol{PQ}=\boldsymbol{QP}=\boldsymbol{I}.$$ ■

证明 讨论 3 种情况.

情况 1 设 $\boldsymbol{P}$ 是互换单位矩阵 $\boldsymbol{I}$ 的第 i 行与第 j 行得到的初等矩阵．令 $\boldsymbol{Q}=\boldsymbol{P}$，那么 $\boldsymbol{Q}$ 是初等矩阵，并且 $\boldsymbol{PQ}=\boldsymbol{QP}=\boldsymbol{I}$.

情况 2 设 $\boldsymbol{P}$ 是单位矩阵 $\boldsymbol{I}$ 的第 i 行乘非零常数 h 得到的初等矩阵．令 $\boldsymbol{Q}$ 是单位矩阵 $\boldsymbol{I}$ 的第 i 行乘非零常数 $\frac{1}{h}$ 得到的初等矩阵，那么 $\boldsymbol{PQ}=\boldsymbol{QP}=\boldsymbol{I}$.

情况 3 设 $\boldsymbol{P}$ 是单位矩阵 $\boldsymbol{I}$ 的第 i 行的 k 倍加到第 j 行得到的初等矩阵．令 $\boldsymbol{Q}$ 是单位矩阵 $\boldsymbol{I}$ 的第 i 行的 $-k$ 倍加到第 j 行得到的初等矩阵，那么 $\boldsymbol{PQ}=\boldsymbol{QP}=\boldsymbol{I}$. ■

推论 1 设 $\boldsymbol{P}$ 是 n 阶初等矩阵，那么 $\mathrm{r}(\boldsymbol{P})=n$.

证明 设 $\boldsymbol{P}$ 是 n 阶初等矩阵．根据命题 2.5，$\boldsymbol{P}$ 可以行等价于 n 阶单位矩阵 $\boldsymbol{I}_n$，即 $\boldsymbol{I}_n$ 是 $\boldsymbol{P}$ 的阶梯形，所以 $\mathrm{r}(\boldsymbol{P})=\mathrm{r}(\boldsymbol{I}_n)=n$. ■

推论 2 如果矩阵 $\boldsymbol{A}$ 与 $\boldsymbol{B}$ 是行等价的，那么 $\boldsymbol{B}$ 与 $\boldsymbol{A}$ 也是行等价的．

证明 设矩阵 $\boldsymbol{A}$ 与 $\boldsymbol{B}$ 是行等价的．根据定理 2.1 的推论，存在初等矩阵 $\boldsymbol{P}_1$，$\boldsymbol{P}_2$，…，$\boldsymbol{P}_s$，使得

$$\boldsymbol{P}_s\cdots\boldsymbol{P}_2\boldsymbol{P}_1\boldsymbol{A}=\boldsymbol{B}. \tag{1}$$

根据命题 2.5，对每个初等矩阵 $\boldsymbol{P}_i$，存在同阶初等矩阵 $\boldsymbol{Q}_i$，使得

$$\boldsymbol{Q}_i\boldsymbol{P}_i=\boldsymbol{I},\quad i=1,2,\cdots,s.$$

在等式(1)两边依次从左侧乘初等矩阵 $\boldsymbol{Q}_s$，…，$\boldsymbol{Q}_2$，$\boldsymbol{Q}_1$，得到

$$\boldsymbol{A}=\boldsymbol{Q}_1\boldsymbol{Q}_2\cdots\boldsymbol{Q}_s\boldsymbol{B}.$$

因此，根据定理 2.1 的推论，矩阵 $\boldsymbol{B}$ 与 $\boldsymbol{A}$ 是行等价的． ■

命题 2.6 设 $\boldsymbol{A}$，$\boldsymbol{B}$，$\boldsymbol{C}$ 是 3 个矩阵．如果 $\boldsymbol{A}$ 与 $\boldsymbol{B}$ 是行等价的，那么 $\boldsymbol{AC}$ 与 $\boldsymbol{BC}$ 也是行等价的．

证明 设 $\boldsymbol{A}$ 与 $\boldsymbol{B}$ 是行等价的．根据定理 2.1 的推论，存在初等矩阵

$\boldsymbol{P}_1$，$\boldsymbol{P}_2$，…，$\boldsymbol{P}_s$，使得

$$\boldsymbol{P}_s\cdots\boldsymbol{P}_2\boldsymbol{P}_1\boldsymbol{A}=\boldsymbol{B}. \tag{2}$$

在等式(2)两边从右侧乘矩阵 $\boldsymbol{C}$，并利用矩阵乘法的结合律，得到

$$\boldsymbol{P}_s\cdots\boldsymbol{P}_2\boldsymbol{P}_1(\boldsymbol{A}\boldsymbol{C})=\boldsymbol{B}\boldsymbol{C}.$$

因此，根据定理 2.1 的推论，$\boldsymbol{AC}$ 与 $\boldsymbol{BC}$ 是行等价的．■

MOOC 2.8

矩阵的秩

2.6 矩阵的秩

在第一章，我们证明了矩阵的阶梯形的非零行的个数是唯一的，并且将矩阵的阶梯形的非零行的个数定义为这个矩阵的秩．这一节讨论矩阵的初等变换对矩阵的秩的影响．我们得到的主要结论是初等变换不改变矩阵的秩．

直接验证可知，矩阵 $\boldsymbol{A}$ 的初等行变换将 $\boldsymbol{A}$ 的零列变为零列，非零列变为非零列；$\boldsymbol{A}$ 的初等列变换将 $\boldsymbol{A}$ 的零行变为零行，非零行变为非零行．于是，我们有下面的结论．

引理 2.7 如果矩阵 $\boldsymbol{A}$ 与 $\boldsymbol{B}$ 是行等价的，那么 $\boldsymbol{A}$ 与 $\boldsymbol{B}$ 的非零列的个数相等；如果矩阵 $\boldsymbol{A}$ 与 $\boldsymbol{C}$ 是列等价的，那么 $\boldsymbol{A}$ 与 $\boldsymbol{C}$ 的非零行的个数相等．■

根据矩阵的秩的定义以及引理 2.7，可以得到如下命题．

命题 2.7 矩阵 $\boldsymbol{A}$ 的秩不大于 $\boldsymbol{A}$ 的非零行的个数，也不大于 $\boldsymbol{A}$ 的非零列的个数．■

推论 如果去掉矩阵 $\boldsymbol{A}$ 的零行与零列所得的矩阵为 $\boldsymbol{D}$，那么 $\mathrm{r}(\boldsymbol{A})=\mathrm{r}(\boldsymbol{D})$．■

引理 2.8 如果矩阵 $\boldsymbol{A}$ 与 $\boldsymbol{B}$ 是行等价的，那么 $\mathrm{r}(\boldsymbol{A})=\mathrm{r}(\boldsymbol{B})$．

证明 设矩阵 $\boldsymbol{A}$ 与 $\boldsymbol{B}$ 是行等价的，那么存在初等矩阵 $\boldsymbol{P}_1$，$\boldsymbol{P}_2$，…，$\boldsymbol{P}_s$，使得

$$\boldsymbol{P}_s\cdots\boldsymbol{P}_2\boldsymbol{P}_1\boldsymbol{A}=\boldsymbol{B}.$$

如果 $\boldsymbol{T}$ 是 $\boldsymbol{B}$ 的一个阶梯形，那么存在初等矩阵 $\boldsymbol{Q}_1$，$\boldsymbol{Q}_2$，…，$\boldsymbol{Q}_t$，使得 $\boldsymbol{Q}_t\cdots\boldsymbol{Q}_2\boldsymbol{Q}_1\boldsymbol{B}=\boldsymbol{T}$. 于是 $\boldsymbol{Q}_t\cdots\boldsymbol{Q}_2\boldsymbol{Q}_1\boldsymbol{P}_s\cdots\boldsymbol{P}_2\boldsymbol{P}_1\boldsymbol{A}=\boldsymbol{Q}_t\cdots\boldsymbol{Q}_2\boldsymbol{Q}_1\boldsymbol{B}=\boldsymbol{T}$，即 $\boldsymbol{A}$ 可以经过初等行变换化为 $\boldsymbol{T}$. 于是，$\boldsymbol{B}$ 的阶梯形 $\boldsymbol{T}$ 也是 $\boldsymbol{A}$ 的阶梯形．因此，$\mathrm{r}(\boldsymbol{A})=\mathrm{r}(\boldsymbol{B})$．■

引理 2.9 如果对矩阵 $\boldsymbol{A}$ 作一次初等列变换得到的矩阵为 $\boldsymbol{B}$，那么 $\mathrm{r}(\boldsymbol{A})=\mathrm{r}(\boldsymbol{B})$．

证明 设对矩阵 $\boldsymbol{A}$ 作一次初等列变换得到的矩阵为 $\boldsymbol{B}$，那么根据定理 2.1，存在初等矩阵 $\boldsymbol{P}$，使得 $\boldsymbol{B}=\boldsymbol{AP}$. 对于初等矩阵 $\boldsymbol{P}$，根据命题 2.5，存在初等矩阵 $\boldsymbol{Q}$，使得 $\boldsymbol{PQ}=\boldsymbol{I}$.

设 $\boldsymbol{T}_1$ 是 $\boldsymbol{A}$ 的一个阶梯形．由命题 2.6 知，$\boldsymbol{B}=\boldsymbol{AP}$ 与 $\boldsymbol{T}_1\boldsymbol{P}$ 是行等价的，于是我们有

$$\begin{aligned} \mathrm{r}(\boldsymbol{B}) &= \mathrm{r}(\boldsymbol{T}_1\boldsymbol{P}) && \text{引理 2.8} \\ &\leqslant \boldsymbol{T}_1\boldsymbol{P} \text{ 的非零行的个数} && \text{命题 2.7} \\ &= \boldsymbol{T}_1 \text{ 的非零行的个数} && \text{引理 2.7} \\ &= \mathrm{r}(\boldsymbol{A}), \end{aligned}$$

从而 $\mathrm{r}(\boldsymbol{B})\leqslant\mathrm{r}(\boldsymbol{A})$.

设 $\boldsymbol{T}_2$ 是 $\boldsymbol{B}$ 的一个阶梯形．因为 $\boldsymbol{B}=\boldsymbol{AP}$，$\boldsymbol{PQ}=\boldsymbol{I}$，所以 $\boldsymbol{A}=\boldsymbol{BQ}$，并且 $\boldsymbol{A}=\boldsymbol{BQ}$ 与 $\boldsymbol{T}_2\boldsymbol{Q}$ 是行等价的，于是我们有

$$\begin{aligned} \mathrm{r}(\boldsymbol{A}) &= \mathrm{r}(\boldsymbol{T}_2\boldsymbol{Q}) && \text{引理 2.8} \\ &\leqslant \boldsymbol{T}_2\boldsymbol{Q} \text{ 的非零行的个数} && \text{命题 2.7} \\ &= \boldsymbol{T}_2 \text{ 的非零行的个数} && \text{引理 2.7} \\ &= \mathrm{r}(\boldsymbol{B}), \end{aligned}$$

从而 $\mathrm{r}(\boldsymbol{A})\leqslant\mathrm{r}(\boldsymbol{B})$.

综上所述，我们有 $\mathrm{r}(\boldsymbol{A})=\mathrm{r}(\boldsymbol{B})$. ■

由引理 2.8 和引理 2.9 可以直接推出下面的结论．

定理 2.2 如果矩阵 $\boldsymbol{A}$ 与 $\boldsymbol{B}$ 是等价的，那么 $\mathrm{r}(\boldsymbol{A})=\mathrm{r}(\boldsymbol{B})$. ■

根据定理 1.4，用初等行变换可以将矩阵 $\boldsymbol{A}$ 化为简化阶梯形．如果我们对 $\boldsymbol{A}$ 既作初等行变换，也作初等列变换，那么可以将 $\boldsymbol{A}$ 化为形式更加简单的矩阵．

定理 2.3 $m\times n$ 矩阵 $\boldsymbol{A}$ 的秩为 r 的充要条件是 $\boldsymbol{A}$ 等价于如下形式的 $m\times n$ 矩阵

$$\boldsymbol{K}_r(m,n)=\left.\begin{pmatrix} 1 & 0 & \cdots & 0 & 0 & \cdots & 0 \\ 0 & 1 & \cdots & 0 & 0 & \cdots & 0 \\ \vdots & \vdots & & \vdots & \vdots & & \vdots \\ 0 & 0 & \cdots & 1 & 0 & \cdots & 0 \\ 0 & 0 & \cdots & 0 & 0 & \cdots & 0 \\ \vdots & \vdots & & \vdots & \vdots & & \vdots \\ 0 & 0 & \cdots & 0 & 0 & \cdots & 0 \end{pmatrix}\right. .$$

（前 r 行，前 r 列）

证明 **充分性** 设 $\boldsymbol{A}$ 等价于 $\boldsymbol{K}_r(m,n)$. 因为 $\boldsymbol{K}_r(m,n)$ 是简化阶梯形矩阵，并且 $\boldsymbol{K}_r(m,n)$ 有 r 个非零行，所以 $\boldsymbol{K}_r(m,n)$ 的秩为 r. 因此，$\boldsymbol{A}$ 的秩为 r.

必要性　设 $\boldsymbol{A}$ 的秩为 r. 先用初等行变换将 $\boldsymbol{A}$ 化为简化阶梯形，然后用初等列变换就可以将 $\boldsymbol{A}$ 化为 $\boldsymbol{K}_r(m,n)$，因此结论成立. ■

命题 2.8　矩阵 $\boldsymbol{A}$ 的秩与 $\boldsymbol{A}$ 的转置矩阵 $\boldsymbol{A}^{\mathrm{T}}$ 的秩相等，即 $\mathrm{r}(\boldsymbol{A})=\mathrm{r}(\boldsymbol{A}^{\mathrm{T}})$.

证明　设 $\mathrm{r}(\boldsymbol{A})=r$. 根据定理 2.3，$\boldsymbol{A}\cong\boldsymbol{K}_r(m,n)$. 根据定理 2.1 的推论，存在 m 阶初等矩阵 $\boldsymbol{P}_1,\boldsymbol{P}_2,\cdots,\boldsymbol{P}_s$ 以及 n 阶初等矩阵 $\boldsymbol{Q}_1,\boldsymbol{Q}_2,\cdots,\boldsymbol{Q}_t$，使得

$$\boldsymbol{P}_s\cdots\boldsymbol{P}_2\boldsymbol{P}_1\boldsymbol{A}\boldsymbol{Q}_1\boldsymbol{Q}_2\cdots\boldsymbol{Q}_t=\boldsymbol{K}_r(m,n). \tag{1}$$

在等式(1)两边取转置，得到

$$\boldsymbol{Q}_t^{\mathrm{T}}\cdots\boldsymbol{Q}_2^{\mathrm{T}}\boldsymbol{Q}_1^{\mathrm{T}}\boldsymbol{A}^{\mathrm{T}}\boldsymbol{P}_1^{\mathrm{T}}\boldsymbol{P}_2^{\mathrm{T}}\cdots\boldsymbol{P}_s^{\mathrm{T}}=(\boldsymbol{K}_r(m,n))^{\mathrm{T}}=\boldsymbol{K}_r(n,m). \tag{2}$$

根据命题 2.4 以及定理 2.1 的推论，由等式(2)可得 $\boldsymbol{A}^{\mathrm{T}}\cong\boldsymbol{K}_r(n,m)$. 因此

$$\mathrm{r}(\boldsymbol{A})=\mathrm{r}(\boldsymbol{K}_r(m,n))=\mathrm{r}(\boldsymbol{K}_r(n,m))=\mathrm{r}(\boldsymbol{A}^{\mathrm{T}}).$$ ■

定理 2.4　设 $\boldsymbol{A}$ 是 $m\times n$ 矩阵，$\boldsymbol{B}$ 是 $n\times t$ 矩阵，那么

$$\mathrm{r}(\boldsymbol{AB})\leqslant\min\{\mathrm{r}(\boldsymbol{A}),\mathrm{r}(\boldsymbol{B})\}.$$

证明　设 $\mathrm{r}(\boldsymbol{A})=r$，并且 $\boldsymbol{A}$ 与阶梯形矩阵 $\boldsymbol{T}$ 是行等价的. 根据命题 2.6，$\boldsymbol{AB}$ 与 $\boldsymbol{TB}$ 是行等价的. 因为 $\boldsymbol{T}$ 的非零行的个数为 r，所以根据命题 2.1，$\boldsymbol{TB}$ 的非零行的个数至多为 r. 因此，

$$\mathrm{r}(\boldsymbol{AB})=\mathrm{r}(\boldsymbol{TB})\leqslant r=\mathrm{r}(\boldsymbol{A}).$$

根据命题 2.8 以及本定理前半段的证明，我们有

$$\mathrm{r}(\boldsymbol{AB})=\mathrm{r}((\boldsymbol{AB})^{\mathrm{T}})=\mathrm{r}(\boldsymbol{B}^{\mathrm{T}}\boldsymbol{A}^{\mathrm{T}})\leqslant\mathrm{r}(\boldsymbol{B}^{\mathrm{T}})=\mathrm{r}(\boldsymbol{B}).$$

因此，

$$\mathrm{r}(\boldsymbol{AB})\leqslant\min\{\mathrm{r}(\boldsymbol{A}),\mathrm{r}(\boldsymbol{B})\}.$$ ■

利用数学归纳法，可以将定理 2.4 推广到有限多个矩阵相乘的情况.

推论　如果 m 个矩阵 $\boldsymbol{A}_1,\boldsymbol{A}_2,\cdots,\boldsymbol{A}_m$ 的乘积有意义，那么

$$\mathrm{r}(\boldsymbol{A}_1\boldsymbol{A}_2\cdots\boldsymbol{A}_m)\leqslant\min\{\mathrm{r}(\boldsymbol{A}_1),\mathrm{r}(\boldsymbol{A}_2),\cdots,\mathrm{r}(\boldsymbol{A}_m)\}.$$ ■

定理 2.5　设 $\boldsymbol{A}$ 是 n 阶矩阵. 如果 $\mathrm{r}(\boldsymbol{A})=n$，那么 $\boldsymbol{A}$ 可以表示为有限个初等矩阵的乘积.

证明　设 $\boldsymbol{A}$ 是 n 阶矩阵. 如果 $\mathrm{r}(\boldsymbol{A})=n$，那么 $\boldsymbol{A}$ 的简化阶梯形为 n 阶单位矩阵 $\boldsymbol{I}_n$. 根据定理 2.1 的推论，存在初等矩阵 $\boldsymbol{P}_1,\boldsymbol{P}_2,\cdots,\boldsymbol{P}_s$，使得

$$\boldsymbol{P}_s\cdots\boldsymbol{P}_2\boldsymbol{P}_1\boldsymbol{A}=\boldsymbol{I}_n. \tag{3}$$

根据命题 2.5，存在初等矩阵 $\boldsymbol{Q}_i$，满足 $\boldsymbol{Q}_i\boldsymbol{P}_i=\boldsymbol{I}_n$，$i\in\{1,2,\cdots,s\}$. 在等式(3)两边依次左乘 $\boldsymbol{Q}_s,\cdots,\boldsymbol{Q}_2,\boldsymbol{Q}_1$，得到

$$\boldsymbol{Q}_1\boldsymbol{Q}_2\cdots\boldsymbol{Q}_s\boldsymbol{P}_s\cdots\boldsymbol{P}_2\boldsymbol{P}_1\boldsymbol{A}=\boldsymbol{Q}_1\boldsymbol{Q}_2\cdots\boldsymbol{Q}_s\boldsymbol{I}_n.$$

于是 $\boldsymbol{A}=\boldsymbol{Q}_1\boldsymbol{Q}_2\cdots\boldsymbol{Q}_s$，所以 $\boldsymbol{A}$ 可以表示为有限个初等矩阵的乘积. ■

2.7 可逆矩阵

一、可逆矩阵的定义及其性质

MOOC 2.9
可逆矩阵

定义 2.15 设 $\boldsymbol{A}$ 是 n 阶矩阵．如果存在 n 阶矩阵 $\boldsymbol{B}$，使得 $\boldsymbol{AB}=\boldsymbol{BA}=\boldsymbol{I}_n$，那么称 $\boldsymbol{A}$ 为可逆矩阵，称 $\boldsymbol{B}$ 为 $\boldsymbol{A}$ 的逆矩阵．不是可逆的矩阵称为不可逆矩阵．

例 2.16 设 $\boldsymbol{A}=\begin{pmatrix}1 & -1\\ 1 & 1\end{pmatrix}$，$\boldsymbol{B}=\begin{pmatrix}\frac{1}{2} & \frac{1}{2}\\ -\frac{1}{2} & \frac{1}{2}\end{pmatrix}$．因为 $\boldsymbol{AB}=\boldsymbol{BA}=\boldsymbol{I}$，所以 $\boldsymbol{A}$ 是可逆矩阵，并且 $\boldsymbol{B}$ 为 $\boldsymbol{A}$ 的逆矩阵． ∎

性质 2.6 如果 $\boldsymbol{A}$ 是可逆矩阵，那么 $\boldsymbol{A}$ 的逆矩阵是唯一的．

证明 如果 $\boldsymbol{B}$ 和 $\boldsymbol{C}$ 都是 $\boldsymbol{A}$ 的逆矩阵，那么

$$\boldsymbol{AB}=\boldsymbol{BA}=\boldsymbol{I},\quad \boldsymbol{AC}=\boldsymbol{CA}=\boldsymbol{I}.$$

于是

$$\boldsymbol{B}=\boldsymbol{IB}=(\boldsymbol{CA})\boldsymbol{B}=\boldsymbol{C}(\boldsymbol{AB})=\boldsymbol{CI}=\boldsymbol{C}.$$

因此，$\boldsymbol{A}$ 的逆矩阵是唯一的． ∎

我们将可逆矩阵 $\boldsymbol{A}$ 的逆矩阵记作 $\boldsymbol{A}^{-1}$.

性质 2.7 （1）如果 $\boldsymbol{A}$ 是可逆矩阵，那么 $\boldsymbol{A}^{-1}$ 是可逆矩阵，并且

$$(\boldsymbol{A}^{-1})^{-1}=\boldsymbol{A}.$$

（2）如果 k 是非零常数，$\boldsymbol{A}$ 是可逆矩阵，那么 $k\boldsymbol{A}$ 是可逆矩阵，并且

$$(k\boldsymbol{A})^{-1}=k^{-1}\boldsymbol{A}^{-1}.$$

（3）如果 $\boldsymbol{A}$，$\boldsymbol{B}$ 是同阶可逆矩阵，那么 $\boldsymbol{AB}$ 是可逆矩阵，并且

$$(\boldsymbol{AB})^{-1}=\boldsymbol{B}^{-1}\boldsymbol{A}^{-1}.$$

进一步地，如果 $\boldsymbol{A}_1$，$\boldsymbol{A}_2$，…，$\boldsymbol{A}_m$ 是同阶可逆矩阵，那么乘积 $\boldsymbol{A}_1\boldsymbol{A}_2\cdots\boldsymbol{A}_m$ 是可逆矩阵，并且

$$(\boldsymbol{A}_1\boldsymbol{A}_2\cdots\boldsymbol{A}_m)^{-1}=\boldsymbol{A}_m^{-1}\cdots\boldsymbol{A}_2^{-1}\boldsymbol{A}_1^{-1}.$$

（4）如果 $\boldsymbol{A}$ 是可逆矩阵，那么 $\boldsymbol{A}^{\mathrm{T}}$ 是可逆矩阵，并且

$$(\boldsymbol{A}^{\mathrm{T}})^{-1}=(\boldsymbol{A}^{-1})^{\mathrm{T}}.$$ ∎

命题 2.9 初等矩阵是可逆的，并且初等矩阵的逆矩阵仍然是初等矩阵．

证明 这是命题 2.5 的推论． ∎

下面我们研究矩阵可递的条件．

引理 2.10 如果 $\boldsymbol{A}$ 是 n 阶可逆矩阵，那么 $\mathrm{r}(\boldsymbol{A})=n$.

证明　设 $\boldsymbol{A}$ 是 n 阶可逆矩阵．根据可逆矩阵的定义，存在 n 阶矩阵 $\boldsymbol{B}$，使得 $\boldsymbol{AB}=\boldsymbol{I}_n$．于是

$$\mathrm{r}(\boldsymbol{AB})=\mathrm{r}(\boldsymbol{I}_n)=n. \tag{1}$$

根据定理 2.4，有

$$\mathrm{r}(\boldsymbol{AB})\leqslant \mathrm{r}(\boldsymbol{A}). \tag{2}$$

根据命题 1.1，有

$$\mathrm{r}(\boldsymbol{A})\leqslant n. \tag{3}$$

综合表达式(1)，(2)，(3)，我们可以得到 $\mathrm{r}(\boldsymbol{A})=n$．■

引理 2.11　有限个同阶初等矩阵的乘积是可逆的．

证明　设 $\boldsymbol{P}_1$，$\boldsymbol{P}_2$，…，$\boldsymbol{P}_s$ 是 s 个 n 阶初等矩阵．根据命题 2.9，初等矩阵 $\boldsymbol{P}_1$，$\boldsymbol{P}_2$，…，$\boldsymbol{P}_s$ 是可逆矩阵．根据性质 2.7 的第 3 个结论，同阶可逆矩阵的乘积是可逆矩阵．因此，乘积 $\boldsymbol{P}_1\boldsymbol{P}_2\cdots\boldsymbol{P}_s$ 是可逆的．■

定理 2.6　设 $\boldsymbol{A}$ 是 n 阶矩阵，那么下列论断彼此等价：

(1) $\boldsymbol{A}$ 是可逆矩阵；

(2) $\mathrm{r}(\boldsymbol{A})=n$；

(3) $\boldsymbol{A}$ 可以表示为有限个 n 阶初等矩阵的乘积．

证明　根据引理 2.10，可以从论断(1)推出论断(2)；根据定理 2.5，可以从论断(2)推出论断(3)；根据引理 2.11，可以从论断(3)推出论断(1)．这样我们就证明了这 3 个论断是彼此等价的．■

根据定理 2.6，可以得到下面的推论．

推论 1　设 $\boldsymbol{A}$，$\boldsymbol{B}$ 都是 n 阶矩阵．如果乘积 $\boldsymbol{AB}$ 是可逆的，那么 $\boldsymbol{A}$ 与 $\boldsymbol{B}$ 都是可逆的．特别地，如果 $\boldsymbol{AB}=\boldsymbol{I}$ 或者 $\boldsymbol{BA}=\boldsymbol{I}$，那么 $\boldsymbol{A}$ 是可逆的，并且 $\boldsymbol{A}^{-1}=\boldsymbol{B}$.

证明　因为 $\boldsymbol{AB}$ 是可逆的，所以由定理 2.6 可知，$\mathrm{r}(\boldsymbol{AB})=n$. 根据定理 2.4 可得

$$n=\mathrm{r}(\boldsymbol{AB})\leqslant \min\{\mathrm{r}(\boldsymbol{A}),\ \mathrm{r}(\boldsymbol{B})\}\leqslant n.$$

因此，$\boldsymbol{A}$ 与 $\boldsymbol{B}$ 的秩都为 n，从而都是可逆的．

如果 $\boldsymbol{AB}=\boldsymbol{I}$，那么 $\boldsymbol{A}$ 与 $\boldsymbol{B}$ 都是可逆的，在等式 $\boldsymbol{AB}=\boldsymbol{I}$ 两边左乘 $\boldsymbol{A}^{-1}$ 得到 $\boldsymbol{B}=\boldsymbol{A}^{-1}$. 同理可证 $\boldsymbol{BA}=\boldsymbol{I}$ 的情况．■

根据推论 1，要证明一个方阵 $\boldsymbol{A}$ 是可逆矩阵，只需要证明存在方阵 $\boldsymbol{B}$ 使得 $\boldsymbol{AB}$ 或者 $\boldsymbol{BA}$ 是可逆矩阵即可．

推论 2　如果 $\boldsymbol{A}$ 是 n 阶矩阵，那么线性方程组 $\boldsymbol{AX}=\boldsymbol{\beta}$ 有解并且解唯一的充要条件是 $\boldsymbol{A}$ 为可逆矩阵．当 $\boldsymbol{A}$ 可逆时，$\boldsymbol{AX}=\boldsymbol{\beta}$ 的唯一解为 $\boldsymbol{X}=\boldsymbol{A}^{-1}\boldsymbol{\beta}$.

证明 充分性 设$\boldsymbol{A}$是n阶可逆矩阵，在线性方程组$\boldsymbol{AX}=\boldsymbol{\beta}$两边左乘$\boldsymbol{A}^{-1}$，则有$\boldsymbol{X}=\boldsymbol{A}^{-1}\boldsymbol{\beta}$. 如果$\boldsymbol{Y}$是$\boldsymbol{AX}=\boldsymbol{\beta}$的解，即$\boldsymbol{AY}=\boldsymbol{\beta}$，那么$\boldsymbol{Y}=\boldsymbol{A}^{-1}\boldsymbol{\beta}$. 因此$\boldsymbol{A}^{-1}\boldsymbol{\beta}$是线性方程组$\boldsymbol{AX}=\boldsymbol{\beta}$的唯一解.

必要性 设线性方程组$\boldsymbol{AX}=\boldsymbol{\beta}$有解并且解是唯一的，则由定理1.6可知，$\mathrm{r}(\boldsymbol{A})=n$. 根据定理2.6，$\boldsymbol{A}$为可逆矩阵. ■

如果$\boldsymbol{A}$是可逆矩阵，那么我们将线性方程组$\boldsymbol{AX}=\boldsymbol{\beta}$的唯一解$\boldsymbol{X}=\boldsymbol{A}^{-1}\boldsymbol{\beta}$称为线性方程组$\boldsymbol{AX}=\boldsymbol{\beta}$的矩阵形式的解. 在推论2中令$\boldsymbol{\beta}=\boldsymbol{0}$可知，齐次线性方程组$\boldsymbol{AX}=\boldsymbol{0}$有非零解的充要条件是$\boldsymbol{A}$为不可逆矩阵.

推论3 设$\boldsymbol{A}$是$m\times n$矩阵. 如果$\boldsymbol{P}$是m阶可逆矩阵，$\boldsymbol{Q}$是n阶可逆矩阵，那么

$$\mathrm{r}(\boldsymbol{A})=\mathrm{r}(\boldsymbol{PA})=\mathrm{r}(\boldsymbol{AQ})=\mathrm{r}(\boldsymbol{PAQ}).$$ ■

推论4 $m\times n$矩阵$\boldsymbol{A}$的秩为r的充要条件是存在m阶可逆矩阵$\boldsymbol{P}$与n阶可逆矩阵$\boldsymbol{Q}$，使得

$$\boldsymbol{PAQ}=\boldsymbol{K}_r(m,\ n).$$ ■

例2.17 设方阵$\boldsymbol{A}$满足等式$\boldsymbol{A}^2-2\boldsymbol{A}-3\boldsymbol{I}=\boldsymbol{0}$. 证明矩阵$\boldsymbol{A}-4\boldsymbol{I}$是可逆的.

证明 如果我们能够找到一个矩阵，使得$\boldsymbol{A}-4\boldsymbol{I}$与这个矩阵相乘得到的矩阵是可逆的，那么根据定理2.6的推论1，$\boldsymbol{A}-4\boldsymbol{I}$是可逆的. 结合题目所给条件，我们将乘积

$$(\boldsymbol{A}-4\boldsymbol{I})(a\boldsymbol{A}+b\boldsymbol{I})=a\boldsymbol{A}^2+(b-4a)\boldsymbol{A}-4b\boldsymbol{I}$$

与$\boldsymbol{A}^2-2\boldsymbol{A}-3\boldsymbol{I}$的前两个系数比较得$a=1$，$b=2$，所以

$$(\boldsymbol{A}-4\boldsymbol{I})(\boldsymbol{A}+2\boldsymbol{I})=\boldsymbol{A}^2-2\boldsymbol{A}-8\boldsymbol{I}=-5\boldsymbol{I}.$$

因此，由定理2.6的推论1知，$\boldsymbol{A}-4\boldsymbol{I}$是可逆的. 进一步地，由$(\boldsymbol{A}-4\boldsymbol{I})\left[-\dfrac{1}{5}(\boldsymbol{A}+2\boldsymbol{I})\right]=\boldsymbol{I}$可知，$-\dfrac{1}{5}(\boldsymbol{A}+2\boldsymbol{I})$是$\boldsymbol{A}-4\boldsymbol{I}$的逆矩阵. ■

二、可逆矩阵的逆矩阵的求法

现在介绍用初等行变换求可逆矩阵的逆矩阵的方法.

MOOC 2.10 逆矩阵的求法

设$\boldsymbol{A}$是n阶可逆矩阵. 将$\boldsymbol{A}^{-1}$按列表示为$\boldsymbol{A}^{-1}=(\boldsymbol{\beta}_1,\ \boldsymbol{\beta}_2,\ \cdots,\ \boldsymbol{\beta}_n)$，将$n$阶单位矩阵$\boldsymbol{I}_n$按列表示为$\boldsymbol{I}_n=(\boldsymbol{\varepsilon}_1,\ \boldsymbol{\varepsilon}_2,\ \cdots,\ \boldsymbol{\varepsilon}_n)$. 因为$\boldsymbol{AA}^{-1}=(\boldsymbol{A\beta}_1,\ \boldsymbol{A\beta}_2,\ \cdots,\ \boldsymbol{A\beta}_n)$，并且$\boldsymbol{AA}^{-1}=\boldsymbol{I}_n$，所以对所有的$i=1,\ 2,\ \cdots,\ n$，都有$\boldsymbol{A\beta}_i=\boldsymbol{\varepsilon}_i$. 根据定理2.6的推论2，$\boldsymbol{\beta}_i$是方程组$\boldsymbol{AX}=\boldsymbol{\varepsilon}_i$的唯一解. 因为$\boldsymbol{A}$是$n$阶可逆矩阵，所以根据定理2.6，$\mathrm{r}(\boldsymbol{A})=n$. 因此，$\boldsymbol{A}$的简化阶梯形为$\boldsymbol{I}_n$. 根据我们在1.7节中的讨论，方程组$\boldsymbol{AX}=\boldsymbol{\varepsilon}_i$的增广矩阵$(\boldsymbol{A},\ \boldsymbol{\varepsilon}_i)$的简化阶梯形为$(\boldsymbol{I}_n,\ \boldsymbol{\beta}_i)$，$i=1,\ 2,\ \cdots,\ n$. 于是$n\times 2n$矩阵

$(\boldsymbol{A}, \boldsymbol{\varepsilon}_1, \boldsymbol{\varepsilon}_2, \cdots, \boldsymbol{\varepsilon}_n)$的简化阶梯形为$(\boldsymbol{I}_n, \boldsymbol{\beta}_1, \boldsymbol{\beta}_2, \cdots, \boldsymbol{\beta}_n)$，即$(\boldsymbol{A}, \boldsymbol{I}_n)$的简化阶梯形为$(\boldsymbol{I}_n, \boldsymbol{A}^{-1})$. 总结以上分析可以得到用初等行变换求可逆矩阵的逆矩阵的方法.

设$\boldsymbol{A}$为n阶可逆矩阵.

(1) 构造$n\times(2n)$矩阵$(\boldsymbol{A}, \boldsymbol{I}_n)$；

(2) 用初等行变换将$(\boldsymbol{A}, \boldsymbol{I}_n)$化为简化阶梯形$(\boldsymbol{I}_n, \boldsymbol{A}^{-1})$；

(3) 写出$\boldsymbol{A}$的逆矩阵$\boldsymbol{A}^{-1}$.

例 2.18 设$\boldsymbol{A}=\begin{pmatrix}1 & -2 & 3\\ -2 & 1 & -2\\ 3 & -4 & 5\end{pmatrix}$，$\boldsymbol{\beta}=\begin{pmatrix}4\\1\\2\end{pmatrix}$.

(1) 求$\boldsymbol{A}^{-1}$；

(2) 求方程组$\boldsymbol{AX}=\boldsymbol{\beta}$的解.

解 (1) 构造3×6矩阵$(\boldsymbol{A}, \boldsymbol{I}_3)$，并且用初等行变换将$(\boldsymbol{A}, \boldsymbol{I}_3)$化为简化阶梯形.

$$(\boldsymbol{A}, \boldsymbol{I})=\left(\begin{array}{ccc:ccc}1 & -2 & 3 & 1 & 0 & 0\\ -2 & 1 & -2 & 0 & 1 & 0\\ 3 & -4 & 5 & 0 & 0 & 1\end{array}\right)\to\left(\begin{array}{ccc:ccc}1 & -2 & 3 & 1 & 0 & 0\\ 0 & -3 & 4 & 2 & 1 & 0\\ 0 & 2 & -4 & -3 & 0 & 1\end{array}\right)$$

$$\to\left(\begin{array}{ccc:ccc}1 & -2 & 3 & 1 & 0 & 0\\ 0 & -3 & 4 & 2 & 1 & 0\\ 0 & 6 & -12 & -9 & 0 & 3\end{array}\right)\to\left(\begin{array}{ccc:ccc}1 & -2 & 3 & 1 & 0 & 0\\ 0 & -3 & 4 & 2 & 1 & 0\\ 0 & 0 & -4 & -5 & 2 & 3\end{array}\right)$$

$$\to\left(\begin{array}{ccc:ccc}1 & -2 & 3 & 1 & 0 & 0\\ 0 & -3 & 0 & -3 & 3 & 3\\ 0 & 0 & -4 & -5 & 2 & 3\end{array}\right)\to\left(\begin{array}{ccc:ccc}1 & -2 & 3 & 1 & 0 & 0\\ 0 & -3 & 0 & -3 & 3 & 3\\ 0 & 0 & 1 & \frac{5}{4} & -\frac{1}{2} & -\frac{3}{4}\end{array}\right)$$

$$\to\left(\begin{array}{ccc:ccc}1 & -2 & 0 & -\frac{11}{4} & \frac{3}{2} & \frac{9}{4}\\ 0 & 1 & 0 & 1 & -1 & -1\\ 0 & 0 & 1 & \frac{5}{4} & -\frac{1}{2} & -\frac{3}{4}\end{array}\right)$$

$$\to\left(\begin{array}{ccc:ccc}1 & 0 & 0 & -\frac{3}{4} & -\frac{1}{2} & \frac{1}{4}\\ 0 & 1 & 0 & 1 & -1 & -1\\ 0 & 0 & 1 & \frac{5}{4} & -\frac{1}{2} & -\frac{3}{4}\end{array}\right).$$

因此，

$$A^{-1}=\begin{pmatrix}-\frac{3}{4} & -\frac{1}{2} & \frac{1}{4}\\ 1 & -1 & -1\\ \frac{5}{4} & -\frac{1}{2} & -\frac{3}{4}\end{pmatrix}.$$

（2）$X=A^{-1}\beta=\begin{pmatrix}-\frac{3}{4} & -\frac{1}{2} & \frac{1}{4}\\ 1 & -1 & -1\\ \frac{5}{4} & -\frac{1}{2} & -\frac{3}{4}\end{pmatrix}\begin{pmatrix}4\\1\\2\end{pmatrix}=\begin{pmatrix}-3\\1\\3\end{pmatrix}$. ■

例 2.19　设 $A=\begin{pmatrix}1 & -2 & 3\\ -2 & 1 & -2\\ 3 & -4 & 5\end{pmatrix}$，$B=\begin{pmatrix}1 & -1\\ -3 & 4\end{pmatrix}$，$C=\begin{pmatrix}-1 & 1\\ 1 & 2\\ -2 & 1\end{pmatrix}$. 求满足等式 $AXB=C$ 的 3×2 矩阵 X.

解　因为

$$A^{-1}=\begin{pmatrix}-\frac{3}{4} & -\frac{1}{2} & \frac{1}{4}\\ 1 & -1 & -1\\ \frac{5}{4} & -\frac{1}{2} & -\frac{3}{4}\end{pmatrix},\quad B^{-1}=\begin{pmatrix}4 & 1\\ 3 & 1\end{pmatrix},$$

所以

$$X=A^{-1}CB^{-1}=\begin{pmatrix}-\frac{11}{2} & -\frac{7}{4}\\ -6 & -2\\ -\frac{5}{2} & -\frac{3}{4}\end{pmatrix}.$$ ■

MOOC 2.11

分块矩阵

2.8　分块矩阵

一、分块矩阵的定义

定义 2.16　设 A 是 $m\times n$ 矩阵. 任意取定 $s\in\{1,2,\cdots,m\}$，$t\in\{1,2,\cdots,n\}$，用 $s-1$ 条横线，$t-1$ 条纵线将 A 划分成 $s\cdot t$ 个块 A_{ij}，$i\in\{1,2,\cdots,s\}$，$j\in\{1,2,\cdots,t\}$. 这些块按照它们原来的相对位置排成的矩阵

$$A=\begin{pmatrix}A_{11} & A_{12} & \cdots & A_{1t}\\ A_{21} & A_{22} & \cdots & A_{2t}\\ \vdots & \vdots & & \vdots\\ A_{s1} & A_{s2} & \cdots & A_{st}\end{pmatrix}$$

称为 $\boldsymbol{A}$ 的一个分块矩阵.

分块矩阵中的块就是矩阵.我们对分块矩阵并不陌生，矩阵的按行表示、按列表示都是矩阵的分块形式.矩阵的分块是按需要进行的，可以是计算方面的需要，可以是理论推导方面的需要，也可以是记号方面的需要.例如

$$\boldsymbol{A}=\left(\begin{array}{cccc} a & 1 & 0 & 0 \\ \hdashline 0 & a & 0 & 0 \\ \hdashline 1 & 0 & b & 1 \\ 0 & 1 & 1 & b \end{array}\right)=\begin{pmatrix} \boldsymbol{B}_1 \\ \boldsymbol{B}_2 \\ \boldsymbol{B}_3 \end{pmatrix}, \quad \boldsymbol{A}=\left(\begin{array}{cc:cc} a & 1 & 0 & 0 \\ 0 & a & 0 & 0 \\ \hdashline 1 & 0 & b & 1 \\ 0 & 1 & 1 & b \end{array}\right)=\begin{pmatrix} \boldsymbol{C}_1 & \boldsymbol{C}_2 \\ \boldsymbol{C}_3 & \boldsymbol{C}_4 \end{pmatrix}.$$

又例如

$$\boldsymbol{K}_r(m,\ n)=\left(\begin{array}{cccc:ccc} 1 & 0 & \cdots & 0 & 0 & \cdots & 0 \\ 0 & 1 & \cdots & 0 & 0 & \cdots & 0 \\ \vdots & \vdots & & \vdots & \vdots & & \vdots \\ 0 & 0 & \cdots & 1 & 0 & \cdots & 0 \\ \hdashline 0 & 0 & \cdots & 0 & 0 & \cdots & 0 \\ \vdots & \vdots & & \vdots & \vdots & & \vdots \\ 0 & 0 & \cdots & 0 & 0 & \cdots & 0 \end{array}\right)=\begin{pmatrix} \boldsymbol{I}_r & \boldsymbol{0} \\ \boldsymbol{0} & \boldsymbol{0} \end{pmatrix},$$

以这种形式对 $\boldsymbol{K}_r(m,\ n)$ 进行分块，使得这个矩阵的结构更加清晰，使用起来也更加方便.

二、分块矩阵的运算

1. 加法

设矩阵 $\boldsymbol{A}$ 与 $\boldsymbol{B}$ 的行数相同，列数也相同，并且采用相同的分块方法

$$\boldsymbol{A}=\begin{pmatrix} \boldsymbol{A}_{11} & \boldsymbol{A}_{12} & \cdots & \boldsymbol{A}_{1t} \\ \boldsymbol{A}_{21} & \boldsymbol{A}_{22} & \cdots & \boldsymbol{A}_{2t} \\ \vdots & \vdots & & \vdots \\ \boldsymbol{A}_{s1} & \boldsymbol{A}_{s1} & \cdots & \boldsymbol{A}_{st} \end{pmatrix}, \quad \boldsymbol{B}=\begin{pmatrix} \boldsymbol{B}_{11} & \boldsymbol{B}_{12} & \cdots & \boldsymbol{B}_{1t} \\ \boldsymbol{B}_{21} & \boldsymbol{B}_{22} & \cdots & \boldsymbol{B}_{2t} \\ \vdots & \vdots & & \vdots \\ \boldsymbol{B}_{s1} & \boldsymbol{B}_{s2} & \cdots & \boldsymbol{B}_{st} \end{pmatrix},$$

那么

$$\boldsymbol{A}+\boldsymbol{B}=\begin{pmatrix} \boldsymbol{A}_{11}+\boldsymbol{B}_{11} & \boldsymbol{A}_{12}+\boldsymbol{B}_{12} & \cdots & \boldsymbol{A}_{1t}+\boldsymbol{B}_{1t} \\ \boldsymbol{A}_{21}+\boldsymbol{B}_{21} & \boldsymbol{A}_{22}+\boldsymbol{B}_{22} & \cdots & \boldsymbol{A}_{2t}+\boldsymbol{B}_{2t} \\ \vdots & \vdots & & \vdots \\ \boldsymbol{A}_{s1}+\boldsymbol{B}_{s1} & \boldsymbol{A}_{s2}+\boldsymbol{B}_{s2} & \cdots & \boldsymbol{A}_{st}+\boldsymbol{B}_{st} \end{pmatrix}.$$

2. 数乘

常数 k 与 $\boldsymbol{A}$ 的分块矩阵的数乘相当于常数 k 与 $\boldsymbol{A}$ 的所有块的数乘. 设

$$A=\begin{pmatrix} A_{11} & A_{12} & \cdots & A_{1t} \\ A_{21} & A_{22} & \cdots & A_{2t} \\ \vdots & \vdots & & \vdots \\ A_{s1} & A_{s2} & \cdots & A_{st} \end{pmatrix},$$

k 为常数，那么

$$kA=\begin{pmatrix} kA_{11} & kA_{12} & \cdots & kA_{1t} \\ kA_{21} & kA_{22} & \cdots & kA_{2t} \\ \vdots & \vdots & & \vdots \\ kA_{s1} & kA_{s2} & \cdots & kA_{st} \end{pmatrix}.$$

3. 乘法

设 A 是 $m\times p$ 矩阵，B 是 $p\times n$ 矩阵．如果对 A 与 B 的分块

$$A=\begin{pmatrix} A_{11} & A_{12} & \cdots & A_{1s} \\ A_{21} & A_{22} & \cdots & A_{2s} \\ \vdots & \vdots & & \vdots \\ A_{r1} & A_{r2} & \cdots & A_{rs} \end{pmatrix},\quad B=\begin{pmatrix} B_{11} & B_{12} & \cdots & B_{1t} \\ B_{21} & B_{22} & \cdots & B_{2t} \\ \vdots & \vdots & & \vdots \\ B_{s1} & B_{s2} & \cdots & B_{st} \end{pmatrix}$$

满足对 A 的列的分法与对 B 的行的分法相同，即 A_{i1}，A_{i2}，…，A_{is}的列数分别等于 B_{1j}，B_{2j}，…，B_{sj}的行数，那么

$$AB=\begin{pmatrix} C_{11} & C_{12} & \cdots & C_{1t} \\ C_{21} & C_{22} & \cdots & C_{2t} \\ \vdots & \vdots & & \vdots \\ C_{r1} & C_{r2} & \cdots & C_{rt} \end{pmatrix},$$

其中 $C_{ij}=\sum\limits_{k=1}^{s}A_{ik}B_{kj}$，$i\in\{1,2,\cdots,r\}$，$j\in\{1,2,\cdots,t\}$.

例 2.20 设 A 是 m 阶矩阵，D 是 n 阶矩阵．证明如果 A，D 都是可逆矩阵，那么 $\begin{pmatrix} A & 0 \\ 0 & D \end{pmatrix}$是可逆矩阵．进一步地，$\begin{pmatrix} A & 0 \\ 0 & D \end{pmatrix}^{-1}=\begin{pmatrix} A^{-1} & 0 \\ 0 & D^{-1} \end{pmatrix}$.

证明 因为

$$\begin{pmatrix} A & 0 \\ 0 & D \end{pmatrix}\begin{pmatrix} A^{-1} & 0 \\ 0 & D^{-1} \end{pmatrix}=\begin{pmatrix} I_m & 0 \\ 0 & I_n \end{pmatrix}=I_{m+n},$$

所以根据定理 2.6 的推论 1，$\begin{pmatrix} A & 0 \\ 0 & D \end{pmatrix}$是可逆矩阵，并且

$$\begin{pmatrix} A & 0 \\ 0 & D \end{pmatrix}^{-1}=\begin{pmatrix} A^{-1} & 0 \\ 0 & D^{-1} \end{pmatrix}.$$

■

4. 转置

设

$$A=\begin{pmatrix} A_{11} & A_{12} & \cdots & A_{1t} \\ A_{21} & A_{22} & \cdots & A_{2t} \\ \vdots & \vdots & & \vdots \\ A_{s1} & A_{s2} & \cdots & A_{st} \end{pmatrix}$$

是一个分块矩阵，A 的分块形式的转置为

$$A^{\mathrm{T}}=\begin{pmatrix} A_{11}^{\mathrm{T}} & A_{21}^{\mathrm{T}} & \cdots & A_{s1}^{\mathrm{T}} \\ A_{12}^{\mathrm{T}} & A_{22}^{\mathrm{T}} & \cdots & A_{s2}^{\mathrm{T}} \\ \vdots & \vdots & & \vdots \\ A_{1t}^{\mathrm{T}} & A_{2t}^{\mathrm{T}} & \cdots & A_{st}^{\mathrm{T}} \end{pmatrix},$$

也就是说 A 的转置相当于 A 的分块矩阵转置并且所有的块也转置.

关于分块矩阵，我们有下面的结论.

定理 2.7 如果 A 是 m 阶可逆方阵，D 是 $n\times t$ 矩阵，那么下列 3 个等式成立：

(1) $\begin{pmatrix} A & B \\ C & D \end{pmatrix}\begin{pmatrix} I_m & -A^{-1}B \\ 0 & I_t \end{pmatrix}=\begin{pmatrix} A & 0 \\ C & D-CA^{-1}B \end{pmatrix}$;

(2) $\begin{pmatrix} I_m & 0 \\ -CA^{-1} & I_n \end{pmatrix}\begin{pmatrix} A & B \\ C & D \end{pmatrix}=\begin{pmatrix} A & B \\ 0 & D-CA^{-1}B \end{pmatrix}$;

(3) $\begin{pmatrix} I_m & 0 \\ -CA^{-1} & I_n \end{pmatrix}\begin{pmatrix} A & B \\ C & D \end{pmatrix}\begin{pmatrix} I_m & -A^{-1}B \\ 0 & I_t \end{pmatrix}=\begin{pmatrix} A & 0 \\ 0 & D-CA^{-1}B \end{pmatrix}$. ■

这 3 个等式都是对分块矩阵

$$\begin{pmatrix} A & B \\ C & D \end{pmatrix}$$

进行化简. 如果我们希望用初等列变换将 A 右边的块 B 化为零块，那么我们用第 1 个等式；如果我们希望用初等行变换将 A 下面的块 C 化为零块，那么我们用第 2 个等式；如果我们既希望用初等列变换将 A 右边的块 B 化为零块，又希望用初等行变换将 A 下面的块 C 化为零块，那么我们用第 3 个等式. 用这 3 个等式的时候，一定要注意，A 必须是可逆的.

例 2.21 设 A 是 m 阶矩阵，D 是 n 阶矩阵. 证明如果 A，D 都是可逆矩阵，那么 $\begin{pmatrix} A & B \\ 0 & D \end{pmatrix}$ 与 $\begin{pmatrix} A & 0 \\ C & D \end{pmatrix}$ 都是可逆矩阵.

证明 根据定理 2.7,

$$\begin{pmatrix} A & B \\ 0 & D \end{pmatrix}\begin{pmatrix} I_m & -A^{-1}B \\ 0 & I_n \end{pmatrix} = \begin{pmatrix} A & 0 \\ 0 & D \end{pmatrix},$$

根据例 2.20, $\begin{pmatrix} A & 0 \\ 0 & D \end{pmatrix}$是可逆矩阵. 根据定理 2.6 的推论 1, $\begin{pmatrix} A & B \\ 0 & D \end{pmatrix}$是可逆矩阵. 同理可以证明$\begin{pmatrix} A & 0 \\ C & D \end{pmatrix}$是可逆矩阵. ■

2.9 几类常见的特殊矩阵

MOOC 2.12
几类常见的特殊矩阵

在这一节, 我们介绍几类常见的特殊矩阵.

一、对称矩阵与反称矩阵

定义 2.17 设 A 是方阵. 如果 $A^T=A$, 那么称 A 为对称矩阵; 如果 $A^T=-A$, 那么称 A 为反称矩阵.

例 2.22 对任意矩阵 A, 方阵 A^TA 与 AA^T 都是对称矩阵. 如果

$$A = \begin{pmatrix} 3 & -2 \\ -1 & 4 \\ 1 & 5 \end{pmatrix},$$

由例 2.13 知,

$$A^TA = \begin{pmatrix} 11 & -5 \\ -5 & 45 \end{pmatrix}, \quad AA^T = \begin{pmatrix} 13 & -11 & -7 \\ -11 & 17 & 19 \\ -7 & 19 & 26 \end{pmatrix}$$

都是对称矩阵. ■

下面是两个关于对称矩阵与反称矩阵的命题.

命题 2.10 如果 A 是方阵, 那么 $A+A^T$ 是对称矩阵, $A-A^T$ 是反称矩阵.

证明 因为

$$(A+A^T)^T = A^T + (A^T)^T = A^T + A = A + A^T,$$

所以 $A+A^T$ 是对称矩阵. 因为

$$(A-A^T)^T = A^T - (A^T)^T = A^T - A = -(A-A^T),$$

所以 $A-A^T$ 是反称矩阵. ■

命题 2.11 如果 A 是方阵, 那么 A 可以表示为一个对称矩阵与一个反称矩阵之和.

证明 显然, A 可以表示为

$$A = \frac{1}{2}(A + A^{\mathrm{T}}) + \frac{1}{2}(A - A^{\mathrm{T}}). \qquad (1)$$

根据命题 2.10，$\boldsymbol{A} + \boldsymbol{A}^{\mathrm{T}}$ 是对称矩阵，$\boldsymbol{A} - \boldsymbol{A}^{\mathrm{T}}$ 是反称矩阵．于是，$\frac{1}{2}(\boldsymbol{A} + \boldsymbol{A}^{\mathrm{T}})$ 是对称矩阵，$\frac{1}{2}(\boldsymbol{A} - \boldsymbol{A}^{\mathrm{T}})$ 是反称矩阵．因此，等式(1) 说明 $\boldsymbol{A}$ 可以表示为一个对称矩阵与一个反称矩阵之和． ■

例 2.23　设 $\boldsymbol{A}$ 与 $\boldsymbol{B}$ 是同阶方阵，证明 $\boldsymbol{AB}^{\mathrm{T}} + \boldsymbol{BA}^{\mathrm{T}}$ 是对称矩阵．

证明　因为

$$\begin{aligned}(\boldsymbol{AB}^{\mathrm{T}} + \boldsymbol{BA}^{\mathrm{T}})^{\mathrm{T}} &= (\boldsymbol{AB}^{\mathrm{T}})^{\mathrm{T}} + (\boldsymbol{BA}^{\mathrm{T}})^{\mathrm{T}} \\ &= (\boldsymbol{B}^{\mathrm{T}})^{\mathrm{T}}\boldsymbol{A}^{\mathrm{T}} + (\boldsymbol{A}^{\mathrm{T}})^{\mathrm{T}}\boldsymbol{B}^{\mathrm{T}} \\ &= \boldsymbol{BA}^{\mathrm{T}} + \boldsymbol{AB}^{\mathrm{T}} \\ &= \boldsymbol{AB}^{\mathrm{T}} + \boldsymbol{BA}^{\mathrm{T}},\end{aligned}$$

所以 $\boldsymbol{AB}^{\mathrm{T}} + \boldsymbol{BA}^{\mathrm{T}}$ 是对称矩阵． ■

下面是对称矩阵在图论中的一个应用．

例 2.24　设 $S = \{p_1, p_2, \cdots, p_n\}$ 是由 n 个人构成的集合．这 n 个人之间的朋友关系可以用 n 阶矩阵 $\boldsymbol{A} = (a_{ij})$ 来表示：如果 p_i 与 p_j 是朋友，则 $a_{ij} = 1$；如果 p_i 与 p_j 不是朋友，则 $a_{ij} = 0$. 因为一个人不能与自己做朋友，所以我们规定 $a_{ii} = 0$，$i = 1, 2, \cdots, n$. 因为 p_i 与 p_j 是朋友等价于 p_j 与 p_i 是朋友，所以 $\boldsymbol{A} = (a_{ij})$ 是对角元都为 0 的对称矩阵．矩阵 $\boldsymbol{A}$ 称为无向图的邻接矩阵，邻接矩阵在现实中有很多重要而有趣的应用． ■

设 $q_0q_1\cdots q_t$ 是由 S 中的 $t+1$ 个人构成的链．如果链中相邻的两个人是朋友，那么这条链称为朋友链，t 称为链的长度．(朋友链中的人可以重复出现．)

矩阵 $\boldsymbol{A} = (a_{ij})$ 的(i, j) - 元 $a_{ij} = 1$ 意味着 p_i 与 p_j 之间有一条长为 1 的朋友链．

现在考虑 $\boldsymbol{A}^2$ 的元素．$\boldsymbol{A}^2$ 的(i, i) - 元为 $a_{i1}a_{1i} + a_{i2}a_{2i} + \cdots + a_{in}a_{ni}$，$i = 1, 2, \cdots, n$. 显然，对任意的 $k \in \{1, 2, \cdots, n\}$，$a_{ik}a_{ki} = 1$ 等价于 $a_{ik} = 1$，即 p_i 与 p_k 是朋友．因此，$\boldsymbol{A}^2$ 的(i, i) - 元等于 p_i 的朋友的个数，它可以看成是 p_i 与 p_i 之间的长为 2 的朋友链的条数．假设 $i, j \in \{1, 2, \cdots, n\}$，$i \neq j$，$\boldsymbol{A}^2$ 的(i, j) - 元为 $a_{i1}a_{1j} + a_{i2}a_{2j} + \cdots + a_{in}a_{nj}$. 对任意的 $k \in \{1, 2, \cdots, n\}$，$a_{ik}a_{kj} = 1$ 等价于 $a_{ik} = 1$ 并且 $a_{kj} = 1$，即 p_i 与 p_k 是朋友，并且 p_k 与 p_j 是朋友．因此，$\boldsymbol{A}^2$ 的(i, j) - 元等于 p_i 与 p_j 之间的长为 2 的朋友链的条数．

一般地，对任意正整数 m，可以用数学归纳法证明 $\boldsymbol{A}^m$ 的(i, j)-元等于 p_i 与 p_j 之间的长为 m 的朋友链的条数．

二、对角矩阵

定义 2.18 设 $\boldsymbol{A}$ 是方阵. 如果 $\boldsymbol{A}$ 的对角元以外的元素都为零, 那么称 $\boldsymbol{A}$ 为对角矩阵.

为了节省书写空间, 我们经常将对角矩阵 $\boldsymbol{A}$ 记作为

$$\boldsymbol{A}=\begin{pmatrix} a_1 & & & \\ & a_2 & & \\ & & \ddots & \\ & & & a_n \end{pmatrix}=\operatorname{diag}(a_1, a_2, \cdots, a_n).$$

(我们约定, 矩阵的空缺元素为 0.)

定义 2.19 对角元都相等的对角矩阵称为数量矩阵.

数量矩阵的一般形式为

$$\begin{pmatrix} k & & & \\ & k & & \\ & & \ddots & \\ & & & k \end{pmatrix}=k\boldsymbol{I}.$$

因此, 数量矩阵就是常数 k 与单位矩阵的乘积, k 为 1 的数量矩阵是单位矩阵.

命题 2.12 对角矩阵的秩等于其非零对角元的个数. 因此, 对角矩阵 $\boldsymbol{A}=\operatorname{diag}(a_1, a_2, \cdots, a_n)$ 为可逆矩阵的充要条件是其对角元都不为零. 当 $\boldsymbol{A}$ 可逆时,

$$\boldsymbol{A}^{-1}=\begin{pmatrix} a_1^{-1} & & & \\ & a_2^{-1} & & \\ & & \ddots & \\ & & & a_n^{-1} \end{pmatrix}.$$ ■

定义 2.20 设 $\boldsymbol{A}$ 是方阵. 如果对 $\boldsymbol{A}$ 的行和列作相同的划分, 得到的分块矩阵中, 对角块以外的块都为零, 那么称 $\boldsymbol{A}$ 为准对角矩阵.

准对角矩阵的一般形式为

$$\boldsymbol{A}=\begin{pmatrix} \boldsymbol{A}_1 & & & \\ & \boldsymbol{A}_2 & & \\ & & \ddots & \\ & & & \boldsymbol{A}_t \end{pmatrix},$$

其中 $\boldsymbol{A}_1, \boldsymbol{A}_2, \cdots, \boldsymbol{A}_t$ 都为方阵.

命题 2.13 准对角矩阵 $\boldsymbol{A}=\begin{pmatrix} \boldsymbol{A}_1 & & & \\ & \boldsymbol{A}_2 & & \\ & & \ddots & \\ & & & \boldsymbol{A}_t \end{pmatrix}$ 为可逆矩阵的充要条

件是其对角块都是可逆的．当 $\boldsymbol{A}$ 可逆时，

$$\boldsymbol{A}^{-1}=\begin{pmatrix}\boldsymbol{A}_1^{-1} & & & \\ & \boldsymbol{A}_2^{-1} & & \\ & & \ddots & \\ & & & \boldsymbol{A}_t^{-1}\end{pmatrix}.$$ ■

三、三角形矩阵

三角形矩阵包括上三角形矩阵与下三角形矩阵．

定义 2.21　设 $\boldsymbol{A}$ 是方阵．如果 $\boldsymbol{A}$ 的对角元以下（上）的元素都为零，那么称 $\boldsymbol{A}$ 为上（下）三角形矩阵．

上三角形矩阵的一般形式为

$$\boldsymbol{A}=\begin{pmatrix}a_{11} & a_{12} & a_{13} & \cdots & a_{1n}\\ 0 & a_{22} & a_{23} & \cdots & a_{2n}\\ 0 & 0 & a_{33} & \cdots & a_{3n}\\ \vdots & \vdots & \vdots & & \vdots\\ 0 & 0 & 0 & \cdots & a_{nn}\end{pmatrix},$$

下三角形矩阵的一般形式为

$$\boldsymbol{A}=\begin{pmatrix}a_{11} & 0 & 0 & \cdots & 0\\ a_{21} & a_{22} & 0 & \cdots & 0\\ a_{31} & a_{32} & a_{33} & \cdots & 0\\ \vdots & \vdots & \vdots & & \vdots\\ a_{n1} & a_{n2} & a_{n3} & \cdots & a_{nn}\end{pmatrix}.$$

命题 2.14　上三角形矩阵的转置为下三角形矩阵，下三角形矩阵的转置为上三角形矩阵． ■

定理 2.8　两个同阶上三角形矩阵的乘积是上三角形矩阵，两个同阶下三角形矩阵的乘积是下三角形矩阵．

证明　设 $\boldsymbol{A}=(a_{ij})$，$\boldsymbol{B}=(b_{ij})$ 是两个 n 阶上三角形矩阵．令 $\boldsymbol{C}=\boldsymbol{AB}=(c_{ij})$，那么对所有的 $i,j\in\{1,2,\cdots,n\}$，都有

$$c_{ij}=a_{i1}b_{1j}+\cdots+a_{i(i-1)}b_{(i-1)j}+a_{ii}b_{ij}+a_{i(i+1)}b_{(i+1)j}+\cdots+a_{in}b_{nj}.\quad(2)$$

因为 $\boldsymbol{A}$ 是上三角形矩阵，所以

$$a_{i1}=a_{i2}=\cdots=a_{i(i-1)}=0.$$

因为 $\boldsymbol{B}$ 是上三角形矩阵，所以当 $i>j$ 时，

$$b_{ij}=b_{(i+1)j}=\cdots=b_{nj}=0.$$

于是，当 $i>j$ 时，由等式(2)可以得到 $c_{ij}=0$．因此 $\boldsymbol{C}$ 为上三角形矩阵．

因为下三角形矩阵的转置是上三角形矩阵，并且$(\boldsymbol{AB})^{\mathrm{T}}=\boldsymbol{B}^{\mathrm{T}}\boldsymbol{A}^{\mathrm{T}}$，所以两个同阶下三角形矩阵的乘积是下三角形矩阵． ■

定理 2.9 设$\boldsymbol{A}=(a_{ij})$是n阶上三角形矩阵．我们有下列结论：

(1) $\boldsymbol{A}$为可逆矩阵的充分必要条件是$\boldsymbol{A}$的对角元a_{11}，a_{22}，…，a_{nn}都不为零；

(2) 当$\boldsymbol{A}$可逆时，$\boldsymbol{A}$的逆矩阵仍然是上三角形矩阵．

证明 (1) **充分性** 设$\boldsymbol{A}$的对角元a_{11}，a_{22}，…，a_{nn}都不为零．因为$\boldsymbol{T}$有n个非零行，所以$\mathrm{r}(\boldsymbol{A})=n$，于是$\boldsymbol{A}$为可逆矩阵．

必要性 设$\boldsymbol{A}$为可逆矩阵，我们用反证法证明$\boldsymbol{A}$的对角元a_{11}，a_{22}，…，a_{nn}都不为零．假设a_{11}，a_{22}，…，a_{nn}中含有零元，并且a_{ii}是a_{11}，a_{22}，…，a_{nn}中最后一个零元．如果$i=n$，那么$\boldsymbol{A}$的第n行为零行，于是，$\boldsymbol{A}$是不可逆的，得出矛盾．设$i<n$，于是$a_{ii}=0$，并且$a_{(i+1)(i+1)}\neq 0$，…，$a_{nn}\neq 0$. 对$\boldsymbol{A}$作如下的初等行变换：

将$\boldsymbol{A}$的第n行乘$-\dfrac{a_{kn}}{a_{nn}}$加到第k行，$k=n-1$，$n-2$，…，$i+1$，i；

第$n-1$行乘$-\dfrac{a_{k(n-1)}}{a_{(n-1)(n-1)}}$加到第$k$行，$k=n-2$，…，$i+1$，$i$；

……

第$i+1$行乘$-\dfrac{a_{i(i+1)}}{a_{(i+1)(i+1)}}$加到第$i$行．

因为最后得到的矩阵的第i行为零行，所以$\mathrm{r}(\boldsymbol{A})<n$. 于是，$\boldsymbol{A}$是不可逆的，与条件矛盾．因此，$\boldsymbol{A}$的对角元$a_{11}$，$a_{22}$，…，$a_{nn}$都不为零．

(2) 对$\boldsymbol{A}$的阶数n用数学归纳法．当$n=1$时结论显然成立．设$n\geqslant 2$，并且结论对$n-1$阶上三角形矩阵成立，下面证明结论对n阶上三角形矩阵也成立．

将可逆的上三角形矩阵$\boldsymbol{A}$按如下方式分块

$$\boldsymbol{A}=\left(\begin{array}{cccc:c}a_{11}&a_{12}&\cdots&a_{1(n-1)}&a_{1n}\\0&a_{22}&\cdots&a_{2(n-1)}&a_{2n}\\\vdots&\vdots&&\vdots&\vdots\\0&0&\cdots&a_{(n-1)(n-1)}&a_{(n-1)n}\\\hdashline 0&0&\cdots&0&a_{nn}\end{array}\right)=\begin{pmatrix}\boldsymbol{A}_1&\boldsymbol{A}_2\\\boldsymbol{0}&a_{nn}\end{pmatrix},$$

其中

$$\boldsymbol{A}_1=\begin{pmatrix}a_{11}&a_{12}&\cdots&a_{1(n-1)}\\0&a_{22}&\cdots&a_{2(n-1)}\\\vdots&\vdots&&\vdots\\0&0&\cdots&a_{(n-1)(n-1)}\end{pmatrix},\quad \boldsymbol{A}_2=\begin{pmatrix}a_{1n}\\a_{2n}\\\vdots\\a_{(n-1)n}\end{pmatrix}.$$

因为$\boldsymbol{A}$是可逆的，所以a_{11}，a_{22}，…，a_{nn}都不为零. 因为$n-1$阶上三角形矩阵$\boldsymbol{A}_1$的对角元a_{11}，a_{22}，…，$a_{(n-1)(n-1)}$都不为零，所以由第1个结论可知，$\boldsymbol{A}_1$是可逆的. 根据归纳假设，$\boldsymbol{A}_1$的逆矩阵$\boldsymbol{A}_1^{-1}$是上三角形矩阵.

令

$$\boldsymbol{B}=\begin{pmatrix}\boldsymbol{A}_1^{-1} & -a_{nn}^{-1}\boldsymbol{A}_1^{-1}\boldsymbol{A}_2\\ \boldsymbol{0} & a_{nn}^{-1}\end{pmatrix},$$

那么$\boldsymbol{B}$是上三角形矩阵. 根据例2.21，$\boldsymbol{B}$是可逆矩阵. 进一步地，

$$\begin{aligned}\boldsymbol{AB}&=\begin{pmatrix}\boldsymbol{A}_1 & \boldsymbol{A}_2\\ \boldsymbol{0} & a_{nn}\end{pmatrix}\begin{pmatrix}\boldsymbol{A}_1^{-1} & -a_{nn}^{-1}\boldsymbol{A}_1^{-1}\boldsymbol{A}_2\\ \boldsymbol{0} & a_{nn}^{-1}\end{pmatrix}\\&=\begin{pmatrix}\boldsymbol{I}_{n-1} & \boldsymbol{0}\\ \boldsymbol{0} & 1\end{pmatrix}\\&=\boldsymbol{I}_n.\end{aligned}$$

因此，上三角形矩阵$\boldsymbol{B}$是$\boldsymbol{A}$的逆矩阵. ■

因为下三角形矩阵的转置是上三角形矩阵，所以定理2.9中关于上三角形矩阵成立的结论关于下三角形矩阵也成立.

定理2.10 设$\boldsymbol{A}=(a_{ij})$是n阶下三角形矩阵. 我们有下列结论：

（1）$\boldsymbol{A}$为可逆矩阵的充分必要条件是$\boldsymbol{A}$的对角元a_{11}，a_{22}，…，a_{nn}都不为零；

（2）当$\boldsymbol{A}$可逆时，$\boldsymbol{A}$的逆矩阵仍然是下三角形矩阵. ■

我们在这里就介绍这几类特殊矩阵. 特殊矩阵都是在矩阵理论的研究与应用中自然产生的，我们在后面还会接触到其他类型的特殊矩阵.

矩阵这种数学结构有着非常悠久的历史，但是在很长的历史时期里，它只是一种缩记的工具. 矩阵能够形成理论并且获得广泛的应用，是因为在矩阵上定义了各种运算，并且这些运算形成了代数体系. 这方面的开创性工作归功于19世纪的英国数学家阿瑟·凯莱(Arthur Cayley，1821—1895)，他首先把矩阵作为一个独立的数学概念提出来，并且发表了关于这个题目的一系列研究论文. 因此，凯莱被公认为是矩阵论的创始人.

习题二

1. 设$\boldsymbol{A}=\begin{pmatrix}2&0&1\\3&4&2\end{pmatrix}$，$\boldsymbol{B}=\begin{pmatrix}6&-3&5\\5&4&3\end{pmatrix}$，计算$-2\boldsymbol{A}$，$\boldsymbol{B}-2\boldsymbol{A}$，$\boldsymbol{A}+2\boldsymbol{B}$.

2. 已知矩阵 $\boldsymbol{A}=\begin{pmatrix}1&2&1\\3&1&4\\6&2&5\end{pmatrix}$，$\boldsymbol{B}=\begin{pmatrix}0&2&3\\1&4&6\\2&3&7\end{pmatrix}$，求满足等式 $2\boldsymbol{A}+3\boldsymbol{B}-4\boldsymbol{X}=\boldsymbol{0}$ 的矩阵 $\boldsymbol{X}$.

3. 已知矩阵 $\boldsymbol{A}=\begin{pmatrix}1&2\\3&4\end{pmatrix}$，$\boldsymbol{B}=\begin{pmatrix}3&1\\2&1\end{pmatrix}$，计算 $\boldsymbol{AB}$，$\boldsymbol{BA}$，$\boldsymbol{AB}-\boldsymbol{BA}$.

4. 计算下列矩阵的乘积：

(1) $\begin{pmatrix}1&2&0\\0&3&4\\1&1&0\end{pmatrix}\begin{pmatrix}2&1&2\\0&1&9\\1&2&0\end{pmatrix}$；　　(2) $\begin{pmatrix}1&2&3\\4&5&6\\7&8&9\end{pmatrix}\begin{pmatrix}1&0\\0&1\\2&1\end{pmatrix}$；

(3) $(x_1,\ x_2)\begin{pmatrix}1&2\\2&3\end{pmatrix}\begin{pmatrix}x_1\\x_2\end{pmatrix}$；　　(4) $\begin{pmatrix}2&1\\2&3\\3&4\end{pmatrix}\begin{pmatrix}1&4\\2&5\end{pmatrix}$；

(5) $\begin{pmatrix}a_1&0&0\\0&a_2&0\\0&0&a_3\end{pmatrix}\begin{pmatrix}b_{11}&b_{12}&b_{13}\\b_{21}&b_{22}&b_{23}\\b_{31}&b_{32}&b_{33}\end{pmatrix}$；(6) $\begin{pmatrix}b_{11}&b_{12}&b_{13}\\b_{21}&b_{22}&b_{23}\\b_{31}&b_{32}&b_{33}\end{pmatrix}\begin{pmatrix}a_1&0&0\\0&a_2&0\\0&0&a_3\end{pmatrix}$.

5. 设 $\boldsymbol{A}=\begin{pmatrix}2&3\\-1&1\end{pmatrix}$，$\boldsymbol{B}=\begin{pmatrix}1&9\\-3&a\end{pmatrix}$，问 a 取什么值时，$\boldsymbol{AB}=\boldsymbol{BA}$？

6. 已知 $\boldsymbol{A}=\begin{pmatrix}1&1\\0&1\end{pmatrix}$，求所有使得等式 $\boldsymbol{AB}=\boldsymbol{BA}$ 成立的 2 阶矩阵 $\boldsymbol{B}$.

7. 设 $\boldsymbol{A}=\begin{pmatrix}2&-4\\-1&2\end{pmatrix}$，求所有使得等式 $\boldsymbol{AB}=\boldsymbol{0}$ 成立的 2 阶矩阵 $\boldsymbol{B}$.

8. 求平方等于零矩阵的所有 2 阶矩阵 .

9. 举例说明下列命题不成立：

(1) 如果 $\boldsymbol{A}^2=\boldsymbol{A}$，那么 $\boldsymbol{A}=\boldsymbol{0}$ 或 $\boldsymbol{A}=\boldsymbol{I}$；

(2) 如果 $\boldsymbol{A}^2=\boldsymbol{0}$，那么 $\boldsymbol{A}=\boldsymbol{0}$；

(3) 如果 $\boldsymbol{AB}=\boldsymbol{AC}$，并且 $\boldsymbol{A}\neq\boldsymbol{0}$，那么 $\boldsymbol{B}=\boldsymbol{C}$.

10. 设 $\boldsymbol{A}=(1,\ 2,\ 3)$，$\boldsymbol{B}=\begin{pmatrix}1\\2\\1\end{pmatrix}$，求 $\boldsymbol{AB}$，$\boldsymbol{BA}$，$(\boldsymbol{AB})^n$，$(\boldsymbol{BA})^n$，其中 n 为正整数 .

11. 已知 $\boldsymbol{A}=\boldsymbol{P\Lambda Q}$，其中 $\boldsymbol{P}=\begin{pmatrix}2&5\\1&3\end{pmatrix}$，$\boldsymbol{\Lambda}=\begin{pmatrix}2&0\\0&1\end{pmatrix}$，$\boldsymbol{Q}=\begin{pmatrix}3&-5\\-1&2\end{pmatrix}$.

（1）求 $\boldsymbol{A}$；

（2）验证 $\boldsymbol{PQ}=\boldsymbol{QP}=\boldsymbol{I}_2$；

（3）对所有的正整数 m，计算 $\boldsymbol{A}^m$.

12. 用数学归纳法证明下列结论：

（1）$\begin{pmatrix} a_1 & 0 & 0 \\ 0 & a_2 & 0 \\ 0 & 0 & a_3 \end{pmatrix}^n = \begin{pmatrix} a_1^n & 0 & 0 \\ 0 & a_2^n & 0 \\ 0 & 0 & a_3^n \end{pmatrix}$；

（2）如果 n 是奇数，那么

$$\begin{pmatrix} 0 & 0 & a_1 \\ 0 & a_2 & 0 \\ a_3 & 0 & 0 \end{pmatrix}^n = \begin{pmatrix} 0 & 0 & a_1^{(n+1)/2}a_3^{(n-1)/2} \\ 0 & a_2^n & 0 \\ a_1^{(n-1)/2}a_3^{(n+1)/2} & 0 & 0 \end{pmatrix},$$

如果 n 是偶数，那么

$$\begin{pmatrix} 0 & 0 & a_1 \\ 0 & a_2 & 0 \\ a_3 & 0 & 0 \end{pmatrix}^n = \begin{pmatrix} a_1^{n/2}a_3^{n/2} & 0 & 0 \\ 0 & a_2^n & 0 \\ 0 & 0 & a_1^{n/2}a_3^{n/2} \end{pmatrix}.$$

13. 设 $f(x)=x^2-2x-3$，$\boldsymbol{A}=\begin{pmatrix} 2 & 1 \\ 1 & 3 \end{pmatrix}$.

（1）求 $f(\boldsymbol{A})$；

（2）验证 $f(\boldsymbol{A})=(\boldsymbol{A}+\boldsymbol{I})(\boldsymbol{A}-3\boldsymbol{I})$.

14. 已知矩阵

$$\boldsymbol{A}=\begin{pmatrix} a_{11} & a_{12} & a_{13} \\ a_{21} & a_{22} & a_{23} \\ a_{31} & a_{32} & a_{33} \end{pmatrix}, \quad \boldsymbol{P}_1=\begin{pmatrix} 2 & 0 & 0 \\ 0 & 1 & 0 \\ 0 & 0 & 1 \end{pmatrix},$$

$$\boldsymbol{P}_2=\begin{pmatrix} 1 & 0 & 0 \\ 3 & 1 & 0 \\ 0 & 0 & 1 \end{pmatrix}, \quad \boldsymbol{P}_3=\begin{pmatrix} 0 & 0 & 1 \\ 0 & 1 & 0 \\ 1 & 0 & 0 \end{pmatrix},$$

分别计算 $\boldsymbol{P}_1\boldsymbol{A}$，$\boldsymbol{AP}_1$，$\boldsymbol{P}_2\boldsymbol{A}$，$\boldsymbol{AP}_2$，$\boldsymbol{P}_3\boldsymbol{A}$，$\boldsymbol{AP}_3$.

15. 已知矩阵 $\boldsymbol{A}=\begin{pmatrix} a_1 & a_2 & a_3 \\ b_1 & b_2 & b_3 \\ c_1 & c_2 & c_3 \end{pmatrix}$，$\boldsymbol{B}=\begin{pmatrix} b_1 & b_3 & b_2 \\ a_1 & a_3 & a_2 \\ c_1+a_1 & c_3+a_3 & c_2+a_2 \end{pmatrix}$，将 $\boldsymbol{B}$ 表示为在 $\boldsymbol{A}$ 的两边乘初等矩阵.

16. 设 $\boldsymbol{A}$ 为 5×4 矩阵 $\boldsymbol{\alpha}_1$，$\boldsymbol{\alpha}_2$，$\boldsymbol{\alpha}_3$，$\boldsymbol{\alpha}_4$ 是 $\boldsymbol{A}$ 的列，其中 $\boldsymbol{\alpha}_3=2\boldsymbol{\alpha}_4$. 如果 $\boldsymbol{\beta}=2\boldsymbol{\alpha}_1+\boldsymbol{\alpha}_2+3\boldsymbol{\alpha}_3+\boldsymbol{\alpha}_4$，证明方程组 $\boldsymbol{AX}=\boldsymbol{\beta}$ 有无穷多个解.

17. 证明如下两个结论：

(1) 设 $m\geqslant 2$ 是正整数，如果去掉 $m\times n$ 矩阵 $\boldsymbol{A}$ 的一行得到的矩阵为 $\boldsymbol{B}$，那么 $\mathrm{r}(\boldsymbol{B})\leqslant \mathrm{r}(\boldsymbol{A})\leqslant \mathrm{r}(\boldsymbol{B})+1$；

(2) 设 $n\geqslant 2$ 是正整数，如果去掉 $m\times n$ 矩阵 $\boldsymbol{A}$ 的一列得到的矩阵为 $\boldsymbol{C}$，那么 $\mathrm{r}(\boldsymbol{C})\leqslant \mathrm{r}(\boldsymbol{A})\leqslant \mathrm{r}(\boldsymbol{C})+1$.

18. 如果 $\boldsymbol{A}$，$\boldsymbol{B}$ 是两个 $m\times n$ 矩阵．证明：

$$\mathrm{r}\begin{pmatrix}\boldsymbol{A}\\ \boldsymbol{B}\end{pmatrix}\leqslant \mathrm{r}(\boldsymbol{A})+\mathrm{r}(\boldsymbol{B}),$$

$$\mathrm{r}(\boldsymbol{A},\ \boldsymbol{B})\leqslant \mathrm{r}(\boldsymbol{A})+\mathrm{r}(\boldsymbol{B}).$$

19. 设 $\boldsymbol{A}$，$\boldsymbol{B}$ 是两个 $m\times n$ 矩阵，证明：

$$\mathrm{r}(\boldsymbol{A}+\boldsymbol{B})\leqslant \mathrm{r}(\boldsymbol{A})+\mathrm{r}(\boldsymbol{B}),$$

$$\mathrm{r}(\boldsymbol{A}-\boldsymbol{B})\leqslant \mathrm{r}(\boldsymbol{A})+\mathrm{r}(\boldsymbol{B}).$$

20. 证明下列结论：

(1) 如果 $\boldsymbol{A}$ 是可逆矩阵，那么 $\boldsymbol{A}^{-1}$ 是可逆矩阵，并且 $(\boldsymbol{A}^{-1})^{-1}=\boldsymbol{A}$；

(2) 如果 k 是非零常数，$\boldsymbol{A}$ 是可逆矩阵，那么 $k\boldsymbol{A}$ 是可逆矩阵，并且 $(k\boldsymbol{A})^{-1}=k^{-1}\boldsymbol{A}^{-1}$；

(3) 如果 $\boldsymbol{A}$ 是可逆矩阵，那么 $\boldsymbol{A}^{\mathrm{T}}$ 是可逆矩阵，并且 $(\boldsymbol{A}^{\mathrm{T}})^{-1}=(\boldsymbol{A}^{-1})^{\mathrm{T}}$；

(4) 如果 $\boldsymbol{A}$，$\boldsymbol{B}$ 是同阶可逆矩阵，那么 $\boldsymbol{AB}$ 是可逆矩阵，并且 $(\boldsymbol{AB})^{-1}=\boldsymbol{B}^{-1}\boldsymbol{A}^{-1}$.

21. 设 $\boldsymbol{A}=\begin{pmatrix}a & b\\ c & d\end{pmatrix}$，证明当 $ad-bc\neq 0$ 时，$\boldsymbol{A}$ 是可逆矩阵，并且 $\boldsymbol{A}^{-1}=\dfrac{1}{ad-bc}\begin{pmatrix}d & -b\\ -c & a\end{pmatrix}$.

22. 设 $\boldsymbol{A}$ 与 $\boldsymbol{B}$ 都是 n 阶矩阵，判断下列命题的真假，并且说明理由：

(1) 如果 $\boldsymbol{A}$ 与 $\boldsymbol{B}$ 都是不可逆矩阵，那么 $\boldsymbol{A}+\boldsymbol{B}$ 也是不可逆矩阵；

(2) 如果 $\boldsymbol{A}$ 与 $\boldsymbol{B}$ 都是可逆矩阵，那么 $\boldsymbol{A}+\boldsymbol{B}$ 也是可逆矩阵；

(3) 如果 $\boldsymbol{AB}$ 是不可逆矩阵，那么 $\boldsymbol{A}$ 与 $\boldsymbol{B}$ 都是不可逆矩阵；

(4) 如果 $\boldsymbol{AB}$ 是可逆矩阵，那么 $\boldsymbol{A}$ 与 $\boldsymbol{B}$ 都是可逆矩阵；

(5) $\boldsymbol{A}$ 是可逆矩阵的充要条件是 $\boldsymbol{A}$ 的简化阶梯形是 n 阶单位矩阵 $\boldsymbol{I}_n$.

23. 设方阵 $\boldsymbol{A}$ 满足等式 $\boldsymbol{A}^2-2\boldsymbol{A}-\boldsymbol{I}=\boldsymbol{0}$.

(1) 证明 $\boldsymbol{A}-2\boldsymbol{I}$ 是可逆矩阵；

（2）求$(A-2I)^{-1}$.

24. 已知方阵A满足等式$A^2-3A+2I=0$. 证明矩阵$2I-A$与$I-A$中至多只有一个是可逆的.

25. 设A是幂零矩阵（即存在正整数m，使得$A^m=0$）. 证明$I-A$是可逆矩阵，并且$(I-A)^{-1}=I+A+A^2+\cdots+A^{m-1}$.

26. 设A是幂等矩阵（即$A^2=A$），并且$A\neq I$. 证明A是不可逆矩阵.

27. 求下列矩阵的逆矩阵：

（1）$\begin{pmatrix}1&2&-3\\3&2&-4\\2&-1&0\end{pmatrix}$；　　（2）$\begin{pmatrix}1&1&1&1\\0&1&1&1\\0&0&1&1\\0&0&0&1\end{pmatrix}$.

28. 求下列等式中的矩阵X：

（1）$\begin{pmatrix}1&2\\3&4\end{pmatrix}X=\begin{pmatrix}2&1&3\\3&2&1\end{pmatrix}$；

（2）$X\begin{pmatrix}1&2&-3\\3&2&-4\\2&-1&0\end{pmatrix}=\begin{pmatrix}1&2&0\\3&2&4\\1&3&5\end{pmatrix}$；

（3）$\begin{pmatrix}1&1&1\\0&1&1\\0&0&1\end{pmatrix}X\begin{pmatrix}1&2&2\\2&1&-2\\2&-2&1\end{pmatrix}=\begin{pmatrix}2&3&-1\\1&2&0\\-1&2&-2\end{pmatrix}$.

29. 已知矩阵X满足$XA=B+2X$，其中$A=\begin{pmatrix}4&2&3\\1&1&0\\-1&2&3\end{pmatrix}$，$B=\begin{pmatrix}1&2&3\\1&1&0\\1&0&2\end{pmatrix}$，求$X$.

30. 设矩阵$A=\begin{pmatrix}1&-1&-1\\2&a&-1\\-1&1&a\end{pmatrix}$，$B=\begin{pmatrix}2&2\\1&a\\-a-1&-2\end{pmatrix}$. 当$a$为何值时，矩阵方程$AX=B$无解？有唯一解？有无穷多个解？当$AX=B$有解时，求出它的全部解.

31. 已知$A=\begin{pmatrix}1&2&0&0\\3&4&0&0\\0&0&2&1\\0&0&1&2\end{pmatrix}$，$B=\begin{pmatrix}1&1&0\\2&1&0\\3&0&2\\4&0&1\end{pmatrix}$，利用分块矩阵计算$AB$.

32. 设 $\boldsymbol{A}$ 是 m 阶可逆矩阵，$\boldsymbol{D}$ 是 n 阶可逆矩阵．证明 $\begin{pmatrix} \boldsymbol{0} & \boldsymbol{A} \\ \boldsymbol{D} & \boldsymbol{0} \end{pmatrix}$ 是可逆矩阵，并且

$$\begin{pmatrix} \boldsymbol{0} & \boldsymbol{A} \\ \boldsymbol{D} & \boldsymbol{0} \end{pmatrix}^{-1} = \begin{pmatrix} \boldsymbol{0} & \boldsymbol{D}^{-1} \\ \boldsymbol{A}^{-1} & \boldsymbol{0} \end{pmatrix}.$$

33. 利用分块矩阵求下列矩阵的逆矩阵：

(1) $\begin{pmatrix} 5 & 0 & 0 \\ 0 & 1 & 2 \\ 0 & 3 & 4 \end{pmatrix}$；　　(2) $\begin{pmatrix} 0 & 0 & 0 & 2 & 1 \\ 0 & 0 & 0 & 5 & 3 \\ 3 & -1 & 0 & 0 & 0 \\ -2 & 1 & 1 & 0 & 0 \\ 2 & -1 & 4 & 0 & 0 \end{pmatrix}$.

34. 设 $\boldsymbol{A}$ 是 n 阶可逆矩阵，$\boldsymbol{B}$ 是 $n\times t$ 矩阵．证明 $(\boldsymbol{A}, \boldsymbol{B})$ 的简化阶梯形为 $(\boldsymbol{I}, \boldsymbol{C})$，其中 $\boldsymbol{C}=\boldsymbol{A}^{-1}\boldsymbol{B}$.

35. 设 $\boldsymbol{A}_{11}$ 是可逆矩阵．求使得等式

$$\begin{pmatrix} \boldsymbol{I} & \boldsymbol{0} & \boldsymbol{0} \\ \boldsymbol{X} & \boldsymbol{I} & \boldsymbol{0} \\ \boldsymbol{Y} & \boldsymbol{0} & \boldsymbol{I} \end{pmatrix}\begin{pmatrix} \boldsymbol{A}_{11} & \boldsymbol{A}_{12} \\ \boldsymbol{A}_{21} & \boldsymbol{A}_{22} \\ \boldsymbol{A}_{31} & \boldsymbol{A}_{32} \end{pmatrix} = \begin{pmatrix} \boldsymbol{B}_{11} & \boldsymbol{B}_{12} \\ \boldsymbol{0} & \boldsymbol{B}_{22} \\ \boldsymbol{0} & \boldsymbol{B}_{32} \end{pmatrix}$$

成立的矩阵 $\boldsymbol{X}$，$\boldsymbol{Y}$，并且计算 $\boldsymbol{B}_{22}$.

36. 设 $\boldsymbol{A}$ 与 $\boldsymbol{B}$ 都是对称矩阵．证明 $\boldsymbol{A}+\boldsymbol{B}$，$\boldsymbol{A}-2\boldsymbol{B}$ 也是对称矩阵．

37. 如果 $\boldsymbol{A}$ 与 $\boldsymbol{B}$ 都是 n 阶对称矩阵，证明 $\boldsymbol{AB}$ 为对称矩阵的充要条件是 $\boldsymbol{AB}=\boldsymbol{BA}$.

38. 设 $m>n$ 是正整数，$\boldsymbol{U}$ 是 $m\times m$ 矩阵，$\boldsymbol{V}$ 是 $n\times n$ 矩阵，$\boldsymbol{\Sigma}=\begin{pmatrix} \boldsymbol{\Sigma}_1 \\ \boldsymbol{0} \end{pmatrix}$ 是 $m\times n$ 矩阵，其中 $\boldsymbol{\Sigma}_1$ 是一个 $n\times n$ 对角矩阵，对角元为 σ_1，σ_2，$\cdots$，σ_n.

(1) 设 $\boldsymbol{U}=(\boldsymbol{U}_1, \boldsymbol{U}_2)$，其中 $\boldsymbol{U}_1$ 有 n 列．证明 $\boldsymbol{U\Sigma}=\boldsymbol{U}_1\boldsymbol{\Sigma}_1$；

(2) 证明如果 $\boldsymbol{A}=\boldsymbol{U\Sigma V}^{\mathrm{T}}$，那么 $\boldsymbol{A}$ 可以表示为

$$\boldsymbol{A}=\sigma_1\boldsymbol{u}_1\boldsymbol{v}_1^{\mathrm{T}}+\sigma_2\boldsymbol{u}_2\boldsymbol{v}_2^{\mathrm{T}}+\cdots+\sigma_n\boldsymbol{u}_n\boldsymbol{v}_n^{\mathrm{T}}$$

其中 $\boldsymbol{u}_j$ 和 $\boldsymbol{v}_j$ 分别是 $\boldsymbol{U}$ 和 $\boldsymbol{V}$ 的第 j 列，$j=1, 2, \cdots, n$.

第三章　向量空间

向量空间是线性代数的核心内容．我们在中学的几何与物理课上已经知道了向量是既有大小又有方向的量，并且学过向量的运算．我们现在要讲的向量是几何与物理中向量的推广，向量空间是直线、平面以及立体空间的推广．

MOOC 3.1
向量与向量空间

3.1　向量与向量空间

这一节介绍向量与向量空间的基本概念．我们仍然用 **F** 表示实数集或者复数集．对于数集 **F** 来说，**F** 中元素的和、差、积、商(除数不为 0)仍然在 **F** 中，所以下面这些结论显然成立．

数集 **F** 上矩阵的和是 **F** 上的矩阵，**F** 上矩阵的乘积是 **F** 上的矩阵，**F** 上矩阵的转置是 **F** 上的矩阵，**F** 上可逆矩阵的逆矩阵是 **F** 上的矩阵，**F** 中的常数与 **F** 上矩阵的乘积是 **F** 上的矩阵．

因为解线性方程组只涉及数的加、减、乘、除运算，所以今后对 **F** 上的线性方程组，我们只考虑其元素都在 **F** 中的解．

一、向量空间

定义 3.1　设 $a_1, a_2, \cdots, a_n \in \mathbf{F}$. 列矩阵

$$\begin{pmatrix} a_1 \\ a_2 \\ \vdots \\ a_n \end{pmatrix} = (a_1, a_2, \cdots, a_n)^{\mathrm{T}}$$

称为 **F** 上的 n 元向量，简称为向量[①]．元素都为实数的向量称为实向量．向量的元素也称为分量，a_i 是第 i 个分量．

就其本质来说，向量是有序数组，所以向量既可以表示为列的形式(列矩阵)，也可以表示为行的形式(行矩阵)．但是在线性代数中，向量几乎都是以列的形式出现的，当它参与运算的时候，就是列矩阵，所以我们将向量定义为列的形式．

向量常用小写希腊字母表示，如 $\boldsymbol{\alpha}=(a_1, a_2, \cdots, a_n)^{\mathrm{T}}$. 对于取定的

---

① 2 元向量最初被应用于物理学，用来表示力、速度、位移等物理量. 在几何上牛顿最先使用有向线段表示向量．3 元向量分析的创造由美国科学家吉布斯(J. W. Gibbs，1839—1903)和赫维赛德(O. Heaviside，1850—1925)分别于 19 世纪 80 年代各自独立完成．扩展向量以及它们对应的代数到高于 3 维的空间的工作归功于德国数学家格拉斯曼(H. Grassmann，1809—1877)．

正整数 n，令

$$\mathbf{F}^n=\{\boldsymbol{\alpha}\mid\boldsymbol{\alpha}=(a_1,a_2,\cdots,a_n)^{\mathrm{T}},\ a_1,a_2,\cdots,a_n\in\mathbf{F}\},$$

即 $\mathbf{F}^n$ 表示由 $\mathbf{F}$ 上所有 n 元向量构成的集合．

因为集合 $\mathbf{F}^n$ 中的向量都是 $n\times 1$ 矩阵，所以可以将矩阵的线性运算限定在 $\mathbf{F}^n$ 上，由此定义向量的线性运算．

定义 3.2　对于任意的 $\boldsymbol{\alpha}=\begin{pmatrix}a_1\\a_2\\\vdots\\a_n\end{pmatrix}$，$\boldsymbol{\beta}=\begin{pmatrix}b_1\\b_2\\\vdots\\b_n\end{pmatrix}\in\mathbf{F}^n$，$k\in\mathbf{F}$，$\boldsymbol{\alpha}+\boldsymbol{\beta}=\begin{pmatrix}a_1+b_1\\a_2+b_2\\\vdots\\a_n+b_n\end{pmatrix}\in\mathbf{F}^n$ 称为向量 α 与 β 的和；$k\boldsymbol{\alpha}=\begin{pmatrix}ka_1\\ka_2\\\vdots\\ka_n\end{pmatrix}\in\mathbf{F}^n$ 称为常数 k 与向量 α 的乘积，简称为数乘．

向量的加法与数乘统称为向量的线性运算．

n 个零构成的向量 $\begin{pmatrix}0\\0\\\vdots\\0\end{pmatrix}\in\mathbf{F}^n$，称为 $\mathbf{F}^n$ 中的零向量，记作 $\mathbf{0}$.

如果 $\boldsymbol{\alpha}=\begin{pmatrix}a_1\\a_2\\\vdots\\a_n\end{pmatrix}\in\mathbf{F}^n$，那么 $(-1)\boldsymbol{\alpha}=\begin{pmatrix}-a_1\\-a_2\\\vdots\\-a_n\end{pmatrix}\in\mathbf{F}^n$，称为 α 的负向量，记作 $-\boldsymbol{\alpha}$. 和式 $\boldsymbol{\alpha}+(-\boldsymbol{\beta})$ 简记为 $\boldsymbol{\alpha}-\boldsymbol{\beta}$.

向量的线性运算继承了矩阵的线性运算的性质．

性质 3.1　设 $\boldsymbol{\alpha},\boldsymbol{\beta},\boldsymbol{\gamma}\in\mathbf{F}^n$，$h,k\in\mathbf{F}$，那么下列结论成立：

(1) $\boldsymbol{\alpha}+\boldsymbol{\beta}=\boldsymbol{\beta}+\boldsymbol{\alpha}$;

(2) $(\boldsymbol{\alpha}+\boldsymbol{\beta})+\boldsymbol{\gamma}=\boldsymbol{\alpha}+(\boldsymbol{\beta}+\boldsymbol{\gamma})$;

(3) $\boldsymbol{\alpha}+\mathbf{0}=\boldsymbol{\alpha}$;

(4) $\boldsymbol{\alpha}+(-\boldsymbol{\alpha})=\mathbf{0}$;

(5) $1\boldsymbol{\alpha}=\boldsymbol{\alpha}$;

(6) $(hk)\boldsymbol{\alpha}=h(k\boldsymbol{\alpha})$;

(7) $(h+k)\boldsymbol{\alpha}=h\boldsymbol{\alpha}+k\boldsymbol{\alpha}$;

(8) $k(\boldsymbol{\alpha}+\boldsymbol{\beta})=k\boldsymbol{\alpha}+k\boldsymbol{\beta}$. ■

定义 3.3 设 V 是 $\mathbf{F}^n$ 的非空子集. 如果 V 满足下列两个条件:

(1) 对任意的 $\boldsymbol{\alpha}, \boldsymbol{\beta} \in V$, 都有 $\boldsymbol{\alpha}+\boldsymbol{\beta} \in V$;

(2) 对任意的 $k \in \mathbf{F}$, $\boldsymbol{\alpha} \in V$, 都有 $k\boldsymbol{\alpha} \in V$,

那么称 V 是 $\mathbf{F}$ 上的向量空间.

定义 3.3 中的条件(1) 称为 V 对向量加法封闭, 条件(2) 称为 V 对常数与向量的乘法封闭.

性质 3.2 设 $V \subseteq \mathbf{F}^n$ 是 $\mathbf{F}$ 上的向量空间, 那么下列 3 个结论成立:

(1) V 中含有 $\mathbf{F}^n$ 中的零向量 $\mathbf{0}$;

(2) V 中任意向量 $\boldsymbol{\alpha}$ 的负向量 $-\boldsymbol{\alpha}$ 在 V 中;

(3) 对 $\mathbf{F}$ 中的任意常数 $k_1, k_2, \cdots, k_t$, 以及 V 中的任意向量 $\boldsymbol{\alpha}_1, \boldsymbol{\alpha}_2, \cdots, \boldsymbol{\alpha}_t$, 向量 $k_1\boldsymbol{\alpha}_1+k_2\boldsymbol{\alpha}_2+\cdots+k_t\boldsymbol{\alpha}_t$ 在 V 中. ■

性质 3.2 中的 3 个结论可以由向量空间的定义直接得到.

例 3.1 $\mathbf{F}^n$ 是 $\mathbf{F}$ 上的向量空间. ■

例 3.2 如果 $V=\{\mathbf{0}\}$ 只含零向量, 那么 V 是 $\mathbf{F}$ 上的向量空间. ■

例 3.3 判断下列集合是否构成实数集 $\mathbf{R}$ 上的向量空间:

(1) $V_1=\{\boldsymbol{\alpha} \mid \boldsymbol{\alpha}=(x_1, x_2, x_3)^{\mathrm{T}} \in \mathbf{R}^3, x_1+2x_2+3x_3=0\}$;

(2) $V_2=\{\boldsymbol{\alpha} \mid \boldsymbol{\alpha}=(x_1, x_2, 0)^{\mathrm{T}} \in \mathbf{R}^3, x_1, x_2$ 为任意实数$\}$;

(3) $V_3=\{\boldsymbol{\alpha} \mid \boldsymbol{\alpha}=(x_1, x_2, 2)^{\mathrm{T}} \in \mathbf{R}^3, x_1, x_2$ 为任意实数$\}$.

解 (1) 显然 $V_1 \neq \varnothing$. 设 $\boldsymbol{\alpha}=(x_1, x_2, x_3)^{\mathrm{T}}$, $\boldsymbol{\beta}=(y_1, y_2, y_3)^{\mathrm{T}} \in V_1$, 那么

$$x_1+2x_2+3x_3=0,$$
$$y_1+2y_2+3y_3=0.$$

因为 $\boldsymbol{\alpha}+\boldsymbol{\beta}=(x_1+y_1, x_2+y_2, x_3+y_3)^{\mathrm{T}}$的分量满足

$$\begin{aligned}&(x_1+y_1)+2(x_2+y_2)+3(x_3+y_3)\\=&(x_1+2x_2+3x_3)+(y_1+2y_2+3y_3)=0,\end{aligned}$$

所以 $\boldsymbol{\alpha}+\boldsymbol{\beta} \in V_1$. 对任意的 $k \in \mathbf{R}$, $\boldsymbol{\alpha}=(x_1, x_2, x_3)^{\mathrm{T}} \in V_1$, 因为 $k\boldsymbol{\alpha}=(kx_1, kx_2, kx_3)^{\mathrm{T}}$ 的分量满足

$$kx_1+2kx_2+3kx_3=k(x_1+2x_2+3x_3)=0,$$

所以 $k\boldsymbol{\alpha} \in V_1$. 因此 V_1 是 $\mathbf{R}$ 上的向量空间.

(2) 设 $k \in \mathbf{R}$, $\boldsymbol{\alpha}=(x_1, x_2, 0)^{\mathrm{T}}$, $\boldsymbol{\beta}=(y_1, y_2, 0)^{\mathrm{T}} \in V_2$. 因为

$$\boldsymbol{\alpha}+\boldsymbol{\beta}=(x_1+y_1, x_2+y_2, 0)^{\mathrm{T}} \in V_2,$$
$$k\boldsymbol{\alpha}=(kx_1, kx_2, 0)^{\mathrm{T}} \in V_2,$$

所以 $\mathbf{R}^3$ 的非空子集 V_2 是 $\mathbf{R}$ 上的向量空间.

(3) 设 $\boldsymbol{\alpha}=(x_1, x_2, 2)^{\mathrm{T}}$, $\boldsymbol{\beta}=(y_1, y_2, 2)^{\mathrm{T}}\in V_3$. 因为

$$\boldsymbol{\alpha}+\boldsymbol{\beta}=(x_1+y_1, x_2+y_2, 4)^{\mathrm{T}}\notin V_3,$$

所以 V_3 不是 $\mathbf{R}$ 上的向量空间. ■

例 3.4　设 V 是 $\mathbf{F}$ 上的向量空间, $k\in\mathbf{F}$, $\boldsymbol{\alpha}$, $\boldsymbol{\beta}$, $\boldsymbol{\gamma}\in V$. 证明:

(1) 如果 $k\boldsymbol{\alpha}=\mathbf{0}$, 那么 $k=0$ 或者 $\boldsymbol{\alpha}=\mathbf{0}$;

(2) 如果 $\boldsymbol{\alpha}+\boldsymbol{\beta}=\boldsymbol{\gamma}$, 那么 $\boldsymbol{\beta}=\boldsymbol{\gamma}-\boldsymbol{\alpha}$.

证明　(1) 设 $k\boldsymbol{\alpha}=\mathbf{0}$. 如果 $k=0$, 那么结论已经成立; 如果 $k\neq 0$, 那么在等式 $k\boldsymbol{\alpha}=\mathbf{0}$ 两边乘上 $\frac{1}{k}$, 得 $\boldsymbol{\alpha}=\mathbf{0}$, 结论也成立.

(2) 在等式 $\boldsymbol{\alpha}+\boldsymbol{\beta}=\boldsymbol{\gamma}$ 两边加上 $\boldsymbol{\alpha}$ 的负向量 $-\boldsymbol{\alpha}$, 则有 $\boldsymbol{\beta}=\boldsymbol{\gamma}-\boldsymbol{\alpha}$. ■

MOOC 3.2
向量空间的子空间

二、向量空间的子空间

定义 3.4　设 V 是 $\mathbf{F}$ 上的向量空间, W 是 V 的非空子集. 如果 W 也是 $\mathbf{F}$ 上的向量空间, 那么称 W 是向量空间 V 的子空间.

例 3.5　$\mathbf{F}$ 上的向量空间 V 中的零向量构成的向量空间是 V 的子空间, V 也是 V 自身的子空间. ■

命题 3.1　如果 V_1, V_2 是 $\mathbf{F}$ 上的向量空间 V 的两个子空间, 那么我们有下列两个结论:

(1) V_1 与 V_2 的交 $V_1\cap V_2$ 是 V 的子空间;

(2) $V_1+V_2=\{\boldsymbol{\alpha}+\boldsymbol{\beta}\mid\boldsymbol{\alpha}\in V_1, \boldsymbol{\beta}\in V_2\}$ 是 V 的子空间, 称为 V_1 与 V_2 的和.

证明　(1) 因为 $\mathbf{0}\in V_1\cap V_2$, 所以 $V_1\cap V_2\neq\varnothing$. 任取 $\boldsymbol{\alpha}$, $\boldsymbol{\beta}\in V_1\cap V_2$, $k\in\mathbf{F}$, 因为 V_1 是 V 的子空间, 所以 $\boldsymbol{\alpha}+\boldsymbol{\beta}\in V_1$, $k\boldsymbol{\alpha}\in V_1$; 因为 V_2 是 V 的子空间, 所以 $\boldsymbol{\alpha}+\boldsymbol{\beta}\in V_2$, $k\boldsymbol{\alpha}\in V_2$. 于是 $\boldsymbol{\alpha}+\boldsymbol{\beta}\in V_1\cap V_2$, $k\boldsymbol{\alpha}\in V_1\cap V_2$. 因此, $V_1\cap V_2$ 是 V 的子空间.

(2) 因为 $\mathbf{0}=\mathbf{0}+\mathbf{0}\in V_1+V_2$, 所以 $V_1+V_2\neq\varnothing$. 任取 $\boldsymbol{\alpha}_1+\boldsymbol{\beta}_1\in V_1+V_2$, $\boldsymbol{\alpha}_2+\boldsymbol{\beta}_2\in V_1+V_2$, 其中 $\boldsymbol{\alpha}_1$, $\boldsymbol{\alpha}_2\in V_1$, $\boldsymbol{\beta}_1$, $\boldsymbol{\beta}_2\in V_2$, 以及 $k\in\mathbf{F}$, 因为 $(\boldsymbol{\alpha}_1+\boldsymbol{\beta}_1)+(\boldsymbol{\alpha}_2+\boldsymbol{\beta}_2)=(\boldsymbol{\alpha}_1+\boldsymbol{\alpha}_2)+(\boldsymbol{\beta}_1+\boldsymbol{\beta}_2)\in V_1+V_2$, $k(\boldsymbol{\alpha}_1+\boldsymbol{\beta}_1)=k\boldsymbol{\alpha}_1+k\boldsymbol{\beta}_1\in V_1+V_2$, 所以 V_1+V_2 是 V 的子空间. ■

定义 3.5　设 t 是正整数. $\mathbf{F}$ 上的向量空间 V 中的一组向量 $\boldsymbol{\alpha}_1$, $\boldsymbol{\alpha}_2$, $\cdots$, $\boldsymbol{\alpha}_t$ 称为 V 中的一个向量组.

关于向量组, 我们做以下两点约定:

(1) 向量组中的向量都属于同一个向量空间;

(2) 向量组中的向量是有顺序的, 如果 $\boldsymbol{\alpha}_1\neq\boldsymbol{\alpha}_2$, 那么 $\boldsymbol{\alpha}_1$, $\boldsymbol{\alpha}_2$ 与 $\boldsymbol{\alpha}_2$,

$\boldsymbol{\alpha}_1$ 是两个不同的向量组.

下面定义向量组的线性组合.

定义 3.6 设 $\boldsymbol{\alpha}_1, \boldsymbol{\alpha}_2, \cdots, \boldsymbol{\alpha}_t$ 是 $\mathbf{F}$ 上的向量空间 V 中的一个向量组. 对 $\mathbf{F}$ 中的任意常数 $k_1, k_2, \cdots, k_t$, 表达式

$$k_1\boldsymbol{\alpha}_1 + k_2\boldsymbol{\alpha}_2 + \cdots + k_t\boldsymbol{\alpha}_t$$

称为 $\boldsymbol{\alpha}_1, \boldsymbol{\alpha}_2, \cdots, \boldsymbol{\alpha}_t$ 的线性组合.

因为 V 是向量空间, 所以 V 中一组向量的线性组合仍然是 V 中向量.

设 $\boldsymbol{\alpha}_1, \boldsymbol{\alpha}_2, \cdots, \boldsymbol{\alpha}_t$ 是 $\mathbf{F}$ 上的向量空间 V 中的一个向量组. 令

$$\mathrm{Span}\{\boldsymbol{\alpha}_1, \boldsymbol{\alpha}_2, \cdots, \boldsymbol{\alpha}_t\} = \{k_1\boldsymbol{\alpha}_1 + k_2\boldsymbol{\alpha}_2 + \cdots + k_t\boldsymbol{\alpha}_t \mid k_1, k_2, \cdots, k_t \in \mathbf{F}\},$$

即 $\mathrm{Span}\{\boldsymbol{\alpha}_1, \boldsymbol{\alpha}_2, \cdots, \boldsymbol{\alpha}_t\}$ 中的每一个向量都是 $\boldsymbol{\alpha}_1, \boldsymbol{\alpha}_2, \cdots, \boldsymbol{\alpha}_t$ 的线性组合.

命题 3.2 设 $\boldsymbol{\alpha}_1, \boldsymbol{\alpha}_2, \cdots, \boldsymbol{\alpha}_t$ 是 $\mathbf{F}$ 上的向量空间 V 中的一个向量组, 那么 $\mathrm{Span}\{\boldsymbol{\alpha}_1, \boldsymbol{\alpha}_2, \cdots, \boldsymbol{\alpha}_t\}$ 是 V 的子空间.

证明 显然 $\mathrm{Span}\{\boldsymbol{\alpha}_1, \boldsymbol{\alpha}_2, \cdots, \boldsymbol{\alpha}_t\}$ 是 V 的子集, 并且 $\mathrm{Span}\{\boldsymbol{\alpha}_1, \boldsymbol{\alpha}_2, \cdots, \boldsymbol{\alpha}_t\} \neq \varnothing$. 下面证明 $\mathrm{Span}\{\boldsymbol{\alpha}_1, \boldsymbol{\alpha}_2, \cdots, \boldsymbol{\alpha}_t\}$ 对向量加法与数乘封闭.

对 $\mathrm{Span}\{\boldsymbol{\alpha}_1, \boldsymbol{\alpha}_2, \cdots, \boldsymbol{\alpha}_t\}$ 中的任意两个向量 $h_1\boldsymbol{\alpha}_1 + h_2\boldsymbol{\alpha}_2 + \cdots + h_t\boldsymbol{\alpha}_t$ 与 $k_1\boldsymbol{\alpha}_1 + k_2\boldsymbol{\alpha}_2 + \cdots + k_t\boldsymbol{\alpha}_t$, 它们的和

$$\begin{aligned}&(h_1\boldsymbol{\alpha}_1 + h_2\boldsymbol{\alpha}_2 + \cdots + h_t\boldsymbol{\alpha}_t) + (k_1\boldsymbol{\alpha}_1 + k_2\boldsymbol{\alpha}_2 + \cdots + k_t\boldsymbol{\alpha}_t)\\ =\;&(h_1 + k_1)\boldsymbol{\alpha}_1 + (h_2 + k_2)\boldsymbol{\alpha}_2 + \cdots + (h_t + k_t)\boldsymbol{\alpha}_t\end{aligned}$$

在 $\mathrm{Span}\{\boldsymbol{\alpha}_1, \boldsymbol{\alpha}_2, \cdots, \boldsymbol{\alpha}_t\}$ 中.

对 $\mathbf{F}$ 中的任意常数 h, 以及 $\mathrm{Span}\{\boldsymbol{\alpha}_1, \boldsymbol{\alpha}_2, \cdots, \boldsymbol{\alpha}_t\}$ 中的任意向量 $k_1\boldsymbol{\alpha}_1 + k_2\boldsymbol{\alpha}_2 + \cdots + k_t\boldsymbol{\alpha}_t$, 它们的乘积

$$h(k_1\boldsymbol{\alpha}_1 + k_2\boldsymbol{\alpha}_2 + \cdots + k_t\boldsymbol{\alpha}_t) = (hk_1)\boldsymbol{\alpha}_1 + (hk_2)\boldsymbol{\alpha}_2 + \cdots + (hk_t)\boldsymbol{\alpha}_t$$

在 $\mathrm{Span}\{\boldsymbol{\alpha}_1, \boldsymbol{\alpha}_2, \cdots, \boldsymbol{\alpha}_t\}$ 中.

因此, $\mathrm{Span}\{\boldsymbol{\alpha}_1, \boldsymbol{\alpha}_2, \cdots, \boldsymbol{\alpha}_t\}$ 是 $\mathbf{F}$ 上的向量空间, 从而是 V 的子空间. ∎

定义 3.7 $\mathrm{Span}\{\boldsymbol{\alpha}_1, \boldsymbol{\alpha}_2, \cdots, \boldsymbol{\alpha}_t\}$ 称为由 V 中向量组 $\boldsymbol{\alpha}_1, \boldsymbol{\alpha}_2, \cdots, \boldsymbol{\alpha}_t$ 生成的 V 的子空间, 简称为生成子空间.[①]

例 3.6 设 $\boldsymbol{\varepsilon}_1 = (1, 0, 0)^{\mathrm{T}}$, $\boldsymbol{\varepsilon}_2 = (0, 1, 0)^{\mathrm{T}}$. 令

$$\mathrm{Span}\{\boldsymbol{\varepsilon}_1, \boldsymbol{\varepsilon}_2\} = \{\boldsymbol{\alpha} \mid \boldsymbol{\alpha} = k_1\boldsymbol{\varepsilon}_1 + k_2\boldsymbol{\varepsilon}_2 = (k_1, k_2, 0)^{\mathrm{T}}, k_1, k_2 \in \mathbf{F}\},$$

那么 $\mathrm{Span}\{\boldsymbol{\varepsilon}_1, \boldsymbol{\varepsilon}_2\}$ 是 $\mathbf{F}^3$ 的子空间. ∎

① 生成子空间也可用符号 $L\{\boldsymbol{\alpha}_1, \boldsymbol{\alpha}_2, \cdots, \boldsymbol{\alpha}_t\}$ 表示.

MOOC 3.3
与矩阵有关的向量空间

三、与矩阵有关的向量空间

定义 3.8　设 $\boldsymbol{A}$ 是 $\mathbf{F}$ 上的 $m\times n$ 矩阵．$\mathbf{F}$ 上的线性方程组 $\boldsymbol{AX}=\boldsymbol{\beta}$ 的解

$$\boldsymbol{\gamma}=\begin{pmatrix}k_1\\k_2\\\vdots\\k_n\end{pmatrix}$$

是 $\mathbf{F}^n$ 中的一个向量，称为 $\boldsymbol{AX}=\boldsymbol{\beta}$ 的解向量．

我们经常将方程组的解向量简称为解．

$\mathbf{F}$ 上的 $m\times n$ 齐次线性方程组 $\boldsymbol{AX}=\mathbf{0}$ 的解向量构成的集合记作 $N(\boldsymbol{A})$，即

$$N(\boldsymbol{A})=\{\boldsymbol{\xi}\in\mathbf{F}^n\mid \boldsymbol{A\xi}=\mathbf{0}\}.$$

命题 3.3　$N(\boldsymbol{A})$是 $\mathbf{F}$ 上的向量空间．

证明　因为齐次线性方程组总是有解的，所以 $N(\boldsymbol{A})\neq\varnothing$. 设 $\boldsymbol{\xi}_1$，$\boldsymbol{\xi}_2\in N(\boldsymbol{A})$，则有 $\boldsymbol{A\xi}_1=\boldsymbol{A\xi}_2=\mathbf{0}$. 因为 $\boldsymbol{A}(\boldsymbol{\xi}_1+\boldsymbol{\xi}_2)=\boldsymbol{A\xi}_1+\boldsymbol{A\xi}_2=\mathbf{0}$，所以 $\boldsymbol{\xi}_1+\boldsymbol{\xi}_2\in N(\boldsymbol{A})$. 设 $\boldsymbol{\xi}\in N(\boldsymbol{A})$，$k\in\mathbf{F}$，因为 $\boldsymbol{A\xi}=\mathbf{0}$，所以 $\boldsymbol{A}(k\boldsymbol{\xi})=k(\boldsymbol{A\xi})=\mathbf{0}$，即 $k\boldsymbol{\xi}\in N(\boldsymbol{A})$. 因此，$N(\boldsymbol{A})$是 $\mathbf{F}$ 上的向量空间．■

定义 3.9　向量空间 $N(\boldsymbol{A})$称为 $\boldsymbol{A}$ 的零空间，也称为齐次线性方程组 $\boldsymbol{AX}=\mathbf{0}$ 的解空间．

定义 3.10　设 $\boldsymbol{A}=(a_{ij})$是 $\mathbf{F}$ 上的 $m\times n$ 矩阵．将 $\boldsymbol{A}$ 的 n 个列记作

$$\boldsymbol{\alpha}_1=\begin{pmatrix}a_{11}\\a_{21}\\\vdots\\a_{m1}\end{pmatrix},\quad \boldsymbol{\alpha}_2=\begin{pmatrix}a_{12}\\a_{22}\\\vdots\\a_{m2}\end{pmatrix},\quad\cdots,\quad \boldsymbol{\alpha}_n=\begin{pmatrix}a_{1n}\\a_{2n}\\\vdots\\a_{mn}\end{pmatrix},$$

则 $\boldsymbol{\alpha}_1,\boldsymbol{\alpha}_2,\cdots,\boldsymbol{\alpha}_n\in\mathbf{F}^m$，称为由 A 的列构成的向量组．由 $\boldsymbol{A}$ 的列构成的向量组 $\boldsymbol{\alpha}_1,\boldsymbol{\alpha}_2,\cdots,\boldsymbol{\alpha}_n$ 生成的 $\mathbf{F}^m$ 的子空间 $\mathrm{Span}\{\boldsymbol{\alpha}_1,\boldsymbol{\alpha}_2,\cdots,\boldsymbol{\alpha}_n\}$称为 A 的列空间，也称为 $\boldsymbol{A}$ 的值域，记作 $R(\boldsymbol{A})$.

如果记 $\boldsymbol{\xi}=\begin{pmatrix}k_1\\k_2\\\vdots\\k_n\end{pmatrix}\in\mathbf{F}^n$，那么

$$k_1\boldsymbol{\alpha}_1 + k_2\boldsymbol{\alpha}_2 + \cdots + k_n\boldsymbol{\alpha}_n = \boldsymbol{A}\begin{pmatrix} k_1 \\ k_2 \\ \vdots \\ k_n \end{pmatrix} = \boldsymbol{A}\boldsymbol{\xi},$$

并且，$R(\boldsymbol{A}) = \{\boldsymbol{\beta} \mid \boldsymbol{\beta} = \boldsymbol{A}\boldsymbol{\xi},\ \boldsymbol{\xi} \in \mathbf{F}^n\}$.

定义 3.11　将 $\mathbf{F}$ 上的 $m \times n$ 矩阵 $\boldsymbol{A}$ 的 m 个行记作

$$\boldsymbol{\gamma}_1^{\mathrm{T}} = (a_{11},\ a_{12},\ \cdots,\ a_{1n}),$$
$$\boldsymbol{\gamma}_2^{\mathrm{T}} = (a_{21},\ a_{22},\ \cdots,\ a_{2n}),$$
$$\cdots,$$
$$\boldsymbol{\gamma}_m^{T} = (a_{m1},\ a_{m2},\ \cdots,\ a_{mn}),$$

显然 $\boldsymbol{\gamma}_1,\ \boldsymbol{\gamma}_2,\ \cdots,\ \boldsymbol{\gamma}_m \in \mathbf{F}^n$. $\boldsymbol{\gamma}_1,\ \boldsymbol{\gamma}_2,\ \cdots,\ \boldsymbol{\gamma}_m$ 称为由 A 的行构成的向量组. 由 $\boldsymbol{A}$ 的行构成的向量组 $\boldsymbol{\gamma}_1,\ \boldsymbol{\gamma}_2,\ \cdots,\ \boldsymbol{\gamma}_m$ 生成的 $\mathbf{F}^n$ 的子空间 $\mathrm{Span}\{\boldsymbol{\gamma}_1,\ \boldsymbol{\gamma}_2,\ \cdots,\ \boldsymbol{\gamma}_m\}$ 称为 $\boldsymbol{A}$ 的行空间.

因为 $\boldsymbol{A}$ 的行空间就是 $\boldsymbol{A}^{\mathrm{T}}$ 的列空间，所以 $\boldsymbol{A}$ 的行空间记作 $R(\boldsymbol{A}^{\mathrm{T}})$，并且有 $R(\boldsymbol{A}^{\mathrm{T}}) = \{\boldsymbol{\eta} \mid \boldsymbol{\eta} = \boldsymbol{A}^{\mathrm{T}}\boldsymbol{\beta},\ \boldsymbol{\beta} \in \mathbf{F}^m\}$.

例 3.7　如果 $\boldsymbol{A} = \begin{pmatrix} 3 & -2 \\ -1 & 4 \\ 1 & 5 \end{pmatrix}$，那么 $R(\boldsymbol{A}) = \left\{\boldsymbol{\beta} \,\middle|\, \boldsymbol{\beta} = \begin{pmatrix} 3k_1 - 2k_2 \\ -k_1 + 4k_2 \\ k_1 + 5k_2 \end{pmatrix},\ k_1,\ k_2 \in \mathbf{F}\right\}$ 是 $\mathbf{F}^3$ 的子空间；$R(\boldsymbol{A}^{\mathrm{T}}) = \left\{\boldsymbol{\eta} \,\middle|\, \boldsymbol{\eta} = \begin{pmatrix} 3k_1 - k_2 + k_3 \\ -2k_1 + 4k_2 + 5k_3 \end{pmatrix},\ k_1,\ k_2,\ k_3 \in \mathbf{F}\right\}$ 是 $\mathbf{F}^2$ 的子空间. ■

说明　如果 $\boldsymbol{A}$ 是实数集 $\mathbf{R}$ 上的 $m \times n$ 矩阵，那么 $\boldsymbol{A}$ 的零空间 $N(\boldsymbol{A})$ 与行空间 $R(\boldsymbol{A}^{\mathrm{T}})$ 都是 $\mathbf{R}$ 上的向量空间 $\mathbf{R}^n$ 的子空间，$\boldsymbol{A}$ 的列空间 $R(\boldsymbol{A})$ 是 $\mathbf{R}$ 上的向量空间 $\mathbf{R}^m$ 的子空间.

上面的讨论表明，给定一个矩阵，可以将其按行或者按列表示成为向量组. 反过来，由有限个向量构成的向量组可以按照如下方法排成矩阵.

定义 3.12　设 $\boldsymbol{\alpha}_1,\ \boldsymbol{\alpha}_2,\ \cdots,\ \boldsymbol{\alpha}_t$ 是 $\mathbf{F}^n$ 中的向量组. $n \times t$ 矩阵 $(\boldsymbol{\alpha}_1,\ \boldsymbol{\alpha}_2,\ \cdots,\ \boldsymbol{\alpha}_t)$ 称为由向量组 $\boldsymbol{\alpha}_1,\ \boldsymbol{\alpha}_2,\ \cdots,\ \boldsymbol{\alpha}_t$ 按列构成的矩阵；$t \times n$ 矩阵 $\begin{pmatrix} \boldsymbol{\alpha}_1^{\mathrm{T}} \\ \boldsymbol{\alpha}_2^{\mathrm{T}} \\ \vdots \\ \boldsymbol{\alpha}_t^{\mathrm{T}} \end{pmatrix}$ 称为由向量组 $\boldsymbol{\alpha}_1,\ \boldsymbol{\alpha}_2,\ \cdots,\ \boldsymbol{\alpha}_t$ 按行构成的矩阵.

例 3.8　设 $\boldsymbol{\alpha}_1=\begin{pmatrix}1\\4\\7\end{pmatrix}$，$\boldsymbol{\alpha}_2=\begin{pmatrix}2\\5\\8\end{pmatrix}$，$\boldsymbol{\alpha}_3=\begin{pmatrix}3\\6\\9\end{pmatrix}$，那么由 $\boldsymbol{\alpha}_1$，$\boldsymbol{\alpha}_2$，$\boldsymbol{\alpha}_3$ 按列构成的矩阵为

$$(\boldsymbol{\alpha}_1,\ \boldsymbol{\alpha}_2,\ \boldsymbol{\alpha}_3)=\begin{pmatrix}1&2&3\\4&5&6\\7&8&9\end{pmatrix};$$

由 $\boldsymbol{\alpha}_1$，$\boldsymbol{\alpha}_2$，$\boldsymbol{\alpha}_3$ 按行构成的矩阵为

$$\begin{pmatrix}\boldsymbol{\alpha}_1^{\mathrm{T}}\\\boldsymbol{\alpha}_2^{\mathrm{T}}\\\boldsymbol{\alpha}_3^{\mathrm{T}}\end{pmatrix}=\begin{pmatrix}1&4&7\\2&5&8\\3&6&9\end{pmatrix}.$$

■

3.2　线性无关与线性表示

一、向量组的线性无关与线性相关

MOOC 3.4 向量组的线性相关与线性无关

定义 3.13　设 $\boldsymbol{\alpha}_1$，$\boldsymbol{\alpha}_2$，…，$\boldsymbol{\alpha}_t$ 是 $\mathbf{F}$ 上的向量空间 $\mathbf{F}^n$ 中的一个向量组．如果 $\mathbf{F}$ 上的齐次线性方程组 $x_1\boldsymbol{\alpha}_1+x_2\boldsymbol{\alpha}_2+\cdots+x_t\boldsymbol{\alpha}_t=\mathbf{0}$ 只有零解，那么称向量组 $\boldsymbol{\alpha}_1$，$\boldsymbol{\alpha}_2$，…，$\boldsymbol{\alpha}_t$ 是线性无关的，否则称向量组 $\boldsymbol{\alpha}_1$，$\boldsymbol{\alpha}_2$，…，$\boldsymbol{\alpha}_t$ 是线性相关的．

几点说明：

（1）$\boldsymbol{\alpha}_1$，$\boldsymbol{\alpha}_2$，…，$\boldsymbol{\alpha}_t$ 是线性相关的充要条件是存在不全为 0 的数 k_1，k_2，…，k_t 使得

$$k_1\boldsymbol{\alpha}_1+k_2\boldsymbol{\alpha}_2+\cdots+k_t\boldsymbol{\alpha}_t=0.$$

（2）如果向量组 $\boldsymbol{\alpha}_1$，$\boldsymbol{\alpha}_2$，…，$\boldsymbol{\alpha}_t$ 是线性无关的，那么由 $k_1\boldsymbol{\alpha}_1+k_2\boldsymbol{\alpha}_2+\cdots+k_t\boldsymbol{\alpha}_t=\mathbf{0}$ 可以得到 $k_1=k_2=\cdots=k_t=0$.

（3）一个向量组不是线性无关的就是线性相关的．

（4）含有零向量的向量组一定是线性相关的．

（5）向量组 $\boldsymbol{\alpha}$ 线性无关的充要条件是 $\boldsymbol{\alpha}\neq\mathbf{0}$.

（6）向量组 $\boldsymbol{\alpha}$，$\boldsymbol{\beta}$ 线性相关的充要条件是 $\boldsymbol{\alpha}$ 与 $\boldsymbol{\beta}$ 的对应分量成比例，即 $\boldsymbol{\alpha}=\begin{pmatrix}a_1\\a_2\\\vdots\\a_n\end{pmatrix}$，$\boldsymbol{\beta}=\begin{pmatrix}b_1\\b_2\\\vdots\\b_n\end{pmatrix}$ 是线性相关的等价于

$$a_1:b_1=a_2:b_2=\cdots=a_n:b_n.$$

（如果 $\boldsymbol{\beta}=\mathbf{0}$，那么对 $\mathbf{F}^n$ 中的任意向量 $\boldsymbol{\alpha}$，$\boldsymbol{\alpha}$ 与 $\boldsymbol{\beta}$ 的对应分量成比例；如果 $\boldsymbol{\beta}\neq\mathbf{0}$，那么 $\boldsymbol{\beta}$ 的第 i 个分量 $b_i=0$ 就意味着 $\boldsymbol{\alpha}$ 的第 i 个分量 $a_i=0$.）

（7）设 $\boldsymbol{\alpha}_{i_1}$，$\boldsymbol{\alpha}_{i_2}$，…，$\boldsymbol{\alpha}_{i_s}$是向量组 $\boldsymbol{\alpha}_1$，$\boldsymbol{\alpha}_2$，…，$\boldsymbol{\alpha}_t$ 中的部分向量构成的向量组．我们有下列两个结论：

（i）如果 $\boldsymbol{\alpha}_1$，$\boldsymbol{\alpha}_2$，…，$\boldsymbol{\alpha}_t$ 是线性无关的，那么 $\boldsymbol{\alpha}_{i_1}$，$\boldsymbol{\alpha}_{i_2}$，…，$\boldsymbol{\alpha}_{i_s}$是线性无关的；

（ii）如果 $\boldsymbol{\alpha}_{i_1}$，$\boldsymbol{\alpha}_{i_2}$，…，$\boldsymbol{\alpha}_{i_s}$是线性相关的，那么 $\boldsymbol{\alpha}_1$，$\boldsymbol{\alpha}_2$，…，$\boldsymbol{\alpha}_t$ 是线性相关的．

（8）设 m，n 为正整数．如果 $m>n$，那么 $\mathbf{F}^n$ 中的任意 m 个向量都是线性相关的．

例 3.9　判断下列向量组是否线性相关：

（1）$\boldsymbol{\alpha}_1=\begin{pmatrix}-1\\1\\2\end{pmatrix}$，　$\boldsymbol{\alpha}_2=\begin{pmatrix}2\\-1\\1\end{pmatrix}$，　$\boldsymbol{\alpha}_3=\begin{pmatrix}4\\-1\\7\end{pmatrix}$；

（2）$\boldsymbol{\beta}_1=\begin{pmatrix}2\\1\\1\end{pmatrix}$，　$\boldsymbol{\beta}_2=\begin{pmatrix}1\\2\\1\end{pmatrix}$，　$\boldsymbol{\beta}_3=\begin{pmatrix}1\\1\\2\end{pmatrix}$.

解　（1）考虑方程组 $x_1\boldsymbol{\alpha}_1+x_2\boldsymbol{\alpha}_2+x_3\boldsymbol{\alpha}_3=\mathbf{0}$，即

$$\begin{cases}-x_1+2x_2+4x_3=0,\\ x_1-x_2-x_3=0,\\ 2x_1+x_2+7x_3=0.\end{cases}\tag{1}$$

因为方程组(1)的系数矩阵 $\boldsymbol{A}=\begin{pmatrix}-1&2&4\\1&-1&-1\\2&1&7\end{pmatrix}$的秩等于 2，未知数的个数等于 3，所以方程组(1)有非零解．因此，$\boldsymbol{\alpha}_1$，$\boldsymbol{\alpha}_2$，$\boldsymbol{\alpha}_3$ 是线性相关的．

（2）考虑方程组 $x_1\boldsymbol{\beta}_1+x_2\boldsymbol{\beta}_2+x_3\boldsymbol{\beta}_3=\mathbf{0}$，即

$$\begin{cases}2x_1+x_2+x_3=0,\\ x_1+2x_2+x_3=0,\\ x_1+x_2+2x_3=0.\end{cases}\tag{2}$$

因为方程组(2)的系数矩阵 $\boldsymbol{A}=\begin{pmatrix}2&1&1\\1&2&1\\1&1&2\end{pmatrix}$的秩等于 3，未知数的个数也等于 3，所以方程组(2)只有零解．因此，$\boldsymbol{\beta}_1$，$\boldsymbol{\beta}_2$，$\boldsymbol{\beta}_3$ 是线性无关的．■

例 3.10　设向量组 $\boldsymbol{\alpha}_1$，$\boldsymbol{\alpha}_2$，$\boldsymbol{\alpha}_3$ 是线性无关的，并且 $\boldsymbol{\beta}_1=\boldsymbol{\alpha}_1+\boldsymbol{\alpha}_2$，$\boldsymbol{\beta}_2=\boldsymbol{\alpha}_2+\boldsymbol{\alpha}_3$，$\boldsymbol{\beta}_3=\boldsymbol{\alpha}_3+\boldsymbol{\alpha}_1$，证明 $\boldsymbol{\beta}_1$，$\boldsymbol{\beta}_2$，$\boldsymbol{\beta}_3$ 是线性无关的.

证明　设有常数 x_1，x_2，x_3，使得 $x_1\boldsymbol{\beta}_1+x_2\boldsymbol{\beta}_2+x_3\boldsymbol{\beta}_3=\mathbf{0}$. 根据条件可得

$$x_1(\boldsymbol{\alpha}_1+\boldsymbol{\alpha}_2)+x_2(\boldsymbol{\alpha}_2+\boldsymbol{\alpha}_3)+x_3(\boldsymbol{\alpha}_3+\boldsymbol{\alpha}_1)=\mathbf{0},$$

即

$$(x_1+x_3)\boldsymbol{\alpha}_1+(x_1+x_2)\boldsymbol{\alpha}_2+(x_2+x_3)\boldsymbol{\alpha}_3=\mathbf{0}.$$

因为 $\boldsymbol{\alpha}_1$，$\boldsymbol{\alpha}_2$，$\boldsymbol{\alpha}_3$ 是线性无关的，故有齐次线性方程组

$$\begin{cases} x_1 \qquad + x_3 = 0, \\ x_1 + x_2 \qquad = 0, \\ \qquad x_2 + x_3 = 0. \end{cases}$$

解此方程组得到 $x_1=x_2=x_3=0$，所以向量组 $\boldsymbol{\beta}_1$，$\boldsymbol{\beta}_2$，$\boldsymbol{\beta}_3$ 是线性无关的. ■

MOOC 3.5
向量由向量组的线性表示

二、向量由向量组的线性表示

定义 3.14　设 $\boldsymbol{\alpha}_1$，$\boldsymbol{\alpha}_2$，…，$\boldsymbol{\alpha}_t$，$\boldsymbol{\beta}$ 都是 $\mathbf{F}^n$ 中的向量. 如果 $\mathbf{F}$ 上的线性方程组 $x_1\boldsymbol{\alpha}_1+x_2\boldsymbol{\alpha}_2+\cdots+x_t\boldsymbol{\alpha}_t=\boldsymbol{\beta}$ 有解，那么称向量 $\boldsymbol{\beta}$ 可以由向量组 $\boldsymbol{\alpha}_1$，$\boldsymbol{\alpha}_2$，…，$\boldsymbol{\alpha}_t$ 线性表示，也称 $\boldsymbol{\beta}$ 是 $\boldsymbol{\alpha}_1$，$\boldsymbol{\alpha}_2$，…，$\boldsymbol{\alpha}_t$ 的线性组合.

根据定义 3.14，向量 $\boldsymbol{\beta}$ 可以由向量组 $\boldsymbol{\alpha}_1$，$\boldsymbol{\alpha}_2$，…，$\boldsymbol{\alpha}_t$ 线性表示的充要条件是存在 $\mathbf{F}$ 中的常数 k_1，k_2，…，k_t，使得

$$\boldsymbol{\beta}=k_1\boldsymbol{\alpha}_1+k_2\boldsymbol{\alpha}_2+\cdots+k_t\boldsymbol{\alpha}_t. \tag{3}$$

例 3.11　判断向量 $\boldsymbol{\beta}$ 是否可以由向量组 $\boldsymbol{\alpha}_1$，$\boldsymbol{\alpha}_2$ 线性表示.

(1) $\boldsymbol{\alpha}_1=\begin{pmatrix}-1\\1\\2\end{pmatrix}$，$\boldsymbol{\alpha}_2=\begin{pmatrix}2\\-1\\1\end{pmatrix}$，$\boldsymbol{\beta}=\begin{pmatrix}4\\-1\\7\end{pmatrix}$；

(2) $\boldsymbol{\alpha}_1=\begin{pmatrix}-1\\1\\2\end{pmatrix}$，$\boldsymbol{\alpha}_2=\begin{pmatrix}2\\-1\\1\end{pmatrix}$，$\boldsymbol{\beta}=\begin{pmatrix}1\\-1\\0\end{pmatrix}$.

解　(1) 考虑方程组 $x_1\boldsymbol{\alpha}_1+x_2\boldsymbol{\alpha}_2=\boldsymbol{\beta}$，即

$$\begin{cases} -x_1+2x_2=4, \\ x_1-x_2=-1, \\ 2x_1+x_2=7. \end{cases} \tag{4}$$

因为方程组(4)的增广矩阵 $\begin{pmatrix}-1&2&4\\1&-1&-1\\2&1&7\end{pmatrix}$ 的一个阶梯形为 $\begin{pmatrix}1&-2&-4\\0&1&3\\0&0&0\end{pmatrix}$，

所以方程组(4)的系数矩阵的秩等于增广矩阵的秩，故方程组(4)有解．因此，$\boldsymbol{\beta}$ 可以由向量组 $\boldsymbol{\alpha}_1$，$\boldsymbol{\alpha}_2$ 线性表示．

(2) 考虑方程组 $x_1\boldsymbol{\alpha}_1+x_2\boldsymbol{\alpha}_2=\boldsymbol{\beta}$，即

$$\begin{cases} -x_1+2x_2=1, \\ x_1-x_2=-1, \\ 2x_1+x_2=0. \end{cases} \tag{5}$$

因为方程组(5)的增广矩阵 $\begin{pmatrix} -1 & 2 & 1 \\ 1 & -1 & -1 \\ 2 & 1 & 0 \end{pmatrix}$ 的一个阶梯形为 $\begin{pmatrix} 1 & -2 & -1 \\ 0 & 1 & 0 \\ 0 & 0 & 1 \end{pmatrix}$，所以方程组(5)的系数矩阵的秩小于增广矩阵的秩，故方程组(5)无解．因此，$\boldsymbol{\beta}$ 不可以由向量组 $\boldsymbol{\alpha}_1$，$\boldsymbol{\alpha}_2$ 线性表示． ■

下面的定理说明了线性相关的向量组中向量之间的关系.

定理 3.1 设 $t\geqslant 2$ 是正整数．$\mathbf{F}^n$ 中的向量组 $\boldsymbol{\alpha}_1$，$\boldsymbol{\alpha}_2$，$\cdots$，$\boldsymbol{\alpha}_t$ 线性相关的充分必要条件是向量组 $\boldsymbol{\alpha}_1$，$\boldsymbol{\alpha}_2$，$\cdots$，$\boldsymbol{\alpha}_t$ 中至少存在一个向量可由其余向量线性表示．

证明 **必要性** 设向量组 $\boldsymbol{\alpha}_1$，$\boldsymbol{\alpha}_2$，$\cdots$，$\boldsymbol{\alpha}_t$ 是线性相关的．根据线性相关的定义可知，存在 $\mathbf{F}$ 中不全为零的常数 k_1，k_2，$\cdots$，k_t，使得

$$k_1\boldsymbol{\alpha}_1+k_2\boldsymbol{\alpha}_2+\cdots+k_t\boldsymbol{\alpha}_t=\mathbf{0}.$$

如果设 $k_i\neq 0$，那么

$$\boldsymbol{\alpha}_i=\left(-\frac{k_1}{k_i}\right)\boldsymbol{\alpha}_1+\cdots+\left(-\frac{k_{i-1}}{k_i}\right)\boldsymbol{\alpha}_{i-1}+\left(-\frac{k_{i+1}}{k_i}\right)\boldsymbol{\alpha}_{i+1}+\cdots+\left(-\frac{k_t}{k_i}\right)\boldsymbol{\alpha}_t.$$

因此，$\boldsymbol{\alpha}_i$ 可以由 $\boldsymbol{\alpha}_1$，$\cdots$，$\boldsymbol{\alpha}_{i-1}$，$\boldsymbol{\alpha}_{i+1}$，$\cdots$，$\boldsymbol{\alpha}_t$ 线性表示．

充分性 设 $\boldsymbol{\alpha}_i$ 可以由 $\boldsymbol{\alpha}_1$，$\cdots$，$\boldsymbol{\alpha}_{i-1}$，$\boldsymbol{\alpha}_{i+1}$，$\cdots$，$\boldsymbol{\alpha}_t$ 线性表示，那么存在 $\mathbf{F}$ 中的常数 k_1，$\cdots$，k_{i-1}，k_{i+1}，$\cdots$，k_t，使得

$$\boldsymbol{\alpha}_i=k_1\boldsymbol{\alpha}_1+\cdots+k_{i-1}\boldsymbol{\alpha}_{i-1}+k_{i+1}\boldsymbol{\alpha}_{i+1}+\cdots+k_t\boldsymbol{\alpha}_t. \tag{6}$$

等式(6)等价于

$$k_1\boldsymbol{\alpha}_1+\cdots+k_{i-1}\boldsymbol{\alpha}_{i-1}+(-1)\boldsymbol{\alpha}_i+k_{i+1}\boldsymbol{\alpha}_{i+1}+\cdots+k_t\boldsymbol{\alpha}_t=\mathbf{0}. \tag{7}$$

因为 k_1，$\cdots$，k_{i-1}，-1，k_{i+1}，$\cdots$，k_t 是 $\mathbf{F}$ 中的不全为零的常数，所以等式(7)表明向量组 $\boldsymbol{\alpha}_1$，$\boldsymbol{\alpha}_2$，$\cdots$，$\boldsymbol{\alpha}_t$ 是线性相关的． ■

定理 3.2 如果 $\mathbf{F}^n$ 中的向量组 $\boldsymbol{\alpha}_1$，$\boldsymbol{\alpha}_2$，$\cdots$，$\boldsymbol{\alpha}_t$ 是线性无关的，并且向量组 $\boldsymbol{\alpha}_1$，$\boldsymbol{\alpha}_2$，$\cdots$，$\boldsymbol{\alpha}_t$，$\boldsymbol{\beta}$ 是线性相关的，那么 $\boldsymbol{\beta}$ 可以由 $\boldsymbol{\alpha}_1$，$\boldsymbol{\alpha}_2$，$\cdots$，$\boldsymbol{\alpha}_t$ 线性表示，并且表示的方法是唯一的．

证明 因为 $\boldsymbol{\alpha}_1$，$\boldsymbol{\alpha}_2$，$\cdots$，$\boldsymbol{\alpha}_t$，$\boldsymbol{\beta}$ 是线性相关的，所以存在 $\mathbf{F}$ 中的不全为零的常数 k_1，k_2，$\cdots$，k_t，h，使得

$$k_1\boldsymbol{\alpha}_1+k_2\boldsymbol{\alpha}_2+\cdots+k_t\boldsymbol{\alpha}_t+h\boldsymbol{\beta}=\mathbf{0}. \tag{8}$$

如果 $h=0$，那么 k_1，k_2，…，k_t 必不全为零，并且

$$k_1\boldsymbol{\alpha}_1+k_2\boldsymbol{\alpha}_2+\cdots+k_t\boldsymbol{\alpha}_t=\mathbf{0},$$

这意味着 $\boldsymbol{\alpha}_1$，$\boldsymbol{\alpha}_2$，…，$\boldsymbol{\alpha}_t$ 是线性相关的，与条件矛盾．因此，$h\neq 0$. 由等式(8)可以得到

$$\boldsymbol{\beta}=\left(-\frac{k_1}{h}\right)\boldsymbol{\alpha}_1+\left(-\frac{k_2}{h}\right)\boldsymbol{\alpha}_2+\cdots+\left(-\frac{k_t}{h}\right)\boldsymbol{\alpha}_t,$$

即 $\boldsymbol{\beta}$ 可以由 $\boldsymbol{\alpha}_1$，$\boldsymbol{\alpha}_2$，…，$\boldsymbol{\alpha}_t$ 线性表示．

假设

$$\boldsymbol{\beta}=h_1\boldsymbol{\alpha}_1+h_2\boldsymbol{\alpha}_2+\cdots+h_t\boldsymbol{\alpha}_t, \tag{9}$$

$$\boldsymbol{\beta}=k_1\boldsymbol{\alpha}_1+k_2\boldsymbol{\alpha}_2+\cdots+k_t\boldsymbol{\alpha}_t \tag{10}$$

都是 $\boldsymbol{\beta}$ 由 $\boldsymbol{\alpha}_1$，$\boldsymbol{\alpha}_2$，…，$\boldsymbol{\alpha}_t$ 线性表示的表示式．等式(10)与等式(9)相减得

$$(k_1-h_1)\boldsymbol{\alpha}_1+(k_2-h_2)\boldsymbol{\alpha}_2+\cdots+(k_t-h_t)\boldsymbol{\alpha}_t=\mathbf{0}. \tag{11}$$

因为 $\boldsymbol{\alpha}_1$，$\boldsymbol{\alpha}_2$，…，$\boldsymbol{\alpha}_t$ 是线性无关的，所以由等式(11)可得

$$k_1-h_1=0,\quad k_2-h_2=0,\quad \cdots,\quad k_t-h_t=0,$$

即 $k_1=h_1$，$k_2=h_2$，…，$k_t=h_t$. 因此，$\boldsymbol{\beta}$ 由 $\boldsymbol{\alpha}_1$，$\boldsymbol{\alpha}_2$，…，$\boldsymbol{\alpha}_t$ 线性表示的表示方法是唯一的． ■

三、向量组之间的线性表示

MOOC 3.6
向量组的
线性表示

定义 3.15　设 $\boldsymbol{\alpha}_1$，$\boldsymbol{\alpha}_2$，…，$\boldsymbol{\alpha}_s$ 与 $\boldsymbol{\beta}_1$，$\boldsymbol{\beta}_2$，…，$\boldsymbol{\beta}_t$ 是 $\mathbf{F}^n$ 中的两个向量组．如果 $\boldsymbol{\alpha}_1$，$\boldsymbol{\alpha}_2$，…，$\boldsymbol{\alpha}_s$ 中的每个向量都可以由 $\boldsymbol{\beta}_1$，$\boldsymbol{\beta}_2$，…，$\boldsymbol{\beta}_t$ 线性表示，那么称 $\boldsymbol{\alpha}_1$，$\boldsymbol{\alpha}_2$，…，$\boldsymbol{\alpha}_s$ 可以由 $\boldsymbol{\beta}_1$，$\boldsymbol{\beta}_2$，…，$\boldsymbol{\beta}_t$ **线性表示**．

例 3.12　设 $\boldsymbol{\varepsilon}_1=\begin{pmatrix}1\\0\end{pmatrix}$，$\boldsymbol{\varepsilon}_2=\begin{pmatrix}0\\1\end{pmatrix}$与 $\boldsymbol{\beta}_1=\begin{pmatrix}2\\0\end{pmatrix}$，$\boldsymbol{\beta}_2=\begin{pmatrix}-1\\0\end{pmatrix}$是两个向量组．讨论它们之间的线性表示关系．

解　因为 $\boldsymbol{\beta}_1=2\boldsymbol{\varepsilon}_1+0\boldsymbol{\varepsilon}_2$，$\boldsymbol{\beta}_2=-\boldsymbol{\varepsilon}_1+0\boldsymbol{\varepsilon}_2$，所以 $\boldsymbol{\beta}_1$，$\boldsymbol{\beta}_2$ 可以由 $\boldsymbol{\varepsilon}_1$，$\boldsymbol{\varepsilon}_2$ 线性表示．但是，因为方程组 $x_1\boldsymbol{\beta}_1+x_2\boldsymbol{\beta}_2=\boldsymbol{\varepsilon}_2$ 无解，所以 $\boldsymbol{\varepsilon}_1$，$\boldsymbol{\varepsilon}_2$ 不能由 $\boldsymbol{\beta}_1$，$\boldsymbol{\beta}_2$ 线性表示． ■

命题 3.4　设 $\boldsymbol{\alpha}_1$，$\boldsymbol{\alpha}_2$，…，$\boldsymbol{\alpha}_t$ 是 $\mathbf{F}^n$ 中的向量组，$\boldsymbol{\alpha}_{i_1}$，$\boldsymbol{\alpha}_{i_2}$，…，$\boldsymbol{\alpha}_{i_s}$是 $\boldsymbol{\alpha}_1$，$\boldsymbol{\alpha}_2$，…，$\boldsymbol{\alpha}_t$ 中的部分向量构成的向量组，那么 $\boldsymbol{\alpha}_{i_1}$，$\boldsymbol{\alpha}_{i_2}$，…，$\boldsymbol{\alpha}_{i_s}$ 可以由 $\boldsymbol{\alpha}_1$，$\boldsymbol{\alpha}_2$，…，$\boldsymbol{\alpha}_t$ 线性表示． ■

定理 3.3　设 $\boldsymbol{\alpha}_1$，$\boldsymbol{\alpha}_2$，…，$\boldsymbol{\alpha}_s$ 与 $\boldsymbol{\beta}_1$，$\boldsymbol{\beta}_2$，…，$\boldsymbol{\beta}_t$ 是 $\mathbf{F}^n$ 中的两个向量组，那么下列结论成立：

(1) $\boldsymbol{\alpha}_1, \boldsymbol{\alpha}_2, \cdots, \boldsymbol{\alpha}_s$ 可以由 $\boldsymbol{\beta}_1, \boldsymbol{\beta}_2, \cdots, \boldsymbol{\beta}_t$ 线性表示的充要条件是存在 $t \times s$ 矩阵 $\boldsymbol{C}=(c_{ij})$，使得 $(\boldsymbol{\alpha}_1, \boldsymbol{\alpha}_2, \cdots, \boldsymbol{\alpha}_s)=(\boldsymbol{\beta}_1, \boldsymbol{\beta}_2, \cdots, \boldsymbol{\beta}_t)\boldsymbol{C}$；

(2) 设 $(\boldsymbol{\alpha}_1, \boldsymbol{\alpha}_2, \cdots, \boldsymbol{\alpha}_s)=(\boldsymbol{\beta}_1, \boldsymbol{\beta}_2, \cdots, \boldsymbol{\beta}_t)\boldsymbol{C}$. 如果 $\boldsymbol{\beta}_1, \boldsymbol{\beta}_2, \cdots, \boldsymbol{\beta}_t$ 是线性无关的，则 $\boldsymbol{C}$ 是唯一的；如果 $\boldsymbol{\alpha}_1, \boldsymbol{\alpha}_2, \cdots, \boldsymbol{\alpha}_s$ 是线性无关的，则 $\mathrm{r}(\boldsymbol{C})=s$.

证明 (1) 充分性显然成立，下面证明必要性．因为 $\boldsymbol{\alpha}_1, \boldsymbol{\alpha}_2, \cdots, \boldsymbol{\alpha}_s$ 可以由 $\boldsymbol{\beta}_1, \boldsymbol{\beta}_2, \cdots, \boldsymbol{\beta}_t$ 线性表示，所以对所有的 $j \in \{1, 2, \cdots, s\}$，都有

$$\boldsymbol{\alpha}_j = c_{1j}\boldsymbol{\beta}_1 + c_{2j}\boldsymbol{\beta}_2 + \cdots + c_{tj}\boldsymbol{\beta}_t,$$

令 $\boldsymbol{C}=(c_{ij})$，则 $\boldsymbol{C}$ 是 $t \times s$ 矩阵，并且

$$(\boldsymbol{\alpha}_1, \boldsymbol{\alpha}_2, \cdots, \boldsymbol{\alpha}_s)=(\boldsymbol{\beta}_1, \boldsymbol{\beta}_2, \cdots, \boldsymbol{\beta}_t)\boldsymbol{C}.$$

(2) 设 $(\boldsymbol{\alpha}_1, \boldsymbol{\alpha}_2, \cdots, \boldsymbol{\alpha}_s)=(\boldsymbol{\beta}_1, \boldsymbol{\beta}_2, \cdots, \boldsymbol{\beta}_t)\boldsymbol{C}$. 由结论 (1) 可知，$\boldsymbol{\alpha}_1, \boldsymbol{\alpha}_2, \cdots, \boldsymbol{\alpha}_s$ 可以由 $\boldsymbol{\beta}_1, \boldsymbol{\beta}_2, \cdots, \boldsymbol{\beta}_t$ 线性表示．如果 $\boldsymbol{\beta}_1, \boldsymbol{\beta}_2, \cdots, \boldsymbol{\beta}_t$ 是线性无关的，那么根据定理 3.2，对所有的 $j \in \{1, 2, \cdots, s\}$，$\boldsymbol{\alpha}_j$ 可以由 $\boldsymbol{\beta}_1, \boldsymbol{\beta}_2, \cdots, \boldsymbol{\beta}_t$ 唯一地表示为

$$\boldsymbol{\alpha}_j = c_{1j}\boldsymbol{\beta}_1 + c_{2j}\boldsymbol{\beta}_2 + \cdots + c_{tj}\boldsymbol{\beta}_t.$$

因此，$\boldsymbol{C}$ 的第 j 列是唯一的，从而 $\boldsymbol{C}$ 是唯一的．

设 $\boldsymbol{\alpha}_1, \boldsymbol{\alpha}_2, \cdots, \boldsymbol{\alpha}_s$ 是线性无关的，我们用反证法证明 $\mathrm{r}(\boldsymbol{C})=s$. 假设 $\mathrm{r}(\boldsymbol{C})<s$，那么根据定理 1.7，线性方程组 $\boldsymbol{CX}=\boldsymbol{0}$ 有非零解 $\begin{pmatrix} k_1 \\ k_2 \\ \vdots \\ k_s \end{pmatrix}$. 于是

$$\begin{aligned} k_1\boldsymbol{\alpha}_1 + k_2\boldsymbol{\alpha}_2 + \cdots + k_s\boldsymbol{\alpha}_s &= (\boldsymbol{\alpha}_1, \boldsymbol{\alpha}_2, \cdots, \boldsymbol{\alpha}_s)\begin{pmatrix} k_1 \\ k_2 \\ \vdots \\ k_s \end{pmatrix} \\ &= (\boldsymbol{\beta}_1, \boldsymbol{\beta}_2, \cdots, \boldsymbol{\beta}_t)\boldsymbol{C}\begin{pmatrix} k_1 \\ k_2 \\ \vdots \\ k_s \end{pmatrix} = \boldsymbol{0}, \end{aligned}$$

即 $\boldsymbol{\alpha}_1, \boldsymbol{\alpha}_2, \cdots, \boldsymbol{\alpha}_s$ 是线性相关的，这与条件相矛盾．因此，$\mathrm{r}(\boldsymbol{C})=s$. ■

由定理 3.3 可以得到以下两个推论．

推论 1 设 $\boldsymbol{\alpha}_1, \boldsymbol{\alpha}_2, \cdots, \boldsymbol{\alpha}_s$ 与 $\boldsymbol{\beta}_1, \boldsymbol{\beta}_2, \cdots, \boldsymbol{\beta}_t$ 是 $\mathbf{F}^n$ 中的两个向量组. 如果 $\boldsymbol{\alpha}_1, \boldsymbol{\alpha}_2, \cdots, \boldsymbol{\alpha}_s$ 可以由 $\boldsymbol{\beta}_1, \boldsymbol{\beta}_2, \cdots, \boldsymbol{\beta}_t$ 线性表示，并且 $\boldsymbol{\alpha}_1$,

$\boldsymbol{\alpha}_2, \cdots, \boldsymbol{\alpha}_s$ 是线性无关的，那么 $s \leqslant t$.

证明　因为线性无关的向量组 $\boldsymbol{\alpha}_1, \boldsymbol{\alpha}_2, \cdots, \boldsymbol{\alpha}_s$ 可以由向量组 $\boldsymbol{\beta}_1$，$\boldsymbol{\beta}_2, \cdots, \boldsymbol{\beta}_t$ 线性表示，所以根据定理 3.3，存在 $t \times s$ 矩阵 $\boldsymbol{C}$，使得

$$(\boldsymbol{\alpha}_1, \boldsymbol{\alpha}_2, \cdots, \boldsymbol{\alpha}_s) = (\boldsymbol{\beta}_1, \boldsymbol{\beta}_2, \cdots, \boldsymbol{\beta}_t)\boldsymbol{C},$$

并且 $\mathrm{r}(\boldsymbol{C}) = s$. 根据命题 1.1,

$$s = \mathrm{r}(\boldsymbol{C}) \leqslant \min\{s, t\} \leqslant t.$$ ■

推论 2　如果 $\boldsymbol{\alpha}_1, \boldsymbol{\alpha}_2, \cdots, \boldsymbol{\alpha}_s$ 可以由 $\boldsymbol{\beta}_1, \boldsymbol{\beta}_2, \cdots, \boldsymbol{\beta}_t$ 线性表示，并且 $\boldsymbol{\beta}_1, \boldsymbol{\beta}_2, \cdots, \boldsymbol{\beta}_t$ 可以由 $\boldsymbol{\gamma}_1, \boldsymbol{\gamma}_2, \cdots, \boldsymbol{\gamma}_u$ 线性表示，那么 $\boldsymbol{\alpha}_1, \boldsymbol{\alpha}_2, \cdots, \boldsymbol{\alpha}_s$ 可以由 $\boldsymbol{\gamma}_1, \boldsymbol{\gamma}_2, \cdots, \boldsymbol{\gamma}_u$ 线性表示.

证明　因为 $\boldsymbol{\alpha}_1, \boldsymbol{\alpha}_2, \cdots, \boldsymbol{\alpha}_s$ 可以由 $\boldsymbol{\beta}_1, \boldsymbol{\beta}_2, \cdots, \boldsymbol{\beta}_t$ 线性表示，所以存在 $t \times s$ 矩阵 $\boldsymbol{C}_1$，使得

$$(\boldsymbol{\alpha}_1, \boldsymbol{\alpha}_2, \cdots, \boldsymbol{\alpha}_s) = (\boldsymbol{\beta}_1, \boldsymbol{\beta}_2, \cdots, \boldsymbol{\beta}_t)\boldsymbol{C}_1.$$

因为 $\boldsymbol{\beta}_1, \boldsymbol{\beta}_2, \cdots, \boldsymbol{\beta}_t$ 可以由 $\boldsymbol{\gamma}_1, \boldsymbol{\gamma}_2, \cdots, \boldsymbol{\gamma}_u$ 线性表示，所以存在 $u \times t$ 矩阵 $\boldsymbol{C}_2$，使得

$$(\boldsymbol{\beta}_1, \boldsymbol{\beta}_2, \cdots, \boldsymbol{\beta}_t) = (\boldsymbol{\gamma}_1, \boldsymbol{\gamma}_2, \cdots, \boldsymbol{\gamma}_u)\boldsymbol{C}_2.$$

因此

$$\begin{aligned}(\boldsymbol{\alpha}_1, \boldsymbol{\alpha}_2, \cdots, \boldsymbol{\alpha}_s) &= (\boldsymbol{\beta}_1, \boldsymbol{\beta}_2, \cdots, \boldsymbol{\beta}_t)\boldsymbol{C}_1 = [(\boldsymbol{\gamma}_1, \boldsymbol{\gamma}_2, \cdots, \boldsymbol{\gamma}_u)\boldsymbol{C}_2]\boldsymbol{C}_1 \\ &= (\boldsymbol{\gamma}_1, \boldsymbol{\gamma}_2, \cdots, \boldsymbol{\gamma}_u)(\boldsymbol{C}_2\boldsymbol{C}_1).\end{aligned}$$

根据定理 3.3，向量组 $\boldsymbol{\alpha}_1, \boldsymbol{\alpha}_2, \cdots, \boldsymbol{\alpha}_s$ 可以由 $\boldsymbol{\gamma}_1, \boldsymbol{\gamma}_2, \cdots, \boldsymbol{\gamma}_u$ 线性表示. ■

向量组的等价

四、向量组的等价

定义 3.16　设 $\boldsymbol{\alpha}_1, \boldsymbol{\alpha}_2, \cdots, \boldsymbol{\alpha}_s$ 与 $\boldsymbol{\beta}_1, \boldsymbol{\beta}_2, \cdots, \boldsymbol{\beta}_t$ 是 $\mathbf{F}^n$ 中的两个向量组. 如果 $\boldsymbol{\alpha}_1, \boldsymbol{\alpha}_2, \cdots, \boldsymbol{\alpha}_s$ 可以由 $\boldsymbol{\beta}_1, \boldsymbol{\beta}_2, \cdots, \boldsymbol{\beta}_t$ 线性表示，$\boldsymbol{\beta}_1, \boldsymbol{\beta}_2, \cdots, \boldsymbol{\beta}_t$ 也可以由 $\boldsymbol{\alpha}_1, \boldsymbol{\alpha}_2, \cdots, \boldsymbol{\alpha}_s$ 线性表示，那么称 $\boldsymbol{\alpha}_1, \boldsymbol{\alpha}_2, \cdots, \boldsymbol{\alpha}_s$ 与 $\boldsymbol{\beta}_1, \boldsymbol{\beta}_2, \cdots, \boldsymbol{\beta}_t$ 是等价的，记作

$$\{\boldsymbol{\alpha}_1, \boldsymbol{\alpha}_2, \cdots, \boldsymbol{\alpha}_s\} \cong \{\boldsymbol{\beta}_1, \boldsymbol{\beta}_2, \cdots, \boldsymbol{\beta}_t\}.$$

命题 3.5　向量组的等价满足下列两个性质:

(1) 如果

$$\{\boldsymbol{\alpha}_1, \boldsymbol{\alpha}_2, \cdots, \boldsymbol{\alpha}_s\} \cong \{\boldsymbol{\beta}_1, \boldsymbol{\beta}_2, \cdots, \boldsymbol{\beta}_t\},$$

那么

$$\{\boldsymbol{\beta}_1, \boldsymbol{\beta}_2, \cdots, \boldsymbol{\beta}_t\} \cong \{\boldsymbol{\alpha}_1, \boldsymbol{\alpha}_2, \cdots, \boldsymbol{\alpha}_s\};$$ 对称性

(2) 如果

$$\{\boldsymbol{\alpha}_1, \boldsymbol{\alpha}_2, \cdots, \boldsymbol{\alpha}_s\} \cong \{\boldsymbol{\beta}_1, \boldsymbol{\beta}_2, \cdots, \boldsymbol{\beta}_t\},$$

并且

$$\{\boldsymbol{\beta}_1, \boldsymbol{\beta}_2, \cdots, \boldsymbol{\beta}_t\} \cong \{\boldsymbol{\gamma}_1, \boldsymbol{\gamma}_2, \cdots, \boldsymbol{\gamma}_u\},$$

那么

$$\{\boldsymbol{\alpha}_1, \boldsymbol{\alpha}_2, \cdots, \boldsymbol{\alpha}_s\} \cong \{\boldsymbol{\gamma}_1, \boldsymbol{\gamma}_2, \cdots, \boldsymbol{\gamma}_u\}. \text{传递性}$$ ■

引理 3.1 设 $\boldsymbol{\alpha}_1, \boldsymbol{\alpha}_2, \cdots, \boldsymbol{\alpha}_s$ 与 $\boldsymbol{\beta}_1, \boldsymbol{\beta}_2, \cdots, \boldsymbol{\beta}_t$ 是 $\mathbf{F}^n$ 中的两个向量组．如果 $\boldsymbol{\alpha}_1, \boldsymbol{\alpha}_2, \cdots, \boldsymbol{\alpha}_s$ 可以由 $\boldsymbol{\beta}_1, \boldsymbol{\beta}_2, \cdots, \boldsymbol{\beta}_t$ 线性表示，那么

$$\mathrm{Span}\{\boldsymbol{\alpha}_1, \boldsymbol{\alpha}_2, \cdots, \boldsymbol{\alpha}_s\} \subseteq \mathrm{Span}\{\boldsymbol{\beta}_1, \boldsymbol{\beta}_2, \cdots, \boldsymbol{\beta}_t\}.$$

证明 因为 $\boldsymbol{\alpha}_1, \boldsymbol{\alpha}_2, \cdots, \boldsymbol{\alpha}_s$ 可以由 $\boldsymbol{\beta}_1, \boldsymbol{\beta}_2, \cdots, \boldsymbol{\beta}_t$ 线性表示，所以 $\mathrm{Span}\{\boldsymbol{\alpha}_1, \boldsymbol{\alpha}_2, \cdots, \boldsymbol{\alpha}_s\}$ 中的任意向量 $\boldsymbol{\alpha}=k_1\boldsymbol{\alpha}_1+k_2\boldsymbol{\alpha}_2+\cdots+k_s\boldsymbol{\alpha}_s$ 都可以由 $\boldsymbol{\beta}_1, \boldsymbol{\beta}_2, \cdots, \boldsymbol{\beta}_t$ 线性表示，于是 $\boldsymbol{\alpha} \in \mathrm{Span}\{\boldsymbol{\beta}_1, \boldsymbol{\beta}_2, \cdots, \boldsymbol{\beta}_t\}$．因此

$$\mathrm{Span}\{\boldsymbol{\alpha}_1, \boldsymbol{\alpha}_2, \cdots, \boldsymbol{\alpha}_s\} \subseteq \mathrm{Span}\{\boldsymbol{\beta}_1, \boldsymbol{\beta}_2, \cdots, \boldsymbol{\beta}_t\}.$$ ■

命题 3.6 如果 $\boldsymbol{\alpha}_1, \boldsymbol{\alpha}_2, \cdots, \boldsymbol{\alpha}_s$ 与 $\boldsymbol{\beta}_1, \boldsymbol{\beta}_2, \cdots, \boldsymbol{\beta}_t$ 是 $\mathbf{F}^n$ 中的两个向量组，那么

$$\{\boldsymbol{\alpha}_1, \boldsymbol{\alpha}_2, \cdots, \boldsymbol{\alpha}_s\} \cong \{\boldsymbol{\beta}_1, \boldsymbol{\beta}_2, \cdots, \boldsymbol{\beta}_t\}$$

当且仅当

$$\mathrm{Span}\{\boldsymbol{\alpha}_1, \boldsymbol{\alpha}_2, \cdots, \boldsymbol{\alpha}_s\} = \mathrm{Span}\{\boldsymbol{\beta}_1, \boldsymbol{\beta}_2, \cdots, \boldsymbol{\beta}_t\}.$$

证明 必要性 设 $\{\boldsymbol{\alpha}_1, \boldsymbol{\alpha}_2, \cdots, \boldsymbol{\alpha}_s\} \cong \{\boldsymbol{\beta}_1, \boldsymbol{\beta}_2, \cdots, \boldsymbol{\beta}_t\}$，那么根据引理 3.1，

$$\mathrm{Span}\{\boldsymbol{\alpha}_1, \boldsymbol{\alpha}_2, \cdots, \boldsymbol{\alpha}_s\} = \mathrm{Span}\{\boldsymbol{\beta}_1, \boldsymbol{\beta}_2, \cdots, \boldsymbol{\beta}_t\}.$$

充分性 设 $\mathrm{Span}\{\boldsymbol{\alpha}_1, \boldsymbol{\alpha}_2, \cdots, \boldsymbol{\alpha}_s\} = \mathrm{Span}\{\boldsymbol{\beta}_1, \boldsymbol{\beta}_2, \cdots, \boldsymbol{\beta}_t\}$．因为 $\boldsymbol{\alpha}_1, \boldsymbol{\alpha}_2, \cdots, \boldsymbol{\alpha}_s$ 在 $\mathrm{Span}\{\boldsymbol{\beta}_1, \boldsymbol{\beta}_2, \cdots, \boldsymbol{\beta}_t\}$ 中，所以 $\boldsymbol{\alpha}_1, \boldsymbol{\alpha}_2, \cdots, \boldsymbol{\alpha}_s$ 可以由 $\boldsymbol{\beta}_1, \boldsymbol{\beta}_2, \cdots, \boldsymbol{\beta}_t$ 线性表示；对称地，因为 $\boldsymbol{\beta}_1, \boldsymbol{\beta}_2, \cdots, \boldsymbol{\beta}_t$ 在 $\mathrm{Span}\{\boldsymbol{\alpha}_1, \boldsymbol{\alpha}_2, \cdots, \boldsymbol{\alpha}_s\}$ 中，所以 $\boldsymbol{\beta}_1, \boldsymbol{\beta}_2, \cdots, \boldsymbol{\beta}_t$ 也可以由 $\boldsymbol{\alpha}_1, \boldsymbol{\alpha}_2, \cdots, \boldsymbol{\alpha}_s$ 线性表示．因此

$$\{\boldsymbol{\alpha}_1, \boldsymbol{\alpha}_2, \cdots, \boldsymbol{\alpha}_s\} \cong \{\boldsymbol{\beta}_1, \boldsymbol{\beta}_2, \cdots, \boldsymbol{\beta}_t\}.$$ ■

3.3 向量组的秩

一、向量组的秩

这部分介绍向量组的秩．

MOOC 3.8
向量组的秩

定义 3.17 设 $\boldsymbol{\alpha}_1, \boldsymbol{\alpha}_2, \cdots, \boldsymbol{\alpha}_t$ 是 $\mathbf{F}^n$ 中的一个向量组，$\boldsymbol{\alpha}_{i_1}, \boldsymbol{\alpha}_{i_2}, \cdots, \boldsymbol{\alpha}_{i_r}$ 是 $\boldsymbol{\alpha}_1, \boldsymbol{\alpha}_2, \cdots, \boldsymbol{\alpha}_t$ 中的部分向量构成的向量组．如果下列两个条件成立：

(1) $\boldsymbol{\alpha}_{i_1}, \boldsymbol{\alpha}_{i_2}, \cdots, \boldsymbol{\alpha}_{i_r}$ 是线性无关的，

(2) 对 $\boldsymbol{\alpha}_1, \boldsymbol{\alpha}_2, \cdots, \boldsymbol{\alpha}_t$ 中的任意向量 $\boldsymbol{\alpha}_k$，向量组 $\boldsymbol{\alpha}_{i_1}, \boldsymbol{\alpha}_{i_2}, \cdots, \boldsymbol{\alpha}_{i_r}, \boldsymbol{\alpha}_k$ 都是线性相关的，那么称 $\boldsymbol{\alpha}_{i_1}, \boldsymbol{\alpha}_{i_2}, \cdots, \boldsymbol{\alpha}_{i_r}$ 是 $\boldsymbol{\alpha}_1, \boldsymbol{\alpha}_2, \cdots, \boldsymbol{\alpha}_t$ 的一个

极大线性无关组，简称为极大无关组.

例 3.13　设 $\boldsymbol{\alpha}_1=\begin{pmatrix}1\\0\end{pmatrix}$，$\boldsymbol{\alpha}_2=\begin{pmatrix}0\\1\end{pmatrix}$，$\boldsymbol{\alpha}_3=\begin{pmatrix}1\\1\end{pmatrix}$，$\boldsymbol{\alpha}_4=\begin{pmatrix}2\\-1\end{pmatrix}$. 显然 $\boldsymbol{\alpha}_1$，$\boldsymbol{\alpha}_2$ 与 $\boldsymbol{\alpha}_2$，$\boldsymbol{\alpha}_3$ 都是 $\boldsymbol{\alpha}_1$，$\boldsymbol{\alpha}_2$，$\boldsymbol{\alpha}_3$，$\boldsymbol{\alpha}_4$ 的极大无关组. 所以，一般来说，向量组的极大无关组是不唯一的. ■

下面讨论向量组的极大无关组的性质. 根据极大无关组的定义与定理 3.2 可以得到如下命题.

命题 3.7　如果 $\boldsymbol{\alpha}_{i_1}$，$\boldsymbol{\alpha}_{i_2}$，…，$\boldsymbol{\alpha}_{i_r}$ 是 $\boldsymbol{\alpha}_1$，$\boldsymbol{\alpha}_2$，…，$\boldsymbol{\alpha}_t$ 的极大无关组，那么 $\boldsymbol{\alpha}_1$，$\boldsymbol{\alpha}_2$，…，$\boldsymbol{\alpha}_t$ 中的任意向量 $\boldsymbol{\alpha}_k$ 都可以由 $\boldsymbol{\alpha}_{i_1}$，$\boldsymbol{\alpha}_{i_2}$，…，$\boldsymbol{\alpha}_{i_r}$ 线性表示. ■

由命题 3.4 与命题 3.7 可得下面的结论.

命题 3.8　向量组与它的极大无关组是等价的. ■

命题 3.9　向量组 $\boldsymbol{\alpha}_1$，$\boldsymbol{\alpha}_2$，…，$\boldsymbol{\alpha}_t$ 的极大无关组中向量的个数是唯一的.

证明　设 $\boldsymbol{\alpha}_{i_1}$，$\boldsymbol{\alpha}_{i_2}$，…，$\boldsymbol{\alpha}_{i_r}$ 与 $\boldsymbol{\alpha}_{j_1}$，$\boldsymbol{\alpha}_{j_2}$，…，$\boldsymbol{\alpha}_{j_s}$ 都是 $\boldsymbol{\alpha}_1$，$\boldsymbol{\alpha}_2$，…，$\boldsymbol{\alpha}_t$ 的极大无关组，那么根据命题 3.8，$\boldsymbol{\alpha}_{i_1}$，$\boldsymbol{\alpha}_{i_2}$，…，$\boldsymbol{\alpha}_{i_r}$ 与 $\boldsymbol{\alpha}_1$，$\boldsymbol{\alpha}_2$，…，$\boldsymbol{\alpha}_t$ 是等价的，$\boldsymbol{\alpha}_{j_1}$，$\boldsymbol{\alpha}_{j_2}$，…，$\boldsymbol{\alpha}_{j_s}$ 与 $\boldsymbol{\alpha}_1$，$\boldsymbol{\alpha}_2$，…，$\boldsymbol{\alpha}_t$ 也是等价的. 根据命题 3.5，$\boldsymbol{\alpha}_{i_1}$，$\boldsymbol{\alpha}_{i_2}$，…，$\boldsymbol{\alpha}_{i_r}$ 与 $\boldsymbol{\alpha}_{j_1}$，$\boldsymbol{\alpha}_{j_2}$，…，$\boldsymbol{\alpha}_{j_s}$ 是等价的. 根据定理 3.3 的推论 1，我们有 $r=s$，即 $\boldsymbol{\alpha}_1$，$\boldsymbol{\alpha}_2$，…，$\boldsymbol{\alpha}_t$ 的极大无关组中向量的个数是唯一的. ■

定义 3.18　向量组 $\boldsymbol{\alpha}_1$，$\boldsymbol{\alpha}_2$，…，$\boldsymbol{\alpha}_t$ 的极大无关组中向量的个数称为向量组 $\boldsymbol{\alpha}_1$，$\boldsymbol{\alpha}_2$，…，$\boldsymbol{\alpha}_t$ 的秩，记作 $\mathrm{r}\{\boldsymbol{\alpha}_1, \boldsymbol{\alpha}_2, \cdots, \boldsymbol{\alpha}_t\}$.

由向量组的极大无关组与向量组的秩的定义，可以得到下面的结论.

命题 3.10　向量组的秩为 r 的充要条件是

(1) 向量组中存在 r 个线性无关的向量，

(2) 向量组中任意 $r+1$ 个向量(如果存在)都是线性相关的. ■

由命题 3.11 可以得到下面的结论.

命题 3.11　向量组 $\boldsymbol{\alpha}_1$，$\boldsymbol{\alpha}_2$，…，$\boldsymbol{\alpha}_t$ 线性相关的充要条件是 $\mathrm{r}\{\boldsymbol{\alpha}_1, \boldsymbol{\alpha}_2, \cdots, \boldsymbol{\alpha}_t\}<t$. ■

下面讨论当一个向量组可以由另外一个向量组线性表示时，这两个向量组的秩之间的关系.

定理 3.4　如果向量组 $\boldsymbol{\alpha}_1$，$\boldsymbol{\alpha}_2$，…，$\boldsymbol{\alpha}_s$ 可以由向量组 $\boldsymbol{\beta}_1$，$\boldsymbol{\beta}_2$，…，$\boldsymbol{\beta}_t$ 线性表示，那么 $\mathrm{r}\{\boldsymbol{\alpha}_1, \boldsymbol{\alpha}_2, \cdots, \boldsymbol{\alpha}_s\} \leqslant \mathrm{r}\{\boldsymbol{\beta}_1, \boldsymbol{\beta}_2, \cdots, \boldsymbol{\beta}_t\}$.

证明　设 $\mathrm{r}\{\boldsymbol{\alpha}_1, \boldsymbol{\alpha}_2, \cdots, \boldsymbol{\alpha}_s\}=r$，$\boldsymbol{\alpha}_{i_1}$，$\boldsymbol{\alpha}_{i_2}$，…，$\boldsymbol{\alpha}_{i_r}$ 是 $\boldsymbol{\alpha}_1$，$\boldsymbol{\alpha}_2$，…，

$\boldsymbol{\alpha}_s$ 的一个极大无关组；$\mathrm{r}\{\boldsymbol{\beta}_1, \boldsymbol{\beta}_2, \cdots, \boldsymbol{\beta}_t\}=u$，$\boldsymbol{\beta}_{j_1}, \boldsymbol{\beta}_{j_2}, \cdots, \boldsymbol{\beta}_{j_u}$ 是 $\boldsymbol{\beta}_1, \boldsymbol{\beta}_2, \cdots, \boldsymbol{\beta}_t$ 的一个极大无关组．根据定理 3.3 的推论 2，$\boldsymbol{\alpha}_{i_1}, \boldsymbol{\alpha}_{i_2}, \cdots, \boldsymbol{\alpha}_{i_r}$ 可以由 $\boldsymbol{\beta}_{j_1}, \boldsymbol{\beta}_{j_2}, \cdots, \boldsymbol{\beta}_{j_u}$ 线性表示．因为 $\boldsymbol{\alpha}_{i_1}, \boldsymbol{\alpha}_{i_2}, \cdots, \boldsymbol{\alpha}_{i_r}$ 是线性无关的，所以根据定理 3.3 的推论 1，我们有 $r \leqslant u$. ■

推论 1 两个等价的向量组有相等的秩．

证明 设向量组 $\boldsymbol{\alpha}_1, \boldsymbol{\alpha}_2, \cdots, \boldsymbol{\alpha}_s$ 与向量组 $\boldsymbol{\beta}_1, \boldsymbol{\beta}_2, \cdots, \boldsymbol{\beta}_t$ 是等价的，那么根据定理 3.4，我们有

$$\mathrm{r}\{\boldsymbol{\alpha}_1, \boldsymbol{\alpha}_2, \cdots, \boldsymbol{\alpha}_s\} \leqslant \mathrm{r}\{\boldsymbol{\beta}_1, \boldsymbol{\beta}_2, \cdots, \boldsymbol{\beta}_t\},$$

同时有

$$\mathrm{r}\{\boldsymbol{\alpha}_1, \boldsymbol{\alpha}_2, \cdots, \boldsymbol{\alpha}_s\} \geqslant \mathrm{r}\{\boldsymbol{\beta}_1, \boldsymbol{\beta}_2, \cdots, \boldsymbol{\beta}_t\}.$$

因此

$$\mathrm{r}\{\boldsymbol{\alpha}_1, \boldsymbol{\alpha}_2, \cdots, \boldsymbol{\alpha}_s\} = \mathrm{r}\{\boldsymbol{\beta}_1, \boldsymbol{\beta}_2, \cdots, \boldsymbol{\beta}_t\}.$$ ■

推论 2 如果 $\boldsymbol{\alpha}_{i_1}, \boldsymbol{\alpha}_{i_2}, \cdots, \boldsymbol{\alpha}_{i_s}$ 是向量组 $\boldsymbol{\alpha}_1, \boldsymbol{\alpha}_2, \cdots, \boldsymbol{\alpha}_t$ 中的部分向量构成的向量组，那么

$$\mathrm{r}\{\boldsymbol{\alpha}_{i_1}, \boldsymbol{\alpha}_{i_2}, \cdots, \boldsymbol{\alpha}_{i_s}\} \leqslant \mathrm{r}\{\boldsymbol{\alpha}_1, \boldsymbol{\alpha}_2, \cdots, \boldsymbol{\alpha}_t\}.$$ ■

二、矩阵的秩与向量组的秩之间的关系

MOOC 3.9 矩阵的秩与向量组的秩之间的关系

通过前面的学习，我们知道，矩阵可以按行或者按列构成向量组，向量组也可以按行或者按列构成矩阵．在这部分，我们将讨论矩阵的秩与它的向量组的秩之间的关系，从而解决向量组的极大无关组以及秩的计算问题．作为过渡，我们首先讨论两个行等价的矩阵的行构成的向量组之间的关系．为此，证明如下引理．

引理 3.2 如果对 $\mathbf{F}$ 上的 $m \times n$ 矩阵 $\boldsymbol{A}$ 作一次初等行变换得到的矩阵为 $\boldsymbol{B}$，那么 $\boldsymbol{A}$ 的行构成的向量组与 $\boldsymbol{B}$ 的行构成的向量组是等价的．

证明 设 $\boldsymbol{A}$ 的行构成的向量组为 $\boldsymbol{\beta}_1, \boldsymbol{\beta}_2, \cdots, \boldsymbol{\beta}_m$，$\boldsymbol{B}$ 的行构成的向量组为 $\boldsymbol{\gamma}_1, \boldsymbol{\gamma}_2, \cdots, \boldsymbol{\gamma}_m$. 如果 $\boldsymbol{B}$ 是由互换 $\boldsymbol{A}$ 中两行的位置，或者 $\boldsymbol{A}$ 的某行乘非零常数得到的，那么显然有

$$\{\boldsymbol{\beta}_1, \boldsymbol{\beta}_2, \cdots, \boldsymbol{\beta}_m\} \cong \{\boldsymbol{\gamma}_1, \boldsymbol{\gamma}_2, \cdots, \boldsymbol{\gamma}_m\}.$$

假设 $\boldsymbol{B}$ 是由 $\boldsymbol{A}$ 的第 i 行的 k 倍加到第 j 行得到的矩阵．因为 $\boldsymbol{A}$ 与 $\boldsymbol{B}$ 只有第 j 行不相同，所以当 $t \in \{1, 2, \cdots, j-1, j+1, \cdots, m\}$ 时，$\boldsymbol{\gamma}_t = \boldsymbol{\beta}_t$. 由于 $\boldsymbol{\gamma}_j = k\boldsymbol{\beta}_i + \boldsymbol{\beta}_j$，所以 $\boldsymbol{\gamma}_1, \boldsymbol{\gamma}_2, \cdots, \boldsymbol{\gamma}_m$ 可以由 $\boldsymbol{\beta}_1, \boldsymbol{\beta}_2, \cdots, \boldsymbol{\beta}_m$ 线性表示；由于 $\boldsymbol{\beta}_j = (-k)\boldsymbol{\gamma}_i + \boldsymbol{\gamma}_j$，所以 $\boldsymbol{\beta}_1, \boldsymbol{\beta}_2, \cdots, \boldsymbol{\beta}_m$ 可以由 $\boldsymbol{\gamma}_1, \boldsymbol{\gamma}_2, \cdots, \boldsymbol{\gamma}_m$ 线性表示．因此，

$$\{\boldsymbol{\beta}_1, \boldsymbol{\beta}_2, \cdots, \boldsymbol{\beta}_m\} \cong \{\boldsymbol{\gamma}_1, \boldsymbol{\gamma}_2, \cdots, \boldsymbol{\gamma}_m\}.$$

于是结论成立． ■

定理 3.5　如果 $\mathbf{F}$ 上的 $m\times n$ 矩阵 $\boldsymbol{A}$ 与 $\boldsymbol{B}$ 是行等价的，那么我们有下列两个结论：

(1) $\boldsymbol{A}$ 的行构成的向量组 $\boldsymbol{\beta}_1$，$\boldsymbol{\beta}_2$，…，$\boldsymbol{\beta}_m$ 与 $\boldsymbol{B}$ 的行构成的向量组 $\boldsymbol{\gamma}_1$，$\boldsymbol{\gamma}_2$，…，$\boldsymbol{\gamma}_m$ 是等价的，即

$$\{\boldsymbol{\beta}_1, \boldsymbol{\beta}_2, \cdots, \boldsymbol{\beta}_m\} \cong \{\boldsymbol{\gamma}_1, \boldsymbol{\gamma}_2, \cdots, \boldsymbol{\gamma}_m\};$$

(2) $\boldsymbol{A}$ 的行空间与 $\boldsymbol{B}$ 的行空间相等，即

$$R(\boldsymbol{A}^{\mathrm{T}}) = R(\boldsymbol{B}^{\mathrm{T}}).$$

■

定理 3.5 的第 1 个结论可以由引理 3.2 得到，第 2 个结论可以由命题 3.6 得到．

下面讨论矩阵的秩与其向量组的秩之间的关系．

引理 3.3　如果 $\boldsymbol{T}$ 是简化阶梯形矩阵，那么 $\boldsymbol{T}$ 的秩等于它的行构成的向量组的秩．

证明　设 $\boldsymbol{T}=(t_{ij})$ 为 $m\times n$ 简化阶梯形矩阵，$\boldsymbol{T}$ 的秩为 r，$\boldsymbol{T}$ 的主元所在列的标号为 j_1，j_2，…，j_r（$j_1<j_2<\cdots<j_r$）．于是 $\boldsymbol{T}$ 的构造如下：

$$\begin{array}{c} \\ \\ \end{array}\begin{pmatrix} 0 & \cdots & 0 & \overset{j_1}{1} & * & \cdots & * & \overset{j_2}{0} & * & \cdots & \cdots & * & \overset{j_r}{0} & * & \cdots & * \\ 0 & \cdots & 0 & 0 & 0 & \cdots & 0 & 1 & * & \cdots & \cdots & * & 0 & * & \cdots & * \\ \vdots & & \vdots & \vdots & \vdots & & \vdots & \vdots & \vdots & & & \vdots & \vdots & \vdots & & \vdots \\ 0 & \cdots & 0 & 0 & 0 & \cdots & 0 & 0 & 0 & \cdots & \cdots & 0 & 1 & * & \cdots & * \\ 0 & \cdots & 0 & 0 & 0 & \cdots & 0 & 0 & 0 & \cdots & \cdots & 0 & 0 & 0 & \cdots & 0 \\ \vdots & & \vdots & \vdots & \vdots & & \vdots & \vdots & \vdots & & & \vdots & \vdots & \vdots & & \vdots \\ 0 & \cdots & 0 & 0 & 0 & \cdots & 0 & 0 & 0 & \cdots & \cdots & 0 & 0 & 0 & \cdots & 0 \end{pmatrix}.$$

设 $\boldsymbol{T}$ 的 m 个行为 $\boldsymbol{\gamma}_1^{\mathrm{T}}$，$\boldsymbol{\gamma}_2^{\mathrm{T}}$，…，$\boldsymbol{\gamma}_m^{\mathrm{T}}$，那么由 $\boldsymbol{T}$ 的构造知，$\boldsymbol{\gamma}_{r+1}=\boldsymbol{\gamma}_{r+2}=\cdots=\boldsymbol{\gamma}_m=\mathbf{0}$. 因为

$$k_1\boldsymbol{\gamma}_1+k_2\boldsymbol{\gamma}_2+\cdots+k_r\boldsymbol{\gamma}_r=(0,\ \cdots,\ 0,\ \overset{j_1}{k_1},\ \cdots,\ \overset{j_2}{k_2},\ \cdots,\ \overset{j_r}{k_r},\ *,\ \cdots,\ *)^{\mathrm{T}},$$

所以，由

$$k_1\boldsymbol{\gamma}_1+k_2\boldsymbol{\gamma}_2+\cdots+k_r\boldsymbol{\gamma}_r=\mathbf{0}$$

可以得到

$$k_1=k_2=\cdots=k_r=0.$$

于是 $\boldsymbol{\gamma}_1$，$\boldsymbol{\gamma}_2$，…，$\boldsymbol{\gamma}_r$ 是线性无关的．并且对 $\boldsymbol{\gamma}_1$，$\boldsymbol{\gamma}_2$，…，$\boldsymbol{\gamma}_m$ 中的任意向量 $\boldsymbol{\gamma}_k$，$\boldsymbol{\gamma}_1$，$\boldsymbol{\gamma}_2$，…，$\boldsymbol{\gamma}_r$，$\boldsymbol{\gamma}_k$ 都是线性相关的. 因此，$\boldsymbol{\gamma}_1$，$\boldsymbol{\gamma}_2$，…，$\boldsymbol{\gamma}_r$ 是 $\boldsymbol{\gamma}_1$，$\boldsymbol{\gamma}_2$，…，$\boldsymbol{\gamma}_m$ 的极大无关组，由此可得

$$\mathrm{r}\{\boldsymbol{\gamma}_1, \boldsymbol{\gamma}_2, \cdots, \boldsymbol{\gamma}_m\}=r=\mathrm{r}(\boldsymbol{T}).$$

■

定理 3.6　$\mathbf{F}$ 上的 $m\times n$ 矩阵 $\boldsymbol{A}$ 的秩等于它的行构成的向量组的秩，

也等于它的列构成的向量组的秩.

证明 设 $\boldsymbol{T}$ 为 $\boldsymbol{A}$ 的简化阶梯形，$\boldsymbol{\beta}_1$，$\boldsymbol{\beta}_2$，…，$\boldsymbol{\beta}_m$ 为 $\boldsymbol{A}$ 的行构成的向量组，$\boldsymbol{\gamma}_1$，$\boldsymbol{\gamma}_2$，…，$\boldsymbol{\gamma}_m$ 为 $\boldsymbol{T}$ 的行构成的向量组，那么由定理 3.5 可知，

$$\{\boldsymbol{\beta}_1, \boldsymbol{\beta}_2, \cdots, \boldsymbol{\beta}_m\} \cong \{\boldsymbol{\gamma}_1, \boldsymbol{\gamma}_2, \cdots, \boldsymbol{\gamma}_m\}.$$

根据定理 3.4 的推论 1，有

$$\mathrm{r}\{\boldsymbol{\beta}_1, \boldsymbol{\beta}_2, \cdots, \boldsymbol{\beta}_m\} = \mathrm{r}\{\boldsymbol{\gamma}_1, \boldsymbol{\gamma}_2, \cdots, \boldsymbol{\gamma}_m\}, \tag{1}$$

因此，根据引理 3.3 与等式(1)，我们得到

$$\mathrm{r}(\boldsymbol{A}) = \mathrm{r}(\boldsymbol{T}) = \mathrm{r}\{\boldsymbol{\gamma}_1, \boldsymbol{\gamma}_2, \cdots, \boldsymbol{\gamma}_m\} = \mathrm{r}\{\boldsymbol{\beta}_1, \boldsymbol{\beta}_2, \cdots, \boldsymbol{\beta}_m\},$$

即 $\boldsymbol{A}$ 的秩等于 $\boldsymbol{A}$ 的行构成的向量组的秩.

关于列的情况，我们有

$$\begin{aligned}\mathrm{r}(\boldsymbol{A}) &= \mathrm{r}(\boldsymbol{A}^{\mathrm{T}}) \\ &= \boldsymbol{A}^{\mathrm{T}} \text{ 的行构成的向量组的秩} \\ &= \boldsymbol{A} \text{ 的列构成的向量组的秩}.\end{aligned}$$

因此，$\boldsymbol{A}$ 的秩等于它的列构成的向量组的秩. ■

推论 方阵 $\boldsymbol{A}$ 为可逆矩阵的充要条件是 $\boldsymbol{A}$ 的行(列)构成的向量组是线性无关的. ■

因为以两个行等价的矩阵为系数矩阵的齐次线性方程组是同解的，所以有如下结论：

命题 3.12 如果 $\mathbf{F}$ 上的 $m \times n$ 矩阵 $\boldsymbol{A}$ 与 $\boldsymbol{B}$ 是行等价的，那么 $\boldsymbol{A}$ 的列构成的向量组 $\boldsymbol{\alpha}_1$，$\boldsymbol{\alpha}_2$，…，$\boldsymbol{\alpha}_n$ 与 $\boldsymbol{B}$ 的列构成的向量组 $\boldsymbol{\beta}_1$，$\boldsymbol{\beta}_2$，…，$\boldsymbol{\beta}_n$ 有相同的线性相关关系. ■

说明 命题 3.12 意味着

(1) 如果 $\boldsymbol{A}$ 中的部分列构成的向量组 $\boldsymbol{\alpha}_{i_1}$，$\boldsymbol{\alpha}_{i_2}$，…，$\boldsymbol{\alpha}_{i_r}$ $(r \leqslant n)$ 是线性无(相)关的，那么 $\boldsymbol{B}$ 中相应的这些列构成的向量组 $\boldsymbol{\beta}_{i_1}$，$\boldsymbol{\beta}_{i_2}$，…，$\boldsymbol{\beta}_{i_r}$ 也是线性无(相)关的；

(2) 如果 $\boldsymbol{A}$ 的第 i_0 列 $\boldsymbol{\alpha}_{i_0}$ 可以由 $\boldsymbol{\alpha}_{i_1}$，$\boldsymbol{\alpha}_{i_2}$，…，$\boldsymbol{\alpha}_{i_r}$ 线性表示，那么 $\boldsymbol{B}$ 的第 i_0 列 $\boldsymbol{\beta}_{i_0}$ 可以由 $\boldsymbol{\beta}_{i_1}$，$\boldsymbol{\beta}_{i_2}$，…，$\boldsymbol{\beta}_{i_r}$ 以相同的系数线性表示.

命题 3.13 设 $\boldsymbol{\alpha}_1$，$\boldsymbol{\alpha}_2$，…，$\boldsymbol{\alpha}_t$ 是 $\mathbf{F}^n$ 中的向量组，$\boldsymbol{A}$ 是由 $\boldsymbol{\alpha}_1$，$\boldsymbol{\alpha}_2$，…，$\boldsymbol{\alpha}_t$ 按列构成的 $n \times t$ 矩阵，$\mathrm{r}(\boldsymbol{A})=r$，$\boldsymbol{T}$ 是 $\boldsymbol{A}$ 的一个阶梯形. 如果 $\boldsymbol{T}$ 的主元所在列的标号为 j_1，j_2，…，j_r，那么 $\boldsymbol{\alpha}_{j_1}$，$\boldsymbol{\alpha}_{j_2}$，…，$\boldsymbol{\alpha}_{j_r}$ 是 $\boldsymbol{\alpha}_1$，$\boldsymbol{\alpha}_2$，…，$\boldsymbol{\alpha}_t$ 的一个极大无关组.

证明 设 $\boldsymbol{T}$ 的主元所在列构成的向量组为 $\boldsymbol{\beta}_{j_1}$，$\boldsymbol{\beta}_{j_2}$，…，$\boldsymbol{\beta}_{j_r}$. 如果以 $\boldsymbol{\beta}_{j_1}$，$\boldsymbol{\beta}_{j_2}$，…，$\boldsymbol{\beta}_{j_r}$ 为列构成的矩阵为 $\boldsymbol{H}$，那么 $\boldsymbol{H}$ 为阶梯形矩阵，并且 $\mathrm{r}(\boldsymbol{H})=r$. 如果将以 $\boldsymbol{\alpha}_{j_1}$，$\boldsymbol{\alpha}_{j_2}$，…，$\boldsymbol{\alpha}_{j_r}$ 为列构成的矩阵记为 $\boldsymbol{G}$，那么 $\boldsymbol{H}$ 是 $\boldsymbol{G}$

的阶梯形，于是$\mathrm{r}(\boldsymbol{G})=\mathrm{r}(\boldsymbol{H})=r$. 根据定理 3.6，$\mathrm{r}\{\boldsymbol{\alpha}_1, \boldsymbol{\alpha}_2, \cdots, \boldsymbol{\alpha}_t\}=\mathrm{r}(\boldsymbol{A})=r$，并且$\mathrm{r}\{\boldsymbol{\alpha}_{j_1}, \boldsymbol{\alpha}_{j_2}, \cdots, \boldsymbol{\alpha}_{j_r}\}=\mathrm{r}(\boldsymbol{G})=r$. 因此，$\boldsymbol{\alpha}_{j_1}, \boldsymbol{\alpha}_{j_2}, \cdots, \boldsymbol{\alpha}_{j_r}$是$\boldsymbol{\alpha}_1, \boldsymbol{\alpha}_2, \cdots, \boldsymbol{\alpha}_t$的一个极大无关组．■

命题 3.13 为我们提供了求向量组的极大无关组与秩的方法．

例 3.14　设$\boldsymbol{\alpha}_1=\begin{pmatrix}1\\2\\2\\3\end{pmatrix}$，$\boldsymbol{\alpha}_2=\begin{pmatrix}1\\4\\-3\\6\end{pmatrix}$，$\boldsymbol{\alpha}_3=\begin{pmatrix}-2\\-6\\1\\-9\end{pmatrix}$，$\boldsymbol{\alpha}_4=\begin{pmatrix}1\\4\\-1\\7\end{pmatrix}$，$\boldsymbol{\alpha}_5=\begin{pmatrix}4\\8\\2\\9\end{pmatrix}$. 求向量组$\boldsymbol{\alpha}_1, \boldsymbol{\alpha}_2, \boldsymbol{\alpha}_3, \boldsymbol{\alpha}_4, \boldsymbol{\alpha}_5$的一个极大无关组，并且将不在该极大无关组中的向量用求得的极大无关组线性表示．

解　将向量组$\boldsymbol{\alpha}_1, \boldsymbol{\alpha}_2, \boldsymbol{\alpha}_3, \boldsymbol{\alpha}_4, \boldsymbol{\alpha}_5$按列排成$4\times 5$矩阵

$$\boldsymbol{A}=\begin{pmatrix}1 & 1 & -2 & 1 & 4\\2 & 4 & -6 & 4 & 8\\2 & -3 & 1 & -1 & 2\\3 & 6 & -9 & 7 & 9\end{pmatrix}.$$

用初等行变换将$\boldsymbol{A}$化为简化阶梯形

$$\boldsymbol{T}=\begin{pmatrix}1 & 0 & -1 & 0 & 4\\0 & 1 & -1 & 0 & 3\\0 & 0 & 0 & 1 & -3\\0 & 0 & 0 & 0 & 0\end{pmatrix}.$$

因为$\boldsymbol{T}$的主元位于第 1，2，4 列，所以$\boldsymbol{\alpha}_1, \boldsymbol{\alpha}_2, \boldsymbol{\alpha}_4$是$\boldsymbol{\alpha}_1, \boldsymbol{\alpha}_2, \boldsymbol{\alpha}_3, \boldsymbol{\alpha}_4, \boldsymbol{\alpha}_5$的一个极大无关组．由$\boldsymbol{A}$的简化阶梯形$\boldsymbol{T}$可以看出

$$\boldsymbol{\alpha}_3=-\boldsymbol{\alpha}_1-\boldsymbol{\alpha}_2,$$
$$\boldsymbol{\alpha}_5=4\boldsymbol{\alpha}_1+3\boldsymbol{\alpha}_2-3\boldsymbol{\alpha}_4.$$
■

说明　(1) 如果只是求$\boldsymbol{\alpha}_1, \boldsymbol{\alpha}_2, \boldsymbol{\alpha}_3, \boldsymbol{\alpha}_4, \boldsymbol{\alpha}_5$的一个极大无关组，那么只要将$\boldsymbol{A}$化为阶梯形即可．因为还要将向量组中不在极大无关组中的向量用极大无关组线性表示，这意味着需要求线性方程组的解，所以要将$\boldsymbol{A}$化为简化阶梯形．

(2) 用$\boldsymbol{\alpha}_1, \boldsymbol{\alpha}_2, \boldsymbol{\alpha}_4$表示$\boldsymbol{\alpha}_3$的系数$-1$，$-1$，0 来自$\boldsymbol{T}$的第 3 列，用$\boldsymbol{\alpha}_1, \boldsymbol{\alpha}_2, \boldsymbol{\alpha}_4$表示$\boldsymbol{\alpha}_5$的系数 4，3，$-3$ 来自$\boldsymbol{T}$的第 5 列．

(3) 求向量组的极大无关组的时候，我们只能将向量组按列排成矩阵，使用初等行变换将矩阵化为阶梯形，然后利用阶梯形中主元的位置确定向量组的极大无关组．如果将向量组按行排成矩阵，作初等行变换，一般情况下，不能确定向量组的极大无关组，这是因为初等行变换不能

保持矩阵的行构成的向量组的线性关系．例如将题目中的向量组 $\boldsymbol{\alpha}_1$，$\boldsymbol{\alpha}_2$，$\boldsymbol{\alpha}_3$，$\boldsymbol{\alpha}_4$，$\boldsymbol{\alpha}_5$ 按行排成矩阵 $\boldsymbol{B}$，用初等行变换化为阶梯形

$$\boldsymbol{B}=\begin{pmatrix}\boldsymbol{\alpha}_1^{\mathrm{T}}\\\boldsymbol{\alpha}_2^{\mathrm{T}}\\\boldsymbol{\alpha}_3^{\mathrm{T}}\\\boldsymbol{\alpha}_4^{\mathrm{T}}\\\boldsymbol{\alpha}_5^{\mathrm{T}}\end{pmatrix}=\begin{pmatrix}1&2&2&3\\1&4&-3&6\\-2&-6&1&-9\\1&4&-1&7\\4&8&2&9\end{pmatrix}\rightarrow\begin{pmatrix}1&2&2&3\\0&2&-5&3\\0&0&2&1\\0&0&0&0\\0&0&0&0\end{pmatrix}=\boldsymbol{T}_1,$$

显然，$\boldsymbol{T}_1$ 的前 3 行是线性无关的，但是由此推断 $\boldsymbol{B}$ 的前 3 行线性无关则是错误的．事实上，容易验证 $\boldsymbol{\alpha}_3=-\boldsymbol{\alpha}_1-\boldsymbol{\alpha}_2$，即 $\boldsymbol{B}$ 的前 3 行是线性相关的．

本节最后给出一个利用矩阵的秩和向量组的线性相关性判断空间中平面位置关系的例子.

例 3.15 讨论空间 $\mathbf{R}^3$ 中 3 个平面的可能位置关系．

解 空间 $\mathbf{R}^3$ 中的 3 个平面

$$\pi_1:\ a_{11}x+a_{12}y+a_{13}z=b_1,$$

$$\pi_2:\ a_{21}x+a_{22}y+a_{23}z=b_2,$$

$$\pi_3:\ a_{31}x+a_{32}y+a_{33}z=b_3$$

的方程可以组成一个 3×3 线性方程组

$$\begin{cases}a_{11}x+a_{12}y+a_{13}z=b_1,\\a_{21}x+a_{22}y+a_{23}z=b_2,\\a_{31}x+a_{32}y+a_{33}z=b_3,\end{cases}\tag{2}$$

其中 a_{ij}，b_i 是常数，a_{1j}不全为零，a_{2j}不全为零，a_{3j}不全为零，$i=1$，2，3，$j=1$，2，3.

令

$$\boldsymbol{A}=\begin{pmatrix}a_{11}&a_{12}&a_{13}\\a_{21}&a_{22}&a_{23}\\a_{31}&a_{32}&a_{33}\end{pmatrix}=\begin{pmatrix}\boldsymbol{\gamma}_1^{\mathrm{T}}\\\boldsymbol{\gamma}_2^{\mathrm{T}}\\\boldsymbol{\gamma}_3^{\mathrm{T}}\end{pmatrix},\quad\boldsymbol{\beta}=\begin{pmatrix}b_1\\b_2\\b_3\end{pmatrix},$$

于是 $\boldsymbol{\gamma}_1$，$\boldsymbol{\gamma}_2$，$\boldsymbol{\gamma}_3$ 是 3 元非零向量．

根据方程组(2)的系数矩阵 $\boldsymbol{A}$ 的秩和增广矩阵$(\boldsymbol{A},\boldsymbol{\beta})$的秩的关系，可以分成以下 5 种情况．

情况 1 $\mathrm{r}(\boldsymbol{A})=3$，$\mathrm{r}(\boldsymbol{A},\boldsymbol{\beta})=3$. 根据定理 1.6，方程组(2)有唯一解，说明 3 个平面交于一点，如图 3.1(a)所示．

情况 2 $\mathrm{r}(\boldsymbol{A})=2$，$\mathrm{r}(\boldsymbol{A},\boldsymbol{\beta})=3$. 根据定理 1.6，方程组(2)无解，即 3 个平面没有公共交点．因为 $\mathrm{r}(\boldsymbol{A})=2$，所以 $\boldsymbol{A}$ 的行构成的向量组 $\boldsymbol{\gamma}_1$，

$\boldsymbol{\gamma}_2$，$\boldsymbol{\gamma}_3$ 是线性相关的，即存在不全为零的数 k_1，k_2，k_3，使得

$$k_1\boldsymbol{\gamma}_1 + k_2\boldsymbol{\gamma}_2 + k_3\boldsymbol{\gamma}_3 = 0. \tag{3}$$

根据 $k_1k_2k_3$ 是否等于零可以进一步分成两种情况．

情况 2.1　$k_1k_2k_3\neq 0$. 此时 k_1，k_2，k_3 都不为零，利用反证法可以证明 $\boldsymbol{\gamma}_1$，$\boldsymbol{\gamma}_2$，$\boldsymbol{\gamma}_3$ 中任意两个向量都是线性无关的，即其中任意两个向量不共线．

反证：不妨假设 $\boldsymbol{\gamma}_1$，$\boldsymbol{\gamma}_2$ 是线性相关的，即存在不全为零的常数 l_1，l_2，使得 $l_1\boldsymbol{\gamma}_1+l_2\boldsymbol{\gamma}_2=\mathbf{0}$. 不妨假设 $l_1\neq 0$，那么 $\boldsymbol{\gamma}_1=-\dfrac{l_2}{l_1}\boldsymbol{\gamma}_2$，将其代入式(3)得到

$$\left(-\frac{k_1l_2}{l_1}+k_2\right)\boldsymbol{\gamma}_2 + k_3\boldsymbol{\gamma}_3 = \mathbf{0}, \tag{4}$$

因为 $k_3\neq 0$，所以式(4)说明 $\boldsymbol{\gamma}_2$ 和 $\boldsymbol{\gamma}_3$ 共线，因此，$\boldsymbol{\gamma}_1$，$\boldsymbol{\gamma}_2$，$\boldsymbol{\gamma}_3$ 共线，这与 $\mathrm{r}(\boldsymbol{A})=2$ 矛盾．

因为 $\boldsymbol{\gamma}_1$，$\boldsymbol{\gamma}_2$，$\boldsymbol{\gamma}_3$ 中任意两个向量不共线，所以 3 个平面 π_1，π_2，π_3 两两相交，但是不交于一点．以下证明这 3 条交线是平行的．

设平面 π_2，π_3 交于一条直线 l_{23}，于是 l_{23}的方程为

$$\begin{cases} a_{21}x + a_{22}y + a_{23}z = b_2, \\ a_{31}x + a_{32}y + a_{33}z = b_3. \end{cases} \tag{5}$$

因为方程组(5)的系数矩阵的秩等于增广矩阵的秩，等于 2，所以方程组(5)有一个自由未知数，不妨假设为 z，分别令 $z=0$，$z=1$ 得到方程组(5)的两个解(即 l_{23}上的两点的坐标)

$$\left(\frac{a_{32}b_2 - a_{22}b_3}{a_{21}a_{32} - a_{22}a_{31}},\ \frac{a_{21}b_3 - a_{31}b_2}{a_{21}a_{32} - a_{22}a_{31}},\ 0\right),$$

$$\left(\frac{a_{32}(b_2 - a_{23}) - a_{22}(b_3 - a_{33})}{a_{21}a_{32} - a_{22}a_{31}},\ \frac{a_{21}(b_3 - a_{33}) - a_{31}(b_2 - a_{23})}{a_{21}a_{32} - a_{22}a_{31}},\ 1\right),$$

由此得到直线 l_{23}的方向向量

$$\boldsymbol{s}_{23} = \left(\frac{a_{23}a_{32} - a_{22}a_{33}}{a_{21}a_{32} - a_{22}a_{31}},\ \frac{a_{21}a_{33} - a_{23}a_{31}}{a_{21}a_{32} - a_{22}a_{31}},\ -1\right)^{\mathrm{T}},$$

于是 l_{23}的方向向量 $\boldsymbol{s}_{23}$与平面 π_1 的法向量 $\boldsymbol{n}_1=(a_{11},\ a_{12},\ a_{13})^{\mathrm{T}}$ 的内积

$$\begin{aligned}(\boldsymbol{s}_{23},\ \boldsymbol{n}_1) &= a_{11}\frac{a_{23}a_{32} - a_{22}a_{33}}{a_{21}a_{32} - a_{22}a_{31}} + a_{12}\frac{a_{21}a_{33} - a_{23}a_{31}}{a_{21}a_{32} - a_{22}a_{31}} - a_{13} \\ &= \frac{a_{11}a_{23}a_{32} - a_{11}a_{22}a_{33} + a_{12}a_{21}a_{33} - a_{12}a_{23}a_{31} + a_{13}a_{22}a_{31} - a_{13}a_{21}a_{32}}{a_{21}a_{32} - a_{22}a_{31}}\end{aligned} \tag{6}$$

根据题目条件，方程组(2)的系数矩阵的第一行不全为零，不妨假设 $a_{11}\neq 0$，于是 $\boldsymbol{A}=\begin{pmatrix} a_{11} & a_{12} & a_{13} \\ a_{21} & a_{22} & a_{23} \\ a_{31} & a_{32} & a_{33} \end{pmatrix}$ 等价于

$$\begin{pmatrix} a_{11} & a_{12} & a_{13} \\ 0 & a_{22}-\dfrac{a_{12}a_{21}}{a_{11}} & a_{23}-\dfrac{a_{13}a_{21}}{a_{11}} \\ 0 & a_{32}-\dfrac{a_{12}a_{31}}{a_{11}} & a_{33}-\dfrac{a_{13}a_{31}}{a_{11}} \end{pmatrix}=\boldsymbol{B}.$$

因为 $\mathrm{r}(\boldsymbol{B})=\mathrm{r}(\boldsymbol{A})=2$，所以 $\boldsymbol{B}$ 的后两行元素成比例，因此

$$\left(a_{22}-\frac{a_{12}a_{21}}{a_{11}}\right)\left(a_{33}-\frac{a_{13}a_{31}}{a_{11}}\right)-\left(a_{32}-\frac{a_{12}a_{31}}{a_{11}}\right)\left(a_{23}-\frac{a_{13}a_{21}}{a_{11}}\right)=0,$$

也即

$$a_{11}a_{23}a_{32}-a_{11}a_{22}a_{33}+a_{12}a_{21}a_{33}-a_{12}a_{23}a_{31}+a_{13}a_{22}a_{31}-a_{13}a_{21}a_{32}=0. \tag{7}$$

结合(6)，(7)两式，我们有$(\boldsymbol{s}_{23},\ \boldsymbol{n}_1)=0$，于是，$l_{23}$平行于平面 π_1. 因此，l_{23}平行于平面 π_1 与 π_2 的交线 l_{12}，也平行于平面 π_1 与 π_3 的交线 l_{13}，即 3 个平面的交线平行．这种情况下 3 个平面的位置关系如图 3.1(b)所示．

情况 2.2　$k_1k_2k_3=0$. 此时 k_1，k_2，k_3 中只能有一个数为零．

反证：假设 k_1，k_2，k_3 中有两个数为零，不妨设 $k_1=k_2=0$，那么由式(3)可以得到 $\boldsymbol{\gamma}_3=\boldsymbol{0}$，这与题设中 $\boldsymbol{\gamma}_1$，$\boldsymbol{\gamma}_2$，$\boldsymbol{\gamma}_3$ 都不是零向量矛盾．不妨假设 $k_1=0$，由式(3)可以得到

$$k_2\boldsymbol{\gamma}_2+k_3\boldsymbol{\gamma}_3=\boldsymbol{0},$$

其中 k_2 与 k_3 都不为零．于是 $\boldsymbol{\gamma}_2$，$\boldsymbol{\gamma}_3$ 是线性相关的，即平面 π_2，π_3 平行. 因此，这种情况下 3 个平面中的两个平面平行，与第三个平面相交，如图 3.1(c)所示．

情况 3　$\mathrm{r}(\boldsymbol{A})=2$，$\mathrm{r}(\boldsymbol{A},\ \boldsymbol{\beta})=2$. 此时方程组(2)有无穷多个解，在几何上表示 3 个平面交于一条直线．因为 $\mathrm{r}(\boldsymbol{A},\ \boldsymbol{\beta})=2$，所以由增广矩阵的行构成的向量组 $\boldsymbol{\eta}_1$，$\boldsymbol{\eta}_2$，$\boldsymbol{\eta}_3$ 是线性相关的，即存在不全为零的数 h_1，h_2，h_3，使得

$$h_1\boldsymbol{\eta}_1+h_2\boldsymbol{\eta}_2+h_3\boldsymbol{\eta}_3=\boldsymbol{0},$$

根据 $h_1h_2h_3$ 是否等于零可以进一步分成两种情况．

情况 3.1　$h_1h_2h_3\neq 0$. 与情况 2.1 同理，可以证明 $\boldsymbol{\eta}_1$，$\boldsymbol{\eta}_2$，$\boldsymbol{\eta}_3$ 中任意两个向量是线性无关的，在几何上表示 3 个平面互异，交于一条直线，如图 3.1(d)所示 .

情况 3.2　$h_1h_2h_3=0$. 与情况 2.2 同理，可以证明 $h_1h_2h_3$ 中只能有一个数为零，并且如果假设 $h_1=0$，那么 $\boldsymbol{\eta}_2$，$\boldsymbol{\eta}_3$ 是线性相关的，即平面 π_2，π_3 重合 . 因此，这种情况下 3 个平面中的两个平面重合，与第三个平面相交，如图 3.1(e)所示 .

情况 4　$\mathrm{r}(\boldsymbol{A})=1$，$\mathrm{r}(\boldsymbol{A},\boldsymbol{\beta})=2$. 此时方程组(2)无解 . 因为 $\mathrm{r}(\boldsymbol{A})=1$，所以 3 个平面平行或者重合 . 由 $\mathrm{r}(\boldsymbol{A},\boldsymbol{\beta})=2$ 可以知道，3 个平面中至少有两个平面是互异的 . 因此，3 个平面或者平行并且互异，或者两个平面重合与第三个平面平行，如图 3.1(f)和(g)所示 .

情况 5　$\mathrm{r}(\boldsymbol{A})=1$，$\mathrm{r}(\boldsymbol{A},\boldsymbol{\beta})=1$. 此时方程组(2)有无穷多个解 . 因为 $\mathrm{r}(\boldsymbol{A},\boldsymbol{\beta})=1$，所以 3 个平面重合，如图 3.1(h).

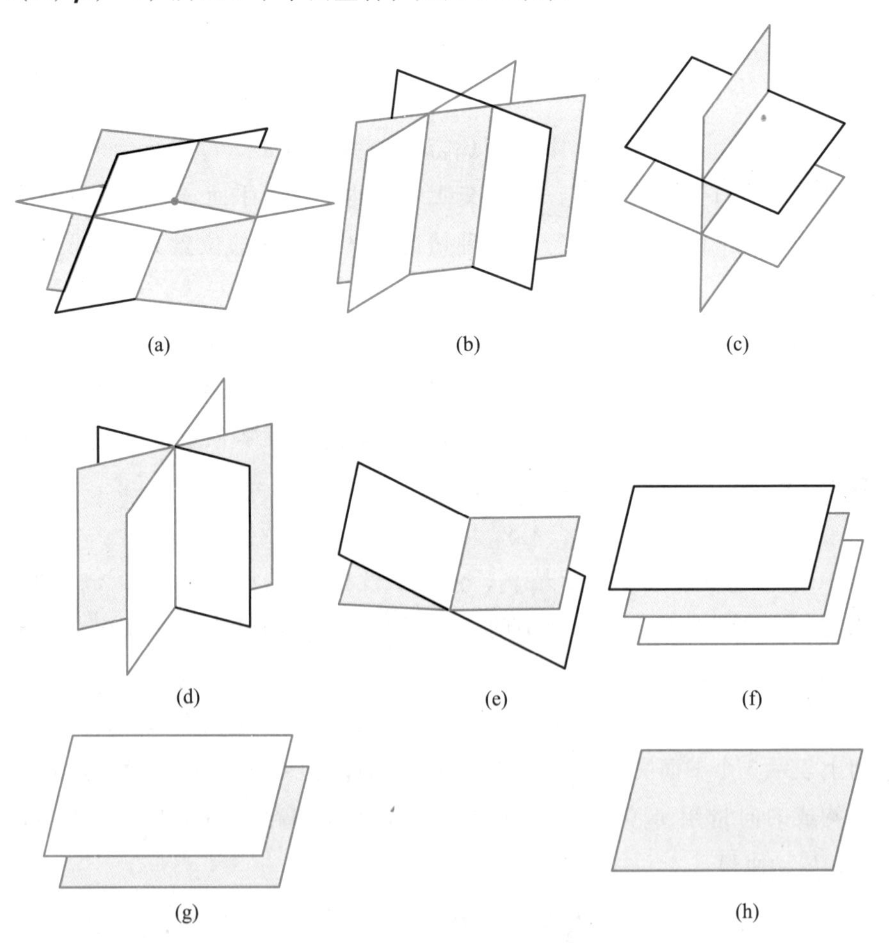

图 3.1　空间 $\mathbf{R}^3$ 中 3 个平面的位置关系

综上所述，空间 $\mathbf{R}^3$ 中 3 个平面共有 8 种不同的位置关系.

3.4 向量空间的基与维数

MOOC 3.10
向量空间的基与维数

一、向量空间的基与维数

定义 3.19 设 $\mathbf{F}^n$ 的非空子集 V 是 $\mathbf{F}$ 上的向量空间. 如果 V 中的向量组 $\boldsymbol{\alpha}_1, \boldsymbol{\alpha}_2, \cdots, \boldsymbol{\alpha}_m$ 满足下列两个条件

(1) $\boldsymbol{\alpha}_1, \boldsymbol{\alpha}_2, \cdots, \boldsymbol{\alpha}_m$ 是线性无关的;

(2) V 中的向量都可以由 $\boldsymbol{\alpha}_1, \boldsymbol{\alpha}_2, \cdots, \boldsymbol{\alpha}_m$ 线性表示,

那么称向量组 $\boldsymbol{\alpha}_1, \boldsymbol{\alpha}_2, \cdots, \boldsymbol{\alpha}_m$ 是 V 的一个基.

因为向量空间 $\{\mathbf{0}\}$ 中没有线性无关的向量组，所以向量空间 $\{\mathbf{0}\}$ 没有基. 含有非零向量的向量空间都有基. 关于向量空间的基中向量的个数，我们有下面的命题.

命题 3.14 如果 $\boldsymbol{\alpha}_1, \boldsymbol{\alpha}_2, \cdots, \boldsymbol{\alpha}_m$ 与 $\boldsymbol{\beta}_1, \boldsymbol{\beta}_2, \cdots, \boldsymbol{\beta}_t$ 都是向量空间 V 的基，那么 $m=t$.(向量空间的基中向量的个数是唯一的.) ■

定义 3.20 $\mathbf{F}$ 上的向量空间 V 的基中向量的个数称为 V 的维数，记作 $\dim V$.

向量空间 $\{\mathbf{0}\}$ 的维数规定为 0.

例 3.16 n 阶单位矩阵 $\boldsymbol{I}_n$ 的 n 个列

$$\boldsymbol{\varepsilon}_1=\begin{pmatrix}1\\0\\\vdots\\0\end{pmatrix},\quad \boldsymbol{\varepsilon}_2=\begin{pmatrix}0\\1\\\vdots\\0\end{pmatrix},\quad \cdots,\quad \boldsymbol{\varepsilon}_n=\begin{pmatrix}0\\0\\\vdots\\1\end{pmatrix}$$

构成 $\mathbf{F}^n$ 的一个基，所以 $\mathbf{F}^n$ 是 $\mathbf{F}$ 上的 n 维向量空间. 特别地，$\mathbf{R}^n$ 是 $\mathbf{R}$ 上的 n 维向量空间. ■

例 3.17 $\mathbf{R}^3$ 的子空间有如下 4 种(如图 3.2 所示):

(1) 0 维子空间: $V_0=\{\mathbf{0}\}$ 是 0 维子空间，它是 $\mathbf{R}^3$ 的原点;

(2) 1 维子空间: $V_1=\{\boldsymbol{\xi}\mid\boldsymbol{\xi}=k\boldsymbol{\alpha},\ \boldsymbol{\alpha}\in\mathbf{R}^3,\ \boldsymbol{\alpha}\neq\mathbf{0},\ k \text{ 为任意实数}\}$，即由 1 个非零向量生成的子空间是 $\mathbf{R}^3$ 的 1 维子空间，这样的子空间是经过原点的直线;

(3) 2 维子空间: $V_2=\{\boldsymbol{\xi}\mid\boldsymbol{\xi}=k\boldsymbol{\alpha}+h\boldsymbol{\beta},\ \boldsymbol{\alpha},\boldsymbol{\beta}\in\mathbf{R}^3,\ \boldsymbol{\alpha},\boldsymbol{\beta} \text{ 线性无关},\ k,h \text{ 为任意实数}\}$，即由 2 个线性无关的向量生成的子空间是 $\mathbf{R}^3$ 的 2 维子空间，这样的子空间是经过原点的平面;

(4) 3 维子空间: $V_3=\mathbf{R}^3$ 是 $\mathbf{R}^3$ 的 3 维子空间，它可以由 $\mathbf{R}^3$ 中任意 3 个线性无关的向量生成.

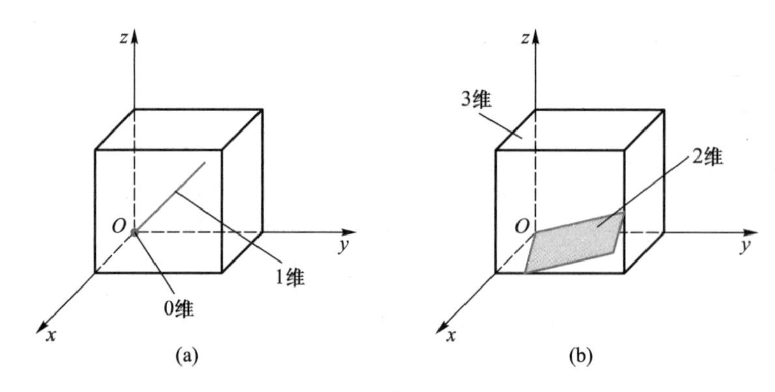

图 3.2　$\mathbf{R}^3$ 的子空间

定理 3.7　设 V 是 $\mathbf{F}$ 上的 m 维向量空间．我们有下列两个结论：

(1) V 中任意一个向量组的秩不大于 m；

(2) 如果 V 中的向量组 $\boldsymbol{\alpha}_1, \boldsymbol{\alpha}_2, \cdots, \boldsymbol{\alpha}_m$ 是线性无关的，那么 $\boldsymbol{\alpha}_1, \boldsymbol{\alpha}_2, \cdots, \boldsymbol{\alpha}_m$ 是 V 的一个基，并且

$$V=\operatorname{Span}\{\boldsymbol{\alpha}_1, \boldsymbol{\alpha}_2, \cdots, \boldsymbol{\alpha}_m\}.$$

证明　(1) 设 $\boldsymbol{\alpha}_1, \boldsymbol{\alpha}_2, \cdots, \boldsymbol{\alpha}_m$ 是 V 的一个基，$\boldsymbol{\beta}_1, \boldsymbol{\beta}_2, \cdots, \boldsymbol{\beta}_s$ 是 V 中的一个向量组，那么 $\boldsymbol{\beta}_1, \boldsymbol{\beta}_2, \cdots, \boldsymbol{\beta}_s$ 可以由 $\boldsymbol{\alpha}_1, \boldsymbol{\alpha}_2, \cdots, \boldsymbol{\alpha}_m$ 线性表示. 根据定理 3.4，我们有

$$\mathrm{r}\{\boldsymbol{\beta}_1, \boldsymbol{\beta}_2, \cdots, \boldsymbol{\beta}_s\} \leqslant \mathrm{r}\{\boldsymbol{\alpha}_1, \boldsymbol{\alpha}_2, \cdots, \boldsymbol{\alpha}_m\}=m,$$

即 V 中任意一个向量组的秩不大于 m.

(2) 设 V 中的向量组 $\boldsymbol{\alpha}_1, \boldsymbol{\alpha}_2, \cdots, \boldsymbol{\alpha}_m$ 是线性无关的．对于 V 中的任意向量 $\boldsymbol{\alpha}$，根据上面的结论(1)，我们有 $\mathrm{r}\{\boldsymbol{\alpha}_1, \boldsymbol{\alpha}_2, \cdots, \boldsymbol{\alpha}_m, \boldsymbol{\alpha}\} \leqslant m$，于是根据命题 3.11，$\boldsymbol{\alpha}_1, \boldsymbol{\alpha}_2, \cdots, \boldsymbol{\alpha}_m, \boldsymbol{\alpha}$ 是线性相关的．由于 $\boldsymbol{\alpha}_1, \boldsymbol{\alpha}_2, \cdots, \boldsymbol{\alpha}_m$ 是线性无关的，所以根据定理 3.2，$\boldsymbol{\alpha}$ 可以由 $\boldsymbol{\alpha}_1, \boldsymbol{\alpha}_2, \cdots, \boldsymbol{\alpha}_m$ 线性表示．因此，$\boldsymbol{\alpha}_1, \boldsymbol{\alpha}_2, \cdots, \boldsymbol{\alpha}_m$ 是 V 的一个基．

因为 V 中的任意向量 $\boldsymbol{\alpha}$ 都可以由 $\boldsymbol{\alpha}_1, \boldsymbol{\alpha}_2, \cdots, \boldsymbol{\alpha}_m$ 线性表示，即

$$\boldsymbol{\alpha} \in \operatorname{Span}\{\boldsymbol{\alpha}_1, \boldsymbol{\alpha}_2, \cdots, \boldsymbol{\alpha}_m\},$$

所以 $V \subseteq \operatorname{Span}\{\boldsymbol{\alpha}_1, \boldsymbol{\alpha}_2, \cdots, \boldsymbol{\alpha}_m\}$. 另一方面，因为 V 是 $\mathbf{F}$ 上的向量空间，$\boldsymbol{\alpha}_1, \boldsymbol{\alpha}_2, \cdots, \boldsymbol{\alpha}_m$ 是 V 中的向量组，所以 $\operatorname{Span}\{\boldsymbol{\alpha}_1, \boldsymbol{\alpha}_2, \cdots, \boldsymbol{\alpha}_m\} \subseteq V$. 因此

$$V=\operatorname{Span}\{\boldsymbol{\alpha}_1, \boldsymbol{\alpha}_2, \cdots, \boldsymbol{\alpha}_m\}. \qquad \blacksquare$$

定理 3.7 说明基是向量空间的一个最小生成集，同时又是一个最大的线性无关集．

命题 3.15　如果 $\boldsymbol{\alpha}_1, \boldsymbol{\alpha}_2, \cdots, \boldsymbol{\alpha}_s$ 是 $\mathbf{F}$ 上的向量空间 V 中的一个向量

组，那么$\boldsymbol{\alpha}_1$，$\boldsymbol{\alpha}_2$，…，$\boldsymbol{\alpha}_s$的极大无关组是Span{$\boldsymbol{\alpha}_1$，$\boldsymbol{\alpha}_2$，…，$\boldsymbol{\alpha}_s$}的一个基．■

例 3.18 设$\boldsymbol{\alpha}_1=\begin{pmatrix}1\\2\\2\\3\end{pmatrix}$，$\boldsymbol{\alpha}_2=\begin{pmatrix}1\\4\\-3\\6\end{pmatrix}$，$\boldsymbol{\alpha}_3=\begin{pmatrix}-2\\-6\\1\\-9\end{pmatrix}$，$\boldsymbol{\alpha}_4=\begin{pmatrix}1\\4\\-1\\7\end{pmatrix}$，$\boldsymbol{\alpha}_5=\begin{pmatrix}4\\8\\2\\9\end{pmatrix}$．由例3.14知，$\boldsymbol{\alpha}_1$，$\boldsymbol{\alpha}_2$，$\boldsymbol{\alpha}_4$是$\boldsymbol{\alpha}_1$，$\boldsymbol{\alpha}_2$，$\boldsymbol{\alpha}_3$，$\boldsymbol{\alpha}_4$，$\boldsymbol{\alpha}_5$的一个极大无关组，所以$\boldsymbol{\alpha}_1$，$\boldsymbol{\alpha}_2$，$\boldsymbol{\alpha}_4$是Span{$\boldsymbol{\alpha}_1$，$\boldsymbol{\alpha}_2$，$\boldsymbol{\alpha}_3$，$\boldsymbol{\alpha}_4$，$\boldsymbol{\alpha}_5$}的一个基．■

命题 3.16 如果正整数$s<m$，那么m维向量空间V中的任意s个线性无关的向量$\boldsymbol{\alpha}_1$，$\boldsymbol{\alpha}_2$，…，$\boldsymbol{\alpha}_s$都可以扩充为V的一个基$\boldsymbol{\alpha}_1$，$\boldsymbol{\alpha}_2$，…，$\boldsymbol{\alpha}_s$，$\boldsymbol{\alpha}_{s+1}$，…，$\boldsymbol{\alpha}_m$.

证明 设$\boldsymbol{\alpha}_1$，$\boldsymbol{\alpha}_2$，…，$\boldsymbol{\alpha}_s$是V中s个线性无关的向量，我们采用一次添加一个向量的方法将它扩充成为V的一个基．假设在$\boldsymbol{\alpha}_1$，$\boldsymbol{\alpha}_2$，…，$\boldsymbol{\alpha}_s$上已经添加了i个向量，得到了线性无关向量组$\boldsymbol{\alpha}_1$，$\boldsymbol{\alpha}_2$，…，$\boldsymbol{\alpha}_s$，$\boldsymbol{\alpha}_{s+1}$，…，$\boldsymbol{\alpha}_{s+i}$. 考虑集合

$$W=V-\mathrm{Span}\{\boldsymbol{\alpha}_1,\ \boldsymbol{\alpha}_2,\ \cdots,\ \boldsymbol{\alpha}_s,\ \boldsymbol{\alpha}_{s+1},\ \cdots,\ \boldsymbol{\alpha}_{s+i}\}.$$

如果W为空集，那么$\boldsymbol{\alpha}_1$，$\boldsymbol{\alpha}_2$，…，$\boldsymbol{\alpha}_s$，$\boldsymbol{\alpha}_{s+1}$，…，$\boldsymbol{\alpha}_{s+i}$就是$V$的一个基．如果$W$不是空集，那么我们在$W$中任取一个向量$\boldsymbol{\alpha}_{s+i+1}$. 容易验证$\boldsymbol{\alpha}_1$，$\boldsymbol{\alpha}_2$，…，$\boldsymbol{\alpha}_s$，$\boldsymbol{\alpha}_{s+1}$，…，$\boldsymbol{\alpha}_{s+i}$，$\boldsymbol{\alpha}_{s+i+1}$是$V$中的线性无关向量组．这样一直做下去，因为$m$是有限的，所以我们一定可以将$\boldsymbol{\alpha}_1$，$\boldsymbol{\alpha}_2$，…，$\boldsymbol{\alpha}_s$扩充成为$V$的一个基．■

例 3.19 已知$\boldsymbol{\alpha}_1=\begin{pmatrix}1\\2\\-2\\-3\end{pmatrix}$，$\boldsymbol{\alpha}_2=\begin{pmatrix}2\\4\\-3\\0\end{pmatrix}$是$\mathbf{R}^4$中的一个线性无关向量组，将这个向量组扩充成为$\mathbf{R}^4$的一个基．

解 将$\boldsymbol{\alpha}_1$，$\boldsymbol{\alpha}_2$按行排成2×4矩阵

$$\boldsymbol{A}=\begin{pmatrix}\boldsymbol{\alpha}_1^{\mathrm{T}}\\ \boldsymbol{\alpha}_2^{\mathrm{T}}\end{pmatrix}=\begin{pmatrix}1&2&-2&-3\\2&4&-3&0\end{pmatrix}.$$

用初等行变换将$\boldsymbol{A}$化为阶梯形

$$\boldsymbol{T}=\begin{pmatrix}1&2&-2&-3\\0&0&1&6\end{pmatrix}=\begin{pmatrix}\boldsymbol{\beta}_1^{\mathrm{T}}\\ \boldsymbol{\beta}_2^{\mathrm{T}}\end{pmatrix},$$

于是{$\boldsymbol{\alpha}_1$，$\boldsymbol{\alpha}_2$}与{$\boldsymbol{\beta}_1$，$\boldsymbol{\beta}_2$}是等价的．因为$\boldsymbol{T}$的主元位于第1与第3列，

所以只要取 $\boldsymbol{\varepsilon}_2=(0,1,0,0)^{\mathrm{T}}$，$\boldsymbol{\varepsilon}_4=(0,0,0,1)^{\mathrm{T}}$，那么向量组 $\boldsymbol{\beta}_1$，$\boldsymbol{\beta}_2$，$\boldsymbol{\varepsilon}_2$，$\boldsymbol{\varepsilon}_4$ 是线性无关的，因此 $\boldsymbol{\alpha}_1$，$\boldsymbol{\alpha}_2$，$\boldsymbol{\varepsilon}_2$，$\boldsymbol{\varepsilon}_4$ 是线性无关的，从而 $\boldsymbol{\alpha}_1$，$\boldsymbol{\alpha}_2$，$\boldsymbol{\varepsilon}_2$，$\boldsymbol{\varepsilon}_4$ 是 $\mathbf{R}^4$ 的一个基. ■

二、向量空间中的向量关于基的坐标

定义 3.21 设 V 是 $\mathbf{F}$ 上的 m 维向量空间，$\boldsymbol{\alpha}_1$，$\boldsymbol{\alpha}_2$，…，$\boldsymbol{\alpha}_m$ 是 V 的一个基. 对任意的 $\boldsymbol{\alpha}\in V$，存在 $\mathbf{F}$ 中的唯一一组常数 x_1，x_2，…，x_m，使得

$$\boldsymbol{\alpha}=x_1\boldsymbol{\alpha}_1+x_2\boldsymbol{\alpha}_2+\cdots+x_m\boldsymbol{\alpha}_m=(\boldsymbol{\alpha}_1,\boldsymbol{\alpha}_2,\cdots,\boldsymbol{\alpha}_m)\begin{pmatrix}x_1\\x_2\\\vdots\\x_m\end{pmatrix},$$

常数 x_1，x_2，…，x_m 称为向量 $\boldsymbol{\alpha}$ 关于基 $\boldsymbol{\alpha}_1$，$\boldsymbol{\alpha}_2$，…，$\boldsymbol{\alpha}_m$ 的坐标，x_i 是向量 $\boldsymbol{\alpha}$ 关于基 $\boldsymbol{\alpha}_1$，$\boldsymbol{\alpha}_2$，…，$\boldsymbol{\alpha}_m$ 的第 i 个坐标，有时也称 x_i 为 $\boldsymbol{\alpha}_i$ 的坐标，$i\in\{1,2,\cdots,m\}$. 向量 $\begin{pmatrix}x_1\\x_2\\\vdots\\x_m\end{pmatrix}$ 称为向量 $\boldsymbol{\alpha}$ 关于基 $\boldsymbol{\alpha}_1$，$\boldsymbol{\alpha}_2$，…，$\boldsymbol{\alpha}_m$ 的坐标向量，简称为坐标.

例 3.20 已知 $\boldsymbol{\alpha}_1=\begin{pmatrix}1\\2\\2\\3\end{pmatrix}$，$\boldsymbol{\alpha}_2=\begin{pmatrix}1\\4\\-3\\6\end{pmatrix}$，$\boldsymbol{\alpha}_3=\begin{pmatrix}2\\4\\-1\\7\end{pmatrix}$ 是 $\mathbf{R}^4$ 中的线性无关向量组，$\boldsymbol{\beta}=\begin{pmatrix}1\\-4\\12\\-5\end{pmatrix}\in\operatorname{Span}\{\boldsymbol{\alpha}_1,\boldsymbol{\alpha}_2,\boldsymbol{\alpha}_3\}$，求 $\boldsymbol{\beta}$ 关于 $\boldsymbol{\alpha}_1$，$\boldsymbol{\alpha}_2$，$\boldsymbol{\alpha}_3$ 的坐标.

解 根据坐标的定义，$\boldsymbol{\beta}$ 关于 $\boldsymbol{\alpha}_1$，$\boldsymbol{\alpha}_2$，$\boldsymbol{\alpha}_3$ 的坐标就是线性方程组 $x_1\boldsymbol{\alpha}_1+x_2\boldsymbol{\alpha}_2+x_3\boldsymbol{\alpha}_3=\boldsymbol{\beta}$ 的解. 因为这个线性方程组的增广矩阵

$$(\boldsymbol{\alpha}_1,\boldsymbol{\alpha}_2,\boldsymbol{\alpha}_3,\boldsymbol{\beta})=\begin{pmatrix}1&1&2&1\\2&4&4&-4\\2&-3&-1&12\\3&6&7&-5\end{pmatrix}$$

的简化阶梯形为

$$\begin{pmatrix} 1 & 0 & 0 & 2 \\ 0 & 1 & 0 & -3 \\ 0 & 0 & 1 & 1 \\ 0 & 0 & 0 & 0 \end{pmatrix},$$

所以$\boldsymbol{\beta} = 2\boldsymbol{\alpha}_1 - 3\boldsymbol{\alpha}_2 + \boldsymbol{\alpha}_3$. 因此$\boldsymbol{\beta}$关于$\boldsymbol{\alpha}_1$，$\boldsymbol{\alpha}_2$，$\boldsymbol{\alpha}_3$的坐标为$(2, -3, 1)^{\mathrm{T}}$. ■

三、基变换与坐标变换

MOOC 3.11 基变换与坐标变换

如果m是正整数，那么m维向量空间的基是不唯一的. 下面讨论向量空间中的两个基之间的变换以及向量在两个基下坐标的变换.

定义 3.22 设$\boldsymbol{\alpha}_1$，$\boldsymbol{\alpha}_2$，…，$\boldsymbol{\alpha}_m$与$\boldsymbol{\beta}_1$，$\boldsymbol{\beta}_2$，…，$\boldsymbol{\beta}_m$是$\mathbf{F}$上的m维向量空间V的两个基. 将$\boldsymbol{\beta}_1$，$\boldsymbol{\beta}_2$，…，$\boldsymbol{\beta}_m$表示为$\boldsymbol{\alpha}_1$，$\boldsymbol{\alpha}_2$，…，$\boldsymbol{\alpha}_m$的线性组合，得到m个等式

$$\begin{cases} \boldsymbol{\beta}_1 = a_{11}\boldsymbol{\alpha}_1 + a_{21}\boldsymbol{\alpha}_2 + \cdots + a_{m1}\boldsymbol{\alpha}_m, \\ \boldsymbol{\beta}_2 = a_{12}\boldsymbol{\alpha}_1 + a_{22}\boldsymbol{\alpha}_2 + \cdots + a_{m2}\boldsymbol{\alpha}_m, \\ \quad\cdots\cdots\cdots\cdots \\ \boldsymbol{\beta}_m = a_{1m}\boldsymbol{\alpha}_1 + a_{2m}\boldsymbol{\alpha}_2 + \cdots + a_{mm}\boldsymbol{\alpha}_m, \end{cases}$$

这m个等式的矩阵形式为

$$(\boldsymbol{\beta}_1, \boldsymbol{\beta}_2, \cdots, \boldsymbol{\beta}_m) = (\boldsymbol{\alpha}_1, \boldsymbol{\alpha}_2, \cdots, \boldsymbol{\alpha}_m)\boldsymbol{A},$$

其中

$$\boldsymbol{A} = \begin{pmatrix} a_{11} & a_{12} & \cdots & a_{1m} \\ a_{21} & a_{22} & \cdots & a_{2m} \\ \vdots & \vdots & & \vdots \\ a_{m1} & a_{m2} & \cdots & a_{mm} \end{pmatrix}.$$

方阵$\boldsymbol{A}$称为基$\boldsymbol{\alpha}_1$，$\boldsymbol{\alpha}_2$，…，$\boldsymbol{\alpha}_m$到基$\boldsymbol{\beta}_1$，$\boldsymbol{\beta}_2$，…，$\boldsymbol{\beta}_m$的过渡矩阵.

下面关于过渡矩阵的定理可以由定理 3.3 直接推导出来.

定理 3.8 设V是$\mathbf{F}$上的m维向量空间，那么我们有下列两个结论：

(1) V的基$\boldsymbol{\alpha}_1$，$\boldsymbol{\alpha}_2$，…，$\boldsymbol{\alpha}_m$到基$\boldsymbol{\beta}_1$，$\boldsymbol{\beta}_2$，…，$\boldsymbol{\beta}_m$的过渡矩阵$\boldsymbol{A}$是唯一的；

(2) V的基$\boldsymbol{\alpha}_1$，$\boldsymbol{\alpha}_2$，…，$\boldsymbol{\alpha}_m$到基$\boldsymbol{\beta}_1$，$\boldsymbol{\beta}_2$，…，$\boldsymbol{\beta}_m$的过渡矩阵$\boldsymbol{A}$是可逆的，并且$\boldsymbol{A}^{-1}$是基$\boldsymbol{\beta}_1$，$\boldsymbol{\beta}_2$，…，$\boldsymbol{\beta}_m$到基$\boldsymbol{\alpha}_1$，$\boldsymbol{\alpha}_2$，…，$\boldsymbol{\alpha}_m$的过渡矩阵. ■

现在讨论向量在不同基下的坐标之间的关系.

定理 3.9 设$\boldsymbol{\alpha}_1$，$\boldsymbol{\alpha}_2$，…，$\boldsymbol{\alpha}_m$与$\boldsymbol{\beta}_1$，$\boldsymbol{\beta}_2$，…，$\boldsymbol{\beta}_m$是$\mathbf{F}$上的m维向量空间V的两个基，$\boldsymbol{A}$是$\boldsymbol{\alpha}_1$，$\boldsymbol{\alpha}_2$，…，$\boldsymbol{\alpha}_m$到$\boldsymbol{\beta}_1$，$\boldsymbol{\beta}_2$，…，$\boldsymbol{\beta}_m$的过渡矩

阵．对任意的 $\boldsymbol{\gamma}\in V$，如果 $\boldsymbol{\gamma}$ 关于基 $\boldsymbol{\alpha}_1$，$\boldsymbol{\alpha}_2$，…，$\boldsymbol{\alpha}_m$ 的坐标为 $\begin{pmatrix}x_1\\x_2\\\vdots\\x_m\end{pmatrix}$，$\boldsymbol{\gamma}$ 关于基 $\boldsymbol{\beta}_1$，$\boldsymbol{\beta}_2$，…，$\boldsymbol{\beta}_m$ 的坐标为 $\begin{pmatrix}y_1\\y_2\\\vdots\\y_m\end{pmatrix}$，那么，

$$\begin{pmatrix}y_1\\y_2\\\vdots\\y_m\end{pmatrix}=\boldsymbol{A}^{-1}\begin{pmatrix}x_1\\x_2\\\vdots\\x_m\end{pmatrix}.$$

证明　因为 $\boldsymbol{A}$ 是 $\boldsymbol{\alpha}_1$，$\boldsymbol{\alpha}_2$，…，$\boldsymbol{\alpha}_m$ 到 $\boldsymbol{\beta}_1$，$\boldsymbol{\beta}_2$，…，$\boldsymbol{\beta}_m$ 的过渡矩阵，所以

$$(\boldsymbol{\beta}_1, \boldsymbol{\beta}_2, \cdots, \boldsymbol{\beta}_m)=(\boldsymbol{\alpha}_1, \boldsymbol{\alpha}_2, \cdots, \boldsymbol{\alpha}_m)\boldsymbol{A}. \tag{1}$$

因为 $\boldsymbol{\gamma}$ 关于基 $\boldsymbol{\alpha}_1$，$\boldsymbol{\alpha}_2$，…，$\boldsymbol{\alpha}_m$ 的坐标为 $\begin{pmatrix}x_1\\x_2\\\vdots\\x_m\end{pmatrix}$，所以

$$\boldsymbol{\gamma}=(\boldsymbol{\alpha}_1, \boldsymbol{\alpha}_2, \cdots, \boldsymbol{\alpha}_m)\begin{pmatrix}x_1\\x_2\\\vdots\\x_m\end{pmatrix}. \tag{2}$$

因为 $\boldsymbol{\gamma}$ 关于基 $\boldsymbol{\beta}_1$，$\boldsymbol{\beta}_2$，…，$\boldsymbol{\beta}_m$ 的坐标为 $\begin{pmatrix}y_1\\y_2\\\vdots\\y_m\end{pmatrix}$，所以

$$\boldsymbol{\gamma}=(\boldsymbol{\beta}_1, \boldsymbol{\beta}_2, \cdots, \boldsymbol{\beta}_m)\begin{pmatrix}y_1\\y_2\\\vdots\\y_m\end{pmatrix}. \tag{3}$$

将等式(1)代入等式(3)，得到

$$\boldsymbol{\gamma}=(\boldsymbol{\alpha}_1,\ \boldsymbol{\alpha}_2,\ \cdots,\ \boldsymbol{\alpha}_m)\boldsymbol{A}\begin{pmatrix}y_1\\y_2\\\vdots\\y_m\end{pmatrix}. \tag{4}$$

由于 $\boldsymbol{\gamma}$ 在基 $\boldsymbol{\alpha}_1$，$\boldsymbol{\alpha}_2$，$\cdots$，$\boldsymbol{\alpha}_m$ 下的坐标是唯一的，所以由等式(2)与(4)可得

$$\begin{pmatrix}x_1\\x_2\\\vdots\\x_m\end{pmatrix}=\boldsymbol{A}\begin{pmatrix}y_1\\y_2\\\vdots\\y_m\end{pmatrix}.$$

因此，

$$\begin{pmatrix}y_1\\y_2\\\vdots\\y_m\end{pmatrix}=\boldsymbol{A}^{-1}\begin{pmatrix}x_1\\x_2\\\vdots\\x_m\end{pmatrix}.$$ ■

定义 3.23 表达式 $\begin{pmatrix}y_1\\y_2\\\vdots\\y_m\end{pmatrix}=\boldsymbol{A}^{-1}\begin{pmatrix}x_1\\x_2\\\vdots\\x_m\end{pmatrix}$ 称为向量 $\boldsymbol{\gamma}$ 从基 $\boldsymbol{\alpha}_1$，$\boldsymbol{\alpha}_2$，$\cdots$，$\boldsymbol{\alpha}_m$ 到基 $\boldsymbol{\beta}_1$，$\boldsymbol{\beta}_2$，$\cdots$，$\boldsymbol{\beta}_m$ 的**坐标变换公式**.

例 3.21 设 V 是 $\mathbf{F}$ 上的 3 维向量空间，$\boldsymbol{\alpha}_1$，$\boldsymbol{\alpha}_2$，$\boldsymbol{\alpha}_3$ 与 $\boldsymbol{\beta}_1$，$\boldsymbol{\beta}_2$，$\boldsymbol{\beta}_3$ 都是 V 的基，$\boldsymbol{\alpha}_1$，$\boldsymbol{\alpha}_2$，$\boldsymbol{\alpha}_3$ 到 $\boldsymbol{\beta}_1$，$\boldsymbol{\beta}_2$，$\boldsymbol{\beta}_3$ 的过渡矩阵为 $\boldsymbol{A}=\begin{pmatrix}1&1&1\\1&-1&2\\1&2&1\end{pmatrix}$，$V$ 中的向量 $\boldsymbol{\gamma}$ 关于 $\boldsymbol{\alpha}_1$，$\boldsymbol{\alpha}_2$，$\boldsymbol{\alpha}_3$ 的坐标为 $\begin{pmatrix}2\\-1\\3\end{pmatrix}$. 求 $\boldsymbol{\gamma}$ 关于基 $\boldsymbol{\beta}_1$，$\boldsymbol{\beta}_2$，$\boldsymbol{\beta}_3$ 的坐标.

解 设 $\boldsymbol{\gamma}$ 关于 $\boldsymbol{\beta}_1$，$\boldsymbol{\beta}_2$，$\boldsymbol{\beta}_3$ 的坐标为 $\begin{pmatrix}y_1\\y_2\\y_3\end{pmatrix}$，那么

$$\begin{pmatrix} y_1 \\ y_2 \\ y_3 \end{pmatrix} = \boldsymbol{A}^{-1}\begin{pmatrix} 2 \\ -1 \\ 3 \end{pmatrix} = \begin{pmatrix} 5 & -1 & -3 \\ -1 & 0 & 1 \\ -3 & 1 & 2 \end{pmatrix}\begin{pmatrix} 2 \\ -1 \\ 3 \end{pmatrix} = \begin{pmatrix} 2 \\ 1 \\ -1 \end{pmatrix}.$$ ■

这一节的最后，我们给出定理 1.5 的证明，即证明“矩阵的简化阶梯形是唯一的”.

定理 1.5 的证明　设 $\boldsymbol{A}$ 的秩为 r. 如果 $r=0$，那么结论显然成立. 下面假设 $r \geqslant 1$，即 $\boldsymbol{A}$ 不为零矩阵. 设 $\boldsymbol{T}$ 是 $\boldsymbol{A}$ 的一个简化阶梯形，$\boldsymbol{T}$ 的非零行构成的向量组为 $\boldsymbol{\eta}_1$，$\boldsymbol{\eta}_2$，…，$\boldsymbol{\eta}_r$，$\boldsymbol{T}$ 的主元位于第 j_1，j_2，…，j_r 列（$j_1 < j_2 < \cdots < j_r$）. 我们有如下事实.

事实 1　$\boldsymbol{A}$ 的行空间 $R(\boldsymbol{A}^{\mathrm{T}}) = \mathrm{Span}\{\boldsymbol{\eta}_1, \boldsymbol{\eta}_2, \cdots, \boldsymbol{\eta}_r\}$，并且 $\boldsymbol{\eta}_1$，$\boldsymbol{\eta}_2$，…，$\boldsymbol{\eta}_r$ 是 $R(\boldsymbol{A}^{\mathrm{T}})$ 的基.

事实 2　设 $\boldsymbol{\beta} \in R(\boldsymbol{A}^{\mathrm{T}})$. 如果 $\boldsymbol{\beta}$ 的第 j_1，j_2，…，j_r 个分量都为零，那么 $\boldsymbol{\beta} = \boldsymbol{0}$.

事实 3　任取 $\boldsymbol{\beta} \in R(\boldsymbol{A}^{\mathrm{T}})$，$\boldsymbol{\beta} \neq \boldsymbol{0}$. 如果 $\boldsymbol{\beta}$ 的第 1 个非零元素是它的第 k 个分量，那么 $k \in \{j_1, j_2, \cdots, j_r\}$.

设 $\boldsymbol{\beta} = h_1\boldsymbol{\eta}_1 + h_2\boldsymbol{\eta}_2 + \cdots + h_r\boldsymbol{\eta}_r$. 因为 $\boldsymbol{\beta} \neq \boldsymbol{0}$，所以 h_1，h_2，…，h_r 不全为零. 设 h_1，h_2，…，h_r 中的第 1 个非零数为 h_i，那么 h_i 是 $\boldsymbol{\beta}$ 的第 1 个非零元素. 因为 h_i 是 $\boldsymbol{\eta}_i$ 的系数，所以 h_i 是 $\boldsymbol{\beta}$ 的第 j_i 个分量. 因此，$k = j_i \in \{j_1, j_2, \cdots, j_r\}$，事实 3 成立.

事实 4　对所有的 $i \in \{1, 2, \cdots, r\}$，如果令

$T_i = \{\boldsymbol{\gamma} \in R(\boldsymbol{A}^{\mathrm{T}}) \mid \boldsymbol{\gamma}$ 的第 j_i 个分量为 1，第 j_1，…，j_{i-1}，j_{i+1}，…，j_r 个分量为零$\}$，那么 $T_i = \{\boldsymbol{\eta}_i\}$.

显然 $\boldsymbol{\eta}_i \in T_i$. 如果 $\boldsymbol{\gamma}_1$，$\boldsymbol{\gamma}_2 \in T_i$，那么 $\boldsymbol{\gamma}_1 - \boldsymbol{\gamma}_2$ 的第 j_1，j_2，…，j_r 个分量都为零. 由事实 2 可知 $\boldsymbol{\gamma}_1 - \boldsymbol{\gamma}_2 = \boldsymbol{0}$，即 $\boldsymbol{\gamma}_1 = \boldsymbol{\gamma}_2$，事实 4 成立.

设 $\boldsymbol{U}$ 是 $\boldsymbol{A}$ 的任意一个简化阶梯形，$\boldsymbol{U}$ 的非零行构成的向量组为 $\boldsymbol{\gamma}_1$，$\boldsymbol{\gamma}_2$，…，$\boldsymbol{\gamma}_r$. 因为 $\boldsymbol{U}$ 与 $\boldsymbol{T}$ 都是 $\boldsymbol{A}$ 的简化阶梯形，所以 $\boldsymbol{U}$ 与 $\boldsymbol{T}$ 是行等价的. 因此，$R(\boldsymbol{U}^{\mathrm{T}}) = R(\boldsymbol{T}^{\mathrm{T}})$. 由事实 3 可知，$\boldsymbol{U}$ 的主元位于第 j_1，j_2，…，j_r 列. 由事实 4 可知，$\boldsymbol{\gamma}_i = \boldsymbol{\eta}_i$，$i = 1, 2, \cdots, r$. 因此，$\boldsymbol{U} = \boldsymbol{T}$，即矩阵 $\boldsymbol{A}$ 的简化阶梯形是唯一的. ■

MOOC 3.12
齐次线性方程组的解的向量形式

3.5　线性方程组的解的向量形式

一、齐次线性方程组的解的向量形式

关于齐次线性方程组有非零解的条件，我们有如下结论.

如果 $\boldsymbol{AX}=\boldsymbol{0}$ 是 $\mathbf{F}$ 上的 $m\times n$ 齐次线性方程组，那么下列论断彼此等价：

(1) $\boldsymbol{AX}=\boldsymbol{0}$ 有非零解；

(2) $\mathrm{r}(\boldsymbol{A})<n$；

(3) $\boldsymbol{A}$ 的列构成的向量组是线性相关的.

现在我们求齐次线性方程组的解空间的维数.

定理 3.10 如果 $\mathbf{F}$ 上的 $m\times n$ 矩阵 $\boldsymbol{A}$ 的秩为 r，那么齐次线性方程组 $\boldsymbol{AX}=\boldsymbol{0}$ 的解空间 $N(\boldsymbol{A})$ 的维数为 $n-r$.

证明 如果 $r=n$，那么 $\boldsymbol{AX}=\boldsymbol{0}$ 只有零解，结论成立. 下面设 $r<n$. 用初等行变换将 $\boldsymbol{A}$ 化为简化阶梯形

$$\boldsymbol{T}=\begin{pmatrix} 0 & \cdots & 0 & 1 & * & \cdots & * & 0 & * & \cdots & \cdots & * & 0 & * & \cdots & * \\ 0 & \cdots & 0 & 0 & 0 & \cdots & 0 & 1 & * & \cdots & \cdots & * & 0 & * & \cdots & * \\ \vdots & & \vdots & \vdots & \vdots & & \vdots & \vdots & \vdots & & & \vdots & \vdots & \vdots & & \vdots \\ 0 & \cdots & 0 & 0 & 0 & \cdots & 0 & 0 & 0 & \cdots & \cdots & 0 & 1 & * & \cdots & * \\ 0 & \cdots & 0 & 0 & 0 & \cdots & 0 & 0 & 0 & \cdots & \cdots & 0 & 0 & 0 & \cdots & 0 \\ \vdots & & \vdots & \vdots & \vdots & & \vdots & \vdots & \vdots & & & \vdots & \vdots & \vdots & & \vdots \\ 0 & \cdots & 0 & 0 & 0 & \cdots & 0 & 0 & 0 & \cdots & \cdots & 0 & 0 & 0 & \cdots & 0 \end{pmatrix}.$$

$\boldsymbol{T}$ 的主元所在列的标号为 $j_1, j_2, \cdots, j_r$ $(j_1<j_2<\cdots<j_r)$. 写出以 $\boldsymbol{T}$ 为系数矩阵的齐次线性方程组

$$\begin{cases} x_{j_1} + t_{1j_{r+1}}x_{j_{r+1}} + t_{1j_{r+2}}x_{j_{r+2}} + \cdots + t_{1j_n}x_{j_n} = 0, \\ x_{j_2} + t_{2j_{r+1}}x_{j_{r+1}} + t_{2j_{r+2}}x_{j_{r+2}} + \cdots + t_{2j_n}x_{j_n} = 0, \\ \cdots\cdots\cdots\cdots \\ x_{j_r} + t_{rj_{r+1}}x_{j_{r+1}} + t_{rj_{r+2}}x_{j_{r+2}} + \cdots + t_{rj_n}x_{j_n} = 0, \end{cases} \tag{1}$$

其中 $x_{j_1}, x_{j_2}, \cdots, x_{j_r}$ 为主元未知数，其余未知数 $x_{j_{r+1}}, x_{j_{r+2}}, \cdots, x_{j_n}$ 为自由未知数.

将方程组(1)中含自由未知数的项移到等式右边，得

$$\begin{cases} x_{j_1} = -t_{1j_{r+1}}x_{j_{r+1}} - t_{1j_{r+2}}x_{j_{r+2}} - \cdots - t_{1j_n}x_{j_n}, \\ x_{j_2} = -t_{2j_{r+1}}x_{j_{r+1}} - t_{2j_{r+2}}x_{j_{r+2}} - \cdots - t_{2j_n}x_{j_n}, \\ \cdots\cdots\cdots\cdots \\ x_{j_r} = -t_{rj_{r+1}}x_{j_{r+1}} - t_{rj_{r+2}}x_{j_{r+2}} - \cdots - t_{rj_n}x_{j_n}. \end{cases} \tag{2}$$

在方程组(2)中，令 $\begin{pmatrix} x_{j_{r+1}} \\ x_{j_{r+2}} \\ \vdots \\ x_{j_n} \end{pmatrix}=\begin{pmatrix} 1 \\ 0 \\ \vdots \\ 0 \end{pmatrix}$，计算出 $x_{j_1}, x_{j_2}, \cdots, x_{j_r}$，得到方

程组 $\boldsymbol{AX}=\boldsymbol{0}$ 的一个解 $\boldsymbol{\xi}_1$. 令 $\begin{pmatrix} x_{j_{r+1}} \\ x_{j_{r+2}} \\ \vdots \\ x_{j_n} \end{pmatrix}=\begin{pmatrix} 0 \\ 1 \\ \vdots \\ 0 \end{pmatrix}$，得到 $\boldsymbol{AX}=\boldsymbol{0}$ 的解 $\boldsymbol{\xi}_2$. 如此进行

下去，令 $\begin{pmatrix} x_{j_{r+1}} \\ x_{j_{r+2}} \\ \vdots \\ x_{j_n} \end{pmatrix}=\begin{pmatrix} 0 \\ 0 \\ \vdots \\ 1 \end{pmatrix}$，得到 $\boldsymbol{AX}=\boldsymbol{0}$ 的解 $\boldsymbol{\xi}_{n-r}$. 下面分两步证明 $\boldsymbol{\xi}_1$，$\boldsymbol{\xi}_2$，…，$\boldsymbol{\xi}_{n-r}$ 是向量空间 $N(\boldsymbol{A})$ 的一个基.

(1) 证明 $\boldsymbol{\xi}_1$，$\boldsymbol{\xi}_2$，…，$\boldsymbol{\xi}_{n-r}$ 是线性无关的.

假设 $\mathbf{F}$ 中的常数 k_1，k_2，…，k_{n-r} 满足

$$k_1\boldsymbol{\xi}_1+k_2\boldsymbol{\xi}_2+\cdots+k_{n-r}\boldsymbol{\xi}_{n-r}=\boldsymbol{0}. \tag{3}$$

根据 $\boldsymbol{\xi}_1$，$\boldsymbol{\xi}_2$，…，$\boldsymbol{\xi}_{n-r}$ 的构造，$k_1\boldsymbol{\xi}_1+k_2\boldsymbol{\xi}_2+\cdots+k_{n-r}\boldsymbol{\xi}_{n-r}$ 的第 j_{r+1} 个分量为 k_1，第 j_{r+2} 个分量为 k_2，…，第 j_n 个分量为 k_{n-r}，所以等式(3)成立等价于 $k_1=k_2=\cdots=k_{n-r}=0$. 因此 $\boldsymbol{\xi}_1$，$\boldsymbol{\xi}_2$，…，$\boldsymbol{\xi}_{n-r}$ 是线性无关的.

(2) 证明 $N(\boldsymbol{A})$ 中的任意一个解向量 $\boldsymbol{\xi}$ 都可以由 $\boldsymbol{\xi}_1$，$\boldsymbol{\xi}_2$，…，$\boldsymbol{\xi}_{n-r}$ 线性表示.

任取 $N(\boldsymbol{A})$ 中的一个向量 $\boldsymbol{\xi}=\begin{pmatrix} k_1 \\ \vdots \\ k_{j_{r+1}} \\ \vdots \\ k_{j_{r+2}} \\ \vdots \\ k_{j_n} \\ \vdots \\ k_n \end{pmatrix}$，其中 $k_{j_{r+1}}$ 是 $\boldsymbol{\xi}$ 的第 j_{r+1} 个分量，$k_{j_{r+2}}$ 是 $\boldsymbol{\xi}$ 的第 j_{r+2} 个分量，…，k_{j_n} 是 $\boldsymbol{\xi}$ 的第 j_n 个分量. 令 $\boldsymbol{\eta}=k_{j_{r+1}}\boldsymbol{\xi}_1+k_{j_{r+2}}\boldsymbol{\xi}_2+\cdots+k_{j_n}\boldsymbol{\xi}_{n-r}$，那么 $\boldsymbol{\eta}\in N(\boldsymbol{A})$，并且 $\boldsymbol{\xi}-\boldsymbol{\eta}\in N(\boldsymbol{A})$. 因为 $\boldsymbol{\xi}-\boldsymbol{\eta}$ 的第 j_{r+1}，j_{r+2}，…，j_n 个分量都为零，所以 $\boldsymbol{\xi}-\boldsymbol{\eta}=\boldsymbol{0}$，即 $\boldsymbol{\xi}=\boldsymbol{\eta}=k_{j_{r+1}}\boldsymbol{\xi}_1+k_{j_{r+2}}\boldsymbol{\xi}_2+\cdots+k_{j_n}\boldsymbol{\xi}_{n-r}$. 这就证明了 $\boldsymbol{\xi}$ 可以由 $\boldsymbol{\xi}_1$，$\boldsymbol{\xi}_2$，…，$\boldsymbol{\xi}_{n-r}$ 线性表示.

因此，$\boldsymbol{\xi}_1$，$\boldsymbol{\xi}_2$，…，$\boldsymbol{\xi}_{n-r}$ 是向量空间 $N(\boldsymbol{A})$ 的一个基，从而 $N(\boldsymbol{A})$ 的维数为 $n-r$. ■

定理 3.10 有如下推论.

推论 如果 $\boldsymbol{A}$ 是 $\mathbf{F}$ 上的 $m\times n$ 矩阵，那么 $\boldsymbol{A}$ 的行空间 $R(\boldsymbol{A}^{\mathrm{T}})$ 的维数与零空间 $N(\boldsymbol{A})$ 的维数满足:

$$\dim R(\boldsymbol{A}^{\mathrm{T}})+\dim N(\boldsymbol{A})=\dim \mathbf{F}^{n}=n. \quad \blacksquare$$

对于 $\mathbf{F}$ 上给定的矩阵 $\boldsymbol{A}$，推论中的等式揭示了 $\mathbf{F}^n$ 与它的两个子空间 $R(\boldsymbol{A}^{\mathrm{T}})$ 和 $N(\boldsymbol{A})$ 的维数之间的关系.

定义 3.24 如果齐次线性方程组 $\boldsymbol{AX}=\boldsymbol{0}$ 有非零解，那么 $\boldsymbol{AX}=\boldsymbol{0}$ 的解空间 $N(\boldsymbol{A})$ 的基称为 $\boldsymbol{AX}=\boldsymbol{0}$ 的基础解系.

由于含有非零向量的向量空间的基是不唯一的，所以有非零解的齐次线性方程组的基础解系也是不唯一的.

如果 $\boldsymbol{\xi}_1$，$\boldsymbol{\xi}_2$，…，$\boldsymbol{\xi}_t$ 是齐次线性方程组 $\boldsymbol{AX}=\boldsymbol{0}$ 的一个基础解系，那么 $\boldsymbol{AX}=\boldsymbol{0}$ 的通解可以表示为

$$\boldsymbol{\xi}=c_1\boldsymbol{\xi}_1+c_2\boldsymbol{\xi}_2+\cdots+c_t\boldsymbol{\xi}_t,$$

其中 c_1，c_2，…，c_t 为任意常数.

定理 3.10 的证明过程为我们提供了求齐次线性方程组的基础解系的方法.

例 3.22 求齐次线性方程组

$$\begin{cases} x_1-x_2-x_3+3x_5=0,\\ 2x_1-2x_2-x_3+2x_4+4x_5=0,\\ 3x_1-3x_2-x_3+4x_4+5x_5=0,\\ x_1-x_2+x_3+4x_4-x_5=0\end{cases} \tag{4}$$

的一个基础解系，并且用求得的基础解系表示方程组的通解.

解 写出方程组(4)的系数矩阵

$$\boldsymbol{A}=\begin{pmatrix}1&-1&-1&0&3\\2&-2&-1&2&4\\3&-3&-1&4&5\\1&-1&1&4&-1\end{pmatrix},$$

并将 $\boldsymbol{A}$ 化为简化阶梯形

$$\boldsymbol{T}=\begin{pmatrix}1&-1&0&2&1\\0&0&1&2&-2\\0&0&0&0&0\\0&0&0&0&0\end{pmatrix}.$$

写出以 $\boldsymbol{T}$ 为系数矩阵的齐次线性方程组

$$\begin{cases} x_1 - x_2 \quad + 2x_4 + \quad x_5 = 0, \\ \qquad\quad x_3 + 2x_4 - 2x_5 = 0, \end{cases} \tag{5}$$

其中 x_2，x_4，x_5 是自由未知数．将方程组(5)中含自由未知数的项移到等式的右边，得到

$$\begin{cases} x_1 = x_2 - 2x_4 - x_5, \\ x_3 = \quad - 2x_4 + 2x_5. \end{cases} \tag{6}$$

在方程组(6)中分别令 $\begin{pmatrix} x_2 \\ x_4 \\ x_5 \end{pmatrix} = \begin{pmatrix} 1 \\ 0 \\ 0 \end{pmatrix}$，$\begin{pmatrix} 0 \\ 1 \\ 0 \end{pmatrix}$，$\begin{pmatrix} 0 \\ 0 \\ 1 \end{pmatrix}$，得到 $\begin{pmatrix} x_1 \\ x_3 \end{pmatrix} = \begin{pmatrix} 1 \\ 0 \end{pmatrix}$，$\begin{pmatrix} -2 \\ -2 \end{pmatrix}$，$\begin{pmatrix} -1 \\ 2 \end{pmatrix}$. 将 5 个未知数按自然顺序排列，得到方程组(4)的一个基础解系

$$\boldsymbol{\xi}_1 = \begin{pmatrix} 1 \\ 1 \\ 0 \\ 0 \\ 0 \end{pmatrix}, \quad \boldsymbol{\xi}_2 = \begin{pmatrix} -2 \\ 0 \\ -2 \\ 1 \\ 0 \end{pmatrix}, \quad \boldsymbol{\xi}_3 = \begin{pmatrix} -1 \\ 0 \\ 2 \\ 0 \\ 1 \end{pmatrix}.$$

于是，方程组(4)的通解为

$$\boldsymbol{\xi} = c_1\boldsymbol{\xi}_1 + c_2\boldsymbol{\xi}_2 + c_3\boldsymbol{\xi}_3,$$

其中 c_1，c_2，c_3 为任意常数．■

例 3.23　设 $\boldsymbol{A}$，$\boldsymbol{B}$ 为 n 阶矩阵，并且 $\boldsymbol{AB} = \boldsymbol{0}$. 证明 $\mathrm{r}(\boldsymbol{A}) + \mathrm{r}(\boldsymbol{B}) \leqslant n$.

证明　设 $\boldsymbol{B} = (\boldsymbol{\beta}_1, \boldsymbol{\beta}_2, \cdots, \boldsymbol{\beta}_n)$. 因为

$$(\boldsymbol{A\beta}_1, \boldsymbol{A\beta}_2, \cdots, \boldsymbol{A\beta}_n) = \boldsymbol{A}(\boldsymbol{\beta}_1, \boldsymbol{\beta}_2, \cdots, \boldsymbol{\beta}_n) = \boldsymbol{AB} = \boldsymbol{0},$$

所以 $\boldsymbol{A\beta}_i = \boldsymbol{0}$，即 $\boldsymbol{\beta}_i \in N(\boldsymbol{A})$，$i=1, 2, \cdots, n$. 于是，

$$\mathrm{r}(\boldsymbol{B}) = \mathrm{r}\{\boldsymbol{\beta}_1, \boldsymbol{\beta}_2, \cdots, \boldsymbol{\beta}_n\} \leqslant \dim N(\boldsymbol{A}) = n - \mathrm{r}(\boldsymbol{A}).$$

因此

$$\mathrm{r}(\boldsymbol{A}) + \mathrm{r}(\boldsymbol{B}) \leqslant n. \qquad ■$$

MOOC 3.13
非齐次线性方程组的解的向量形式

二、非齐次线性方程组的解的向量形式

现在讨论 $\mathbf{F}$ 上的 $m \times n$ 非齐次线性方程组 $\boldsymbol{AX} = \boldsymbol{\beta}$ 的解的向量形式．

设 $\mathbf{F}$ 上的 $m \times n$ 矩阵 $\boldsymbol{A}$ 的列构成的向量组为 $\boldsymbol{\alpha}_1$，$\boldsymbol{\alpha}_2$，$\cdots$，$\boldsymbol{\alpha}_n$. 对于 $\mathbf{F}$ 上的 $m \times n$ 线性方程组 $\boldsymbol{AX} = \boldsymbol{\beta}$，下列论断彼此等价：

(1) 线性方程组 $\boldsymbol{AX} = \boldsymbol{\beta}$ 有解；

(2) 方程组的系数矩阵与增广矩阵有相同的秩，即 $\mathrm{r}(\boldsymbol{A}) = \mathrm{r}(\boldsymbol{A}, \boldsymbol{\beta})$；

(3) 向量 $\boldsymbol{\beta}$ 可以由向量组 $\boldsymbol{\alpha}_1$，$\boldsymbol{\alpha}_2$，$\cdots$，$\boldsymbol{\alpha}_n$ 线性表示，即

$$\boldsymbol{\beta} \in R(\boldsymbol{A}) = \mathrm{Span}\{\boldsymbol{\alpha}_1, \boldsymbol{\alpha}_2, \cdots, \boldsymbol{\alpha}_n\};$$

(4) 向量组 $\boldsymbol{\alpha}_1, \boldsymbol{\alpha}_2, \cdots, \boldsymbol{\alpha}_n$ 与向量组 $\boldsymbol{\alpha}_1, \boldsymbol{\alpha}_2, \cdots, \boldsymbol{\alpha}_n, \boldsymbol{\beta}$ 是等价的.

定义 3.25 齐次线性方程组 $\boldsymbol{AX} = \boldsymbol{0}$ 称为非齐次线性方程组 $\boldsymbol{AX} = \boldsymbol{\beta}$ 的导出方程组.

引理 3.4 如果 $\boldsymbol{\gamma}_1, \boldsymbol{\gamma}_2$ 都是线性方程组 $\boldsymbol{AX} = \boldsymbol{\beta}$ 的解，那么 $\boldsymbol{\xi} = \boldsymbol{\gamma}_1 - \boldsymbol{\gamma}_2$ 是其导出方程组 $\boldsymbol{AX} = \boldsymbol{0}$ 的解.

证明 因为

$$\boldsymbol{A\gamma}_1 = \boldsymbol{\beta}, \quad \boldsymbol{A\gamma}_2 = \boldsymbol{\beta},$$

所以

$$\boldsymbol{A}(\boldsymbol{\gamma}_1 - \boldsymbol{\gamma}_2) = \boldsymbol{A\gamma}_1 - \boldsymbol{A\gamma}_2 = \boldsymbol{\beta} - \boldsymbol{\beta} = \boldsymbol{0}.$$

因此，$\boldsymbol{\gamma}_1 - \boldsymbol{\gamma}_2$ 是齐次方程组 $\boldsymbol{AX} = \boldsymbol{0}$ 的解. ■

引理 3.5 如果 $\boldsymbol{\gamma}$ 是线性方程组 $\boldsymbol{AX} = \boldsymbol{\beta}$ 的解，$\boldsymbol{\xi}$ 是其导出方程组 $\boldsymbol{AX} = \boldsymbol{0}$ 的解，那么 $\boldsymbol{\gamma} + \boldsymbol{\xi}$ 是 $\boldsymbol{AX} = \boldsymbol{\beta}$ 的解.

证明 因为

$$\boldsymbol{A\gamma} = \boldsymbol{\beta}, \quad \boldsymbol{A\xi} = \boldsymbol{0},$$

所以

$$\boldsymbol{A}(\boldsymbol{\gamma} + \boldsymbol{\xi}) = \boldsymbol{A\gamma} + \boldsymbol{A\xi} = \boldsymbol{\beta} + \boldsymbol{0} = \boldsymbol{\beta}.$$

因此，$\boldsymbol{\gamma} + \boldsymbol{\xi}$ 是方程组 $\boldsymbol{AX} = \boldsymbol{\beta}$ 的解. ■

注意 非齐次线性方程组的解的线性组合不一定是其解.

由引理 3.4 和引理 3.5，我们可以得到关于非齐次线性方程组的解的主要结论.

定理 3.11 设 $\mathbf{F}$ 上的 $m \times n$ 线性方程组 $\boldsymbol{AX} = \boldsymbol{\beta}$ 有无穷多个解，即 $\mathrm{r}(\boldsymbol{A}) = \mathrm{r}(\boldsymbol{A}, \boldsymbol{\beta}) < n$. 设 $\boldsymbol{\gamma}_0$ 是 $\boldsymbol{AX} = \boldsymbol{\beta}$ 的一个特解，$\boldsymbol{\xi}_1, \boldsymbol{\xi}_2, \cdots, \boldsymbol{\xi}_t$ 是其导出方程组 $\boldsymbol{AX} = \boldsymbol{0}$ 的一个基础解系. 如果 $\boldsymbol{\gamma}$ 是 $\boldsymbol{AX} = \boldsymbol{\beta}$ 的解，那么存在 $\mathbf{F}$ 中的常数 $c_1, c_2, \cdots, c_t$，使得

$$\boldsymbol{\gamma} = \boldsymbol{\gamma}_0 + c_1\boldsymbol{\xi}_1 + c_2\boldsymbol{\xi}_2 + \cdots + c_t\boldsymbol{\xi}_t.$$

证明 因为 $\boldsymbol{\gamma}$ 和 $\boldsymbol{\gamma}_0$ 都是 $\boldsymbol{AX} = \boldsymbol{\beta}$ 的解，所以 $\boldsymbol{\gamma} - \boldsymbol{\gamma}_0$ 是 $\boldsymbol{AX} = \boldsymbol{0}$ 的解. 因此，$\boldsymbol{\gamma} - \boldsymbol{\gamma}_0$ 可以由 $\boldsymbol{AX} = \boldsymbol{0}$ 的基础解系 $\boldsymbol{\xi}_1, \boldsymbol{\xi}_2, \cdots, \boldsymbol{\xi}_t$ 线性表示，即存在 $\mathbf{F}$ 中的常数 $c_1, c_2, \cdots, c_t$，使得

$$\boldsymbol{\gamma} - \boldsymbol{\gamma}_0 = c_1\boldsymbol{\xi}_1 + c_2\boldsymbol{\xi}_2 + \cdots + c_t\boldsymbol{\xi}_t.$$

由此可得

$$\boldsymbol{\gamma} = \boldsymbol{\gamma}_0 + c_1\boldsymbol{\xi}_1 + c_2\boldsymbol{\xi}_2 + \cdots + c_t\boldsymbol{\xi}_t.$$ ■

根据定理 3.11，当 $c_1, c_2, \cdots, c_t$ 为 $\mathbf{F}$ 中的任意常数时，

$$\boldsymbol{\gamma}=\boldsymbol{\gamma}_0+c_1\boldsymbol{\xi}_1+c_2\boldsymbol{\xi}_2+\cdots+c_t\boldsymbol{\xi}_t$$

是线性方程组 $\boldsymbol{AX}=\boldsymbol{\beta}$ 的通解．

例 3.24　求下列线性方程组的通解：

$$\begin{cases}x_1-x_2-x_3+2x_4=2,\\2x_1-2x_2+x_3-5x_4=1,\\x_1-x_2+2x_3-7x_4=-1.\end{cases}\tag{7}$$

解　用初等行变换将方程组(7)的增广矩阵 $\boldsymbol{B}$ 化为简化阶梯形，

$$\boldsymbol{B}=\begin{pmatrix}1&-1&-1&2&2\\2&-2&1&-5&1\\1&-1&2&-7&-1\end{pmatrix}\to\begin{pmatrix}1&-1&-1&2&2\\0&0&3&-9&-3\\0&0&3&-9&-3\end{pmatrix}$$

$$\to\begin{pmatrix}1&-1&-1&2&2\\0&0&3&-9&-3\\0&0&0&0&0\end{pmatrix}\to\begin{pmatrix}1&-1&-1&2&2\\0&0&1&-3&-1\\0&0&0&0&0\end{pmatrix}$$

$$\to\begin{pmatrix}1&-1&0&-1&1\\0&0&1&-3&-1\\0&0&0&0&0\end{pmatrix}.$$

写出以 $\boldsymbol{B}$ 的简化阶梯形为增广矩阵的线性方程组

$$\begin{cases}x_1-x_2-x_4=1,\\x_3-3x_4=-1,\end{cases}\tag{8}$$

其中 x_2，x_4 为自由未知数．将方程组(8)中含自由未知数的项移到方程的右边，得到

$$\begin{cases}x_1=1+x_2+x_4,\\x_3=-1+3x_4.\end{cases}\tag{9}$$

在方程组(9)中，令 $x_2=x_4=0$，则 $x_1=1$，$x_3=-1$，得到方程组(7)的一个特解

$$\boldsymbol{\gamma}_0=\begin{pmatrix}1\\0\\-1\\0\end{pmatrix}.$$

容易验证，去掉方程组(9)中的常数项，得到的方程组

$$\begin{cases}x_1=x_2+x_4,\\x_3=3x_4\end{cases}\tag{10}$$

与方程组(7)的导出方程组是同解的．在方程组(10)中分别令 $\begin{pmatrix}x_2\\x_4\end{pmatrix}=$

$\begin{pmatrix}1\\0\end{pmatrix}$，$\begin{pmatrix}0\\1\end{pmatrix}$，得到$\begin{pmatrix}x_1\\x_3\end{pmatrix}=\begin{pmatrix}1\\0\end{pmatrix}$，$\begin{pmatrix}1\\3\end{pmatrix}$，从而得到方程组(7)的导出方程组的一个基础解系

$$\boldsymbol{\xi}_1=\begin{pmatrix}1\\1\\0\\0\end{pmatrix},\quad \boldsymbol{\xi}_2=\begin{pmatrix}1\\0\\3\\1\end{pmatrix}.$$

因此，方程组(8)的通解为

$$\boldsymbol{\gamma}=\boldsymbol{\gamma}_0+c_1\boldsymbol{\xi}_1+c_2\boldsymbol{\xi}_2,$$

其中 c_1，c_2 为任意常数．■

例 3.25 设 $\boldsymbol{A}$ 是 $m\times 3$ 矩阵，$\mathrm{r}(\boldsymbol{A})=1$．已知线性方程组 $\boldsymbol{AX}=\boldsymbol{\beta}$ 的 3 个解 $\boldsymbol{\gamma}_1$，$\boldsymbol{\gamma}_2$，$\boldsymbol{\gamma}_3$ 满足

$$\boldsymbol{\gamma}_1+\boldsymbol{\gamma}_2=\begin{pmatrix}1\\2\\3\end{pmatrix},\quad \boldsymbol{\gamma}_2+\boldsymbol{\gamma}_3=\begin{pmatrix}0\\-1\\1\end{pmatrix},\quad \boldsymbol{\gamma}_1+\boldsymbol{\gamma}_3=\begin{pmatrix}1\\0\\-1\end{pmatrix},$$

求 $\boldsymbol{AX}=\boldsymbol{\beta}$ 的通解．

解 直接验证可知，$\boldsymbol{\gamma}_0=\dfrac{1}{2}(\boldsymbol{\gamma}_1+\boldsymbol{\gamma}_2)=\begin{pmatrix}\frac{1}{2}\\1\\\frac{3}{2}\end{pmatrix}$是 $\boldsymbol{AX}=\boldsymbol{\beta}$ 的一个特解．因为 $\boldsymbol{A}$ 是 $m\times 3$ 矩阵，$\mathrm{r}(\boldsymbol{A})=1$，所以齐次线性方程组 $\boldsymbol{AX}=\boldsymbol{0}$ 的基础解系中含有 $3-1=2$ 个线性无关的解．因为 $\boldsymbol{\gamma}_1$，$\boldsymbol{\gamma}_2$，$\boldsymbol{\gamma}_3$ 是 $\boldsymbol{AX}=\boldsymbol{\beta}$ 的解，所以

$$\boldsymbol{\xi}_1=\boldsymbol{\gamma}_1-\boldsymbol{\gamma}_3=\begin{pmatrix}1\\3\\2\end{pmatrix},\quad \boldsymbol{\xi}_2=\boldsymbol{\gamma}_2-\boldsymbol{\gamma}_1=\begin{pmatrix}-1\\-1\\2\end{pmatrix}$$

都是 $\boldsymbol{AX}=\boldsymbol{0}$ 的解．又因为 $\boldsymbol{\xi}_1$，$\boldsymbol{\xi}_2$ 是线性无关的，所以 $\boldsymbol{\xi}_1$，$\boldsymbol{\xi}_2$ 是 $\boldsymbol{AX}=\boldsymbol{0}$ 的一个基础解系．因此 $\boldsymbol{AX}=\boldsymbol{\beta}$ 的通解为

$$\boldsymbol{\gamma}=\boldsymbol{\gamma}_0+c_1\boldsymbol{\xi}_1+c_2\boldsymbol{\xi}_2,$$

其中 c_1，c_2 为任意常数．■

MOOC 3.14
实向量的内积与正交

3.6 实向量的内积与正交

本节中出现的数、向量以及矩阵都是实的，向量空间都是 $\mathbf{R}$ 上的实

空间．

一、向量的内积

定义 3.26　对 $\mathbf{R}^n$ 中的任意两个向量 $\boldsymbol{\alpha}=\begin{pmatrix}a_1\\a_2\\\vdots\\a_n\end{pmatrix}$，$\boldsymbol{\beta}=\begin{pmatrix}b_1\\b_2\\\vdots\\b_n\end{pmatrix}$，我们将实数

$$\boldsymbol{\alpha}^{\mathrm{T}}\boldsymbol{\beta}=a_1b_1+a_2b_2+\cdots+a_nb_n$$

称为 $\boldsymbol{\alpha}$ 与 $\boldsymbol{\beta}$ 的内积，记作 $(\boldsymbol{\alpha},\boldsymbol{\beta})$，即

$$(\boldsymbol{\alpha},\boldsymbol{\beta})=\boldsymbol{\alpha}^{\mathrm{T}}\boldsymbol{\beta}=a_1b_1+a_2b_2+\cdots+a_nb_n.$$

向量的内积具有如下性质．

性质 3.3　对 $\mathbf{R}^n$ 中的任意向量 $\boldsymbol{\alpha}$，$\boldsymbol{\beta}$，$\boldsymbol{\gamma}$，以及 $\mathbf{R}$ 中的任意常数 k，有

(1) $(\boldsymbol{\alpha},\boldsymbol{\beta})=(\boldsymbol{\beta},\boldsymbol{\alpha})$；

(2) $(\boldsymbol{\alpha}+\boldsymbol{\beta},\boldsymbol{\gamma})=(\boldsymbol{\alpha},\boldsymbol{\gamma})+(\boldsymbol{\beta},\boldsymbol{\gamma})$；

(3) $(k\boldsymbol{\alpha},\boldsymbol{\beta})=k(\boldsymbol{\alpha},\boldsymbol{\beta})$；

(4) $(\boldsymbol{\alpha},\boldsymbol{\alpha})\geqslant 0$，并且 $(\boldsymbol{\alpha},\boldsymbol{\alpha})=0$ 当且仅当 $\boldsymbol{\alpha}=\mathbf{0}$. ■

$\mathbf{R}^2$ 与 $\mathbf{R}^3$ 上关于向量的长度、两个向量的夹角等概念可以推广到 $\mathbf{R}^n$ 上．

定义 3.27　对 $\mathbf{R}^n$ 中的任意向量 $\boldsymbol{\alpha}$，非负实数 $\|\boldsymbol{\alpha}\|=\sqrt{(\boldsymbol{\alpha},\boldsymbol{\alpha})}$ 称为 $\boldsymbol{\alpha}$ 的长度．长度为 1 的向量称为单位向量．

如果 $\boldsymbol{\alpha}=(a_1,a_2,\cdots,a_n)^{\mathrm{T}}$，那么 $\|\boldsymbol{\alpha}\|=\sqrt{a_1^2+a_2^2+\cdots+a_n^2}$. 显然，$\|\boldsymbol{\alpha}\|=0$ 当且仅当 $\boldsymbol{\alpha}=\mathbf{0}$. 如果 $\boldsymbol{\alpha}\neq\mathbf{0}$，长度为 1 的向量 $\dfrac{1}{\|\boldsymbol{\alpha}\|}\boldsymbol{\alpha}$ 称为 $\boldsymbol{\alpha}$ 的规范化或者单位化．

关于向量的内积与长度，我们有如下结论．

定理 3.12（柯西-施瓦茨（Cauchy-Schwarz）不等式）　设 $\boldsymbol{\alpha}$，$\boldsymbol{\beta}$ 是 $\mathbf{R}^n$ 中的两个向量，那么

$$|(\boldsymbol{\alpha},\boldsymbol{\beta})|\leqslant\|\boldsymbol{\alpha}\|\cdot\|\boldsymbol{\beta}\|.$$

证明　如果 $\boldsymbol{\alpha}=\mathbf{0}$，那么 $(\boldsymbol{\alpha},\boldsymbol{\beta})=0$，并且 $\|\boldsymbol{\alpha}\|=0$，所以结论成立．

假设 $\boldsymbol{\alpha}\neq\mathbf{0}$. 对于任意实数 x，因为

$$\begin{aligned}(x\boldsymbol{\alpha}+\boldsymbol{\beta},x\boldsymbol{\alpha}+\boldsymbol{\beta})&=x^2(\boldsymbol{\alpha},\boldsymbol{\alpha})+2x(\boldsymbol{\alpha},\boldsymbol{\beta})+(\boldsymbol{\beta},\boldsymbol{\beta})\\&=\|\boldsymbol{\alpha}\|^2x^2+2x(\boldsymbol{\alpha},\boldsymbol{\beta})+\|\boldsymbol{\beta}\|^2\geqslant 0,\end{aligned}$$

所以关于 x 的二次三项式的判别式满足

$$4(\boldsymbol{\alpha},\boldsymbol{\beta})^2-4\|\boldsymbol{\alpha}\|^2\|\boldsymbol{\beta}\|^2\leqslant 0.$$

因此，

$$|(\boldsymbol{\alpha}, \boldsymbol{\beta})| \leqslant \|\boldsymbol{\alpha}\| \cdot \|\boldsymbol{\beta}\|. \quad \blacksquare$$

定义 3.28 设 $\boldsymbol{\alpha}$，$\boldsymbol{\beta}$ 是 $\mathbf{R}^n$ 中的两个非零向量，$\boldsymbol{\alpha}$ 与 $\boldsymbol{\beta}$ 之间的夹角 $\langle \boldsymbol{\alpha}, \boldsymbol{\beta} \rangle$ 定义为

$$\cos\langle \boldsymbol{\alpha}, \boldsymbol{\beta} \rangle = \frac{(\boldsymbol{\alpha}, \boldsymbol{\beta})}{\|\boldsymbol{\alpha}\| \cdot \|\boldsymbol{\beta}\|},$$

其中 $0 \leqslant \langle \boldsymbol{\alpha}, \boldsymbol{\beta} \rangle \leqslant \pi$.

二、向量的正交

定义 3.29 设 $\boldsymbol{\alpha}$，$\boldsymbol{\beta}$ 是 $\mathbf{R}^n$ 中的两个向量. 如果 $(\boldsymbol{\alpha}, \boldsymbol{\beta}) = 0$，那么称 $\boldsymbol{\alpha}$ 与 $\boldsymbol{\beta}$ 是正交的.

因为对任意的 $\boldsymbol{\alpha} \in \mathbf{R}^n$ 都有 $(\mathbf{0}, \boldsymbol{\alpha}) = 0$，所以零向量与任意向量是正交的.

从定义 3.28 和定义 3.29 可以得到，两个正交的非零向量的夹角等于 $\frac{\pi}{2}$. 因此，代数空间中两个向量是正交的相应于几何空间中两个向量是垂直的.

命题 3.17 对 $\mathbf{R}^n$ 中的任意两个向量 $\boldsymbol{\alpha}$，$\boldsymbol{\beta}$，我们有下列两个结论：

(1) $\|\boldsymbol{\alpha} + \boldsymbol{\beta}\| \leqslant \|\boldsymbol{\alpha}\| + \|\boldsymbol{\beta}\|$； 三角不等式

(2) 如果 $\boldsymbol{\alpha}$ 与 $\boldsymbol{\beta}$ 是正交的，那么 $\|\boldsymbol{\alpha} + \boldsymbol{\beta}\|^2 = \|\boldsymbol{\alpha}\|^2 + \|\boldsymbol{\beta}\|^2$. 勾股定理

证明 (1) 因为

$$\begin{aligned} \|\boldsymbol{\alpha} + \boldsymbol{\beta}\|^2 &= (\boldsymbol{\alpha} + \boldsymbol{\beta}, \boldsymbol{\alpha} + \boldsymbol{\beta}) \\ &= (\boldsymbol{\alpha}, \boldsymbol{\alpha}) + 2(\boldsymbol{\alpha}, \boldsymbol{\beta}) + (\boldsymbol{\beta}, \boldsymbol{\beta}) \\ &\leqslant \|\boldsymbol{\alpha}\|^2 + 2\|\boldsymbol{\alpha}\| \cdot \|\boldsymbol{\beta}\| + \|\boldsymbol{\beta}\|^2 \\ &= (\|\boldsymbol{\alpha}\| + \|\boldsymbol{\beta}\|)^2, \end{aligned}$$

所以

$$\|\boldsymbol{\alpha} + \boldsymbol{\beta}\| \leqslant \|\boldsymbol{\alpha}\| + \|\boldsymbol{\beta}\|.$$

(2) 因为 $\boldsymbol{\alpha}$ 与 $\boldsymbol{\beta}$ 是正交的，所以 $(\boldsymbol{\alpha}, \boldsymbol{\beta}) = 0$. 因此，

$$\begin{aligned} \|\boldsymbol{\alpha} + \boldsymbol{\beta}\|^2 &= (\boldsymbol{\alpha}, \boldsymbol{\alpha}) + 2(\boldsymbol{\alpha}, \boldsymbol{\beta}) + (\boldsymbol{\beta}, \boldsymbol{\beta}) = (\boldsymbol{\alpha}, \boldsymbol{\alpha}) + (\boldsymbol{\beta}, \boldsymbol{\beta}) \\ &= \|\boldsymbol{\alpha}\|^2 + \|\boldsymbol{\beta}\|^2. \end{aligned} \quad \blacksquare$$

例 3.26 设 $\boldsymbol{\alpha}_1 = \begin{pmatrix} -1 \\ 1 \\ 2 \end{pmatrix}$，$\boldsymbol{\alpha}_2 = \begin{pmatrix} 2 \\ -1 \\ -3 \end{pmatrix}$ 是 $\mathbf{R}^3$ 中的两个向量. 求 $\mathbf{R}^3$ 中所有与 $\boldsymbol{\alpha}_1$，$\boldsymbol{\alpha}_2$ 都正交的向量.

解 设 $\mathbf{R}^3$ 中的向量 $\boldsymbol{\beta} = \begin{pmatrix} x_1 \\ x_2 \\ x_3 \end{pmatrix}$ 与 $\boldsymbol{\alpha}_1$，$\boldsymbol{\alpha}_2$ 都正交，那么 $\boldsymbol{\alpha}_1^{\mathrm{T}}\boldsymbol{\beta} = 0$，

$\boldsymbol{\alpha}_2^{\mathrm{T}}\boldsymbol{\beta}=0$. 于是有齐次线性方程组

$$\begin{cases}-x_1+x_2+2x_3=0,\\ 2x_1-x_2-3x_3=0.\end{cases} \tag{1}$$

$\mathbf{R}^3$ 中与 $\boldsymbol{\alpha}_1$, $\boldsymbol{\alpha}_2$ 都正交的向量就是方程组(1)的解. 因为方程组(1)的一个基础解系为 $\begin{pmatrix}1\\-1\\1\end{pmatrix}$, 所以 $\mathbf{R}^3$ 中所有与 $\boldsymbol{\alpha}_1$, $\boldsymbol{\alpha}_2$ 都正交的向量为 $\boldsymbol{\beta}=c\begin{pmatrix}1\\-1\\1\end{pmatrix}$, 其中 c 为任意实数. ■

定义 3.30　设 $\boldsymbol{\alpha}_1$, $\boldsymbol{\alpha}_2$, …, $\boldsymbol{\alpha}_t$ 都是 $\mathbf{R}^n$ 中的非零向量. 如果向量组 $\boldsymbol{\alpha}_1$, $\boldsymbol{\alpha}_2$, …, $\boldsymbol{\alpha}_t$ 中的向量是两两正交的, 那么称 $\boldsymbol{\alpha}_1$, $\boldsymbol{\alpha}_2$, …, $\boldsymbol{\alpha}_t$ 为正交向量组. 如果正交向量组 $\boldsymbol{\alpha}_1$, $\boldsymbol{\alpha}_2$, …, $\boldsymbol{\alpha}_t$ 中的向量都是单位向量, 那么称 $\boldsymbol{\alpha}_1$, $\boldsymbol{\alpha}_2$, …, $\boldsymbol{\alpha}_t$ 为规范正交向量组.

只含一个非零向量的向量组是正交向量组.

命题 3.18　如果 $\boldsymbol{\alpha}_1$, $\boldsymbol{\alpha}_2$, …, $\boldsymbol{\alpha}_t$ 是 $\mathbf{R}^n$ 中的正交向量组, 那么 $\boldsymbol{\alpha}_1$, $\boldsymbol{\alpha}_2$, …, $\boldsymbol{\alpha}_t$ 是线性无关的.

证明　设 k_1, k_2, …, k_t 是 $\mathbf{R}$ 中的常数, 满足

$$k_1\boldsymbol{\alpha}_1+k_2\boldsymbol{\alpha}_2+\cdots+k_t\boldsymbol{\alpha}_t=\mathbf{0}. \tag{2}$$

对任意的 $i\in\{1,2,\cdots,t\}$, 用 $\boldsymbol{\alpha}_i$ 与等式(2)两边的向量分别作内积, 得

$$(\boldsymbol{\alpha}_i,\ k_1\boldsymbol{\alpha}_1+k_2\boldsymbol{\alpha}_2+\cdots+k_t\boldsymbol{\alpha}_t)=(\boldsymbol{\alpha}_i,\ \mathbf{0})=0.$$

由 $\boldsymbol{\alpha}_1$, $\boldsymbol{\alpha}_2$, …, $\boldsymbol{\alpha}_t$ 的正交性, 有

$$\begin{aligned}&(\boldsymbol{\alpha}_i,\ k_1\boldsymbol{\alpha}_1+k_2\boldsymbol{\alpha}_2+\cdots+k_t\boldsymbol{\alpha}_t)\\ =\ &k_1(\boldsymbol{\alpha}_i,\boldsymbol{\alpha}_1)+\cdots+k_{i-1}(\boldsymbol{\alpha}_i,\boldsymbol{\alpha}_{i-1})+k_i(\boldsymbol{\alpha}_i,\boldsymbol{\alpha}_i)+\\ &k_{i+1}(\boldsymbol{\alpha}_i,\boldsymbol{\alpha}_{i+1})+\cdots+k_t(\boldsymbol{\alpha}_i,\boldsymbol{\alpha}_t)\\ =\ &k_i(\boldsymbol{\alpha}_i,\boldsymbol{\alpha}_i),\end{aligned}$$

所以

$$k_i(\boldsymbol{\alpha}_i,\boldsymbol{\alpha}_i)=0.$$

因为 $\boldsymbol{\alpha}_i\neq\mathbf{0}$, 所以 $(\boldsymbol{\alpha}_i,\boldsymbol{\alpha}_i)>0$, 于是 $k_i=0$, $i\in\{1,2,\cdots,t\}$. 因此, $\boldsymbol{\alpha}_1$, $\boldsymbol{\alpha}_2$, …, $\boldsymbol{\alpha}_t$ 是线性无关的. ■

注意　这个命题的逆命题是不成立的, 即线性无关的向量组不一定

是正交的．例如，$\boldsymbol{\alpha}_1=\begin{pmatrix}1\\1\end{pmatrix}$，$\boldsymbol{\alpha}_2=\begin{pmatrix}1\\2\end{pmatrix}$是线性无关的，但是 $\boldsymbol{\alpha}_1$，$\boldsymbol{\alpha}_2$ 并不是正交向量组．

三、规范正交向量组

MOOC 3.15

规范正交向量组

对于 $\mathbf{R}^n$ 中的线性无关的向量组，如果这个向量组不是正交的，那么我们可以将其正交化．事实上，任意一个线性无关的向量组都可以等价于一个正交向量组．

定理 3.13 设 $V\subseteq\mathbf{R}^n$ 是 $\mathbf{R}$ 上的向量空间．如果 $\boldsymbol{\alpha}_1$，$\boldsymbol{\alpha}_2$，…，$\boldsymbol{\alpha}_t$ 是 V 中的线性无关向量组，那么存在 V 中的正交向量组 $\boldsymbol{\beta}_1$，$\boldsymbol{\beta}_2$，…，$\boldsymbol{\beta}_t$，使得

$$\{\boldsymbol{\alpha}_1,\ \boldsymbol{\alpha}_2,\ \cdots,\ \boldsymbol{\alpha}_s\}\cong\{\boldsymbol{\beta}_1,\ \boldsymbol{\beta}_2,\ \cdots,\ \boldsymbol{\beta}_s\},\qquad s=1,\ 2,\ \cdots,\ t.$$

证明 对向量的个数 s 用数学归纳法．当 $s=1$ 时，令 $\boldsymbol{\beta}_1=\boldsymbol{\alpha}_1$，结论显然成立．假设 $s\geqslant1$，并且当向量的个数为 s 时，结论成立，即存在正交向量组 $\boldsymbol{\beta}_1$，$\boldsymbol{\beta}_2$，…，$\boldsymbol{\beta}_s$，使得

$$\{\boldsymbol{\alpha}_1,\ \boldsymbol{\alpha}_2,\ \cdots,\ \boldsymbol{\alpha}_i\}\cong\{\boldsymbol{\beta}_1,\ \boldsymbol{\beta}_2,\ \cdots,\ \boldsymbol{\beta}_i\},\qquad i=1,\ 2,\ \cdots,\ s.$$

下面证明当向量个数为 $s+1$ 时，结论也成立．我们希望找到 $\boldsymbol{\beta}_{s+1}\in V$，使得

(1) $\{\boldsymbol{\alpha}_1,\ \boldsymbol{\alpha}_2,\ \cdots,\ \boldsymbol{\alpha}_s,\ \boldsymbol{\alpha}_{s+1}\}\cong\{\boldsymbol{\beta}_1,\ \boldsymbol{\beta}_2,\ \cdots,\ \boldsymbol{\beta}_s,\ \boldsymbol{\beta}_{s+1}\}$；

(2) $\boldsymbol{\beta}_1$，$\boldsymbol{\beta}_2$，…，$\boldsymbol{\beta}_s$，$\boldsymbol{\beta}_{s+1}$是正交的．

为此，我们可设

$$\boldsymbol{\beta}_{s+1}=x_1\boldsymbol{\beta}_1+x_2\boldsymbol{\beta}_2+\cdots+x_s\boldsymbol{\beta}_s+\boldsymbol{\alpha}_{s+1},\tag{3}$$

其中 x_1，x_2，…，x_s 是待定常数．显然，这样构造的向量满足条件(1)．因为要求 $\boldsymbol{\beta}_1$，$\boldsymbol{\beta}_2$，…，$\boldsymbol{\beta}_s$，$\boldsymbol{\beta}_{s+1}$ 是正交向量组，所以对所有的 $i\in\{1,\ 2,\ \cdots,\ s\}$，都有

$$(\boldsymbol{\beta}_i,\ \boldsymbol{\beta}_{s+1})=0.\tag{4}$$

将等式(3)中关于 $\boldsymbol{\beta}_{s+1}$的表达式代入等式(4)，并且注意到 $\boldsymbol{\beta}_1$，$\boldsymbol{\beta}_2$，…，$\boldsymbol{\beta}_s$ 是正交向量组，得到

$$\begin{aligned}(\boldsymbol{\beta}_i,\ \boldsymbol{\beta}_{s+1})&=(\boldsymbol{\beta}_i,\ x_1\boldsymbol{\beta}_1+x_2\boldsymbol{\beta}_2+\cdots+x_s\boldsymbol{\beta}_s+\boldsymbol{\alpha}_{s+1})\\&=x_i(\boldsymbol{\beta}_i,\ \boldsymbol{\beta}_i)+(\boldsymbol{\beta}_i,\ \boldsymbol{\alpha}_{s+1})\\&=0.\end{aligned}$$

因此，

$$x_i=-\frac{(\boldsymbol{\beta}_i,\ \boldsymbol{\alpha}_{s+1})}{(\boldsymbol{\beta}_i,\ \boldsymbol{\beta}_i)},\qquad i=1,\ 2,\ \cdots,\ s.$$

于是

$$\boldsymbol{\beta}_{s+1}=-\sum_{i=1}^{s}\frac{(\boldsymbol{\beta}_i,\ \boldsymbol{\alpha}_{s+1})}{(\boldsymbol{\beta}_i,\ \boldsymbol{\beta}_i)}\boldsymbol{\beta}_i+\boldsymbol{\alpha}_{s+1}.$$

由构造的方法可知，$\boldsymbol{\beta}_1$，$\boldsymbol{\beta}_2$，…，$\boldsymbol{\beta}_s$，$\boldsymbol{\beta}_{s+1}$是正交向量组，并且

$$\{\boldsymbol{\alpha}_1,\ \boldsymbol{\alpha}_2,\ \cdots,\ \boldsymbol{\alpha}_s,\ \boldsymbol{\alpha}_{s+1}\}\cong\{\boldsymbol{\beta}_1,\ \boldsymbol{\beta}_2,\ \cdots,\ \boldsymbol{\beta}_s,\ \boldsymbol{\beta}_{s+1}\}.$$ ■

说明 (1) 根据定理 3.13，$\mathbf{R}^n$ 中的线性无关向量组 $\boldsymbol{\alpha}_1$，$\boldsymbol{\alpha}_2$，…，$\boldsymbol{\alpha}_t$ 都可以等价于一个正交向量组 $\boldsymbol{\beta}_1$，$\boldsymbol{\beta}_2$，…，$\boldsymbol{\beta}_t$. 定理 3.13 中的证明过程称为 $\mathbf{R}^n$ 中的线性无关向量组的施密特正交化方法 .

(2) 如果 $\boldsymbol{\alpha}_1$，$\boldsymbol{\alpha}_2$，…，$\boldsymbol{\alpha}_t$ 是正交向量组，那么施密特正交化方法不改变 $\boldsymbol{\alpha}_1$，$\boldsymbol{\alpha}_2$，…，$\boldsymbol{\alpha}_t$.

施密特正交化方法的几何意义 设 $\boldsymbol{\alpha}_1$，$\boldsymbol{\alpha}_2\in\mathbf{R}^2$，令 $W=\mathrm{Span}\{\boldsymbol{\alpha}_1,\ \boldsymbol{\alpha}_2\}$，取 $\boldsymbol{\beta}_1=\boldsymbol{\alpha}_1$，将 $\boldsymbol{\alpha}_2$ 向 $\boldsymbol{\alpha}_1$ 作投影，即过 $\boldsymbol{\alpha}_2$ 的终点在 W 平面内作 $\boldsymbol{\alpha}_1(\boldsymbol{\beta}_1)$ 的垂线，这个垂线向量就是我们要求的向量 $\boldsymbol{\beta}_2$. 设投影向量为 $\boldsymbol{p}_2$，于是 $\boldsymbol{p}_2=k\boldsymbol{\beta}_1$. 因此 $\boldsymbol{\beta}_2=\boldsymbol{\alpha}_2-\boldsymbol{p}_2$，如图 3.3(a) 所示 .

对于 $\mathbf{R}^3$ 中一组线性无关的向量 $\boldsymbol{\alpha}_1$，$\boldsymbol{\alpha}_2$，$\boldsymbol{\alpha}_3$，首先可以按照二维平面的方法，将 $\boldsymbol{\alpha}_1$，$\boldsymbol{\alpha}_2$ 正交化，得到正交向量组 $\boldsymbol{\beta}_1$，$\boldsymbol{\beta}_2$；然后将 $\boldsymbol{\alpha}_3$ 向 $W=\mathrm{Span}\{\boldsymbol{\beta}_1,\ \boldsymbol{\beta}_2\}$ 作投影，即由 $\boldsymbol{\alpha}_3$ 的终点向 $\boldsymbol{\beta}_1$，$\boldsymbol{\beta}_2$ 确定的平面作垂线，这个垂线向量就是要求的向量 $\boldsymbol{\beta}_3$. 设投影向量为 $\boldsymbol{p}_3$，于是 $\boldsymbol{p}_3=k_1\boldsymbol{\beta}_1+k_2\boldsymbol{\beta}_2$. 因此 $\boldsymbol{\beta}_3=\boldsymbol{\alpha}_3-\boldsymbol{p}_3$，如图 3.3(b)所示 .

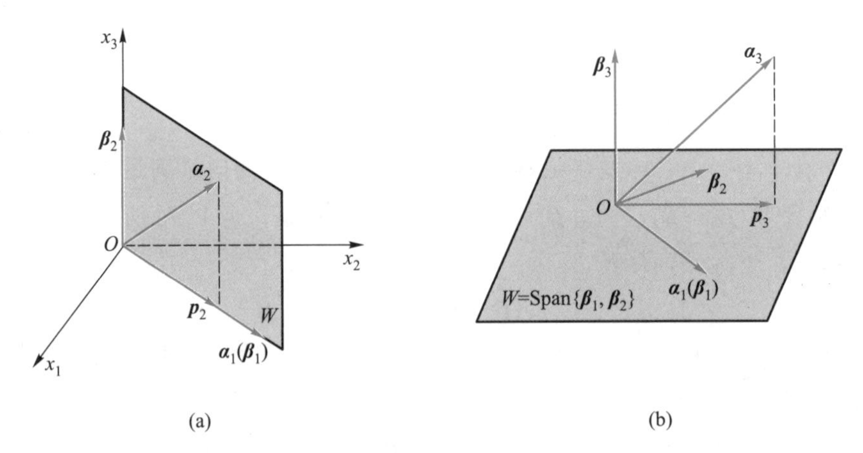

图 3.3 施密特正交化

定理 3.14 如果 $\boldsymbol{\alpha}_1$，$\boldsymbol{\alpha}_2$，…，$\boldsymbol{\alpha}_t$ 是 $\mathbf{R}$ 上的向量空间 V 中的线性无关向量组，那么存在规范正交向量组 $\boldsymbol{\eta}_1$，$\boldsymbol{\eta}_2$，…，$\boldsymbol{\eta}_t$，使得

$$\{\boldsymbol{\alpha}_1,\ \boldsymbol{\alpha}_2,\ \cdots,\ \boldsymbol{\alpha}_s\}\cong\{\boldsymbol{\eta}_1,\ \boldsymbol{\eta}_2,\ \cdots,\ \boldsymbol{\eta}_s\},\quad s=1,\ 2,\ \cdots,\ t.$$

证明 由定理 3.13 知，存在正交向量组 $\boldsymbol{\beta}_1$，$\boldsymbol{\beta}_2$，…，$\boldsymbol{\beta}_t$，使得

$$\{\boldsymbol{\alpha}_1, \boldsymbol{\alpha}_2, \cdots, \boldsymbol{\alpha}_s\} \cong \{\boldsymbol{\beta}_1, \boldsymbol{\beta}_2, \cdots, \boldsymbol{\beta}_s\}, \quad s = 1, 2, \cdots, t.$$

令

$$\boldsymbol{\eta}_s = \frac{1}{\|\boldsymbol{\beta}_s\|}\boldsymbol{\beta}_s, \quad s = 1, 2, \cdots, t,$$

那么 $\boldsymbol{\eta}_1, \boldsymbol{\eta}_2, \cdots, \boldsymbol{\eta}_t$ 是满足定理要求的规范正交向量组. ∎

定理 3.13 和定理 3.14 中的将线性无关向量组化为规范正交向量组的方法称为施密特正交规范化方法，简称为施密特方法[①].

例 3.27 用施密特方法将下列线性无关向量组正交规范化：

$$\boldsymbol{\alpha}_1 = \begin{pmatrix}1\\0\\0\\1\end{pmatrix}, \quad \boldsymbol{\alpha}_2 = \begin{pmatrix}0\\1\\0\\1\end{pmatrix}, \quad \boldsymbol{\alpha}_3 = \begin{pmatrix}0\\0\\1\\1\end{pmatrix}.$$

解 首先将向量组 $\boldsymbol{\alpha}_1, \boldsymbol{\alpha}_2, \boldsymbol{\alpha}_3$ 正交化，得到

$$\boldsymbol{\beta}_1 = \boldsymbol{\alpha}_1 = \begin{pmatrix}1\\0\\0\\1\end{pmatrix},$$

$$\boldsymbol{\beta}_2 = -\frac{(\boldsymbol{\beta}_1, \boldsymbol{\alpha}_2)}{(\boldsymbol{\beta}_1, \boldsymbol{\beta}_1)}\boldsymbol{\beta}_1 + \boldsymbol{\alpha}_2 = -\frac{1}{2}\begin{pmatrix}1\\0\\0\\1\end{pmatrix} + \begin{pmatrix}0\\1\\0\\1\end{pmatrix} = \frac{1}{2}\begin{pmatrix}-1\\2\\0\\1\end{pmatrix},$$

$$\begin{aligned}\boldsymbol{\beta}_3 &= -\frac{(\boldsymbol{\beta}_1, \boldsymbol{\alpha}_3)}{(\boldsymbol{\beta}_1, \boldsymbol{\beta}_1)}\boldsymbol{\beta}_1 - \frac{(\boldsymbol{\beta}_2, \boldsymbol{\alpha}_3)}{(\boldsymbol{\beta}_2, \boldsymbol{\beta}_2)}\boldsymbol{\beta}_2 + \boldsymbol{\alpha}_3 \\ &= -\frac{1}{2}\begin{pmatrix}1\\0\\0\\1\end{pmatrix} - \frac{1}{6}\begin{pmatrix}-1\\2\\0\\1\end{pmatrix} + \begin{pmatrix}0\\0\\1\\1\end{pmatrix} = \frac{1}{3}\begin{pmatrix}-1\\-1\\3\\1\end{pmatrix}.\end{aligned}$$

然后将 $\boldsymbol{\beta}_1, \boldsymbol{\beta}_2, \boldsymbol{\beta}_3$ 规范化，得到

$$\boldsymbol{\eta}_1 = \frac{1}{\sqrt{2}}\begin{pmatrix}1\\0\\0\\1\end{pmatrix}, \quad \boldsymbol{\eta}_2 = \frac{1}{\sqrt{6}}\begin{pmatrix}-1\\2\\0\\1\end{pmatrix}, \quad \boldsymbol{\eta}_3 = \frac{1}{2\sqrt{3}}\begin{pmatrix}-1\\-1\\3\\1\end{pmatrix}.$$

① 这种方法又称为格拉姆-施密特方法，以纪念丹麦数学家格拉姆(J. P. Gram，1850—1916)和德国数学家施密特(E. Schmidt，1876—1959). 事实上，将这种方法的发明归功于格拉姆和施密特并不准确，因为在格拉姆和施密特之前，这种方法就已经出现在法国数学家拉普拉斯(P. -S. Laplace，1749—1827)以及柯西(A. L. Cauchy，1789—1857)的著作中.

向量组 $\boldsymbol{\eta}_1$，$\boldsymbol{\eta}_2$，$\boldsymbol{\eta}_3$ 是 $\boldsymbol{\alpha}_1$，$\boldsymbol{\alpha}_2$，$\boldsymbol{\alpha}_3$ 的正交规范化．■

MOOC 3.16

规范正交基

四、规范正交基

定义 3.31　设 $V\subseteq\mathbf{R}^n$ 是 $\mathbf{R}$ 上的 m 维向量空间，$\boldsymbol{\alpha}_1$，$\boldsymbol{\alpha}_2$，…，$\boldsymbol{\alpha}_m$ 是 V 的一个基．如果 $\boldsymbol{\alpha}_1$，$\boldsymbol{\alpha}_2$，…，$\boldsymbol{\alpha}_m$ 是正交向量组，那么称 $\boldsymbol{\alpha}_1$，$\boldsymbol{\alpha}_2$，…，$\boldsymbol{\alpha}_m$ 为 V 的正交基；如果 $\boldsymbol{\alpha}_1$，$\boldsymbol{\alpha}_2$，…，$\boldsymbol{\alpha}_m$ 是规范正交向量组，那么称 $\boldsymbol{\alpha}_1$，$\boldsymbol{\alpha}_2$，…，$\boldsymbol{\alpha}_m$ 为 V 的规范正交基．

对于 $\mathbf{R}$ 上的 m 维向量空间 V，我们可以利用施密特方法将 V 的任意一个基正交规范化，得到 V 的一个规范正交基，因此有下面的结论．

定理 3.15　$\mathbf{R}$ 上含有非零向量的向量空间 V 中一定存在规范正交基．■

例 3.28　设

$$\boldsymbol{\alpha}_1=\begin{pmatrix}1\\0\\0\\1\end{pmatrix},\quad \boldsymbol{\alpha}_2=\begin{pmatrix}-3\\0\\0\\-3\end{pmatrix},\quad \boldsymbol{\alpha}_3=\begin{pmatrix}1\\1\\0\\1\end{pmatrix},\quad \boldsymbol{\alpha}_4=\begin{pmatrix}0\\1\\1\\1\end{pmatrix},\quad \boldsymbol{\alpha}_5=\begin{pmatrix}-1\\2\\1\\0\end{pmatrix}$$

是 $\mathbf{R}^4$ 中的一组向量．求向量空间 $\mathrm{Span}\{\boldsymbol{\alpha}_1, \boldsymbol{\alpha}_2, \boldsymbol{\alpha}_3, \boldsymbol{\alpha}_4, \boldsymbol{\alpha}_5\}$ 的一个规范正交基．

解　将向量组 $\boldsymbol{\alpha}_1$，$\boldsymbol{\alpha}_2$，$\boldsymbol{\alpha}_3$，$\boldsymbol{\alpha}_4$，$\boldsymbol{\alpha}_5$ 排成 4×5 矩阵

$$\boldsymbol{A}=(\boldsymbol{\alpha}_1, \boldsymbol{\alpha}_2, \boldsymbol{\alpha}_3, \boldsymbol{\alpha}_4, \boldsymbol{\alpha}_5)=\begin{pmatrix}1&-3&1&0&-1\\0&0&1&1&2\\0&0&0&1&1\\1&-3&1&1&0\end{pmatrix},$$

然后用初等行变换将 $\boldsymbol{A}$ 化为阶梯形

$$\boldsymbol{A}\rightarrow\begin{pmatrix}1&-3&1&0&-1\\0&0&1&1&2\\0&0&0&1&1\\0&0&0&0&0\end{pmatrix}.$$

因为 $\boldsymbol{A}$ 的阶梯形的主元位于第 1，3，4 列，所以 $\boldsymbol{\alpha}_1$，$\boldsymbol{\alpha}_3$，$\boldsymbol{\alpha}_4$ 是 $\boldsymbol{\alpha}_1$，$\boldsymbol{\alpha}_2$，$\boldsymbol{\alpha}_3$，$\boldsymbol{\alpha}_4$，$\boldsymbol{\alpha}_5$ 的一个极大无关组．因此，$\boldsymbol{\alpha}_1$，$\boldsymbol{\alpha}_3$，$\boldsymbol{\alpha}_4$ 是 $\mathrm{Span}\{\boldsymbol{\alpha}_1, \boldsymbol{\alpha}_2, \boldsymbol{\alpha}_3, \boldsymbol{\alpha}_4, \boldsymbol{\alpha}_5\}$ 的一个基．

将 $\boldsymbol{\alpha}_1$，$\boldsymbol{\alpha}_3$，$\boldsymbol{\alpha}_4$ 正交化，得到

$$\boldsymbol{\beta}_1=\boldsymbol{\alpha}_1=\begin{pmatrix}1\\0\\0\\1\end{pmatrix},$$

$$\boldsymbol{\beta}_2=-\frac{(\boldsymbol{\beta}_1,\boldsymbol{\alpha}_3)}{(\boldsymbol{\beta}_1,\boldsymbol{\beta}_1)}\boldsymbol{\beta}_1+\boldsymbol{\alpha}_3=-\begin{pmatrix}1\\0\\0\\1\end{pmatrix}+\begin{pmatrix}1\\1\\0\\1\end{pmatrix}=\begin{pmatrix}0\\1\\0\\0\end{pmatrix},$$

$$\boldsymbol{\beta}_3=-\frac{(\boldsymbol{\beta}_1,\boldsymbol{\alpha}_4)}{(\boldsymbol{\beta}_1,\boldsymbol{\beta}_1)}\boldsymbol{\beta}_1-\frac{(\boldsymbol{\beta}_2,\boldsymbol{\alpha}_4)}{(\boldsymbol{\beta}_2,\boldsymbol{\beta}_2)}\boldsymbol{\beta}_2+\boldsymbol{\alpha}_4=-\frac{1}{2}\begin{pmatrix}1\\0\\0\\1\end{pmatrix}-\begin{pmatrix}0\\1\\0\\0\end{pmatrix}+\begin{pmatrix}0\\1\\1\\1\end{pmatrix}=\frac{1}{2}\begin{pmatrix}-1\\0\\2\\1\end{pmatrix}.$$

将$\boldsymbol{\beta}_1$，$\boldsymbol{\beta}_2$，$\boldsymbol{\beta}_3$规范化，得到

$$\boldsymbol{\eta}_1=\frac{1}{\sqrt{2}}\begin{pmatrix}1\\0\\0\\1\end{pmatrix},\quad \boldsymbol{\eta}_2=\begin{pmatrix}0\\1\\0\\0\end{pmatrix},\quad \boldsymbol{\eta}_3=\frac{1}{\sqrt{6}}\begin{pmatrix}-1\\0\\2\\1\end{pmatrix}.$$

根据定理 3.14，$\boldsymbol{\alpha}_1$，$\boldsymbol{\alpha}_3$，$\boldsymbol{\alpha}_4$与$\boldsymbol{\eta}_1$，$\boldsymbol{\eta}_2$，$\boldsymbol{\eta}_3$是等价的．因此$\boldsymbol{\eta}_1$，$\boldsymbol{\eta}_2$，$\boldsymbol{\eta}_3$是向量空间 $\mathrm{Span}\{\boldsymbol{\alpha}_1,\boldsymbol{\alpha}_2,\boldsymbol{\alpha}_3,\boldsymbol{\alpha}_4,\boldsymbol{\alpha}_5\}$的一个规范正交基． ■

根据命题 3.16 和定理 3.14 有如下结论：

命题 3.19　**R** 上的向量空间 V 中的正交向量组可以扩充为 V 的正交基，规范正交向量组可以扩充为 V 的规范正交基．

对于给定的向量空间，如果要求空间中的向量关于基的坐标，通常情况下，需要求解一个线性方程组．如果一个基是规范正交基，那么下面的命题说明，求向量关于基的坐标将会非常容易．

命题 3.20　如果$\boldsymbol{\alpha}_1$，$\boldsymbol{\alpha}_2$，…，$\boldsymbol{\alpha}_m$是 **R** 上的向量空间 V 的规范正交基，那么 V 中任意向量$\boldsymbol{\beta}$在基$\boldsymbol{\alpha}_1$，$\boldsymbol{\alpha}_2$，…，$\boldsymbol{\alpha}_m$下的坐标为$(\boldsymbol{\beta},\boldsymbol{\alpha}_1)$，$(\boldsymbol{\beta},\boldsymbol{\alpha}_2)$，…，$(\boldsymbol{\beta},\boldsymbol{\alpha}_m)$，即

$$\boldsymbol{\beta}=(\boldsymbol{\beta},\boldsymbol{\alpha}_1)\boldsymbol{\alpha}_1+(\boldsymbol{\beta},\boldsymbol{\alpha}_2)\boldsymbol{\alpha}_2+\cdots+(\boldsymbol{\beta},\boldsymbol{\alpha}_m)\boldsymbol{\alpha}_m.$$

证明　设 V 中向量$\boldsymbol{\beta}$在基$\boldsymbol{\alpha}_1$，$\boldsymbol{\alpha}_2$，…，$\boldsymbol{\alpha}_m$下的坐标为 x_1，x_2，…，x_m，即

$$\boldsymbol{\beta}=x_1\boldsymbol{\alpha}_1+x_2\boldsymbol{\alpha}_2+\cdots+x_m\boldsymbol{\alpha}_m,$$

那么

$$\begin{aligned}(\boldsymbol{\beta},\boldsymbol{\alpha}_i)&=(x_1\boldsymbol{\alpha}_1+x_2\boldsymbol{\alpha}_2+\cdots+x_m\boldsymbol{\alpha}_m,\boldsymbol{\alpha}_i)\\&=x_1(\boldsymbol{\alpha}_1,\boldsymbol{\alpha}_1)+x_2(\boldsymbol{\alpha}_2,\boldsymbol{\alpha}_i)+\cdots+x_m(\boldsymbol{\alpha}_m,\boldsymbol{\alpha}_i)\\&=x_i\end{aligned}$$

因此，命题成立． ■

五、正交子空间

定义 3.32　设 V 是 $\mathbf{R}$ 上的向量空间，V_1 与 V_2 是 V 的两个子空间. 如果对任意的 $\boldsymbol{\alpha}\in V_1$，$\boldsymbol{\beta}\in V_2$，都有 $(\boldsymbol{\alpha}, \boldsymbol{\beta})=0$，那么称 V_1 与 V_2 是**正交**的.

命题 3.21　如果 $\mathbf{R}$ 上的向量空间 V 的两个子空间 V_1 与 V_2 是正交的，那么

$$V_1 \cap V_2 = \{\mathbf{0}\}.$$

证明　已知 V_1 与 V_2 是正交的. 如果 $\boldsymbol{\alpha}\in V_1\cap V_2$，那么 $(\boldsymbol{\alpha}, \boldsymbol{\alpha})=0$. 因此，$\boldsymbol{\alpha}=\mathbf{0}$. ∎

定理 3.16　设 $\boldsymbol{A}=(a_{ij})$ 是 $m\times n$ 实矩阵，那么我们有下列 4 个结论：

(1) $\boldsymbol{A}$ 的行空间 $R(\boldsymbol{A}^{\mathrm{T}})$ 与零空间 $N(\boldsymbol{A})$ 是 $\mathbf{R}^n$ 的两个正交子空间；

(2) $R(\boldsymbol{A}^{\mathrm{T}}) \cap N(\boldsymbol{A}) = \{\mathbf{0}\}$；

(3) $R(\boldsymbol{A}^{\mathrm{T}}) + N(\boldsymbol{A}) = \mathbf{R}^n$；

(4) $\dim R(\boldsymbol{A}^{\mathrm{T}}) + \dim N(\boldsymbol{A}) = \dim \mathbf{R}^n$，或者等价地 $\dim N(\boldsymbol{A}) = n - \mathrm{r}(\boldsymbol{A})$.

证明　(1) 由 $\boldsymbol{A}$ 的零空间 $N(\boldsymbol{A})$ 与行空间 $R(\boldsymbol{A}^{\mathrm{T}})$ 的定义可得.

(2) 根据命题 3. 21 可得.

(3) 设 $\boldsymbol{A}$ 的秩为 r，那么 $\dim R(\boldsymbol{A}^{\mathrm{T}})=r$. 设 $\boldsymbol{\beta}_1$，$\boldsymbol{\beta}_2$，…，$\boldsymbol{\beta}_r$ 是 $R(\boldsymbol{A}^{\mathrm{T}})$ 的一个正交基. 将 $\boldsymbol{\beta}_1$，$\boldsymbol{\beta}_2$，…，$\boldsymbol{\beta}_r$ 扩充为 $\mathbf{R}^n$ 的正交基 $\boldsymbol{\beta}_1$，$\boldsymbol{\beta}_2$，…，$\boldsymbol{\beta}_r$，$\boldsymbol{\beta}_{r+1}$，…，$\boldsymbol{\beta}_n$，令 $W=\mathrm{Span}\{\boldsymbol{\beta}_{r+1}, \boldsymbol{\beta}_{r+2}, \cdots, \boldsymbol{\beta}_n\}$.

事实 1　$R(\boldsymbol{A}^{\mathrm{T}})+W=\mathbf{R}^n$. 显然，$R(\boldsymbol{A}^{\mathrm{T}})+W\subseteq \mathbf{R}^n$. 对任意的 $\boldsymbol{\alpha}\in\mathbf{R}^n$，将 $\boldsymbol{\alpha}$ 表示为 $\boldsymbol{\beta}_1$，$\boldsymbol{\beta}_2$，…，$\boldsymbol{\beta}_r$，$\boldsymbol{\beta}_{r+1}$，$\boldsymbol{\beta}_{r+2}$，…，$\boldsymbol{\beta}_n$ 的线性组合

$$\boldsymbol{\alpha}=h_1\boldsymbol{\beta}_1+h_2\boldsymbol{\beta}_2+\cdots+h_r\boldsymbol{\beta}_r+h_{r+1}\boldsymbol{\beta}_{r+1}+h_{r+2}\boldsymbol{\beta}_{r+2}+\cdots+h_n\boldsymbol{\beta}_n.$$

令 $\boldsymbol{\beta}=h_1\boldsymbol{\beta}_1+h_2\boldsymbol{\beta}_2+\cdots+h_r\boldsymbol{\beta}_r$，$\boldsymbol{\gamma}=h_{r+1}\boldsymbol{\beta}_{r+1}+h_{r+2}\boldsymbol{\beta}_{r+2}+\cdots+h_n\boldsymbol{\beta}_n$，则 $\boldsymbol{\beta}\in R(\boldsymbol{A}^{\mathrm{T}})$，$\boldsymbol{\gamma}\in W$，并且 $\boldsymbol{\alpha}=\boldsymbol{\beta}+\boldsymbol{\gamma}\in R(\boldsymbol{A}^{\mathrm{T}})+W$，所以 $\mathbf{R}^n\subseteq R(\boldsymbol{A}^{\mathrm{T}})+W$. 因此，$R(\boldsymbol{A}^{\mathrm{T}})+W=\mathbf{R}^n$.

事实 2　$N(\boldsymbol{A})=W$. 显然有 $W\subseteq N(\boldsymbol{A})$. 对任意的 $\boldsymbol{\alpha}\in N(\boldsymbol{A})$，因为 $R(\boldsymbol{A}^{\mathrm{T}})+W=\mathbf{R}^n$，所以存在 $\boldsymbol{\beta}\in R(\boldsymbol{A}^{\mathrm{T}})$，$\boldsymbol{\gamma}\in W$，使得 $\boldsymbol{\alpha}=\boldsymbol{\beta}+\boldsymbol{\gamma}$. 又因为 $\boldsymbol{\alpha}$ 与 $R(\boldsymbol{A}^{\mathrm{T}})$ 中的向量都正交，所以

$$0=(\boldsymbol{\alpha}, \boldsymbol{\beta})=(\boldsymbol{\beta}+\boldsymbol{\gamma}, \boldsymbol{\beta})=(\boldsymbol{\beta}, \boldsymbol{\beta})+(\boldsymbol{\gamma}, \boldsymbol{\beta})=(\boldsymbol{\beta}, \boldsymbol{\beta}).$$

因此 $\boldsymbol{\beta}=\mathbf{0}$，即 $\boldsymbol{\alpha}=\boldsymbol{\gamma}\in W$. 这就证明了 $N(\boldsymbol{A})\subseteq W$. 因此 $N(\boldsymbol{A})=W$.

由上述两个事实可以推出 $R(\boldsymbol{A}^{\mathrm{T}})+N(\boldsymbol{A})=\mathbf{R}^n$.

(4) 由等式 $R(\boldsymbol{A}^{\mathrm{T}})+N(\boldsymbol{A})=\mathbf{R}^n$ 的证明可知

$$\dim R(\boldsymbol{A}^{\mathrm{T}})+\dim N(\boldsymbol{A})=\dim \mathbf{R}^n.$$ ∎

命题 3.22　如果 $\boldsymbol{A}$ 是实矩阵，那么 $\mathrm{r}(\boldsymbol{A}^{\mathrm{T}}\boldsymbol{A})=\mathrm{r}(\boldsymbol{A}\boldsymbol{A}^{\mathrm{T}})=\mathrm{r}(\boldsymbol{A})$.

证明 设 $\boldsymbol{A}$ 为 $m\times n$ 实矩阵．如果实向量 $\boldsymbol{\xi}\in N(\boldsymbol{A})$，即 $\boldsymbol{A\xi}=\boldsymbol{0}$，那么

$$(\boldsymbol{A}^{\mathrm{T}}\boldsymbol{A})\boldsymbol{\xi}=\boldsymbol{A}^{\mathrm{T}}(\boldsymbol{A\xi})=\boldsymbol{0},$$

故有 $\boldsymbol{\xi}\in N(\boldsymbol{A}^{\mathrm{T}}\boldsymbol{A})$，于是 $N(\boldsymbol{A})\subseteq N(\boldsymbol{A}^{\mathrm{T}}\boldsymbol{A})$．

如果实向量 $\boldsymbol{\xi}\in N(\boldsymbol{A}^{\mathrm{T}}\boldsymbol{A})$，即 $(\boldsymbol{A}^{\mathrm{T}}\boldsymbol{A})\boldsymbol{\xi}=\boldsymbol{0}$，那么

$$\|\boldsymbol{A\xi}\|^2=(\boldsymbol{A\xi})^{\mathrm{T}}(\boldsymbol{A\xi})=\boldsymbol{\xi}^{\mathrm{T}}(\boldsymbol{A}^{\mathrm{T}}\boldsymbol{A})\boldsymbol{\xi}=0.$$

于是 $\boldsymbol{A\xi}=\boldsymbol{0}$，故有 $\boldsymbol{\xi}\in N(\boldsymbol{A})$．因此 $N(\boldsymbol{A}^{\mathrm{T}}\boldsymbol{A})\subseteq N(\boldsymbol{A})$．

综上可知，$N(\boldsymbol{A})=N(\boldsymbol{A}^{\mathrm{T}}\boldsymbol{A})$．由此得

$$n-\mathrm{r}(\boldsymbol{A})=\dim N(\boldsymbol{A})=\dim N(\boldsymbol{A}^{\mathrm{T}}\boldsymbol{A})=n-\mathrm{r}(\boldsymbol{A}^{\mathrm{T}}\boldsymbol{A}).$$

因此，

$$\mathrm{r}(\boldsymbol{A}^{\mathrm{T}}\boldsymbol{A})=\mathrm{r}(\boldsymbol{A}).\tag{5}$$

因为 $\mathrm{r}(\boldsymbol{A}^{\mathrm{T}})=\mathrm{r}(\boldsymbol{A})$，所以由等式(5)可以得到

$$\mathrm{r}(\boldsymbol{A}\boldsymbol{A}^{\mathrm{T}})=\mathrm{r}(\boldsymbol{A}^{\mathrm{T}})=\mathrm{r}(\boldsymbol{A}).\tag{6}$$

综合(5)和(6)，我们有

$$\mathrm{r}(\boldsymbol{A}^{\mathrm{T}}\boldsymbol{A})=\mathrm{r}(\boldsymbol{A}\boldsymbol{A}^{\mathrm{T}})=\mathrm{r}(\boldsymbol{A}).$$ ■

六、正交矩阵

定义 3.33 如果 $\boldsymbol{\alpha}_1, \boldsymbol{\alpha}_2, \cdots, \boldsymbol{\alpha}_n$ 是向量空间 $\mathbf{R}^n$ 中的一个规范正交基，那么 $\boldsymbol{\alpha}_1, \boldsymbol{\alpha}_2, \cdots, \boldsymbol{\alpha}_n$ 按列构成的 n 阶矩阵 $\boldsymbol{Q}=(\boldsymbol{\alpha}_1, \boldsymbol{\alpha}_2, \cdots, \boldsymbol{\alpha}_n)$ 称为正交矩阵．

设 $\boldsymbol{\alpha}_1, \boldsymbol{\alpha}_2, \cdots, \boldsymbol{\alpha}_n$ 是 $\mathbf{R}^n$ 中的一个向量组，$\boldsymbol{Q}=(\boldsymbol{\alpha}_1, \boldsymbol{\alpha}_2, \cdots, \boldsymbol{\alpha}_n)$ 是 n 阶实矩阵．如果 $\boldsymbol{\alpha}_1, \boldsymbol{\alpha}_2, \cdots, \boldsymbol{\alpha}_n$ 为规范正交向量组，那么我们有

$$\begin{cases}(\boldsymbol{\alpha}_i, \boldsymbol{\alpha}_i)=\boldsymbol{\alpha}_i^{\mathrm{T}}\boldsymbol{\alpha}_i=1, & i=1, 2, \cdots, n,\\ (\boldsymbol{\alpha}_i, \boldsymbol{\alpha}_j)=\boldsymbol{\alpha}_i^{\mathrm{T}}\boldsymbol{\alpha}_j=0, & i, j=1, 2, \cdots, n, i\neq j.\end{cases}\tag{7}$$

于是

$$\boldsymbol{Q}^{\mathrm{T}}\boldsymbol{Q}=\begin{pmatrix}\boldsymbol{\alpha}_1^{\mathrm{T}}\\ \boldsymbol{\alpha}_2^{\mathrm{T}}\\ \vdots\\ \boldsymbol{\alpha}_n^{\mathrm{T}}\end{pmatrix}(\boldsymbol{\alpha}_1, \boldsymbol{\alpha}_2, \cdots, \boldsymbol{\alpha}_n)=\boldsymbol{I}_n.\tag{8}$$

反过来，表达式(8)成立时，必有表达式(7)成立，所以我们有如下命题．

命题 3.23 n 阶实矩阵 $\boldsymbol{Q}$ 为正交矩阵的充要条件是 $\boldsymbol{Q}^{\mathrm{T}}\boldsymbol{Q}=\boldsymbol{I}_n$． ■

因为 $\boldsymbol{Q}^{\mathrm{T}}\boldsymbol{Q}=\boldsymbol{I}_n$ 等价于 $\boldsymbol{Q}^{-1}=\boldsymbol{Q}^{\mathrm{T}}$，所以我们可以得到下面的推论 1.

推论 1 n 阶实矩阵 $\boldsymbol{Q}$ 为正交矩阵的充要条件是 $\boldsymbol{Q}^{-1}=\boldsymbol{Q}^{\mathrm{T}}$． ■

因为 $\boldsymbol{Q}^{\mathrm{T}}\boldsymbol{Q}=\boldsymbol{I}_n$ 等价于 $\boldsymbol{Q}\boldsymbol{Q}^{\mathrm{T}}=\boldsymbol{I}_n$，所以我们有下面的推论 2 和推论 3.

推论 2　向量空间 $\mathbf{R}^n$ 的规范正交基按行构成的 n 阶矩阵是正交矩阵. ■

推论 3　正交矩阵的转置是正交矩阵. ■

例 3.29　判断下列矩阵 $\boldsymbol{A}$ 是否为正交矩阵:

$$\boldsymbol{A}=\frac{1}{2}\begin{pmatrix}1 & 1 & 1 & 1\\ 1 & -1 & -1 & 1\\ 1 & -1 & 1 & -1\\ 1 & 1 & -1 & -1\end{pmatrix}.$$

解　因为 $\boldsymbol{A}^{\mathrm{T}}\boldsymbol{A}=\boldsymbol{I}$，所以根据命题 3.23，$\boldsymbol{A}$ 是正交矩阵. ■

七、最小二乘法

定义 3.34　有解的线性方程组称为相容的，无解的线性方程组称为不相容的.

定义 3.35　设 $\boldsymbol{A}$ 是 $m\times n$ 实矩阵，$\boldsymbol{\beta}\in\mathbf{R}^m$，$\boldsymbol{AX}=\boldsymbol{\beta}$ 是 $\mathbf{R}$ 上不相容的 $m\times n$ 线性方程组. 如果 $\boldsymbol{\gamma}\in\mathbf{R}^n$，使得 $\|\boldsymbol{\beta}-\boldsymbol{A\gamma}\|$ 达到最小，那么称 $\boldsymbol{\gamma}$ 为不相容方程组 $\boldsymbol{AX}=\boldsymbol{\beta}$ 的最小二乘解(least squares solution).

作为向量空间理论的应用，我们讨论不相容方程组的最小二乘解的存在性.

定义 3.36　设 V 是 $\mathbf{R}$ 上的向量空间. 对任意的 $\boldsymbol{\alpha}$，$\boldsymbol{\beta}\in V$，我们称实数 $\|\boldsymbol{\alpha}-\boldsymbol{\beta}\|$ 为 $\boldsymbol{\alpha}$ 与 $\boldsymbol{\beta}$ 之间的距离.

性质 3.4　设 V 是 $\mathbf{R}$ 上的向量空间. 对任意的 $\boldsymbol{\alpha}$，$\boldsymbol{\beta}$，$\boldsymbol{\gamma}\in V$，我们有下列结论:

(1) $\|\boldsymbol{\alpha}-\boldsymbol{\beta}\|\geqslant 0$，并且 $\|\boldsymbol{\alpha}-\boldsymbol{\beta}\|=0$ 当且仅当 $\boldsymbol{\alpha}=\boldsymbol{\beta}$;

(2) $\|\boldsymbol{\alpha}-\boldsymbol{\beta}\|=\|\boldsymbol{\beta}-\boldsymbol{\alpha}\|$;

(3) $\|\boldsymbol{\alpha}-\boldsymbol{\beta}\|\leqslant\|\boldsymbol{\alpha}-\boldsymbol{\gamma}\|+\|\boldsymbol{\gamma}-\boldsymbol{\beta}\|$.

证明　(1)与(2)是显然的.

(3) 根据命题 3.17 的(1)，

$$\|\boldsymbol{\alpha}-\boldsymbol{\beta}\|=\|(\boldsymbol{\alpha}-\boldsymbol{\gamma})+(\boldsymbol{\gamma}-\boldsymbol{\beta})\|\leqslant\|\boldsymbol{\alpha}-\boldsymbol{\gamma}\|+\|\boldsymbol{\gamma}-\boldsymbol{\beta}\|.$$ ■

定义 3.37　设 V 是 $\mathbf{R}$ 上的向量空间，$\boldsymbol{\alpha}\in V$，W 是 V 的子空间. 如果 $\boldsymbol{\alpha}$ 与 W 中的所有向量都正交，那么称向量 $\boldsymbol{\alpha}$ 与子空间 W 是正交的.

命题 3.24　设 V 是 $\mathbf{R}$ 上的向量空间，W 是 V 的子空间，$\boldsymbol{\beta}\in V$. 如果存在 $\boldsymbol{\alpha}\in W$，使得 $\boldsymbol{\beta}-\boldsymbol{\alpha}$ 与 W 是正交的，那么对任意的 $\boldsymbol{\gamma}\in W$，都有 $\|\boldsymbol{\beta}-\boldsymbol{\gamma}\|\geqslant\|\boldsymbol{\beta}-\boldsymbol{\alpha}\|$，并且满足要求的 $\boldsymbol{\alpha}\in W$ 是唯一的.

证明　由条件知 $\boldsymbol{\beta}-\boldsymbol{\alpha}$ 与 W 是正交的. 因为 $\boldsymbol{\alpha}-\boldsymbol{\gamma}\in W$，所以 $\boldsymbol{\beta}-\boldsymbol{\alpha}$ 与 $\boldsymbol{\alpha}-\boldsymbol{\gamma}$ 是正交的. 于是根据命题 3.17，我们有

$$\|\boldsymbol{\beta}-\boldsymbol{\gamma}\|^2=\|\boldsymbol{\beta}-\boldsymbol{\alpha}+\boldsymbol{\alpha}-\boldsymbol{\gamma}\|^2$$

$$= \|\boldsymbol{\beta}-\boldsymbol{\alpha}\|^2+\|\boldsymbol{\alpha}-\boldsymbol{\gamma}\|^2$$
$$\geqslant \|\boldsymbol{\beta}-\boldsymbol{\alpha}\|^2.$$

因此，$\|\boldsymbol{\beta}-\boldsymbol{\gamma}\| \geqslant \|\boldsymbol{\beta}-\boldsymbol{\alpha}\|$.

由上面的推理可知，$\|\boldsymbol{\beta}-\boldsymbol{\gamma}\| = \|\boldsymbol{\beta}-\boldsymbol{\alpha}\|$的充要条件是 $\boldsymbol{\gamma}=\boldsymbol{\alpha}$，所以满足要求的 $\boldsymbol{\alpha}\in W$ 是唯一的．■

命题 3.25　设 $\boldsymbol{A}$ 是 $m\times n$ 实矩阵．对任意向量 $\boldsymbol{\beta}\in\mathbf{R}^m$，$\mathbf{R}$ 上的线性方程组$(\boldsymbol{A}^{\mathrm{T}}\boldsymbol{A})\boldsymbol{X}=\boldsymbol{A}^{\mathrm{T}}\boldsymbol{\beta}$ 是相容的．

证明　根据定理 1.6，只需要证明 $\mathrm{r}(\boldsymbol{A}^{\mathrm{T}}\boldsymbol{A})=\mathrm{r}(\boldsymbol{A}^{\mathrm{T}}\boldsymbol{A},\ \boldsymbol{A}^{\mathrm{T}}\boldsymbol{\beta})$对 $\mathbf{R}^m$ 中任意向量 $\boldsymbol{\beta}$ 都成立．一方面，因为$(\boldsymbol{A}^{\mathrm{T}}\boldsymbol{A},\ \boldsymbol{A}^{\mathrm{T}}\boldsymbol{\beta})$比 $\boldsymbol{A}^{\mathrm{T}}\boldsymbol{A}$ 多一列，所以

$$\mathrm{r}(\boldsymbol{A}^{\mathrm{T}}\boldsymbol{A},\ \boldsymbol{A}^{\mathrm{T}}\boldsymbol{\beta}) \geqslant \mathrm{r}(\boldsymbol{A}^{\mathrm{T}}\boldsymbol{A}). \tag{9}$$

另一方面，因为$(\boldsymbol{A}^{\mathrm{T}}\boldsymbol{A},\ \boldsymbol{A}^{\mathrm{T}}\boldsymbol{\beta})=\boldsymbol{A}^{\mathrm{T}}(\boldsymbol{A},\ \boldsymbol{\beta})$，所以根据定理 2.4 和命题 3.22 得

$$\mathrm{r}(\boldsymbol{A}^{\mathrm{T}}\boldsymbol{A},\ \boldsymbol{A}^{\mathrm{T}}\boldsymbol{\beta})=\mathrm{r}(\boldsymbol{A}^{\mathrm{T}}(\boldsymbol{A},\ \boldsymbol{\beta})) \leqslant \mathrm{r}(\boldsymbol{A}^{\mathrm{T}})=\mathrm{r}(\boldsymbol{A}^{\mathrm{T}}\boldsymbol{A}). \tag{10}$$

综合式(9)与(10)，我们有 $\mathrm{r}(\boldsymbol{A}^{\mathrm{T}}\boldsymbol{A})=\mathrm{r}(\boldsymbol{A}^{\mathrm{T}}\boldsymbol{A},\ \boldsymbol{A}^{\mathrm{T}}\boldsymbol{\beta})$．■

定义 3.38　设 $\boldsymbol{AX}=\boldsymbol{\beta}$ 是 $\mathbf{R}$ 上不相容的线性方程组，相容的方程组

$$(\boldsymbol{A}^{\mathrm{T}}\boldsymbol{A})\boldsymbol{X}=\boldsymbol{A}^{\mathrm{T}}\boldsymbol{\beta}$$

称为 $\boldsymbol{AX}=\boldsymbol{\beta}$ 的正规方程组．

定理 3.17　设 $\boldsymbol{A}$ 是 $m\times n$ 实矩阵，$\boldsymbol{\beta}\in\mathbf{R}^m$，$\mathbf{R}$ 上不相容的线性方程组 $\boldsymbol{AX}=\boldsymbol{\beta}$ 一定存在最小二乘解．进一步地，$\boldsymbol{\gamma}$ 是 $\boldsymbol{AX}=\boldsymbol{\beta}$ 的最小二乘解当且仅当 $\boldsymbol{\gamma}$ 是相容的线性方程组$(\boldsymbol{A}^{\mathrm{T}}\boldsymbol{A})\boldsymbol{X}=\boldsymbol{A}^{\mathrm{T}}\boldsymbol{\beta}$ 的解．

证明　考虑 $\mathbf{R}$ 上的向量空间 $\mathbf{R}^m$ 及其子空间 $R(\boldsymbol{A})=\{\boldsymbol{A\gamma}\mid\boldsymbol{\gamma}\in\mathbf{R}^n\}$．因为由定理3.16知$R(\boldsymbol{A})+N(\boldsymbol{A}^{\mathrm{T}})=\mathbf{R}^m$，所以对向量$\boldsymbol{\beta}\in\mathbf{R}^m$，存在向量$\boldsymbol{\alpha}=\boldsymbol{A\gamma}\in R(\boldsymbol{A})$，$\boldsymbol{\xi}\in N(\boldsymbol{A}^{\mathrm{T}})$，使得$\boldsymbol{\beta}=\boldsymbol{\alpha}+\boldsymbol{\xi}$．由于$R(\boldsymbol{A})$与$N(\boldsymbol{A}^{\mathrm{T}})$是正交的，并且$\boldsymbol{\beta}-\boldsymbol{\alpha}=\boldsymbol{\xi}\in N(\boldsymbol{A}^{\mathrm{T}})$，所以$\boldsymbol{\beta}-\boldsymbol{\alpha}=\boldsymbol{\beta}-\boldsymbol{A\gamma}$与$R(\boldsymbol{A})$是正交的．根据命题3.24，$\boldsymbol{\gamma}$使得$\|\boldsymbol{\beta}-\boldsymbol{A\gamma}\|$达到最小．因此，$\boldsymbol{\gamma}$是不相容方程组$\boldsymbol{AX}=\boldsymbol{\beta}$的最小二乘解．

进一步地，$\boldsymbol{\gamma}$ 是 $\boldsymbol{AX}=\boldsymbol{\beta}$ 的最小二乘解当且仅当 $\boldsymbol{\gamma}$ 使得$\|\boldsymbol{\beta}-\boldsymbol{A\gamma}\|$达到最小，当且仅当 $\boldsymbol{\gamma}$ 使得$\boldsymbol{\beta}-\boldsymbol{A\gamma}$ 与 $R(\boldsymbol{A})$ 是正交的，当且仅当 $\boldsymbol{\gamma}$ 使得$\boldsymbol{\beta}-\boldsymbol{A\gamma}\in N(\boldsymbol{A}^{\mathrm{T}})$，当且仅当 $\boldsymbol{\gamma}$ 使得 $\boldsymbol{A}^{\mathrm{T}}(\boldsymbol{\beta}-\boldsymbol{A\gamma})=\mathbf{0}$，当且仅当 $\boldsymbol{\gamma}$ 是线性方程组$(\boldsymbol{A}^{\mathrm{T}}\boldsymbol{A})\boldsymbol{X}=\boldsymbol{A}^{\mathrm{T}}\boldsymbol{\beta}$ 的解．■

推论　设 $\boldsymbol{A}$ 是 $m\times n$ 实矩阵，$\boldsymbol{\beta}\in\mathbf{R}^m$．如果 $\mathrm{r}(\boldsymbol{A})=n$，那么 $\mathbf{R}$ 上的不相容方程组 $\boldsymbol{AX}=\boldsymbol{\beta}$ 有唯一的最小二乘解 $\boldsymbol{X}=(\boldsymbol{A}^{\mathrm{T}}\boldsymbol{A})^{-1}\boldsymbol{A}^{\mathrm{T}}\boldsymbol{\beta}$．■

定义 3.39　通过不相容方程组的正规方程组求其最小二乘解的方法称为最小二乘法．

例 3.30　求不相容方程组 $\boldsymbol{AX}=\boldsymbol{\beta}$ 的最小二乘解，其中

$$\boldsymbol{A}=\begin{pmatrix}1&1&0&0\\2&2&0&0\\1&1&1&0\\3&0&3&0\\1&0&0&1\\1&0&0&1\end{pmatrix},\quad \boldsymbol{\beta}=\begin{pmatrix}-3\\-1\\0\\2\\0\\1\end{pmatrix}.$$

解　因为

$$\boldsymbol{A}^{\mathrm{T}}\boldsymbol{A}=\begin{pmatrix}1&2&1&3&1&1\\1&2&1&0&0&0\\0&0&1&3&0&0\\0&0&0&0&1&1\end{pmatrix}\begin{pmatrix}1&1&0&0\\2&2&0&0\\1&1&1&0\\3&0&3&0\\1&0&0&1\\1&0&0&1\end{pmatrix}=\begin{pmatrix}17&6&10&2\\6&6&1&0\\10&1&10&0\\2&0&0&2\end{pmatrix},$$

$$\boldsymbol{A}^{\mathrm{T}}\boldsymbol{\beta}=\begin{pmatrix}1&2&1&3&1&1\\1&2&1&0&0&0\\0&0&1&3&0&0\\0&0&0&0&1&1\end{pmatrix}\begin{pmatrix}-3\\-1\\0\\2\\0\\1\end{pmatrix}=\begin{pmatrix}2\\-5\\6\\1\end{pmatrix},$$

正规方程组 $(\boldsymbol{A}^{\mathrm{T}}\boldsymbol{A})\boldsymbol{X}=\boldsymbol{A}^{\mathrm{T}}\boldsymbol{\beta}$ 的增广矩阵

$$\begin{pmatrix}17&6&10&2&2\\6&6&1&0&-5\\10&1&10&0&6\\2&0&0&2&1\end{pmatrix}$$

的简化阶梯形为

$$\begin{pmatrix}1&0&0&0&-\dfrac{1}{3}\\0&1&0&0&-\dfrac{2}{3}\\0&0&1&0&1\\0&0&0&1&\dfrac{5}{6}\end{pmatrix},$$

所以不相容方程组 $\boldsymbol{AX}=\boldsymbol{\beta}$ 的最小二乘解为

$$\begin{pmatrix} x_1 \\ x_2 \\ x_3 \\ x_4 \end{pmatrix} = \begin{pmatrix} -\frac{1}{3} \\ -\frac{2}{3} \\ 1 \\ \frac{5}{6} \end{pmatrix}.$$ ■

最小二乘法产生的背景 最小二乘法的发明是为了处理天文学与大地测量学中的数据①．天文学与大地测量学中的一些数据分析问题可以描述如下：有 $n+1$ 个可以测量的量 $a_1, a_2, \cdots, a_n, b$ 与 n 个需要估计的参数 $x_1, x_2, \cdots, x_n$. 理论上，它们之间应有线性关系

$$a_1x_1 + a_2x_2 + \cdots + a_nx_n = b, \tag{11}$$

但是因为对 $a_1, a_2, \cdots, a_n, b$ 的测量存在误差，所以我们只能对 $x_1, x_2, \cdots, x_n$ 作出近似估计．为了获得 $x_1, x_2, \cdots, x_n$ 的估计值，我们对 $a_1, a_2, \cdots, a_n, b$ 作 m 次测量．出于提供尽可能多的信息的考虑，测量的次数 m 总是大于甚至远远大于 n. 设在第 i 次测量中，$a_1, a_2, \cdots, a_n, b$ 分别取值 $a_{i1}, a_{i2}, \cdots, a_{in}, b_i$，$i=1, 2, \cdots, m$，那么根据等式(11)我们有下面的方程组

$$\begin{cases} a_{11}x_1 + a_{12}x_2 + \cdots + a_{1n}x_n = b_1, \\ a_{21}x_1 + a_{22}x_2 + \cdots + a_{2n}x_n = b_2, \\ \cdots\cdots\cdots\cdots \\ a_{m1}x_1 + a_{m2}x_2 + \cdots + a_{mn}x_n = b_m. \end{cases} \tag{12}$$

因为测量误差的存在，(12)中的方程组通常是不相容的．可以证明，在很多情况下，(12)的最小二乘解是 $x_1, x_2, \cdots, x_n$ 的理想估计．

现在，最小二乘法的应用极其广泛．下面我们通过一个例题来介绍最小二乘法在经济预测方面的应用．

例 3.31 下面是某地过去 5 年的收入情况：

第 n 年	1	2	3	4	5
收入/亿元	3 006.3	3 314.9	3 661.1	4 027.2	4 702.0

假设收入与 n 的关系是线性的，预测第 6 年的收入．

解 设第 n 年的收入为 y，那么 $y = kn + b$．代入数据得到关于 k, b

① 通常认为最小二乘法是高斯的贡献，因为高斯于 1809 年在他的著作《天体运动论》中给出了这种方法．然而，最早提出最小二乘法的人并不是高斯．法国科学家勒让德于 1805 年发表了一本题为《计算彗星轨道的新方法》的著作．在这本书的附录中，勒让德第一次描述了最小二乘法的思想、具体的做法以及这种方法的优点．

的方程组

$$\begin{cases} k+b=3\ 006.3, \\ 2k+b=3\ 314.9, \\ 3k+b=3\ 661.1, \\ 4k+b=4\ 027.2, \\ 5k+b=4\ 702.0. \end{cases}$$

令

$$\boldsymbol{A}=\begin{pmatrix} 1 & 1 \\ 2 & 1 \\ 3 & 1 \\ 4 & 1 \\ 5 & 1 \end{pmatrix}, \quad \boldsymbol{X}=\begin{pmatrix} k \\ b \end{pmatrix}, \quad \boldsymbol{\beta}=\begin{pmatrix} 3\ 006.3 \\ 3\ 314.9 \\ 3\ 661.1 \\ 4\ 027.2 \\ 4\ 702.0 \end{pmatrix},$$

那么

$$\boldsymbol{A}^{\mathrm{T}}\boldsymbol{A}=\begin{pmatrix} 55 & 15 \\ 15 & 5 \end{pmatrix}, \quad \boldsymbol{A}^{\mathrm{T}}\boldsymbol{\beta}=\begin{pmatrix} 60\ 238.2 \\ 18\ 711.5 \end{pmatrix}.$$

于是不相容方程组 $\boldsymbol{AX}=\boldsymbol{\beta}$ 的最小二乘解为

$$\boldsymbol{X}=(\boldsymbol{A}^{\mathrm{T}}\boldsymbol{A})^{-1}\boldsymbol{A}^{\mathrm{T}}\boldsymbol{\beta}=\begin{pmatrix} 410.37 \\ 2\ 511.19 \end{pmatrix}.$$

因此，$y=410.37n+2\ 511.19$. 令 $n=6$，得到第 6 年的收入为

$$y=410.37\times 6+2\ 511.19=4\ 973.41(\text{亿元}).$$ ■

例题中的直线方程 $y=410.37n+2511.19$ 称为数据点

(1，3 006.3)，(2，3 314.9)，(3，3 661.1)，(4，4 027.2)，(5，4 702.0)

的最小二乘直线拟合.

习题三

1. 设 $\alpha=\begin{pmatrix} 1 \\ 2 \\ 3 \\ 4 \end{pmatrix}$，$\boldsymbol{\beta}=\begin{pmatrix} 0 \\ 2 \\ 4 \\ 6 \end{pmatrix}$，计算 $3\boldsymbol{\alpha}+4\boldsymbol{\beta}$.

2. 设 $\boldsymbol{\alpha}_1=\begin{pmatrix} 2 \\ 5 \\ 1 \\ 2 \end{pmatrix}$，$\boldsymbol{\alpha}_2=\begin{pmatrix} 3 \\ 1 \\ 5 \\ 2 \end{pmatrix}$，$\boldsymbol{\alpha}_3=\begin{pmatrix} 4 \\ 3 \\ 6 \\ 7 \end{pmatrix}$. 求满足等式 $2(\boldsymbol{\alpha}_1+\boldsymbol{\beta})+3(\boldsymbol{\alpha}_2-\boldsymbol{\beta})=2(\boldsymbol{\alpha}_3+\boldsymbol{\beta})$ 的向量 $\boldsymbol{\beta}$.

3. 设 a_1，a_2，…，a_n 是实数，

$$V=\{\boldsymbol{\alpha}\mid\boldsymbol{\alpha}=(x_1,\ x_2,\ \cdots,\ x_n)^{\mathrm{T}}\in\mathbf{R}^n,$$
$$x_1-a_1=x_2-a_2=\cdots=x_n-a_n\},$$

讨论 a_1，a_2，…，a_n 满足什么条件时，V 构成 $\mathbf{R}$ 上的向量空间 .

4. 证明 $\mathbf{R}^2$ 的下列子集不能构成 $\mathbf{R}$ 上的向量空间：

(1) $V_1=\{\boldsymbol{\alpha}\mid\boldsymbol{\alpha}=(x,\ y)^{\mathrm{T}}\in\mathbf{R}^2,\ x\geqslant 0,\ y\geqslant 0\}$；

(2) $V_2=\{\boldsymbol{\alpha}\mid\boldsymbol{\alpha}=(x,\ y)^{\mathrm{T}}\in\mathbf{R}^2,\ xy\geqslant 0\}$；

(3) $V_3=\{\boldsymbol{\alpha}\mid\boldsymbol{\alpha}=(x,\ y)^{\mathrm{T}}\in\mathbf{R}^2,\ x^2+y^2\leqslant 1\}$.

5. 设 $W=\{\boldsymbol{\alpha}\mid\boldsymbol{\alpha}=(x_1,\ x_2,\ \cdots,\ x_n)^{\mathrm{T}}\in\mathbf{R}^n,\ x_1x_2\cdots x_n=0\}$，证明 W 不构成 $\mathbf{R}$ 上的向量空间 .

6. 设 $W=\{\boldsymbol{\alpha}\mid\boldsymbol{\alpha}=(3x_1+2x_2,\ x_1,\ x_2)^{\mathrm{T}}\in\mathbf{R}^3,\ x_1,\ x_2$ 为任意实数$\}$.

(1) 证明 W 是 $\mathbf{R}^3$ 的一个子空间；

(2) 求 $\boldsymbol{\beta}$，$\boldsymbol{\gamma}\in\mathbf{R}^3$，使得 $W=\mathrm{Span}\{\boldsymbol{\beta};\ \boldsymbol{\gamma}\}$.

7. 判断下列命题的真假，并说明理由：

(1) $\mathbf{R}^2$ 是 $\mathbf{R}^3$ 的子空间；

(2) $W=\{\boldsymbol{\alpha}\mid\boldsymbol{\alpha}=(-x_1+2,\ x_1-2x_2,\ 3x_2+2x_1)^{\mathrm{T}}\in\mathbf{R}^3,\ x_1,\ x_2$ 为任意实数$\}$ 是 $\mathbf{R}^3$ 的子空间；

(3) $m\times n$ 实矩阵 $\boldsymbol{A}$ 的零空间 $N(\boldsymbol{A})$ 是向量空间 $\mathbf{R}^n$ 的子空间；

(4) $m\times n$ 实矩阵 $\boldsymbol{A}$ 的列空间 $R(\boldsymbol{A})$ 是向量空间 $\boldsymbol{R}^n$ 的子空间；

(5) $\mathbf{R}^n$ 中的零向量可以构成 $\mathbf{R}$ 上的向量空间；

(6) 如果 V_1，V_2 是 $\mathbf{F}$ 上的向量空间 V 的两个子空间，那么 V_1 与 V_2 的并 $V_1\cup V_2$ 是 V 的子空间 .

8. 判断下列向量组是否线性相关：

(1) $\boldsymbol{\alpha}_1=\begin{pmatrix}1\\0\\2\end{pmatrix}$，$\boldsymbol{\alpha}_2=\begin{pmatrix}4\\1\\5\end{pmatrix}$，$\boldsymbol{\alpha}_3=\begin{pmatrix}3\\2\\0\end{pmatrix}$；

(2) $\boldsymbol{\alpha}_1=\begin{pmatrix}1\\0\\3\end{pmatrix}$，$\boldsymbol{\alpha}_2=\begin{pmatrix}2\\1\\8\end{pmatrix}$，$\boldsymbol{\alpha}_3=\begin{pmatrix}1\\-1\\2\end{pmatrix}$.

9. 如果向量组 $\boldsymbol{\alpha}_1$，$\boldsymbol{\alpha}_2$，$\boldsymbol{\alpha}_3$ 是线性无关的，证明向量组 $\boldsymbol{\alpha}_1-\boldsymbol{\alpha}_2$，$2\boldsymbol{\alpha}_2+3\boldsymbol{\alpha}_3$，$\boldsymbol{\alpha}_1+\boldsymbol{\alpha}_3$ 也是线性无关的 .

10. 设 m，n 是两个正整数，并且 $m < n$，$\boldsymbol{\alpha}_i = (a_{1i}, a_{2i}, \cdots, a_{mi})^{\mathrm{T}}$ 是 $\mathbf{F}^m$ 中的向量，$\boldsymbol{\beta}_i = (a_{1i}, a_{2i}, \cdots, a_{mi}, a_{(m+1)i}, \cdots, a_{ni})^{\mathrm{T}}$ 是 $\mathbf{F}^n$ 中的向量，$i \in \{1, 2, \cdots, t\}$. 证明如果 $\boldsymbol{\alpha}_1, \boldsymbol{\alpha}_2, \cdots, \boldsymbol{\alpha}_t$ 是线性无关的，那么 $\boldsymbol{\beta}_1, \boldsymbol{\beta}_2, \cdots, \boldsymbol{\beta}_t$ 是线性无关的；如果 $\boldsymbol{\beta}_1, \boldsymbol{\beta}_2, \cdots, \boldsymbol{\beta}_t$ 是线性相关的，那么 $\boldsymbol{\alpha}_1, \boldsymbol{\alpha}_2, \cdots, \boldsymbol{\alpha}_t$ 是线性相关的.

11. 设向量组 $\boldsymbol{\alpha}_1, \boldsymbol{\alpha}_2, \boldsymbol{\alpha}_3$ 是线性无关的，问 a，b 满足什么条件时 $a\boldsymbol{\alpha}_2 - \boldsymbol{\alpha}_1$，$b\boldsymbol{\alpha}_3 - \boldsymbol{\alpha}_2$，$\boldsymbol{\alpha}_1 - \boldsymbol{\alpha}_3$ 是线性无关的？

12. 设向量组 $\boldsymbol{\alpha}_1, \boldsymbol{\alpha}_2, \boldsymbol{\alpha}_3$ 是线性无关的，向量组 $\boldsymbol{\alpha}_1, \boldsymbol{\alpha}_2, \boldsymbol{\alpha}_3, \boldsymbol{\alpha}_4$ 是线性相关的.

(1) $\boldsymbol{\alpha}_1$ 能否由 $\boldsymbol{\alpha}_2, \boldsymbol{\alpha}_3$ 线性表示？证明你的结论.

(2) $\boldsymbol{\alpha}_4$ 能否由 $\boldsymbol{\alpha}_1, \boldsymbol{\alpha}_2, \boldsymbol{\alpha}_3$ 线性表示？证明你的结论.

13. 已知 $\boldsymbol{\beta} = \begin{pmatrix} 2 \\ 3 \\ -4 \\ 1 \end{pmatrix}$，$\boldsymbol{\alpha}_1 = \begin{pmatrix} 1 \\ -1 \\ 2 \\ 2 \end{pmatrix}$，$\boldsymbol{\alpha}_2 = \begin{pmatrix} 0 \\ 3 \\ 1 \\ 4 \end{pmatrix}$，$\boldsymbol{\alpha}_3 = \begin{pmatrix} 3 \\ 0 \\ 7 \\ 10 \end{pmatrix}$，$\boldsymbol{\alpha}_4 = \begin{pmatrix} 1 \\ 1 \\ 3 \\ 5 \end{pmatrix}$，问 $\boldsymbol{\beta}$ 能否由 $\boldsymbol{\alpha}_1, \boldsymbol{\alpha}_2, \boldsymbol{\alpha}_3, \boldsymbol{\alpha}_4$ 线性表示？

14. 设 $\boldsymbol{\alpha}_1 = \begin{pmatrix} a \\ 2 \\ 10 \end{pmatrix}$，$\boldsymbol{\alpha}_2 = \begin{pmatrix} -2 \\ 1 \\ 5 \end{pmatrix}$，$\boldsymbol{\alpha}_3 = \begin{pmatrix} -1 \\ 1 \\ 4 \end{pmatrix}$，$\boldsymbol{\beta}_1 = \begin{pmatrix} 1 \\ b \\ -1 \end{pmatrix}$，分别求 a，b 的值，使得下列结论成立：

(1) 向量 $\boldsymbol{\beta}$ 不能由向量组 $\boldsymbol{\alpha}_1, \boldsymbol{\alpha}_2, \boldsymbol{\alpha}_3$ 线性表示；

(2) 向量 $\boldsymbol{\beta}$ 能由向量组 $\boldsymbol{\alpha}_1, \boldsymbol{\alpha}_2, \boldsymbol{\alpha}_3$ 线性表示，并且表示方法是唯一的；

(3) 向量 $\boldsymbol{\beta}$ 能由向量组 $\boldsymbol{\alpha}_1, \boldsymbol{\alpha}_2, \boldsymbol{\alpha}_3$ 线性表示，但是表示方法是不唯一的.

15. 设 $\boldsymbol{A} = \begin{pmatrix} 1 & -2 & -1 & -2 \\ 4 & 1 & 2 & 1 \\ 2 & 5 & 4 & -1 \\ 1 & 1 & 1 & 1 \end{pmatrix}$，$\boldsymbol{\alpha} = \begin{pmatrix} 6 \\ 9 \\ 0 \\ 1 \end{pmatrix}$，试确定 $\boldsymbol{\alpha}$ 是否在 $\boldsymbol{A}$ 的列空间中，是否在 $\boldsymbol{A}$ 的零空间中，或者同时在这两个空间中.

16. 举例说明下列命题不成立：

(1) 如果存在一组不全为零的常数 $k_1, k_2, \cdots, k_m$，使得 $k_1\boldsymbol{\alpha}_1 + k_2\boldsymbol{\alpha}_2 + \cdots + k_m\boldsymbol{\alpha}_m \neq \mathbf{0}$，那么向量组 $\boldsymbol{\alpha}_1, \boldsymbol{\alpha}_2, \cdots, \boldsymbol{\alpha}_m$ 是线性无关的；

(2) 如果向量组 $\boldsymbol{\alpha}_1, \boldsymbol{\alpha}_2, \cdots, \boldsymbol{\alpha}_m$ 是线性相关的，那么 $\boldsymbol{\alpha}_1$ 一定可以由 $\boldsymbol{\alpha}_2$，

$\boldsymbol{\alpha}_3$，…，$\boldsymbol{\alpha}_m$ 线性表示；

（3）如果 $\boldsymbol{\beta}$ 不能由向量组 $\boldsymbol{\alpha}_1$，$\boldsymbol{\alpha}_2$，…，$\boldsymbol{\alpha}_m$ 线性表示，那么 $\boldsymbol{\beta}$，$\boldsymbol{\alpha}_1$，$\boldsymbol{\alpha}_2$，…，$\boldsymbol{\alpha}_m$ 一定是线性无关的；

（4）向量组 $\boldsymbol{\alpha}_1$，$\boldsymbol{\alpha}_2$，…，$\boldsymbol{\alpha}_m$ 是线性无关的充分必要条件是 $\boldsymbol{\alpha}_1$，$\boldsymbol{\alpha}_2$，…，$\boldsymbol{\alpha}_m$ 中任意两个向量的分量不成比例；

（5）线性相关的向量组至少有一个部分组（真子集）也是线性相关的.

17. 设 $\boldsymbol{\alpha}_1$，$\boldsymbol{\alpha}_2$，$\boldsymbol{\alpha}_3$，$\boldsymbol{\alpha}_4$ 是 $\mathbf{F}^n$ 中的向量. 已知 $\boldsymbol{\alpha}_4$ 不能由 $\boldsymbol{\alpha}_1$，$\boldsymbol{\alpha}_2$，$\boldsymbol{\alpha}_3$ 线性表示，但是 $\boldsymbol{\alpha}_1$ 能由 $\boldsymbol{\alpha}_2$，$\boldsymbol{\alpha}_3$，$\boldsymbol{\alpha}_4$ 线性表示. 证明 $\boldsymbol{\alpha}_1$ 能由 $\boldsymbol{\alpha}_2$，$\boldsymbol{\alpha}_3$ 线性表示.

18. 设 $\boldsymbol{\alpha}_1$，$\boldsymbol{\alpha}_2$，$\boldsymbol{\alpha}_3$，$\boldsymbol{\alpha}_4$，$\boldsymbol{\alpha}_5$ 是 $\mathbf{F}^n$ 中的向量. 已知 $\mathrm{r}(\boldsymbol{\alpha}_1, \boldsymbol{\alpha}_2, \boldsymbol{\alpha}_3) = \mathrm{r}(\boldsymbol{\alpha}_1, \boldsymbol{\alpha}_2, \boldsymbol{\alpha}_3, \boldsymbol{\alpha}_4) = 3$，$\mathrm{r}(\boldsymbol{\alpha}_1, \boldsymbol{\alpha}_2, \boldsymbol{\alpha}_3, \boldsymbol{\alpha}_4, \boldsymbol{\alpha}_5) = 4$. 证明 $\boldsymbol{\alpha}_1$，$\boldsymbol{\alpha}_2$，$\boldsymbol{\alpha}_3$，$2\boldsymbol{\alpha}_4 + \boldsymbol{\alpha}_5$ 是线性无关的.

19. 求下列向量组的一个极大无关组，并且将不在极大无关组中的向量用极大无关组线性表示：

（1）$\boldsymbol{\alpha}_1 = \begin{pmatrix} 1 \\ 0 \\ 2 \\ 1 \end{pmatrix}$，$\boldsymbol{\alpha}_2 = \begin{pmatrix} 1 \\ 2 \\ 0 \\ 1 \end{pmatrix}$，$\boldsymbol{\alpha}_3 = \begin{pmatrix} 2 \\ 1 \\ 3 \\ 0 \end{pmatrix}$，$\boldsymbol{\alpha}_4 = \begin{pmatrix} 2 \\ 5 \\ -1 \\ 4 \end{pmatrix}$；

（2）$\boldsymbol{\alpha}_1 = \begin{pmatrix} 3 \\ 1 \\ 2 \\ 5 \end{pmatrix}$，$\boldsymbol{\alpha}_2 = \begin{pmatrix} 1 \\ 1 \\ 1 \\ 2 \end{pmatrix}$，$\boldsymbol{\alpha}_3 = \begin{pmatrix} 2 \\ 0 \\ 1 \\ 3 \end{pmatrix}$，$\boldsymbol{\alpha}_4 = \begin{pmatrix} 1 \\ -1 \\ 0 \\ 1 \end{pmatrix}$，$\boldsymbol{\alpha}_5 = \begin{pmatrix} 4 \\ 2 \\ 3 \\ 7 \end{pmatrix}$.

20. 设 $\boldsymbol{\alpha}_1 = \begin{pmatrix} 1 \\ -1 \\ 2 \\ 4 \end{pmatrix}$，$\boldsymbol{\alpha}_2 = \begin{pmatrix} 0 \\ 3 \\ 1 \\ 2 \end{pmatrix}$，$\boldsymbol{\alpha}_3 = \begin{pmatrix} 3 \\ 0 \\ 7 \\ 14 \end{pmatrix}$，$\boldsymbol{\alpha}_4 = \begin{pmatrix} 1 \\ -2 \\ 2 \\ 0 \end{pmatrix}$，$\boldsymbol{\alpha}_5 = \begin{pmatrix} 2 \\ 1 \\ 5 \\ 10 \end{pmatrix}$ 是 $\mathbf{R}^4$ 中的一个向量组.

（1）求 $\mathrm{Span}\{\boldsymbol{\alpha}_1, \boldsymbol{\alpha}_2, \cdots, \boldsymbol{\alpha}_5\}$ 的一个基；

（2）将求得的 $\mathrm{Span}\{\boldsymbol{\alpha}_1, \boldsymbol{\alpha}_2, \cdots, \boldsymbol{\alpha}_5\}$ 的基扩充成为 $\mathbf{R}^4$ 的一个基.

21. （1）证明 $\boldsymbol{\alpha}_1 = \begin{pmatrix} 1 \\ -1 \\ 0 \end{pmatrix}$，$\boldsymbol{\alpha}_2 = \begin{pmatrix} 2 \\ 1 \\ 3 \end{pmatrix}$，$\boldsymbol{\alpha}_3 = \begin{pmatrix} 3 \\ 1 \\ 2 \end{pmatrix}$ 是 $\mathbf{R}^3$ 的一个基；

（2）分别求向量$\boldsymbol{\beta}_1=\begin{pmatrix}3\\0\\2\end{pmatrix}$与$\boldsymbol{\beta}_2=\begin{pmatrix}-2\\3\\-4\end{pmatrix}$关于基$\boldsymbol{\alpha}_1$，$\boldsymbol{\alpha}_2$，$\boldsymbol{\alpha}_3$的坐标．

22. 设$\boldsymbol{\alpha}_1$，$\boldsymbol{\alpha}_2$，$\boldsymbol{\alpha}_3$是$\mathbf{F}$上的3维向量空间V的一个基，令

$$\boldsymbol{\beta}_1=\boldsymbol{\alpha}_1+2\boldsymbol{\alpha}_2+3\boldsymbol{\alpha}_3,\quad \boldsymbol{\beta}_2=2\boldsymbol{\alpha}_1+2\boldsymbol{\alpha}_2+4\boldsymbol{\alpha}_3,\quad \boldsymbol{\beta}_3=3\boldsymbol{\alpha}_1+\boldsymbol{\alpha}_2+3\boldsymbol{\alpha}_3.$$

（1）证明$\boldsymbol{\beta}_1$，$\boldsymbol{\beta}_2$，$\boldsymbol{\beta}_3$也是V的一个基；

（2）求向量$\boldsymbol{\alpha}_1+\boldsymbol{\alpha}_2+3\boldsymbol{\alpha}_3$关于基$\boldsymbol{\beta}_1$，$\boldsymbol{\beta}_2$，$\boldsymbol{\beta}_3$的坐标．

23. 设$\boldsymbol{\alpha}_1=\begin{pmatrix}1\\2\\-1\\0\end{pmatrix}$，$\boldsymbol{\alpha}_2=\begin{pmatrix}1\\-1\\1\\1\end{pmatrix}$，$\boldsymbol{\alpha}_3=\begin{pmatrix}-1\\2\\1\\1\end{pmatrix}$，$\boldsymbol{\alpha}_4=\begin{pmatrix}-1\\-1\\0\\1\end{pmatrix}$与$\boldsymbol{\beta}_1=\begin{pmatrix}2\\1\\0\\1\end{pmatrix}$，

$\boldsymbol{\beta}_2=\begin{pmatrix}0\\1\\2\\2\end{pmatrix}$，$\boldsymbol{\beta}_3=\begin{pmatrix}-2\\1\\1\\2\end{pmatrix}$，$\boldsymbol{\beta}_4=\begin{pmatrix}1\\3\\1\\2\end{pmatrix}$是$\mathbf{R}^4$的两个基．

（1）求基$\boldsymbol{\alpha}_1$，$\boldsymbol{\alpha}_2$，$\boldsymbol{\alpha}_3$，$\boldsymbol{\alpha}_4$到基$\boldsymbol{\beta}_1$，$\boldsymbol{\beta}_2$，$\boldsymbol{\beta}_3$，$\boldsymbol{\beta}_4$的过渡矩阵；

（2）如果向量$\boldsymbol{\xi}$关于基$\boldsymbol{\alpha}_1$，$\boldsymbol{\alpha}_2$，$\boldsymbol{\alpha}_3$，$\boldsymbol{\alpha}_4$的坐标为$\begin{pmatrix}1\\0\\0\\0\end{pmatrix}$，求$\boldsymbol{\xi}$关于基$\boldsymbol{\beta}_1$，$\boldsymbol{\beta}_2$，$\boldsymbol{\beta}_3$，$\boldsymbol{\beta}_4$的坐标；

（3）如果向量$\boldsymbol{\eta}$关于基$\boldsymbol{\beta}_1$，$\boldsymbol{\beta}_2$，$\boldsymbol{\beta}_3$，$\boldsymbol{\beta}_4$的坐标为$\begin{pmatrix}1\\2\\-1\\0\end{pmatrix}$，求$\boldsymbol{\eta}$关于基$\boldsymbol{\alpha}_1$，$\boldsymbol{\alpha}_2$，$\boldsymbol{\alpha}_3$，$\boldsymbol{\alpha}_4$的坐标．

24. 设$\boldsymbol{\alpha}_1=\begin{pmatrix}1\\1\\1\end{pmatrix}$，$\boldsymbol{\alpha}_2=\begin{pmatrix}1\\1\\0\end{pmatrix}$，$\boldsymbol{\alpha}_3=\begin{pmatrix}1\\0\\0\end{pmatrix}$与$\boldsymbol{\beta}_1=\begin{pmatrix}0\\0\\1\end{pmatrix}$，$\boldsymbol{\beta}_2=\begin{pmatrix}0\\1\\1\end{pmatrix}$，$\boldsymbol{\beta}_3=\begin{pmatrix}1\\1\\1\end{pmatrix}$是$\mathbf{R}^3$的两个基，求$\mathbf{R}^3$中关于这两个基有相同坐标的所有向量．

25. 求下列齐次线性方程组的一个基础解系，并且用求得的基础解系表示方程组的通解：

(1) $\begin{cases} 3x_1+5x_2-4x_3=0, \\ -3x_1-2x_2+4x_3=0, \\ 6x_1+x_2-8x_3=0; \end{cases}$　(2) $\begin{cases} x_1+2x_2+x_3+x_4+x_5=0, \\ 2x_1+4x_2+3x_3+2x_4+x_5=0, \\ -x_1-2x_2+x_3+3x_4-3x_5=0, \\ 2x_3+5x_4-2x_5=0; \end{cases}$

(3) $\begin{cases} x_1+x_2+x_5=0, \\ x_1+x_2+x_3=0, \\ x_3+x_4+x_5=0; \end{cases}$　(4) $nx_1+(n-1)x_2+\cdots+2x_{n-1}+x_n=0.$

26. 已知矩阵 $\boldsymbol{A}=\begin{pmatrix} -3 & 6 & -1 & 1 & -7 \\ 1 & -2 & 2 & 3 & -1 \\ 2 & -4 & 5 & 8 & -4 \end{pmatrix}$.

(1) 求 $\boldsymbol{A}$ 的零空间的维数与一个基；

(2) 求 $\boldsymbol{A}$ 的列空间的维数与一个基.

27. 设 $\boldsymbol{\alpha}_1$，$\boldsymbol{\alpha}_2$，$\boldsymbol{\beta}_1$，$\boldsymbol{\beta}_2$ 都是 $\mathbf{R}^3$ 中的向量，并且 $\boldsymbol{\alpha}_1$，$\boldsymbol{\alpha}_2$ 线性无关，$\boldsymbol{\beta}_1$，$\boldsymbol{\beta}_2$ 线性无关.

(1) 证明存在既可以由 $\boldsymbol{\alpha}_1$，$\boldsymbol{\alpha}_2$ 线性表示，又可以由 $\boldsymbol{\beta}_1$，$\boldsymbol{\beta}_2$ 线性表示的非零向量；

(2) 当 $\boldsymbol{\alpha}_1=\begin{pmatrix}1\\2\\1\end{pmatrix}$，$\boldsymbol{\alpha}_2=\begin{pmatrix}2\\5\\3\end{pmatrix}$，$\boldsymbol{\beta}_1=\begin{pmatrix}2\\3\\-1\end{pmatrix}$，$\boldsymbol{\beta}_2=\begin{pmatrix}-1\\0\\3\end{pmatrix}$ 时，求出所有既可以由 $\boldsymbol{\alpha}_1$，$\boldsymbol{\alpha}_2$ 线性表示，又可以由 $\boldsymbol{\beta}_1$，$\boldsymbol{\beta}_2$ 线性表示的向量.

28. 求一个齐次线性方程组，使得 $\boldsymbol{\xi}_1=\begin{pmatrix}0\\1\\2\\3\end{pmatrix}$，$\boldsymbol{\xi}_2=\begin{pmatrix}3\\2\\1\\0\end{pmatrix}$，是它的一个基础解系.

29. 设 $\boldsymbol{A}$ 是 $\mathbf{F}$ 上的 $m\times n$ 矩阵，$m<n$，$\mathrm{r}(\boldsymbol{A})=m$，$\boldsymbol{B}$ 是 $\mathbf{F}$ 上的 $n\times(n-m)$ 矩阵，并且 $\boldsymbol{AB}=\mathbf{0}$. 如果 $\mathrm{r}(\boldsymbol{B})=n-m$. 证明 $\boldsymbol{B}$ 的列构成的向量组是齐次线性方程组 $\boldsymbol{AX}=\mathbf{0}$ 的一个基础解系.

30. 求下列非齐次线性方程组的通解(用导出方程组的基础解系表示)：

(1) $\begin{cases} 3x_1+5x_2-4x_3=7, \\ -3x_1-2x_2+4x_3=-1, \\ 6x_1+x_2-8x_3=-4; \end{cases}$　(2) $\begin{cases} x_1+2x_2+3x_3+4x_4=5, \\ x_1-x_2+x_3+x_4=1; \end{cases}$

(3) $\begin{cases} 2x_1 - x_2 + 4x_3 - 3x_4 = -4, \\ x_1 + x_3 - x_4 = -3, \\ 3x_1 + x_2 + x_3 = 1, \\ 7x_1 + 7x_3 - 3x_4 = 3; \end{cases}$　　(4) $x_1 + x_2 + x_3 + x_4 + x_5 = 8.$

31. 设$\boldsymbol{\eta}_1$，$\boldsymbol{\eta}_2$，$\boldsymbol{\eta}_s$是非齐次线性方程组$\boldsymbol{AX}=\boldsymbol{\beta}$的解向量，$k_1$，$k_2$，…，$k_s$是实数，并且满足$k_1+k_2+\cdots+k_s=1$. 证明$\boldsymbol{\eta}=k_1\boldsymbol{\eta}_1+k_1\boldsymbol{\eta}_2+\cdots+k_s\boldsymbol{\eta}_s$是$\boldsymbol{AX}=\boldsymbol{\beta}$的解向量.

32. 设$\mathbf{F}$上的$m\times n$线性方程组$\boldsymbol{AX}=\boldsymbol{\beta}$有无穷多个解，$\mathrm{r}(\boldsymbol{A})=r$. 设$\boldsymbol{\gamma}_0$是$\boldsymbol{AX}=\boldsymbol{\beta}$的一个特解，$\boldsymbol{\xi}_1$，$\boldsymbol{\xi}_2$，…，$\boldsymbol{\xi}_{n-r}$是其导出方程组$\boldsymbol{AX}=\mathbf{0}$的一个基础解系. 证明$\boldsymbol{\gamma}_0$，$\boldsymbol{\gamma}_0+\boldsymbol{\xi}_1$，$\boldsymbol{\gamma}_0+\boldsymbol{\xi}_2$，…，$\boldsymbol{\gamma}_0+\boldsymbol{\xi}_{n-r}$线性无关，并且方程组$\boldsymbol{AX}=\boldsymbol{\beta}$的任意一个解都可以由$\boldsymbol{\gamma}_0$，$\boldsymbol{\gamma}_0+\boldsymbol{\xi}_1$，$\boldsymbol{\gamma}_0+\boldsymbol{\xi}_2$，…，$\boldsymbol{\gamma}_0+\boldsymbol{\xi}_{n-r}$线性表示.

33. 已知$\boldsymbol{A}=(\boldsymbol{\alpha}_1, \boldsymbol{\alpha}_2, \boldsymbol{\alpha}_3, \boldsymbol{\alpha}_4)$是4阶矩阵，向量组$\boldsymbol{\alpha}_2$，$\boldsymbol{\alpha}_3$，$\boldsymbol{\alpha}_4$是线性无关的，并且$\boldsymbol{\alpha}_1=2\boldsymbol{\alpha}_2-\boldsymbol{\alpha}_3$，$\boldsymbol{\beta}=\boldsymbol{\alpha}_1+\boldsymbol{\alpha}_2+\boldsymbol{\alpha}_3+\boldsymbol{\alpha}_4$. 求方程组$\boldsymbol{AX}=\boldsymbol{\beta}$的通解.

34. 设$\boldsymbol{A}=\begin{pmatrix} a & 1 & 1 \\ 0 & a-1 & 0 \\ 1 & 1 & a \end{pmatrix}$，$\boldsymbol{\beta}=\begin{pmatrix} b \\ 1 \\ 1 \end{pmatrix}$，并且线性方程组$\boldsymbol{AX}=\boldsymbol{\beta}$存在两个不同解.

(1) 求参数a，b；

(2) 求$\boldsymbol{AX}=\boldsymbol{\beta}$的通解.

35. 设$\boldsymbol{A}=(\boldsymbol{\alpha}_1, \boldsymbol{\alpha}_2, \boldsymbol{\alpha}_3, \boldsymbol{\alpha}_4)$是$m\times 4$矩阵，$\boldsymbol{\alpha}_4$可以表示为$\boldsymbol{\alpha}_1$，$\boldsymbol{\alpha}_2$，$\boldsymbol{\alpha}_3$的线性组合，$\boldsymbol{\alpha}_4=3\boldsymbol{\alpha}_1-\boldsymbol{\alpha}_2+5\boldsymbol{\alpha}_3$，并且表示的方法是唯一的.

(1) 证明$\boldsymbol{\alpha}_1$，$\boldsymbol{\alpha}_2$，$\boldsymbol{\alpha}_3$是线性无关的；

(2) 如果$\boldsymbol{\beta}=\boldsymbol{\alpha}_1-\boldsymbol{\alpha}_2+2\boldsymbol{\alpha}_3+3\boldsymbol{\alpha}_4$，求方程组$\boldsymbol{AX}=\boldsymbol{\beta}$的通解.

36. 设$\boldsymbol{\alpha}=\begin{pmatrix} 1 \\ 2 \\ 0 \\ 1 \end{pmatrix}$，$\boldsymbol{\beta}=\begin{pmatrix} 4 \\ 3 \\ 2 \\ 1 \end{pmatrix}$，$\boldsymbol{\gamma}=\begin{pmatrix} -2 \\ 3 \\ 1 \\ 4 \end{pmatrix}$是$\mathbf{R}^4$中的三个向量，求

$$(\boldsymbol{\alpha}, \boldsymbol{\beta}),\ (\boldsymbol{\alpha}, \boldsymbol{\beta}+\boldsymbol{\gamma}),\ \|\boldsymbol{\alpha}\|,\ \|\boldsymbol{\beta}\|,\ \langle\boldsymbol{\alpha}, \boldsymbol{\beta}\rangle,\ \langle\boldsymbol{\beta}, \boldsymbol{\gamma}\rangle.$$

37. 设$\boldsymbol{\alpha}$，$\boldsymbol{\beta}$是$\mathbf{R}^n$中的两个向量，证明以下结论，并在$n=2$时说明其几何意义：

$$\|\boldsymbol{\alpha}+\boldsymbol{\beta}\|^2+\|\boldsymbol{\alpha}-\boldsymbol{\beta}\|^2=2\|\boldsymbol{\alpha}\|^2+2\|\boldsymbol{\beta}\|^2.$$

38. 在 $\mathbf{R}^4$ 中求一个单位向量，使它与向量 $\boldsymbol{\alpha}_1=\begin{pmatrix}1\\1\\-1\\1\end{pmatrix}$，$\boldsymbol{\alpha}_2=\begin{pmatrix}1\\-1\\-1\\1\end{pmatrix}$，

$\boldsymbol{\alpha}_3=\begin{pmatrix}2\\1\\1\\3\end{pmatrix}$ 都正交．

39. 用施密特方法将下列线性无关向量组正交规范化：

（1）$\boldsymbol{\alpha}_1=\begin{pmatrix}-1\\0\\1\end{pmatrix}$，$\boldsymbol{\alpha}_2=\begin{pmatrix}0\\1\\0\end{pmatrix}$，$\boldsymbol{\alpha}_3=\begin{pmatrix}1\\0\\1\end{pmatrix}$；

（2）$\boldsymbol{\alpha}_1=\begin{pmatrix}1\\0\\-1\\1\end{pmatrix}$，$\boldsymbol{\alpha}_2=\begin{pmatrix}1\\-1\\0\\1\end{pmatrix}$，$\boldsymbol{\alpha}_3=\begin{pmatrix}-1\\1\\1\\0\end{pmatrix}$，

40. 求实数 a，b，c，使得下列矩阵为正交矩阵：

（1）$\boldsymbol{A}=\begin{pmatrix}0&1&0\\a&0&c\\b&0&\frac{1}{2}\end{pmatrix}$　　　（2）$\boldsymbol{B}=\begin{pmatrix}a&b\\c&2c\end{pmatrix}$．

41. 设 $\boldsymbol{\alpha}$ 是 $\mathbf{R}^n$ 中的单位向量．证明 $\boldsymbol{P}=\boldsymbol{I}-2\boldsymbol{\alpha}\boldsymbol{\alpha}^{\mathrm{T}}$ 是正交矩阵．

42. 用最小二乘法求直线方程 $y=kx+b$，拟合下列数据点：

$$(2,\ 1),\ (5,\ 2),\ (7,\ 3),\ (8,\ 3).$$

第四章　行列式

行列式是我们在线性代数中常用的工具，本章介绍行列式的定义、性质、计算方法以及应用．

4.1　2 阶行列式

MOOC 4.1

2 阶行列式

本节介绍 2 阶行列式的定义与性质．考虑二元一次方程组

$$\begin{cases} a_{11}x_1 + a_{12}x_2 = b_1, \\ a_{21}x_1 + a_{22}x_2 = b_2. \end{cases} \tag{1}$$

假设方程组(1)的系数满足下列两个条件：

(1) $a_{11} \neq 0$;

(2) $a_{11}a_{22} - a_{12}a_{21} \neq 0$.

我们可以用消元法求方程组(1)的解．因为 $a_{11} \neq 0$，所以可将第 1 个方程的$\left(-\dfrac{a_{21}}{a_{11}}\right)$倍加到第 2 个方程，得到

$$\begin{cases} a_{11}x_1 + a_{12}x_2 = b_1, \\ \left(a_{22} - \dfrac{a_{12}a_{21}}{a_{11}}\right)x_2 = b_2 - \dfrac{b_1 a_{21}}{a_{11}}. \end{cases}$$

整理得

$$\begin{cases} a_{11}x_1 + a_{12}x_2 = b_1, \\ (a_{11}a_{22} - a_{12}a_{21})x_2 = a_{11}b_2 - b_1a_{21}. \end{cases} \tag{2}$$

因为 $a_{11}a_{22} - a_{12}a_{21} \neq 0$，所以可由方程组(2)的第 2 个方程解得

$$x_2 = \frac{a_{11}b_2 - b_1a_{21}}{a_{11}a_{22} - a_{12}a_{21}}. \tag{3}$$

将式(3)中关于 x_2 的表达式代入方程组(2)的第 1 个方程中，得到

$$x_1 = \frac{b_1a_{22} - a_{12}b_2}{a_{11}a_{22} - a_{12}a_{21}}.$$

因此，我们得到方程组(1)的唯一解为

$$x_1 = \frac{b_1a_{22} - a_{12}b_2}{a_{11}a_{22} - a_{12}a_{21}}, \qquad x_2 = \frac{a_{11}b_2 - b_1a_{21}}{a_{11}a_{22} - a_{12}a_{21}}. \tag{4}$$

注意到式(4)中 x_1，x_2 的表达式的分母都是 $a_{11}a_{22} - a_{12}a_{21}$，它由方程组(1)的系数矩阵唯一确定．实际上，这一数值就是我们要定义的二元一次方程组的系数矩阵的行列式．

定义 4.1　由 2 阶矩阵 $\boldsymbol{A}=\begin{pmatrix} a_{11} & a_{12} \\ a_{21} & a_{22} \end{pmatrix}$ 确定的表达式 $a_{11}a_{22}-a_{12}a_{21}$ 的运算结果称为 $\boldsymbol{A}$ 的行列式(determinant)，记作

$$\det \boldsymbol{A}=|\boldsymbol{A}|=\begin{vmatrix} a_{11} & a_{12} \\ a_{21} & a_{22} \end{vmatrix}=a_{11}a_{22}-a_{12}a_{21}.$$

2 阶矩阵的行列式称为 2 阶行列式①.

当 $\begin{vmatrix} a_{11} & a_{12} \\ a_{21} & a_{22} \end{vmatrix}\neq 0$ 时，方程组(1)有唯一解，并且它的解可以用 2 阶行列式表示为

$$x_1=\frac{\begin{vmatrix} b_1 & a_{12} \\ b_2 & a_{22} \end{vmatrix}}{\begin{vmatrix} a_{11} & a_{12} \\ a_{21} & a_{22} \end{vmatrix}},\quad x_2=\frac{\begin{vmatrix} a_{11} & b_1 \\ a_{21} & b_2 \end{vmatrix}}{\begin{vmatrix} a_{11} & a_{12} \\ a_{21} & a_{22} \end{vmatrix}}. \tag{5}$$

例 4.1　用行列式求解线性方程组

$$\begin{cases} x_1+x_2=33, \\ 2x_1+4x_2=100. \end{cases} \tag{6}$$

解　由表达式(5)可知，方程组(6)的解为

$$x_1=\frac{\begin{vmatrix} 33 & 1 \\ 100 & 4 \end{vmatrix}}{\begin{vmatrix} 1 & 1 \\ 2 & 4 \end{vmatrix}}=16,\quad x_2=\frac{\begin{vmatrix} 1 & 33 \\ 2 & 100 \end{vmatrix}}{\begin{vmatrix} 1 & 1 \\ 2 & 4 \end{vmatrix}}=17.$$ ■

下面讨论 2 阶行列式的性质. 设 $|\boldsymbol{A}|$ 是 2 阶矩阵 $\boldsymbol{A}=(a_{ij})$ 的行列式.

性质 4.1　如果互换 $\boldsymbol{A}$ 的两列得到的矩阵为 $\boldsymbol{B}$，那么 $|\boldsymbol{B}|=-|\boldsymbol{A}|$，即

$$\begin{vmatrix} a_{12} & a_{11} \\ a_{22} & a_{21} \end{vmatrix}=-\begin{vmatrix} a_{11} & a_{12} \\ a_{21} & a_{22} \end{vmatrix}.$$

证明　由 2 阶行列式的定义可知

$$\begin{vmatrix} a_{11} & a_{12} \\ a_{21} & a_{22} \end{vmatrix}=a_{11}a_{22}-a_{12}a_{21},$$

$$\begin{vmatrix} a_{12} & a_{11} \\ a_{22} & a_{21} \end{vmatrix}=a_{12}a_{21}-a_{11}a_{22}=-(a_{11}a_{22}-a_{12}a_{21}),$$

---

① 行列式在 1683 年由日本数学家关孝和(约 1642—1708)发现. 关孝和深受中国数学文献的影响，他提炼并推广中国的消元法，并展示了行列式在其中所起的作用. 柯西首次创造了“行列式”这个词.

所以

$$\begin{vmatrix} a_{12} & a_{11} \\ a_{22} & a_{21} \end{vmatrix} = -\begin{vmatrix} a_{11} & a_{12} \\ a_{21} & a_{22} \end{vmatrix}.$$ ■

推论 如果 $\boldsymbol{A}$ 的两列相等，那么 $|\boldsymbol{A}|=0.$ ■

下面 4 个性质的证明方法与性质 4.1 的证明方法类似，我们只给出结论，请读者自己证明.

性质 4.2 如果 $\boldsymbol{A}$ 的某列乘常数 k 得到的矩阵为 $\boldsymbol{B}$，那么 $|\boldsymbol{B}|=k|\boldsymbol{A}|$，即

$$\begin{vmatrix} ka_{11} & a_{12} \\ ka_{21} & a_{22} \end{vmatrix} = \begin{vmatrix} a_{11} & ka_{12} \\ a_{21} & ka_{22} \end{vmatrix} = k\begin{vmatrix} a_{11} & a_{12} \\ a_{21} & a_{22} \end{vmatrix}.$$ ■

推论 1 如果 $\boldsymbol{A}$ 含有 0 列，那么 $|\boldsymbol{A}|=0.$ ■

推论 2 如果 k 是常数，那么 $|k\boldsymbol{A}|=k^2|\boldsymbol{A}|.$ ■

推论 3 如果 $\boldsymbol{A}$ 的两列对应元素成比例，那么 $|\boldsymbol{A}|=0.$ ■

性质 4.3 如果 $\boldsymbol{A}$ 的某列的每个元素都可以分解为两个数之和，那么 $\boldsymbol{A}$ 的行列式可以分解为两个行列式的和，即

$$\begin{vmatrix} a_{11}+b_{11} & a_{12} \\ a_{21}+b_{21} & a_{22} \end{vmatrix} = \begin{vmatrix} a_{11} & a_{12} \\ a_{21} & a_{22} \end{vmatrix} + \begin{vmatrix} b_{11} & a_{12} \\ b_{21} & a_{22} \end{vmatrix},$$

$$\begin{vmatrix} a_{11} & a_{12}+c_{12} \\ a_{21} & a_{22}+c_{22} \end{vmatrix} = \begin{vmatrix} a_{11} & a_{12} \\ a_{21} & a_{22} \end{vmatrix} + \begin{vmatrix} a_{11} & c_{12} \\ a_{21} & c_{22} \end{vmatrix}.$$ ■

性质 4.4 如果 $\boldsymbol{A}$ 的某列的 k 倍加到另一列上，得到的矩阵为 $\boldsymbol{B}$，那么 $|\boldsymbol{B}|=|\boldsymbol{A}|$，即

$$\begin{vmatrix} a_{11} & ka_{11}+a_{12} \\ a_{21} & ka_{21}+a_{22} \end{vmatrix} = \begin{vmatrix} a_{11} & a_{12} \\ a_{21} & a_{22} \end{vmatrix}, \quad \begin{vmatrix} a_{11}+ka_{12} & a_{12} \\ a_{21}+ka_{22} & a_{22} \end{vmatrix} = \begin{vmatrix} a_{11} & a_{12} \\ a_{21} & a_{22} \end{vmatrix}.$$ ■

性质 4.5 $\boldsymbol{A}$ 的转置的行列式等于 $\boldsymbol{A}$ 的行列式，即 $|\boldsymbol{A}^{\mathrm{T}}|=|\boldsymbol{A}|.$ ■

因此，2 阶行列式关于列成立的性质与推论关于行也成立.

4.2 n 阶行列式的定义

MOOC 4.2

n 阶行列式的定义

上一节定义了 2 阶矩阵的行列式，本节用递推的方法定义 n 阶矩阵的行列式. 设 $n\geqslant 3$ 是正整数，并且已经定义了 2，3，…，$n-1$ 阶矩阵的行列式，为了定义 n 阶矩阵的行列式，我们先做一些准备工作.

定义 4.2 对于 n 阶矩阵

$$A=\begin{pmatrix} a_{11} & a_{12} & \cdots & a_{1n} \\ a_{21} & a_{22} & \cdots & a_{2n} \\ \vdots & \vdots & & \vdots \\ a_{n1} & a_{n2} & \cdots & a_{nn} \end{pmatrix},$$

划去 $\boldsymbol{A}$ 的 $(i,\ j)$-元 a_{ij}所在的第 i 行与第 j 列，剩下的元素按照它们原来的相对位置排成的 $n-1$ 阶矩阵

$$M_{ij}=\begin{pmatrix} a_{11} & \cdots & a_{1(j-1)} & a_{1(j+1)} & \cdots & a_{1n} \\ \vdots & & \vdots & \vdots & & \vdots \\ a_{(i-1)1} & \cdots & a_{(i-1)(j-1)} & a_{(i-1)(j+1)} & \cdots & a_{(i-1)n} \\ a_{(i+1)1} & \cdots & a_{(i+1)(j-1)} & a_{(i+1)(j+1)} & \cdots & a_{(i+1)n} \\ \vdots & & \vdots & \vdots & & \vdots \\ a_{n1} & \cdots & a_{n(j-1)} & a_{n(j+1)} & \cdots & a_{nn} \end{pmatrix}$$

称为 a_{ij} 在 $\boldsymbol{A}$ 中的余子阵，$\boldsymbol{M}_{ij}$ 的行列式 $|\boldsymbol{M}_{ij}|$ 称为 a_{ij} 在 $\boldsymbol{A}$ 中的余子式，$A_{ij}=(-1)^{i+j}|\boldsymbol{M}_{ij}|$ 称为 a_{ij} 在 $\boldsymbol{A}$ 中的代数余子式.

例 4.2　设

$$A=\begin{pmatrix} a_{11} & a_{12} & a_{13} & a_{14} \\ a_{21} & a_{22} & a_{23} & a_{24} \\ a_{31} & a_{32} & a_{33} & a_{34} \\ a_{41} & a_{42} & a_{43} & a_{44} \end{pmatrix},$$

那么 a_{23}在 $\boldsymbol{A}$ 中的余子阵为

$$M_{23}=\begin{pmatrix} a_{11} & a_{12} & a_{14} \\ a_{31} & a_{32} & a_{34} \\ a_{41} & a_{42} & a_{44} \end{pmatrix},$$

a_{23}在 $\boldsymbol{A}$ 中的代数余子式为

$$A_{23}=(-1)^{2+3}|M_{23}|=-|M_{23}|.$$ ■

定义 4.3　设 $n\geqslant 3$ 是正整数，$A=\begin{pmatrix} a_{11} & a_{12} & \cdots & a_{1n} \\ a_{21} & a_{22} & \cdots & a_{2n} \\ \vdots & \vdots & & \vdots \\ a_{n1} & a_{n2} & \cdots & a_{nn} \end{pmatrix}$是 n 阶矩阵.

对所有的 $j\in\{1,\ 2,\ \cdots,\ n\}$，设 A_{1j}是 a_{1j}在 $\boldsymbol{A}$ 中的代数余子式，$\boldsymbol{A}$ 的行列式定义为常数

$$a_{11}A_{11}+a_{12}A_{12}+\cdots+a_{1n}A_{1n}=\sum_{j=1}^{n}a_{1j}A_{1j}.$$

n 阶矩阵 $\boldsymbol{A}$ 的行列式称为 n 阶行列式，记作 $\det \boldsymbol{A}$ 或者 $|\boldsymbol{A}|$[①].

方阵 $\boldsymbol{A}$ 的行与列也称为 $\boldsymbol{A}$ 的行列式的行与列．1 阶矩阵 $\boldsymbol{A}=(a)$ 的行列式规定为 $|\boldsymbol{A}|=a$.

例 4.3　3 阶行列式

$$\det\begin{pmatrix} a_{11} & a_{12} & a_{13} \\ a_{21} & a_{22} & a_{23} \\ a_{31} & a_{32} & a_{33} \end{pmatrix} = \begin{vmatrix} a_{11} & a_{12} & a_{13} \\ a_{21} & a_{22} & a_{23} \\ a_{31} & a_{32} & a_{33} \end{vmatrix}$$

$$= a_{11}\begin{vmatrix} a_{22} & a_{23} \\ a_{32} & a_{33} \end{vmatrix} - a_{12}\begin{vmatrix} a_{21} & a_{23} \\ a_{31} & a_{33} \end{vmatrix} + a_{13}\begin{vmatrix} a_{21} & a_{22} \\ a_{31} & a_{32} \end{vmatrix}$$

$$= a_{11}a_{22}a_{33} + a_{12}a_{23}a_{31} + a_{13}a_{21}a_{32} - a_{11}a_{23}a_{32} - a_{12}a_{21}a_{33} - a_{13}a_{22}a_{31}.$$ ■

例 4.4　4 阶行列式

$$\det\begin{pmatrix} a_{11} & a_{12} & a_{13} & a_{14} \\ a_{21} & a_{22} & a_{23} & a_{24} \\ a_{31} & a_{32} & a_{33} & a_{34} \\ a_{41} & a_{42} & a_{43} & a_{44} \end{pmatrix} = \begin{vmatrix} a_{11} & a_{12} & a_{13} & a_{14} \\ a_{21} & a_{22} & a_{23} & a_{24} \\ a_{31} & a_{32} & a_{33} & a_{34} \\ a_{41} & a_{42} & a_{43} & a_{44} \end{vmatrix}$$

$$= a_{11}A_{11} + a_{12}A_{12} + a_{13}A_{13} + a_{14}A_{14},$$

其中

$$A_{11} = (-1)^{1+1}|\boldsymbol{M}_{11}| = \begin{vmatrix} a_{22} & a_{23} & a_{24} \\ a_{32} & a_{33} & a_{34} \\ a_{42} & a_{43} & a_{44} \end{vmatrix},$$

$$A_{12} = (-1)^{1+2}|\boldsymbol{M}_{12}| = -\begin{vmatrix} a_{21} & a_{23} & a_{24} \\ a_{31} & a_{33} & a_{34} \\ a_{41} & a_{43} & a_{44} \end{vmatrix},$$

$$A_{13} = (-1)^{1+3}|\boldsymbol{M}_{13}| = \begin{vmatrix} a_{21} & a_{22} & a_{24} \\ a_{31} & a_{32} & a_{34} \\ a_{41} & a_{42} & a_{44} \end{vmatrix},$$

$$A_{14} = (-1)^{1+4}|\boldsymbol{M}_{14}| = -\begin{vmatrix} a_{21} & a_{22} & a_{23} \\ a_{31} & a_{32} & a_{33} \\ a_{41} & a_{42} & a_{43} \end{vmatrix}.$$ ■

① 用 $|\boldsymbol{A}|$ 表示方阵 $\boldsymbol{A}$ 的行列式是凯莱在 1841 年发明的．

根据 n 阶行列式的定义，很容易得到以下几个事实：

（1）n 阶矩阵 $\boldsymbol{A}=(a_{ij})$ 的行列式是 $\boldsymbol{A}$ 中位于不同行，不同列的 n 个元素乘积的代数和

$$\det \boldsymbol{A} = \sum \pm a_{1j_1}a_{2j_2}\cdots a_{nj_n},$$

其中 j_1，j_2，…，j_n 两两不相等，这个和式称为 det $\boldsymbol{A}$ 的展开式．

（2）和号下有 $n!$ 项，每一项的符号由 j_1，j_2，…，j_n 决定，进一步地，当 $n\geqslant 2$ 时，和号下面带正号与带负号的项的数目是相等的．

（3）$a_{11}a_{22}\cdots a_{nn}$ 是 det $\boldsymbol{A}$ 的展开式中的一项．

例 4.5　证明：如果

$$\boldsymbol{A}=\begin{pmatrix} a_{11} & 0 & 0 & \cdots & 0 \\ a_{21} & a_{22} & 0 & \cdots & 0 \\ a_{31} & a_{32} & a_{33} & \cdots & 0 \\ \vdots & \vdots & \vdots & & \vdots \\ a_{n1} & a_{n2} & a_{n3} & \cdots & a_{nn} \end{pmatrix}$$

是下三角形矩阵，那么

$$\det \boldsymbol{A} = a_{11}a_{22}\cdots a_{nn}.$$

证明　对矩阵的阶数 n 用数学归纳法．结论对 1 阶矩阵显然成立．假设结论对所有 $n-1$ 阶下三角形矩阵都成立，下面证明结论对 n 阶下三角形矩阵 $\boldsymbol{A}$ 也成立．根据行列式的定义，$\boldsymbol{A}$ 的行列式等于 $\boldsymbol{A}$ 的第 1 行的元素乘相应的代数余子式之和．因为在 $\boldsymbol{A}$ 的第 1 行上，a_{11} 以外的元素都等于零，并且 a_{11} 的代数余子式等于它的余子式，所以，

$$\det \boldsymbol{A} = a_{11}\cdot\det\begin{pmatrix} a_{22} & \cdots & 0 \\ \vdots & & \vdots \\ a_{n2} & \cdots & a_{nn} \end{pmatrix}.$$

根据归纳假设，

$$\det\begin{pmatrix} a_{22} & \cdots & 0 \\ \vdots & & \vdots \\ a_{n2} & \cdots & a_{nn} \end{pmatrix} = a_{22}\cdots a_{nn},$$

于是得到

$$\det \boldsymbol{A} = a_{11}a_{22}\cdots a_{nn}. \qquad \blacksquare$$

下三角形矩阵的行列式称为下三角形行列式．根据例 4.5，单位矩阵的行列式等于 1，对角矩阵的行列式满足

$$\det\begin{pmatrix} a_{11} & & & \\ & a_{22} & & \\ & & \ddots & \\ & & & a_{nn} \end{pmatrix} = a_{11}a_{22}\cdots a_{nn}.$$

例 4.6 设 $\boldsymbol{A}$ 是 n 阶矩阵，$\boldsymbol{B}$ 是 t 阶矩阵．证明

$$\det\begin{pmatrix} \boldsymbol{A} & \boldsymbol{0} \\ \boldsymbol{0} & \boldsymbol{B} \end{pmatrix} = (\det \boldsymbol{A})(\det \boldsymbol{B}). \tag{1}$$

证明 设 n 阶矩阵 $\boldsymbol{A}=(a_{ij})$，我们对 $\boldsymbol{A}$ 的阶数 n 用数学归纳法证明等式(1)．当 $\boldsymbol{A}$ 的阶数为 1 时，$\boldsymbol{A}=(a_{11})$．这时，我们有

$$\det\begin{pmatrix} \boldsymbol{A} & \boldsymbol{0} \\ \boldsymbol{0} & \boldsymbol{B} \end{pmatrix} = \det\begin{pmatrix} a_{11} & \boldsymbol{0} \\ \boldsymbol{0} & \boldsymbol{B} \end{pmatrix}.$$

因为 $\begin{pmatrix} a_{11} & \boldsymbol{0} \\ \boldsymbol{0} & \boldsymbol{B} \end{pmatrix}$ 的第 1 行上 a_{11} 以外的元素都等于零，并且 a_{11} 的代数余子式等于它的余子式，等于 $\det \boldsymbol{B}$，所以

$$\det\begin{pmatrix} \boldsymbol{A} & \boldsymbol{0} \\ \boldsymbol{0} & \boldsymbol{B} \end{pmatrix} = a_{11}\cdot\det \boldsymbol{B} = (\det \boldsymbol{A})(\det \boldsymbol{B}).$$

因此，结论成立．假设结论对所有 $n-1$ 阶矩阵都成立，下面证明结论对 n 阶矩阵 $\boldsymbol{A}$ 也成立．

用 $\boldsymbol{M}_{ij}$ 表示 a_{ij} 在 $\boldsymbol{A}$ 中的余子阵，那么

$$\det\begin{pmatrix} \boldsymbol{A} & \boldsymbol{0} \\ \boldsymbol{0} & \boldsymbol{B} \end{pmatrix} = a_{11}(-1)^{1+1}\det\begin{pmatrix} \boldsymbol{M}_{11} & \boldsymbol{0} \\ \boldsymbol{0} & \boldsymbol{B} \end{pmatrix} + \cdots + a_{1n}(-1)^{1+n}\det\begin{pmatrix} \boldsymbol{M}_{1n} & \boldsymbol{0} \\ \boldsymbol{0} & \boldsymbol{B} \end{pmatrix}.$$

因为 $\boldsymbol{M}_{11}$，$\boldsymbol{M}_{12}$，…，$\boldsymbol{M}_{1n}$ 是 $n-1$ 阶矩阵，所以根据归纳假设，得到

$$\det\begin{pmatrix} \boldsymbol{M}_{11} & \boldsymbol{0} \\ \boldsymbol{0} & \boldsymbol{B} \end{pmatrix} = (\det \boldsymbol{M}_{11})(\det \boldsymbol{B}),\ \cdots,$$

$$\det\begin{pmatrix} \boldsymbol{M}_{1n} & \boldsymbol{0} \\ \boldsymbol{0} & \boldsymbol{B} \end{pmatrix} = (\det \boldsymbol{M}_{1n})(\det \boldsymbol{B}).$$

因此

$$\begin{aligned}
\det\begin{pmatrix} \boldsymbol{A} & \boldsymbol{0} \\ \boldsymbol{0} & \boldsymbol{B} \end{pmatrix} &= a_{11}(-1)^{1+1}(\det \boldsymbol{M}_{11})(\det \boldsymbol{B}) + \cdots + \\
&\quad a_{1n}(-1)^{1+n}(\det \boldsymbol{M}_{1n})(\det \boldsymbol{B}) \\
&= [a_{11}(-1)^{1+1}(\det \boldsymbol{M}_{11}) + \cdots + a_{1n}(-1)^{1+n}(\det \boldsymbol{M}_{1n})](\det \boldsymbol{B}) \\
&= (a_{11}A_{11} + \cdots + a_{1n}A_{1n})(\det \boldsymbol{B}) \\
&= (\det \boldsymbol{A})(\det \boldsymbol{B}).
\end{aligned}$$

■

例 4.6 中的等式(1)可以推广到一般的准对角矩阵上.

例 4.7 设 $\boldsymbol{A}_1$, $\boldsymbol{A}_2$, …, $\boldsymbol{A}_s$ 都是方阵, 那么准对角矩阵的行列式满足

$$\det\begin{pmatrix}\boldsymbol{A}_1 & & & \\ & \boldsymbol{A}_2 & & \\ & & \ddots & \\ & & & \boldsymbol{A}_s\end{pmatrix}=(\det \boldsymbol{A}_1)(\det \boldsymbol{A}_2)\cdots(\det \boldsymbol{A}_s). \qquad \blacksquare$$

MOOC 4.3
行列式的性质(1)

4.3 n 阶行列式的性质

设 $n\geqslant 2$ 是正整数. 这一节讨论 n 阶行列式的性质.

性质 4.6 如果互换 n 阶矩阵 $\boldsymbol{A}$ 的第 s, t 两列得到的矩阵为 $\boldsymbol{B}$, 那么

$$\det \boldsymbol{B}=-\det \boldsymbol{A}.$$

证明 不妨设 $s<t$. 记 $t=s+p$, 下面讨论两种情况.

情况 1 $p=1$, 即 $\boldsymbol{B}$ 是由互换 $\boldsymbol{A}$ 的相邻两列得到的矩阵. 对 $\boldsymbol{A}$ 的阶数 n 用数学归纳法. 当矩阵的阶数为 2 时, 由性质 4.1 知, 结论成立. 设 $n\geqslant 3$, 并且结论对所有 $n-1$ 阶矩阵都成立, 下面证明结论对 n 阶矩阵 $\boldsymbol{A}$ 也成立.

设 $\boldsymbol{A}$ 的 (i, j) - 元 a_{ij} 的余子阵为 $\boldsymbol{M}_{ij}$, $\boldsymbol{B}$ 的 (i, j) - 元 b_{ij} 的余子阵为 $\boldsymbol{N}_{ij}$, $i, j\in\{1, 2, \cdots, n\}$. 显然, $\boldsymbol{N}_{1s}=\boldsymbol{M}_{1(s+1)}$, $\boldsymbol{N}_{1(s+1)}=\boldsymbol{M}_{1s}$. 如果 $k\in\{1, \cdots, s-1\}\cup\{s+2, \cdots, n\}$, 那么 $\boldsymbol{N}_{1k}$ 由 $\boldsymbol{M}_{1k}$ 互换相邻两列得到. 根据归纳假设, $\det \boldsymbol{N}_{1k}=-\det \boldsymbol{M}_{1k}$. 因此

$$\begin{aligned}
\det \boldsymbol{B} &= \sum_{k=1}^{n} b_{1k}\cdot(-1)^{1+k}\,|\boldsymbol{N}_{1k}| \\
&= \sum_{k=1}^{s-1} b_{1k}\cdot(-1)^{1+k}\,|\boldsymbol{N}_{1k}| + b_{1s}\cdot(-1)^{1+s}\,|\boldsymbol{N}_{1s}| + \\
&\quad b_{1(s+1)}\cdot(-1)^{1+(s+1)}\,|\boldsymbol{N}_{1(s+1)}| + \sum_{k=s+2}^{n} b_{1k}\cdot(-1)^{1+k}\,|\boldsymbol{N}_{1k}| \\
&= -\sum_{k=1}^{s-1} a_{1k}\cdot(-1)^{1+k}\,|\boldsymbol{M}_{1k}| + a_{1(s+1)}\cdot(-1)^{1+s}\,|\boldsymbol{M}_{1(s+1)}| + \\
&\quad a_{1s}\cdot(-1)^{s}\,|\boldsymbol{M}_{1s}| - \sum_{k=s+2}^{n} a_{1k}\cdot(-1)^{1+k}\,|\boldsymbol{M}_{1k}| \\
&= -\sum_{k=1}^{n} a_{1k}\cdot(-1)^{1+k}\,|\boldsymbol{M}_{1k}| \\
&= -\det \boldsymbol{A}.
\end{aligned}$$

情况 2 $p>1$. 将 $\boldsymbol{A}$ 按列记作 $\boldsymbol{A}=(\boldsymbol{C}_1, \cdots, \boldsymbol{C}_s, \boldsymbol{C}_{s+1}, \cdots, \boldsymbol{C}_{s+p-1}, \boldsymbol{C}_t, \cdots, \boldsymbol{C}_n)$，在 $\boldsymbol{A}$ 中将 $\boldsymbol{C}_s$ 与 $\boldsymbol{C}_{s+1}, \cdots, \boldsymbol{C}_{s+p-1}, \boldsymbol{C}_t$ 依次互换. 然后将 $\boldsymbol{C}_t$ 与 $\boldsymbol{C}_{s+p-1}, \boldsymbol{C}_{s+p-2}, \cdots, \boldsymbol{C}_{s+1}$ 依次互换，得到的矩阵即为 $\boldsymbol{B}$，在此过程中一共做了 $p+(p-1)=2p-1$ 次相邻的列的互换，根据情况 1 的证明可知

$$\det \boldsymbol{B}=(-1)^{2p-1}\det \boldsymbol{A}=-\det \boldsymbol{A}.$$

这就证明了性质 4.6. ∎

推论 如果 n 阶矩阵 $\boldsymbol{A}$ 中有两列相等，那么 $\det \boldsymbol{A}=0$.

证明 假设 $\boldsymbol{A}$ 的第 s 列与第 t 列相等，那么互换 $\boldsymbol{A}$ 的第 s 列与第 t 列得到的矩阵仍然是 $\boldsymbol{A}$. 根据性质 4.6，$\det \boldsymbol{A}=-\det \boldsymbol{A}$，所以 $\det \boldsymbol{A}=0$. ∎

例 4.8 已知 $\det\begin{pmatrix} a_{11} & a_{12} & a_{13} \\ a_{21} & a_{22} & a_{23} \\ a_{31} & a_{32} & a_{33}\end{pmatrix}=3$，那么下列 4 个等式成立：

$$\det\begin{pmatrix} a_{12} & a_{11} & a_{13} \\ a_{22} & a_{21} & a_{23} \\ a_{32} & a_{31} & a_{33}\end{pmatrix}=-3, \quad \det\begin{pmatrix} a_{12} & a_{13} & a_{11} \\ a_{22} & a_{23} & a_{21} \\ a_{32} & a_{33} & a_{31}\end{pmatrix}=3,$$

$$\det\begin{pmatrix} a_{13} & a_{12} & a_{11} \\ a_{23} & a_{22} & a_{21} \\ a_{33} & a_{32} & a_{31}\end{pmatrix}=-3, \quad \det\begin{pmatrix} a_{13} & a_{11} & a_{12} \\ a_{23} & a_{21} & a_{22} \\ a_{33} & a_{31} & a_{32}\end{pmatrix}=3. \quad ∎$$

例 4.9 求 n 阶矩阵 $\boldsymbol{A}=\begin{pmatrix} & & & a_1 \\ & & a_2 & \\ & \iddots & & \\ a_n & & & \end{pmatrix}$ 的行列式.

解 我们根据 $\boldsymbol{A}$ 的阶数 n 是偶数或者奇数讨论两种情况.

情况 1 $n=2t$ 为偶数. 依次互换 $\boldsymbol{A}$ 的第 1 列与第 n 列，第 2 列与第 $n-1$ 列，…，第 t 列与第 $t+1$ 列，将 $\boldsymbol{A}$ 化为对角矩阵

$$\boldsymbol{B}=\begin{pmatrix} a_1 & & & \\ & a_2 & & \\ & & \ddots & \\ & & & a_n\end{pmatrix}.$$

因此

$$\det \boldsymbol{A}=(-1)^t\det \boldsymbol{B}=(-1)^{\frac{n}{2}}a_1a_2\cdots a_n.$$

情况 2 $n=2t+1$ 为奇数. 依次互换 $\boldsymbol{A}$ 的第 1 列与第 n 列，第 2 列与第

$n-1$ 列，…，第 t 列与第 $t+2$ 列，第 $t+1$ 列保持不动，将 $\boldsymbol{A}$ 化为对角矩阵

$$\boldsymbol{B}=\begin{pmatrix} a_1 & & & \\ & a_2 & & \\ & & \ddots & \\ & & & a_n \end{pmatrix}.$$

因此

$$\det \boldsymbol{A}=(-1)^t \det \boldsymbol{B}=(-1)^{(n-1)/2} a_1 a_2 \cdots a_n.$$

综上可得

$$\det \boldsymbol{A}=(-1)^{\lfloor n/2 \rfloor} a_1 a_2 \cdots a_n,$$

其中$\lfloor x \rfloor$表示不大于实数 x 的最大整数. ■

因为$(-1)^{\lfloor n/2 \rfloor}=(-1)^{n(n-1)/2}$，所以例 4.9 中的矩阵 $\boldsymbol{A}$ 的行列式也可以表示为

$$\det \boldsymbol{A}=(-1)^{n(n-1)/2} a_1 a_2 \cdots a_n.$$

性质 4.7　如果 n 阶矩阵 $\boldsymbol{A}$ 的第 t 列的每个元素都乘常数 c，得到的矩阵为 $\boldsymbol{B}$，那么 $\boldsymbol{B}$ 的行列式等于常数 c 乘 $\boldsymbol{A}$ 的行列式，即 $\det \boldsymbol{B}=c \cdot \det \boldsymbol{A}$.

证明　对矩阵的阶数 n 用数学归纳法. 当矩阵的阶数为 2 时，由性质 4.2 知，结论成立. 设 $n \geqslant 3$，并且结论对所有 $n-1$ 阶矩阵都成立，下面证明结论对 n 阶矩阵 $\boldsymbol{A}$ 也成立.

设 $\boldsymbol{A}$ 的(i, j)-元 a_{ij}的余子阵为 $\boldsymbol{M}_{ij}$，$\boldsymbol{B}$ 的(i, j)-元 b_{ij}的余子阵为 $\boldsymbol{N}_{ij}$，$i, j \in \{1, 2, \cdots, n\}$. 显然 $\boldsymbol{N}_{1t}=\boldsymbol{M}_{1t}$. 如果 $k \in \{1, \cdots, t-1\} \cup \{t+1, \cdots, n\}$，那么 $\boldsymbol{N}_{1k}$是由 $\boldsymbol{M}_{1k}$的某一列乘常数 c 得到的. 根据归纳假设，我们有

$$\det \boldsymbol{N}_{1k}=c \cdot \det \boldsymbol{M}_{1k}.$$

因此

$$\begin{aligned}
\det \boldsymbol{B} &= \sum_{k=1}^{n} b_{1k} \cdot (-1)^{1+k} |\boldsymbol{N}_{1k}| \\
&= \sum_{k=1}^{t-1} b_{1k} \cdot (-1)^{1+k} |\boldsymbol{N}_{1k}| + b_{1t} \cdot (-1)^{1+t} |\boldsymbol{N}_{1t}| + \\
&\quad \sum_{k=t+1}^{n} b_{1k} \cdot (-1)^{1+k} |\boldsymbol{N}_{1k}| \\
&= \sum_{k=1}^{t-1} a_{1k} \cdot (-1)^{1+k} c |\boldsymbol{M}_{1k}| + c a_{1t} \cdot (-1)^{1+t} |\boldsymbol{M}_{1t}| +
\end{aligned}$$

$$\sum_{k=t+1}^{n} a_{1k} \cdot (-1)^{1+k} c\,|\boldsymbol{M}_{1k}|$$

$$= c \cdot \sum_{k=1}^{n} a_{1k} \cdot (-1)^{1+k}\,|\boldsymbol{M}_{1k}| = c \cdot \det \boldsymbol{A}. \qquad \blacksquare$$

推论 1　如果 n 阶矩阵 $\boldsymbol{A}$ 含有零列，那么 $\det \boldsymbol{A}=0$. $\blacksquare$

推论 2　如果 k 是常数，$\boldsymbol{A}$ 是 n 阶矩阵，那么 $\det(k\boldsymbol{A})=k^n \cdot \det \boldsymbol{A}$. $\blacksquare$

推论 3　如果 n 阶矩阵 $\boldsymbol{A}$ 中有两列的对应元素成比例，那么 $\det \boldsymbol{A}=0$. $\blacksquare$

性质 4.8　设 n 阶矩阵 $\boldsymbol{A}$ 的第 t 列的每个元素都可以分解为两个数之和，即

$$\boldsymbol{A}=\begin{pmatrix} a_{11} & \cdots & a_{1(t-1)} & b_{1t}+c_{1t} & a_{1(t+1)} & \cdots & a_{1n} \\ a_{21} & \cdots & a_{2(t-1)} & b_{2t}+c_{2t} & a_{2(t+1)} & \cdots & a_{2n} \\ \vdots & & \vdots & \vdots & \vdots & & \vdots \\ a_{n1} & \cdots & a_{n(t-1)} & b_{nt}+c_{nt} & a_{n(t+1)} & \cdots & a_{nn} \end{pmatrix}.$$

如果记

$$\boldsymbol{B}=\begin{pmatrix} a_{11} & \cdots & a_{1(t-1)} & b_{1t} & a_{1(t+1)} & \cdots & a_{1n} \\ a_{21} & \cdots & a_{2(t-1)} & b_{2t} & a_{2(t+1)} & \cdots & a_{2n} \\ \vdots & & \vdots & \vdots & \vdots & & \vdots \\ a_{n1} & \cdots & a_{n(t-1)} & b_{nt} & a_{n(t+1)} & \cdots & a_{nn} \end{pmatrix},$$

$$\boldsymbol{C}=\begin{pmatrix} a_{11} & \cdots & a_{1(t-1)} & c_{1t} & a_{1(t+1)} & \cdots & a_{1n} \\ a_{21} & \cdots & a_{2(t-1)} & c_{2t} & a_{2(t+1)} & \cdots & a_{2n} \\ \vdots & & \vdots & \vdots & \vdots & & \vdots \\ a_{n1} & \cdots & a_{n(t-1)} & c_{nt} & a_{n(t+1)} & \cdots & a_{nn} \end{pmatrix},$$

那么

$$\det \boldsymbol{A} = \det \boldsymbol{B} + \det \boldsymbol{C}.$$

证明　对矩阵的阶数 n 用数学归纳法．当 $n=2$ 时，根据性质 4.3，结论成立．设 $n\geqslant 3$，并且结论对所有 $n-1$ 阶矩阵都成立，下面证明结论对 n 阶矩阵 $\boldsymbol{A}$ 也成立．对所有的 $i, j\in\{1, 2, \cdots, n\}$，将 $\boldsymbol{A}$，$\boldsymbol{B}$，$\boldsymbol{C}$ 的 (i, j)-元的余子阵分别记为 $\boldsymbol{M}_{ij}$，$\boldsymbol{N}_{ij}$，$\boldsymbol{P}_{ij}$. 显然 $\boldsymbol{M}_{1t}=\boldsymbol{N}_{1t}=\boldsymbol{P}_{1t}$，从而

$$\det \boldsymbol{M}_{1t} = \det \boldsymbol{N}_{1t} = \det \boldsymbol{P}_{1t}.$$

如果 $k\in\{1, \cdots, t-1\}\cup\{t+1, \cdots, n\}$，那么根据归纳假设，我们有

$$\det \boldsymbol{M}_{1k} = \det \boldsymbol{N}_{1k} + \det \boldsymbol{P}_{1k}.$$

因此

$$\begin{aligned}\det \boldsymbol{A} &= \sum_{k=1}^{t-1} a_{1k}\cdot(-1)^{1+k}|\boldsymbol{M}_{1k}| + (b_{1t}+c_{1t})(-1)^{1+t}|\boldsymbol{M}_{1t}| + \\ &\quad \sum_{k=t+1}^{n} a_{1k}\cdot(-1)^{1+k}|\boldsymbol{M}_{1k}| \\ &= \sum_{k=1}^{t-1} a_{1k}\cdot(-1)^{1+k}(|\boldsymbol{N}_{1k}|+|\boldsymbol{P}_{1k}|) + b_{1t}\cdot(-1)^{1+t}|\boldsymbol{N}_{1t}| + \\ &\quad c_{1t}\cdot(-1)^{1+t}|\boldsymbol{P}_{1t}| + \sum_{k=t+1}^{n} a_{1k}\cdot(-1)^{1+k}(|\boldsymbol{N}_{1k}|+|\boldsymbol{P}_{1k}|) \\ &= \left[\sum_{k=1}^{t-1} a_{1k}\cdot(-1)^{1+k}|\boldsymbol{N}_{1k}| + b_{1t}\cdot(-1)^{1+t}|\boldsymbol{N}_{1t}| + \right. \\ &\quad \left.\sum_{k=t+1}^{n} a_{1k}\cdot(-1)^{1+k}|\boldsymbol{N}_{1k}|\right] + \left[\sum_{k=1}^{t-1} a_{1k}\cdot(-1)^{1+k}|\boldsymbol{P}_{1k}| + \right. \\ &\quad \left. c_{1t}\cdot(-1)^{1+t}|\boldsymbol{P}_{1t}| + \sum_{k=t+1}^{n} a_{1k}\cdot(-1)^{1+k}|\boldsymbol{P}_{1k}|\right] \\ &= \det \boldsymbol{B} + \det \boldsymbol{C}. \end{aligned}$$

■

例 4.10　计算 3 阶矩阵 $\boldsymbol{A}=\begin{pmatrix} a & 2b & a+2b \\ a & a+3c & a+3c \\ a & a+4d & a+4d \end{pmatrix}$ 的行列式 .

解　$$\det \boldsymbol{A} = \begin{vmatrix} a & 0+2b & a+2b \\ a & a+3c & a+3c \\ a & a+4d & a+4d \end{vmatrix} = \begin{vmatrix} a & 0 & a+2b \\ a & a & a+3c \\ a & a & a+4d \end{vmatrix} + \begin{vmatrix} a & 2b & a+2b \\ a & 3c & a+3c \\ a & 4d & a+4d \end{vmatrix}$$

$$= \begin{vmatrix} a & 0 & a \\ a & a & a \\ a & a & a \end{vmatrix} + \begin{vmatrix} a & 0 & 2b \\ a & a & 3c \\ a & a & 4d \end{vmatrix} + \begin{vmatrix} a & 2b & a \\ a & 3c & a \\ a & 4d & a \end{vmatrix} + \begin{vmatrix} a & 2b & 2b \\ a & 3c & 3c \\ a & 4d & 4d \end{vmatrix}$$

$$= \begin{vmatrix} a+0 & 0 & 2b \\ 0+a & a & 3c \\ 0+a & a & 4d \end{vmatrix} = \begin{vmatrix} a & 0 & 2b \\ 0 & a & 3c \\ 0 & a & 4d \end{vmatrix} + \begin{vmatrix} 0 & 0 & 2b \\ a & a & 3c \\ a & a & 4d \end{vmatrix}$$

$$= \begin{vmatrix} a & 0 & 2b+0 \\ 0 & a & 0+3c \\ 0 & a & 0+4d \end{vmatrix} = \begin{vmatrix} a & 0 & 2b \\ 0 & a & 0 \\ 0 & a & 0 \end{vmatrix} + \begin{vmatrix} a & 0 & 0 \\ 0 & a & 3c \\ 0 & a & 4d \end{vmatrix}$$

$$= a\begin{vmatrix} a & 3c \\ a & 4d \end{vmatrix}$$

$$= a^2(4d-3c).$$

■

性质 4.9　如果 n 阶矩阵 $\boldsymbol{A}$ 的第 t 列的 k 倍加到第 s 列得到的矩阵为

$\boldsymbol{B}$，那么 $\det \boldsymbol{B}=\det \boldsymbol{A}$.

证明 不妨假设 $s<t$. 如果将 $\boldsymbol{A}$ 按列记为 $\boldsymbol{A}=(\boldsymbol{\alpha}_1, \cdots, \boldsymbol{\alpha}_s, \cdots, \boldsymbol{\alpha}_t, \cdots, \boldsymbol{\alpha}_n)$，那么

$$\boldsymbol{B}=(\boldsymbol{\alpha}_1, \cdots, \boldsymbol{\alpha}_s+k\boldsymbol{\alpha}_t, \cdots, \boldsymbol{\alpha}_t, \cdots, \boldsymbol{\alpha}_n).$$

根据性质 4.8 和性质 4.7 的推论 3，我们有

$$\begin{aligned}\det \boldsymbol{B}&=\det(\boldsymbol{\alpha}_1, \cdots, \boldsymbol{\alpha}_s+k\boldsymbol{\alpha}_t, \cdots, \boldsymbol{\alpha}_t, \cdots, \boldsymbol{\alpha}_n)\\&=\det(\boldsymbol{\alpha}_1, \cdots, \boldsymbol{\alpha}_s, \cdots, \boldsymbol{\alpha}_t, \cdots, \boldsymbol{\alpha}_n)+\\&\quad\det(\boldsymbol{\alpha}_1, \cdots, k\boldsymbol{\alpha}_t, \cdots, \boldsymbol{\alpha}_t, \cdots, \boldsymbol{\alpha}_n)\\&=\det \boldsymbol{A}.\end{aligned}$$

■

性质 4.6，4.7，4.9 的本质是方阵的初等列变换对方阵的行列式的影响．利用这些性质可以将行列式等值地变换成特殊的行列式来计算．

例 4.11 设

$$\boldsymbol{A}=\begin{pmatrix}1&-1&2&-3\\2&-2&3&-4\\-2&4&-6&5\\3&-1&1&-5\end{pmatrix}.$$

求 $\boldsymbol{A}$ 的行列式．

解 $$|\boldsymbol{A}|=\begin{vmatrix}1&-1&2&-3\\2&-2&3&-4\\-2&4&-6&5\\3&-1&1&-5\end{vmatrix}$$ 第 1 列乘 1 加到第 2 列，第 1 列乘 −2 加到第 3 列，第 1 列乘 3 加到第 4 列

$$=\begin{vmatrix}1&0&0&0\\2&0&-1&2\\-2&2&-2&-1\\3&2&-5&4\end{vmatrix}$$ 交换第 2，3 两列的位置

$$=-\begin{vmatrix}1&0&0&0\\2&-1&0&2\\-2&-2&2&-1\\3&-5&2&4\end{vmatrix}$$ 第 2 列乘 2 加到第 4 列

$$=-\begin{vmatrix}1&0&0&0\\2&-1&0&0\\-2&-2&2&-5\\3&-5&2&-6\end{vmatrix}$$ 提出第 2 列的公因数 −1 和第 3 列的公因数 2

$$=2\begin{vmatrix}1&0&0&0\\2&1&0&0\\-2&2&1&-5\\3&5&1&-6\end{vmatrix}$$ 第 3 列乘 5 加到第 4 列

$$=2\begin{vmatrix}1&0&0&0\\2&1&0&0\\-2&2&1&0\\3&5&1&-1\end{vmatrix}$$

$=-2.$ ■

例 4.12　计算 n 阶矩阵 $\boldsymbol{A}=\begin{pmatrix}a&b&b&\cdots&b\\b&a&b&\cdots&b\\b&b&a&\cdots&b\\\vdots&\vdots&\vdots&&\vdots\\b&b&b&\cdots&a\end{pmatrix}$的行列式.

解　因为

$$\det\boldsymbol{A}=\begin{vmatrix}a&b&b&\cdots&b\\b&a&b&\cdots&b\\b&b&a&\cdots&b\\\vdots&\vdots&\vdots&&\vdots\\b&b&b&\cdots&a\end{vmatrix}$$ 将行列式的第 2 列，第 3 列，…，第 n 列加到第 1 列

$$=\begin{vmatrix}a+(n-1)b&b&b&\cdots&b\\a+(n-1)b&a&b&\cdots&b\\a+(n-1)b&b&a&\cdots&b\\\vdots&\vdots&\vdots&&\vdots\\a+(n-1)b&b&b&\cdots&a\end{vmatrix}$$ 将第 1 列的公因数 $a+(n-1)b$ 提取到行列式的外面

$$=[a+(n-1)b]\begin{vmatrix}1&b&b&\cdots&b\\1&a&b&\cdots&b\\1&b&a&\cdots&b\\\vdots&\vdots&\vdots&&\vdots\\1&b&b&\cdots&a\end{vmatrix}$$ 将第 1 列乘 $-b$ 加到第 2 列，第 3 列，…，第 n 列

$$=[a+(n-1)b]\begin{vmatrix}1&0&0&\cdots&0\\1&a-b&0&\cdots&0\\1&0&a-b&\cdots&0\\\vdots&\vdots&\vdots&&\vdots\\1&0&0&\cdots&a-b\end{vmatrix},$$

所以

$$\det \boldsymbol{A} = [a + (n-1)b](a-b)^{n-1}. \quad \blacksquare$$

从以上例子可以看出，利用性质将行列式化为三角形式，从而求得其值的方法是非常有效的.

MOOC 4.5
行列式非零的矩阵

定义 4.4 设 $\boldsymbol{A}$ 是 n 阶矩阵. 如果 $\det \boldsymbol{A} \neq 0$，那么称 $\boldsymbol{A}$ 是非奇异的；如果 $\det \boldsymbol{A}=0$，那么称 $\boldsymbol{A}$ 是奇异的.

引理 4.1 初等矩阵是非奇异的，并且

$$\det \boldsymbol{E}_1 = -1;$$

$$\det \boldsymbol{E}_2 = h，其中\ h \neq 0;$$

$$\det \boldsymbol{E}_3 = 1. \quad \blacksquare$$

根据性质 4.6，4.7，4.9 以及引理 4.1，我们可以得到下面的结论.

引理 4.2 如果 $\boldsymbol{A}$ 是 n 阶矩阵，$\boldsymbol{Q}$ 是 n 阶初等矩阵，那么

$$\det(\boldsymbol{AQ}) = (\det \boldsymbol{A})(\det \boldsymbol{Q}). \quad \blacksquare$$

引理 4.3 n 阶矩阵 $\boldsymbol{A}$ 是非奇异的当且仅当 $\boldsymbol{A}$ 的秩为 n.

证明 如果 $\boldsymbol{A}$ 的秩为 n，那么根据定理 2.5，存在初等矩阵 $\boldsymbol{Q}_1$，$\boldsymbol{Q}_2$，…，$\boldsymbol{Q}_s$，使得 $\boldsymbol{A}=\boldsymbol{Q}_1\boldsymbol{Q}_2\cdots\boldsymbol{Q}_s$. 因此，反复利用引理 4.2，得到

$$\begin{aligned}\det \boldsymbol{A} &= [\det(\boldsymbol{Q}_1\boldsymbol{Q}_2\cdots\boldsymbol{Q}_{s-1})](\det \boldsymbol{Q}_s)\\ &= [\det(\boldsymbol{Q}_1\boldsymbol{Q}_2\cdots\boldsymbol{Q}_{s-2})](\det \boldsymbol{Q}_{s-1})(\det \boldsymbol{Q}_s)\\ &= \cdots\\ &= (\det \boldsymbol{Q}_1)(\det \boldsymbol{Q}_2)\cdots(\det \boldsymbol{Q}_s).\end{aligned}$$

由于 $\boldsymbol{Q}_1$，$\boldsymbol{Q}_2$，…，$\boldsymbol{Q}_s$ 都是初等矩阵，所以根据引理 4.1，

$$\det \boldsymbol{Q}_1 \neq 0, \quad \det \boldsymbol{Q}_2 \neq 0, \quad \cdots, \quad \det \boldsymbol{Q}_s \neq 0,$$

于是 $\det \boldsymbol{A} \neq 0$，因此，$\boldsymbol{A}$ 是非奇异的.

如果 $\boldsymbol{A}$ 的秩小于 n，那么存在初等矩阵 $\boldsymbol{Q}_1$，$\boldsymbol{Q}_2$，…，$\boldsymbol{Q}_t$，使 $\boldsymbol{B}=\boldsymbol{AQ}_1\boldsymbol{Q}_2\cdots\boldsymbol{Q}_t$ 含有零列. 根据性质 4.7 的推论 1，我们有 $\det \boldsymbol{B}=0$. 由于

$$\det \boldsymbol{B} = \det(\boldsymbol{AQ}_1\boldsymbol{Q}_2\cdots\boldsymbol{Q}_t) = (\det \boldsymbol{A})(\det \boldsymbol{Q}_1)(\det \boldsymbol{Q}_2)\cdots(\det \boldsymbol{Q}_t) = 0,$$

并且

$$(\det \boldsymbol{Q}_1)(\det \boldsymbol{Q}_2)\cdots(\det \boldsymbol{Q}_t) \neq 0,$$

所以

$$\det \boldsymbol{A} = 0. \quad \blacksquare$$

下面给出关于非奇异矩阵的主要结论.

定理 4.1 如果 $\boldsymbol{A}$ 是 n 阶矩阵，那么下列断言彼此等价：

(1) $\boldsymbol{A}$ 是非奇异的；

(2) $\boldsymbol{A}$ 的秩等于 n；

(3) $\boldsymbol{A}$ 是可逆的；

(4) $\boldsymbol{A}$ 的列(行)向量组是线性无关的；

(5) 齐次线性方程组 $\boldsymbol{AX}=\boldsymbol{0}$ 只有零解；

(6) 非齐次线性方程组 $\boldsymbol{AX}=\boldsymbol{\beta}$ 有唯一解. ■

例 4.13　求常数 λ 的值，使得下面的齐次线性方程组有非零解

$$\begin{cases}(1-\lambda)x_1-2x_2+4x_3=0,\\ 2x_1+(3-\lambda)x_2+x_3=0,\\ x_1+x_2+(1-\lambda)x_3=0.\end{cases}\tag{1}$$

解　因为齐次线性方程组(1)的系数矩阵是方阵，所以根据定理 4.1，齐次线性方程组(1)有非零解的充分必要条件是其系数矩阵的行列式等于零. 因为

$$\begin{vmatrix}1-\lambda & -2 & 4\\ 2 & 3-\lambda & 1\\ 1 & 1 & 1-\lambda\end{vmatrix}\quad \text{交换第 1，2 两列的位置，第 2 列乘 2}$$

$$=-\frac{1}{2}\begin{vmatrix}-2 & 2(1-\lambda) & 4\\ 3-\lambda & 4 & 1\\ 1 & 2 & 1-\lambda\end{vmatrix}\quad \text{第 1 列的}(1-\lambda)\text{ 倍加到第 2 列，第 1 列的 2 倍加到第 3 列}$$

$$=-\frac{1}{2}\begin{vmatrix}-2 & 0 & 0\\ 3-\lambda & \lambda^2-4\lambda+7 & 7-2\lambda\\ 1 & 3-\lambda & 3-\lambda\end{vmatrix}$$

$$=\begin{vmatrix}\lambda^2-4\lambda+7 & 7-2\lambda\\ 3-\lambda & 3-\lambda\end{vmatrix}$$

$$=-\lambda(\lambda-2)(\lambda-3),$$

所以当 $\lambda\in\{0, 2, 3\}$ 时，齐次方程组(1)有非零解. ■

下面讨论两个方阵乘积的行列式.

定理 4.2　如果 $\boldsymbol{A}$，$\boldsymbol{B}$ 是两个 n 阶矩阵，那么

$$\det(\boldsymbol{AB})=(\det\boldsymbol{A})(\det\boldsymbol{B}).$$ ①

证明　如果 $\boldsymbol{B}$ 的秩为 n，那么由定理 2.5 知，存在初等矩阵 $\boldsymbol{Q}_1$，$\boldsymbol{Q}_2$，…，$\boldsymbol{Q}_t$，使得

$$\boldsymbol{B}=\boldsymbol{Q}_1\boldsymbol{Q}_2\cdots\boldsymbol{Q}_t.$$

因此，反复利用引理 4.2，得到

---

① 这个结论是柯西的贡献.

$$\begin{aligned}\det(\boldsymbol{AB}) &= \det(\boldsymbol{AQ}_1\boldsymbol{Q}_2\cdots\boldsymbol{Q}_t) = (\det\boldsymbol{A})(\det\boldsymbol{Q}_1)(\det\boldsymbol{Q}_2)\cdots(\det\boldsymbol{Q}_t)\\ &= (\det\boldsymbol{A})[(\det\boldsymbol{Q}_1)(\det\boldsymbol{Q}_2)\cdots(\det\boldsymbol{Q}_t)]\\ &= (\det\boldsymbol{A})(\det\boldsymbol{B}).\end{aligned}$$

如果 $\boldsymbol{B}$ 的秩小于 n，那么由定理 2.4 知

$$\mathrm{r}(\boldsymbol{AB}) \leqslant \mathrm{r}(\boldsymbol{B}) < n,$$

根据定理 4.1，$\det\boldsymbol{B}=0$，$\det(\boldsymbol{AB})=0$. 因此

$$\det(\boldsymbol{AB}) = (\det\boldsymbol{A})(\det\boldsymbol{B}).$$ ■

由定理 4.2 可得下面两个推论 .

推论 1　如果 $\boldsymbol{A}_1$，$\boldsymbol{A}_2$，…，$\boldsymbol{A}_s$ 都是 n 阶矩阵，那么

$$\det(\boldsymbol{A}_1\boldsymbol{A}_2\cdots\boldsymbol{A}_s) = (\det\boldsymbol{A}_1)(\det\boldsymbol{A}_2)\cdots(\det\boldsymbol{A}_s).$$ ■

推论 2　如果 $\boldsymbol{A}$ 是可逆矩阵，那么

$$\det(\boldsymbol{A}^{-1}) = (\det\boldsymbol{A})^{-1}.$$ ■

下面讨论方阵的转置的行列式 . 根据初等矩阵的定义以及行列式的性质 4.6，4.7，4.9，我们可以得到下面的引理 .

MOOC 4.6
方阵的转置的行列式

引理 4.4　如果 $\boldsymbol{P}$ 是初等矩阵，那么

$$\det(\boldsymbol{P}^{\mathrm{T}}) = \det\boldsymbol{P}.$$ ■

性质 4.10　如果 $\boldsymbol{A}$ 是 n 阶矩阵，那么

$$\det(\boldsymbol{A}^{\mathrm{T}}) = \det\boldsymbol{A}.$$

证明　如果 $\boldsymbol{A}$ 的秩小于 n，那么 $\mathrm{r}(\boldsymbol{A}^{\mathrm{T}})=\mathrm{r}(\boldsymbol{A}) < n$，因此 $\det(\boldsymbol{A}^{\mathrm{T}})=\det\boldsymbol{A}=0$. 如果 $\boldsymbol{A}$ 的秩等于 n，那么由定理 2.5 知，存在初等矩阵 $\boldsymbol{Q}_1$，$\boldsymbol{Q}_2$，…，$\boldsymbol{Q}_s$，使得 $\boldsymbol{A}=\boldsymbol{Q}_1\boldsymbol{Q}_2\cdots\boldsymbol{Q}_s$. 因此

$$\begin{aligned}\det(\boldsymbol{A}^{\mathrm{T}}) &= \det[(\boldsymbol{Q}_1\boldsymbol{Q}_2\cdots\boldsymbol{Q}_s)^{\mathrm{T}}]\\ &= \det(\boldsymbol{Q}_s^{\mathrm{T}}\cdots\boldsymbol{Q}_2^{\mathrm{T}}\boldsymbol{Q}_1^{\mathrm{T}})\\ &= (\det\boldsymbol{Q}_s^{\mathrm{T}})\cdots(\det\boldsymbol{Q}_2^{\mathrm{T}})(\det\boldsymbol{Q}_1^{\mathrm{T}})\\ &= (\det\boldsymbol{Q}_s)\cdots(\det\boldsymbol{Q}_2)(\det\boldsymbol{Q}_1)\\ &= (\det\boldsymbol{Q}_1)(\det\boldsymbol{Q}_2)\cdots(\det\boldsymbol{Q}_s)\\ &= \det(\boldsymbol{Q}_1\boldsymbol{Q}_2\cdots\boldsymbol{Q}_s)\\ &= \det\boldsymbol{A}.\end{aligned}$$ ■

由性质 4.10 可知，矩阵的转置不改变这个矩阵的行列式的值，所以对行列式的列成立的性质，对行列式的行也成立 .

我们在例 4.5 中证明了下三角形矩阵的行列式等于其对角元的乘积，对于上三角形矩阵也有同样的结果 .

例 4.14　上三角形矩阵的行列式等于其对角元的乘积，即

$$\det\begin{pmatrix} a_{11} & a_{12} & \cdots & a_{1n} \\ 0 & a_{22} & \cdots & a_{2n} \\ \vdots & \vdots & & \vdots \\ 0 & 0 & \cdots & a_{nn} \end{pmatrix} = a_{11}a_{22}\cdots a_{nn}.$$ ■

例 4.15　设 $\boldsymbol{A}$ 是正交矩阵，证明 $|\boldsymbol{A}| = \pm 1$.

证明　由于 $\boldsymbol{A}$ 是正交矩阵，所以 $\boldsymbol{A}^{\mathrm{T}}\boldsymbol{A} = \boldsymbol{I}$. 在等式 $\boldsymbol{A}^{\mathrm{T}}\boldsymbol{A} = \boldsymbol{I}$ 两边取行列式，得到 $|\boldsymbol{A}^{\mathrm{T}}\boldsymbol{A}| = 1$. 根据性质 4.10，

$$|\boldsymbol{A}^{\mathrm{T}}\boldsymbol{A}| = |\boldsymbol{A}^{\mathrm{T}}| \cdot |\boldsymbol{A}| = |\boldsymbol{A}|^2 = 1.$$

因此，$|\boldsymbol{A}| = \pm 1$. ■

例 4.16　证明奇数阶反称矩阵的行列式等于零.

证明　设 $\boldsymbol{A}$ 是 $2t+1$ 阶反称矩阵. 因为 $\boldsymbol{A}^{\mathrm{T}} = -\boldsymbol{A}$，所以

$$\begin{aligned} \det \boldsymbol{A} &= \det(\boldsymbol{A}^{\mathrm{T}}) = \det(-\boldsymbol{A}) \\ &= (-1)^{2t+1}\det \boldsymbol{A} = -\det \boldsymbol{A}. \end{aligned}$$

因此，$\det \boldsymbol{A} = 0$. ■

例 4.17　设 $\boldsymbol{A}$ 是 m 阶矩阵，$\boldsymbol{D}$ 是 n 阶矩阵，证明

$$\det\begin{pmatrix} \boldsymbol{A} & \boldsymbol{B} \\ \boldsymbol{0} & \boldsymbol{D} \end{pmatrix} = \det\begin{pmatrix} \boldsymbol{A} & \boldsymbol{0} \\ \boldsymbol{C} & \boldsymbol{D} \end{pmatrix} = (\det \boldsymbol{A})(\det \boldsymbol{D}).$$

证明　先证明

$$\det\begin{pmatrix} \boldsymbol{A} & \boldsymbol{B} \\ \boldsymbol{0} & \boldsymbol{D} \end{pmatrix} = (\det \boldsymbol{A})(\det \boldsymbol{D}). \tag{2}$$

分两种情况讨论.

情况 1　$\mathrm{r}(\boldsymbol{A}) < m$. 设 $\boldsymbol{A}$ 的列向量组为 $\boldsymbol{\alpha}_1, \boldsymbol{\alpha}_2, \cdots, \boldsymbol{\alpha}_m$. 因为 $\mathrm{r}(\boldsymbol{A}) < m$，所以 $\boldsymbol{\alpha}_1, \boldsymbol{\alpha}_2, \cdots, \boldsymbol{\alpha}_m$ 是线性相关的. 设 $\begin{pmatrix} \boldsymbol{A} & \boldsymbol{B} \\ \boldsymbol{0} & \boldsymbol{D} \end{pmatrix}$ 的列向量组为 $\boldsymbol{\beta}_1, \boldsymbol{\beta}_2, \cdots, \boldsymbol{\beta}_m, \boldsymbol{\beta}_{m+1}, \cdots, \boldsymbol{\beta}_{m+n}$. 因为 $\boldsymbol{\alpha}_1, \boldsymbol{\alpha}_2, \cdots, \boldsymbol{\alpha}_m$ 是线性相关的，所以 $\boldsymbol{\beta}_1, \boldsymbol{\beta}_2, \cdots, \boldsymbol{\beta}_m$ 也是线性相关的. 于是，$\boldsymbol{\beta}_1, \boldsymbol{\beta}_2, \cdots, \boldsymbol{\beta}_m, \boldsymbol{\beta}_{m+1}, \cdots, \boldsymbol{\beta}_{m+n}$ 是线性相关的. 因此，由命题 3.11 和定理 3.6 可知矩阵 $\begin{pmatrix} \boldsymbol{A} & \boldsymbol{B} \\ \boldsymbol{0} & \boldsymbol{D} \end{pmatrix}$ 的秩小于 $m+n$. 根据定理 4.1，

$$\det\begin{pmatrix} \boldsymbol{A} & \boldsymbol{B} \\ \boldsymbol{0} & \boldsymbol{D} \end{pmatrix} = 0 = (\det \boldsymbol{A})(\det \boldsymbol{D}).$$

情况 2　$\mathrm{r}(\boldsymbol{A}) = m$. 根据定理 2.7，我们有

$$\begin{pmatrix} \boldsymbol{A} & \boldsymbol{B} \\ \boldsymbol{0} & \boldsymbol{D} \end{pmatrix}\begin{pmatrix} \boldsymbol{I}_m & -\boldsymbol{A}^{-1}\boldsymbol{B} \\ \boldsymbol{0} & \boldsymbol{I}_n \end{pmatrix} = \begin{pmatrix} \boldsymbol{A} & \boldsymbol{0} \\ \boldsymbol{0} & \boldsymbol{D} \end{pmatrix}.$$

因为

$$\begin{aligned} \det\left[\begin{pmatrix} \boldsymbol{A} & \boldsymbol{B} \\ \boldsymbol{0} & \boldsymbol{D} \end{pmatrix}\begin{pmatrix} \boldsymbol{I}_m & -\boldsymbol{A}^{-1}\boldsymbol{B} \\ \boldsymbol{0} & \boldsymbol{I}_n \end{pmatrix}\right] &= \det\begin{pmatrix} \boldsymbol{A} & \boldsymbol{B} \\ \boldsymbol{0} & \boldsymbol{D} \end{pmatrix}\det\begin{pmatrix} \boldsymbol{I}_m & -\boldsymbol{A}^{-1}\boldsymbol{B} \\ \boldsymbol{0} & \boldsymbol{I}_n \end{pmatrix} \\ &= \det\begin{pmatrix} \boldsymbol{A} & \boldsymbol{B} \\ \boldsymbol{0} & \boldsymbol{D} \end{pmatrix}, \end{aligned}$$

所以

$$\det\begin{pmatrix} \boldsymbol{A} & \boldsymbol{B} \\ \boldsymbol{0} & \boldsymbol{D} \end{pmatrix} = \det\begin{pmatrix} \boldsymbol{A} & \boldsymbol{0} \\ \boldsymbol{0} & \boldsymbol{D} \end{pmatrix} = (\det \boldsymbol{A})(\det \boldsymbol{D}).$$

下面证明

$$\det\begin{pmatrix} \boldsymbol{A} & \boldsymbol{0} \\ \boldsymbol{C} & \boldsymbol{D} \end{pmatrix} = (\det \boldsymbol{A})(\det \boldsymbol{D}).$$

根据性质 4.10 以及等式(2)，我们有

$$\begin{aligned} \det\begin{pmatrix} \boldsymbol{A} & \boldsymbol{0} \\ \boldsymbol{C} & \boldsymbol{D} \end{pmatrix} &= \det\begin{pmatrix} \boldsymbol{A} & \boldsymbol{0} \\ \boldsymbol{C} & \boldsymbol{D} \end{pmatrix}^{\mathrm{T}} = \det\begin{pmatrix} \boldsymbol{A}^{\mathrm{T}} & \boldsymbol{C}^{\mathrm{T}} \\ \boldsymbol{0} & \boldsymbol{D}^{\mathrm{T}} \end{pmatrix} \\ &= (\det \boldsymbol{A}^{\mathrm{T}})(\det \boldsymbol{D}^{\mathrm{T}}) = (\det \boldsymbol{A})(\det \boldsymbol{D}). \end{aligned}$$

■

例 4.18 设 $n \geqslant 2$ 是正整数，$\boldsymbol{\alpha} = (a_1, a_2, \cdots, a_n)^{\mathrm{T}}$ 是 n 元向量，$\boldsymbol{A} = \boldsymbol{\alpha}\boldsymbol{\alpha}^{\mathrm{T}}$ 是 n 阶矩阵．计算行列式

$$\det(\lambda \boldsymbol{I} - \boldsymbol{A}) = \det\begin{pmatrix} \lambda - a_1^2 & -a_1a_2 & \cdots & -a_1a_n \\ -a_2a_1 & \lambda - a_2^2 & \cdots & -a_2a_n \\ \vdots & \vdots & & \vdots \\ -a_na_1 & -a_na_2 & \cdots & \lambda - a_n^2 \end{pmatrix}.$$

解 如果 $a_1, a_2, \cdots, a_n$ 都为零，那么显然有 $\det(\lambda \boldsymbol{I} - \boldsymbol{A}) = \lambda^n$．下面设 $a_1, a_2, \cdots, a_n$ 不全为零．如果 $a_1 \neq 0$，将 $\det(\lambda \boldsymbol{I} - \boldsymbol{A})$ 的第 1 行乘 $-\dfrac{a_i}{a_1}$ 加到第 i 行，$i \in \{2, 3, \cdots, n\}$，得到

$$\det(\lambda \boldsymbol{I} - \boldsymbol{A}) = \det\begin{pmatrix} \lambda - a_1^2 & -a_1a_2 & \cdots & -a_1a_n \\ -\dfrac{a_2}{a_1}\lambda & \lambda & \cdots & 0 \\ \vdots & \vdots & & \vdots \\ -\dfrac{a_n}{a_1}\lambda & 0 & \cdots & \lambda \end{pmatrix}. \qquad (3)$$

对等式(3)右边的行列式，将第 i 列的 $\dfrac{a_i}{a_1}$ 倍加到第 1 列，$i\in\{2, 3, \cdots, n\}$，得到

$$\det(\lambda \boldsymbol{I}-\boldsymbol{A})=\det\begin{pmatrix}\lambda-a_1^2-a_2^2-\cdots-a_n^2 & -a_1a_2 & \cdots & -a_1a_n\\ 0 & \lambda & \cdots & 0\\ \vdots & \vdots & & \vdots\\ 0 & 0 & \cdots & \lambda\end{pmatrix}$$

$$=\lambda^{n-1}\left(\lambda-\sum_{k=1}^{n}a_k^2\right).$$

如果 $a_1=a_2=\cdots=a_{i-1}=0$，$a_i\neq 0$，那么

$$\det(\lambda \boldsymbol{I}-\boldsymbol{A})=\det\begin{pmatrix}\overbrace{\begin{matrix}\lambda & \cdots & 0\end{matrix}}^{i-1\text{列}} & \overbrace{\begin{matrix}0 & \cdots & 0\end{matrix}}^{n-i+1\text{列}}\\ \begin{matrix}\vdots & & \vdots\end{matrix} & \begin{matrix}\vdots & & \vdots\end{matrix}\\ \begin{matrix}0 & \cdots & \lambda\end{matrix} & \begin{matrix}0 & \cdots & 0\end{matrix}\\ \begin{matrix}0 & \cdots & 0\end{matrix} & \begin{matrix}\lambda-a_i^2 & \cdots & -a_ia_n\end{matrix}\\ \begin{matrix}\vdots & & \vdots\end{matrix} & \begin{matrix}\vdots & & \vdots\end{matrix}\\ \begin{matrix}0 & \cdots & 0\end{matrix} & \begin{matrix}-a_na_i & \cdots & \lambda-a_n^2\end{matrix}\end{pmatrix}$$

$$=\det\begin{pmatrix}\lambda & \cdots & 0\\ \vdots & & \vdots\\ 0 & \cdots & \lambda\end{pmatrix}\det\begin{pmatrix}\lambda-a_i^2 & \cdots & -a_ia_n\\ \vdots & & \vdots\\ -a_na_i & \cdots & \lambda-a_n^2\end{pmatrix}$$

$$=\lambda^{i-1}\det\begin{pmatrix}\lambda-a_i^2 & \cdots & -a_ia_n\\ \vdots & & \vdots\\ -a_na_i & \cdots & \lambda-a_n^2\end{pmatrix}$$

$$=\lambda^{i-1}\cdot\lambda^{n-i}\left(\lambda-\sum_{k=i}^{n}a_k^2\right)$$

$$=\lambda^{n-1}\left(\lambda-\sum_{k=1}^{n}a_k^2\right).$$

因此

$$\det(\lambda \boldsymbol{I}-\boldsymbol{A})=\lambda^{n-1}\left(\lambda-\sum_{k=1}^{n}a_k^2\right).$$ ■

MOOC 4.7

按任意一行(列)展开行列式(含方阵的伴随矩阵)

4.4 行列式的按行或者按列展开

一、行列式的按行或者按列展开

引理 4.5 设 $n\geqslant 2$ 是正整数，$\boldsymbol{A}=(a_{ij})$ 是 n 阶矩阵. 对任意的 $i\in\{1, 2, \cdots, n\}$，$\boldsymbol{A}$ 的行列式等于 $\boldsymbol{A}$ 的第 i 行的各元素与其对应的代数余子式乘积之和，即

$$\det \boldsymbol{A} = a_{i1}A_{i1} + a_{i2}A_{i2} + \cdots + a_{in}A_{in}.$$

证明 将 $\boldsymbol{A}=(a_{ij})$ 的第 i 行依次与它上面的 $i-1$ 个行交换位置，得到的矩阵记为 $\boldsymbol{B}=(b_{ij})$.

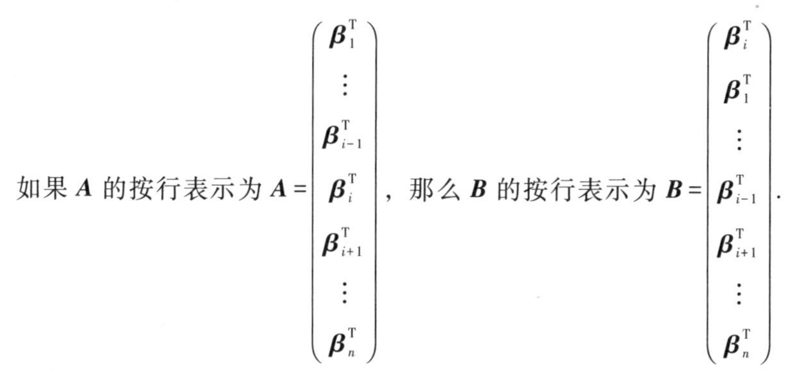

如果 $\boldsymbol{A}$ 的按行表示为 $\boldsymbol{A}=\begin{pmatrix}\boldsymbol{\beta}_1^{\mathrm{T}}\\ \vdots\\ \boldsymbol{\beta}_{i-1}^{\mathrm{T}}\\ \boldsymbol{\beta}_i^{\mathrm{T}}\\ \boldsymbol{\beta}_{i+1}^{\mathrm{T}}\\ \vdots\\ \boldsymbol{\beta}_n^{\mathrm{T}}\end{pmatrix}$，那么 $\boldsymbol{B}$ 的按行表示为 $\boldsymbol{B}=\begin{pmatrix}\boldsymbol{\beta}_i^{\mathrm{T}}\\ \boldsymbol{\beta}_1^{\mathrm{T}}\\ \vdots\\ \boldsymbol{\beta}_{i-1}^{\mathrm{T}}\\ \boldsymbol{\beta}_{i+1}^{\mathrm{T}}\\ \vdots\\ \boldsymbol{\beta}_n^{\mathrm{T}}\end{pmatrix}$.

根据性质 4.6，$\det \boldsymbol{B}=(-1)^{i-1}\det \boldsymbol{A}$，即 $\det \boldsymbol{A}=(-1)^{i-1}\det \boldsymbol{B}$. 因为对所有的 $j\in\{1, 2, \cdots, n\}$，都有 $a_{ij}=b_{1j}$，并且 $\boldsymbol{A}$ 的 (i, j)-元 a_{ij} 的余子阵 $\boldsymbol{M}_{ij}$ 就是 $\boldsymbol{B}$ 的 $(1, j)$-元 b_{1j} 的余子阵 $\boldsymbol{B}_{1j}$，所以

$$\begin{aligned}\det \boldsymbol{A} &= (-1)^{i-1}\det \boldsymbol{B}\\ &= (-1)^{i-1}\sum_{j=1}^{n} b_{1j}(-1)^{1+j}\det \boldsymbol{B}_{1j}\\ &= \sum_{j=1}^{n} a_{ij}(-1)^{i+j}\det \boldsymbol{M}_{ij}\\ &= \sum_{j=1}^{n} a_{ij}A_{ij}.\end{aligned}$$ ■

因为 $\det \boldsymbol{A}^{\mathrm{T}}=\det \boldsymbol{A}$，所以我们有下面的引理.

引理 4.6 设 $n\geqslant 2$ 是正整数，$\boldsymbol{A}=(a_{ij})$ 是 n 阶矩阵. 对任意的 $j\in\{1, 2, \cdots, n\}$，$\boldsymbol{A}$ 的行列式等于 $\boldsymbol{A}$ 的第 j 列的各元素与其对应的代数余子式乘积之和，即

$$\det \boldsymbol{A} = a_{1j}A_{1j} + a_{2j}A_{2j} + \cdots + a_{nj}A_{nj}.$$ ■

例 4.19 证明

$$\det\begin{pmatrix} a_{11} & \cdots & a_{1(n-1)} & a_{1n} \\ a_{21} & \cdots & a_{2(n-1)} & 0 \\ \vdots & & \vdots & \vdots \\ a_{n1} & \cdots & 0 & 0 \end{pmatrix} = (-1)^{n(n-1)/2} a_{1n} a_{2(n-1)} \cdots a_{(n-1)2} a_{n1}.$$

证明

$$\det\begin{pmatrix} a_{11} & \cdots & a_{1(n-1)} & a_{1n} \\ a_{21} & \cdots & a_{2(n-1)} & 0 \\ \vdots & & \vdots & \vdots \\ a_{n1} & \cdots & 0 & 0 \end{pmatrix} \quad \text{按第 } n \text{ 列展开}$$

$$= a_{1n} \cdot (-1)^{n+1} \det\begin{pmatrix} a_{21} & \cdots & a_{2(n-2)} & a_{2(n-1)} \\ a_{31} & \cdots & a_{3(n-2)} & 0 \\ \vdots & & \vdots & \vdots \\ a_{n1} & \cdots & 0 & 0 \end{pmatrix} \quad \text{按第 } n-1 \text{ 列展开}$$

$$= a_{1n} \cdot (-1)^{n+1} \cdot a_{2(n-1)} \cdot (-1)^{n} \det\begin{pmatrix} a_{31} & \cdots & a_{3(n-3)} & a_{3(n-2)} \\ a_{41} & \cdots & a_{4(n-3)} & 0 \\ \vdots & & \vdots & \vdots \\ a_{n1} & \cdots & 0 & 0 \end{pmatrix}$$

$$= \cdots$$

$$= (-1)^{n+1} \cdot (-1)^{n} \cdot (-1)^{n-1} \cdot \cdots \cdot (-1)^{3} \cdot a_{1n} a_{2(n-1)} a_{3(n-2)} \cdots a_{n1}$$

$$= (-1)^{(n-1)(n+4)/2} a_{1n} a_{2(n-1)} a_{3(n-2)} \cdots a_{(n-1)2} a_{n1}$$

$$= (-1)^{n(n-1)/2} a_{1n} a_{2(n-1)} a_{3(n-2)} \cdots a_{(n-1)2} a_{n1}.$$ ■

比较例 4.9 与例 4.19 可知，

$$\det\begin{pmatrix} 0 & \cdots & 0 & a_{1n} \\ 0 & \cdots & a_{2(n-1)} & 0 \\ \vdots & & \vdots & \vdots \\ a_{n1} & \cdots & 0 & 0 \end{pmatrix} = \det\begin{pmatrix} a_{11} & \cdots & a_{1(n-1)} & a_{1n} \\ a_{21} & \cdots & a_{2(n-1)} & 0 \\ \vdots & & \vdots & \vdots \\ a_{n1} & \cdots & 0 & 0 \end{pmatrix}.$$

引理 4.7　设 $n \geqslant 2$ 是正整数，$\boldsymbol{A} = (a_{ij})$ 是 n 阶矩阵．如果 $h, i \in \{1, 2, \cdots, n\}$，$h \neq i$，那么，$\boldsymbol{A}$ 的第 h 行的各元素与第 i 行的对应元素的代数余子式乘积之和等于 0，即

$$a_{h1}A_{i1} + a_{h2}A_{i2} + \cdots + a_{hn}A_{in} = 0.$$

证明　不妨设 $h < i$，将 $\boldsymbol{A}$ 的第 i 行换成第 h 行，得到的矩阵记为 $\boldsymbol{B}$，即

$$
\boldsymbol{B}=\begin{pmatrix}
a_{11} & a_{12} & \cdots & a_{1n} \\
\vdots & \vdots & & \vdots \\
a_{h1} & a_{h2} & \cdots & a_{hn} \\
\vdots & \vdots & & \vdots \\
a_{h1} & a_{h2} & \cdots & a_{hn} \\
\vdots & \vdots & & \vdots \\
a_{n1} & a_{n2} & \cdots & a_{nn}
\end{pmatrix}\begin{matrix} \\ \\ \leftarrow \text{第 } h \text{ 行} \\ \\ \leftarrow \text{第 } i \text{ 行} \\ \\ \\ \end{matrix}.
$$

显然，$\boldsymbol{B}$ 中的第 h 行与第 i 行相等，所以 $\det \boldsymbol{B}=0$. 另一方面，将 $\boldsymbol{B}$ 按第 i 行展开，得到

$$\det \boldsymbol{B}=a_{h1}A_{i1}+a_{h2}A_{i2}+\cdots+a_{hn}A_{in}.$$

因此

$$a_{h1}A_{i1}+a_{h2}A_{i2}+\cdots+a_{hn}A_{in}=0. \qquad \blacksquare$$

引理 4.7 中关于行列式的行的结论对列也成立.

引理 4.8 设 $n\geqslant 2$ 是正整数，$\boldsymbol{A}=(a_{ij})$ 是 n 阶矩阵. 如果 $j, k\in\{1, 2, \cdots, n\}$，$j\neq k$，那么 $\boldsymbol{A}$ 的第 j 列的各元素与第 k 列的对应元素的代数余子式乘积之和等于 0，即

$$a_{1j}A_{1k}+a_{2j}A_{2k}+\cdots+a_{nj}A_{nk}=0. \qquad \blacksquare$$

综合引理 4.5~引理 4.8，可得如下定理：

定理 4.3 设 $n\geqslant 2$ 是正整数，$\boldsymbol{A}=(a_{ij})$ 是 n 阶矩阵，那么

$$a_{h1}A_{i1}+a_{h2}A_{i2}+\cdots+a_{hn}A_{in}=\begin{cases}|\boldsymbol{A}|, & \text{如果 } h=i, \\ 0, & \text{如果 } h\neq i.\end{cases}$$

$$a_{1j}A_{1k}+a_{2j}A_{2k}+\cdots+a_{nj}A_{nk}=\begin{cases}|\boldsymbol{A}|, & \text{如果 } j=k, \\ 0, & \text{如果 } j\neq k.\end{cases} \qquad \blacksquare$$

例 4.20 设 4 阶矩阵 $\boldsymbol{A}=\begin{pmatrix} 2 & 3 & 1 & -1 \\ 0 & 1 & -1 & 3 \\ -4 & -3 & -2 & -4 \\ 2 & 5 & 1 & -1 \end{pmatrix}$. 计算

(1) $A_{41}+A_{42}+A_{43}+A_{44}$;

(2) $A_{12}+2A_{22}+3A_{32}$.

解 (1) 因为 $A_{41}+A_{42}+A_{43}+A_{44}$ 是 $\boldsymbol{A}$ 的第 4 行的元素的代数余子式之和，所以

$$A_{41}+A_{42}+A_{43}+A_{44}=\det\begin{pmatrix} 2 & 3 & 1 & -1 \\ 0 & 1 & -1 & 3 \\ -4 & -3 & -2 & -4 \\ 1 & 1 & 1 & 1 \end{pmatrix}=18.$$

(2) 因为 $A_{12}+2A_{22}+3A_{32}$ 等于将 $\boldsymbol{A}$ 的第 2 列换为 $\begin{pmatrix}1\\2\\3\\0\end{pmatrix}$ 得到的矩阵的行列式，所以

$$A_{12}+2A_{22}+3A_{32}=\det\begin{pmatrix}2&1&1&-1\\0&2&-1&3\\-4&3&-2&-4\\2&0&1&-1\end{pmatrix}=-12.$$ ■

例 4.21 设 $n\geqslant 2$ 是正整数．证明 n 阶范德蒙德[①]行列式

MOOC 4.8
例题
(例 4.21、
例 4.22、
例 4.18)

$$V_n=\begin{vmatrix}1&1&\cdots&1\\x_1&x_2&\cdots&x_n\\x_1^2&x_2^2&\cdots&x_n^2\\\vdots&\vdots&&\vdots\\x_1^{n-1}&x_2^{n-1}&\cdots&x_n^{n-1}\end{vmatrix}=\prod_{1\leqslant i<j\leqslant n}(x_j-x_i).$$

证明 对范德蒙德行列式的阶数 n 用数学归纳法．当 $n=2$ 时，

$$V_2=\begin{vmatrix}1&1\\x_1&x_2\end{vmatrix}=x_2-x_1=\prod_{1\leqslant i<j\leqslant 2}(x_j-x_i),$$

结论成立．设 $n\geqslant 3$，并且当行列式的阶数为 $n-1$ 时，结论成立，下面证明当行列式的阶数为 n 时，结论也成立．依次将行列式的第 i 行的各个元素乘 $-x_1$ 加到第 $i+1$ 行的对应元素上，$i=n-1,\ n-2,\ \cdots,\ 2,\ 1$，得到

$$V_n=\begin{vmatrix}1&1&1&\cdots&1\\0&x_2-x_1&x_3-x_1&\cdots&x_n-x_1\\0&x_2(x_2-x_1)&x_3(x_3-x_1)&\cdots&x_n(x_n-x_1)\\\vdots&\vdots&\vdots&&\vdots\\0&x_2^{n-2}(x_2-x_1)&x_3^{n-2}(x_3-x_1)&\cdots&x_n^{n-2}(x_n-x_1)\end{vmatrix}.\quad(1)$$

将等式(1)右边的行列式按第 1 列展开，并且对所有的 $i\in\{1,2,\cdots,n-1\}$，将得到的行列式的第 i 列上的公因数 $x_{i+1}-x_1$ 提取出来，得到

$$V_n=(x_2-x_1)(x_3-x_1)\cdots(x_n-x_1)\begin{vmatrix}1&1&\cdots&1\\x_2&x_3&\cdots&x_n\\\vdots&\vdots&&\vdots\\x_2^{n-2}&x_3^{n-2}&\cdots&x_n^{n-2}\end{vmatrix}.\quad(2)$$

① 范德蒙德(A. T. Vandermonde，1735—1796)，法国数学家，行列式理论的奠基人．

等式(2)右边的行列式是 $n-1$ 阶范德蒙德行列式，根据归纳假设，我们有

$$\begin{vmatrix} 1 & 1 & \cdots & 1 \\ x_2 & x_3 & \cdots & x_n \\ \vdots & \vdots & & \vdots \\ x_2^{n-2} & x_3^{n-2} & \cdots & x_n^{n-2} \end{vmatrix} = \prod_{2 \leqslant i < j \leqslant n} (x_j - x_i).$$

因此

$$V_n = (x_2 - x_1)(x_3 - x_1)\cdots(x_n - x_1) \prod_{2 \leqslant i < j \leqslant n} (x_j - x_i) = \prod_{1 \leqslant i < j \leqslant n} (x_j - x_i). \blacksquare$$

定义 4.5 下面的 n 阶矩阵称为**三对角矩阵**：

$$\begin{pmatrix} a_1 & b_1 & & & & \\ c_1 & a_2 & b_2 & & & \\ & c_2 & a_3 & \ddots & & \\ & & \ddots & \ddots & b_{n-2} & \\ & & & c_{n-2} & a_{n-1} & b_{n-1} \\ & & & & c_{n-1} & a_n \end{pmatrix}.$$

例 4.22 当 $n \geqslant 3$ 时，n 阶三对角矩阵的行列式 T_n 满足

$$T_n = a_n T_{n-1} - b_{n-1} c_{n-1} T_{n-2}.$$

证明 将 T_n 按第 n 行展开，得到

$$T_n = -c_{n-1} \begin{vmatrix} a_1 & b_1 & & & & \\ c_1 & a_2 & b_2 & & & \\ & c_2 & a_3 & \ddots & & \\ & & \ddots & \ddots & b_{n-3} & \\ & & & c_{n-3} & a_{n-2} & 0 \\ & & & & c_{n-2} & b_{n-1} \end{vmatrix} + a_n \begin{vmatrix} a_1 & b_1 & & & & \\ c_1 & a_2 & b_2 & & & \\ & c_2 & a_3 & \ddots & & \\ & & \ddots & \ddots & b_{n-3} & \\ & & & c_{n-3} & a_{n-2} & b_{n-2} \\ & & & & c_{n-2} & a_{n-1} \end{vmatrix}. \tag{3}$$

将等式(3)右边的第1个行列式按第 $n-1$ 列展开，得到

$$\begin{vmatrix} a_1 & b_1 & & & & \\ c_1 & a_2 & b_2 & & & \\ & c_2 & a_3 & \ddots & & \\ & & \ddots & \ddots & b_{n-3} & \\ & & & c_{n-3} & a_{n-2} & 0 \\ & & & & c_{n-2} & b_{n-1} \end{vmatrix} = b_{n-1}\begin{vmatrix} a_1 & b_1 & & & & \\ c_1 & a_2 & b_2 & & & \\ & c_2 & a_3 & \ddots & & \\ & & \ddots & \ddots & b_{n-4} & \\ & & & c_{n-4} & a_{n-3} & b_{n-3} \\ & & & & c_{n-3} & a_{n-2} \end{vmatrix}$$

$$= b_{n-1}T_{n-2}.$$

因为等式(3)右边的第 2 个行列式为 T_{n-1}，所以

$$T_n = a_nT_{n-1} - b_{n-1}c_{n-1}T_{n-2}.$$ ■

定义 4.6 下面的 n 阶三对角矩阵称为斐波那契矩阵：

$$\begin{pmatrix} 1 & 1 & & & & \\ -1 & 1 & 1 & & & \\ & -1 & 1 & \ddots & & \\ & & \ddots & \ddots & 1 & \\ & & & -1 & 1 & 1 \\ & & & & -1 & 1 \end{pmatrix}.$$

例 4.23 当 $n \geqslant 3$ 时，n 阶斐波那契矩阵的行列式 F_n 满足

$$F_n = F_{n-1} + F_{n-2}.$$

证明 因为斐波那契矩阵是一种特殊的三对角矩阵，所以，在例 4.22 中令 $a_1 = a_2 = \cdots = a_n = 1$，$b_1 = b_2 = \cdots = b_{n-1} = 1$，$c_1 = c_2 = \cdots = c_{n-1} = -1$，即得 n 阶斐波那契矩阵的行列式 F_n 满足

$$F_n = F_{n-1} + F_{n-2}.$$ ■

二、方阵的伴随矩阵

定义 4.7 设 $n \geqslant 2$ 是正整数，$\boldsymbol{A} = (a_{ij})$ 是 n 阶矩阵，$\boldsymbol{A}$ 的 (i, j)-元 a_{ij} 的代数余子式为 A_{ij}，$i, j \in \{1, 2, \cdots, n\}$. 由 $\boldsymbol{A}$ 的 n^2 个元素的代数余子式按如下方式构成的 n 阶矩阵

$$\boldsymbol{A}^* = \begin{pmatrix} A_{11} & A_{21} & \cdots & A_{n1} \\ A_{12} & A_{22} & \cdots & A_{n2} \\ \vdots & \vdots & & \vdots \\ A_{1n} & A_{2n} & \cdots & A_{nn} \end{pmatrix}$$

称为 $\boldsymbol{A}$ 的伴随矩阵.

根据定理 4.3，我们有

$$AA^* = \begin{pmatrix} a_{11} & a_{12} & \cdots & a_{1n} \\ a_{21} & a_{22} & \cdots & a_{2n} \\ \vdots & \vdots & & \vdots \\ a_{n1} & a_{n2} & \cdots & a_{nn} \end{pmatrix} \begin{pmatrix} A_{11} & A_{21} & \cdots & A_{n1} \\ A_{12} & A_{22} & \cdots & A_{n2} \\ \vdots & \vdots & & \vdots \\ A_{1n} & A_{2n} & \cdots & A_{nn} \end{pmatrix}$$

$$= \begin{pmatrix} |A| & & & \\ & |A| & & \\ & & \ddots & \\ & & & |A| \end{pmatrix} = |A| I_n;$$

$$A^* A = \begin{pmatrix} A_{11} & A_{21} & \cdots & A_{n1} \\ A_{12} & A_{22} & \cdots & A_{n2} \\ \vdots & \vdots & & \vdots \\ A_{1n} & A_{2n} & \cdots & A_{nn} \end{pmatrix} \begin{pmatrix} a_{11} & a_{12} & \cdots & a_{1n} \\ a_{21} & a_{22} & \cdots & a_{2n} \\ \vdots & \vdots & & \vdots \\ a_{n1} & a_{n2} & \cdots & a_{nn} \end{pmatrix}$$

$$= \begin{pmatrix} |A| & & & \\ & |A| & & \\ & & \ddots & \\ & & & |A| \end{pmatrix} = |A| I_n.$$

因此，我们有如下结论：

定理 4.4 如果 A 是 n 阶矩阵，A^* 是 A 的伴随矩阵，那么

$$A^* A = AA^* = |A| I_n. \quad ■$$

命题 4.1 设 $n \geqslant 2$ 是正整数，$A = (a_{ij})$ 是 n 阶矩阵，A^* 是 A 的伴随矩阵．如果 A 是可逆的，那么我们有下列结论：

(1) $A^{-1} = \dfrac{1}{|A|} A^*$，$A^* = |A| A^{-1}$；

(2) $(A^*)^{-1} = (A^{-1})^* = \dfrac{1}{|A|} A$；

(3) $(A^*)^* = |A|^{n-2} A$.

证明 (1) 因为 A 是可逆的，所以 $|A| \neq 0$. 在等式 $A^* A = |A| I_n$ 两边乘$\dfrac{1}{|A|}$，得到

$$\left(\frac{1}{|A|} A^*\right) A = I_n.$$

因此

$$A^{-1} = \frac{1}{|A|} A^*. \tag{4}$$

在等式(4)两边乘 $|\boldsymbol{A}|$，得到

$$\boldsymbol{A}^* = |\boldsymbol{A}|\boldsymbol{A}^{-1}. \tag{5}$$

因此，第 1 个结论成立 .

(2) 因为 $\boldsymbol{A}$ 是可逆矩阵，所以由等式(5)可知 $\boldsymbol{A}^*$ 也是可逆矩阵 . 在等式(5)两边求逆矩阵，可得

$$(\boldsymbol{A}^*)^{-1} = \frac{1}{|\boldsymbol{A}|}\boldsymbol{A};$$

将等式(5)中的 $\boldsymbol{A}$ 替换为 $\boldsymbol{A}^{-1}$，可得

$$(\boldsymbol{A}^{-1})^* = |\boldsymbol{A}^{-1}|(\boldsymbol{A}^{-1})^{-1} = \frac{1}{|\boldsymbol{A}|}\boldsymbol{A}.$$

因此，第 2 个结论成立 .

(3) 根据第 1 个结论中的两个等式，我们有

$$(\boldsymbol{A}^*)^* = |\boldsymbol{A}^*|(\boldsymbol{A}^*)^{-1} = |(|\boldsymbol{A}|\boldsymbol{A}^{-1})|(|\boldsymbol{A}|\boldsymbol{A}^{-1})^{-1} = |\boldsymbol{A}|^{n-2}\boldsymbol{A}.$$

因此，第 3 个结论成立 . ■

命题 4.2 设 $n \geqslant 2$ 是正整数，$\boldsymbol{A} = (a_{ij})$ 是 n 阶矩阵，$\boldsymbol{A}^*$ 是 $\boldsymbol{A}$ 的伴随矩阵 . 我们有下列结论：

(1) $|\boldsymbol{A}| = 0$ 的充要条件是 $|\boldsymbol{A}^*| = 0$;

(2) $|\boldsymbol{A}^*| = |\boldsymbol{A}|^{n-1}$;

(3) $(k\boldsymbol{A})^* = k^{n-1}\boldsymbol{A}^*$.

证明 (1) 必要性 设 $|\boldsymbol{A}| = 0$，那么根据定理 4.4，$\boldsymbol{A}^*\boldsymbol{A} = \boldsymbol{0}$. 如果 $|\boldsymbol{A}^*| \neq 0$，那么 $\boldsymbol{A}^*$ 是可逆矩阵，由 $\boldsymbol{A}^*\boldsymbol{A} = \boldsymbol{0}$ 可知 $\boldsymbol{A} = \boldsymbol{0}$，这意味着 $\boldsymbol{A}^* = \boldsymbol{0}$，得出矛盾 . 因此，$|\boldsymbol{A}^*| = 0$.

充分性 设 $|\boldsymbol{A}^*| = 0$. 假设 $|\boldsymbol{A}| \neq 0$，因为 $\boldsymbol{A}\boldsymbol{A}^* = |\boldsymbol{A}|\boldsymbol{I}_n$ 是可逆矩阵，所以 $\boldsymbol{A}^*$ 是可逆矩阵 . 这与 $|\boldsymbol{A}^*| = 0$ 相矛盾，所以 $|\boldsymbol{A}| = 0$.

(2) 如果 $|\boldsymbol{A}| \neq 0$，那么在等式 $\boldsymbol{A}^*\boldsymbol{A} = |\boldsymbol{A}|\boldsymbol{I}_n$ 两边取行列式，得到

$$|\boldsymbol{A}^*| \cdot |\boldsymbol{A}| = |\boldsymbol{A}|^n,$$

因此

$$|\boldsymbol{A}^*| = |\boldsymbol{A}|^{n-1};$$

如果 $|\boldsymbol{A}| = 0$，那么根据第 1 个结论，我们有 $|\boldsymbol{A}^*| = 0$. 因此，$|\boldsymbol{A}^*| = |\boldsymbol{A}|^{n-1}$ 也成立 .

综上所述，第 2 个结论成立 .

(3) 对所有的 $i, j \in \{1, 2, \cdots, n\}$，如果 $\boldsymbol{A}$ 的 (i, j)-元的余子阵为 $\boldsymbol{M}_{ij}$，那么 $k\boldsymbol{A}$ 的 (i, j)-元的余子阵为 $k\boldsymbol{M}_{ij}$，于是 $\boldsymbol{A}$ 的 (i, j)-元的代数余子式为 $(-1)^{i+j}|\boldsymbol{M}_{ij}|$，$k\boldsymbol{A}$ 的 (i, j)-元的代数余子式为 $(-1)^{i+j}k^{n-1}|\boldsymbol{M}_{ij}|$.

因此

$$(kA)^* = k^{n-1}A^*.$$ ■

4.5 行列式在代数方面的应用

MOOC 4.9
行列式在代数方面的应用

一、行列式与矩阵的秩

定义 4.8 设 $A=(a_{ij})$ 是 $m\times n$ 矩阵，$1\leqslant i_1<i_2<\cdots<i_s\leqslant m$，$1\leqslant j_1<j_2<\cdots<j_t\leqslant n$．位于 A 的第 $i_1, i_2, \cdots, i_s$ 行，第 $j_1, j_2, \cdots, j_t$ 列的元素构成的 $s\times t$ 矩阵

$$M=\begin{pmatrix} a_{i_1j_1} & a_{i_1j_2} & \cdots & a_{i_1j_t} \\ a_{i_2j_1} & a_{i_2j_2} & \cdots & a_{i_2j_t} \\ \vdots & \vdots & & \vdots \\ a_{i_sj_1} & a_{i_sj_2} & \cdots & a_{i_sj_t} \end{pmatrix}$$

称为 A 的一个子矩阵．如果 $s=t$，那么称 M 为 A 的一个子方阵．

从定义可以看出，矩阵 A 的子矩阵就是去掉 A 的一些行与列剩下的元素按照它们原来的相对位置排成的矩阵．

定义 4.9 矩阵 A 的子方阵的行列式称为 A 的一个子式．

定理 4.5 矩阵 A 的秩等于 A 的非零子式的最大阶数．

证明 设 $\mathrm{r}(A)=r$，A 的非零子式的最大阶数为 t.

设 M 为 A 的一个 t 阶子方阵，并且 $|M|\neq 0$. 如果 M 的元素位于 A 的第 $j_1, j_2, \cdots, j_t$ 列上，那么由 A 的第 $j_1, j_2, \cdots, j_t$ 列构成的向量组是线性无关的．因此 $r\geqslant t$.

另一方面，因为 $\mathrm{r}(A)=r$，所以根据定理 3.6，A 的列构成的向量组中有 r 个线性无关的向量 $\alpha_{i_1}, \alpha_{i_2}, \cdots, \alpha_{i_r}$. 令 $B=(\alpha_{i_1}, \alpha_{i_2}, \cdots, \alpha_{i_r})$，那么由定理 3.6 知，$\mathrm{r}(B)=r$，并且 B 有 r 个线性无关的行．容易看出 B 的这 r 个线性无关的行构成 A 的 r 阶非零子式，所以得到 $r\leqslant t$.

综上所述，$r=t$. ■

二、克拉默法则

定理 4.6 设 $n\times n$ 线性方程组

$$\begin{cases} a_{11}x_1+a_{12}x_2+\cdots+a_{1n}x_n=b_1, \\ a_{21}x_1+a_{22}x_2+\cdots+a_{2n}x_n=b_2, \\ \cdots\cdots\cdots\cdots \\ a_{n1}x_1+a_{n2}x_2+\cdots+a_{nn}x_n=b_n \end{cases}$$

的系数矩阵为

$$A=\begin{pmatrix} a_{11} & a_{12} & \cdots & a_{1n} \\ a_{21} & a_{22} & \cdots & a_{2n} \\ \vdots & \vdots & & \vdots \\ a_{n1} & a_{n2} & \cdots & a_{nn} \end{pmatrix}=(\boldsymbol{\alpha}_1, \boldsymbol{\alpha}_2, \cdots, \boldsymbol{\alpha}_n),$$

常数项构成的向量为 $\boldsymbol{\beta}=(b_1, b_2, \cdots, b_n)^{\mathrm{T}}$. 记

$$\boldsymbol{B}_i=(\boldsymbol{\alpha}_1, \cdots, \boldsymbol{\alpha}_{i-1}, \boldsymbol{\beta}, \boldsymbol{\alpha}_{i+1}, \cdots, \boldsymbol{\alpha}_n), \quad i \in \{1, 2, \cdots, n\}.$$

如果 $\det \boldsymbol{A} \neq 0$，那么线性方程组 $\boldsymbol{AX}=\boldsymbol{\beta}$ 有唯一解

$$\boldsymbol{X}=\frac{1}{\det \boldsymbol{A}}\begin{pmatrix} \det \boldsymbol{B}_1 \\ \det \boldsymbol{B}_2 \\ \vdots \\ \det \boldsymbol{B}_n \end{pmatrix}.$$

证明　因为 $\det \boldsymbol{A} \neq 0$，所以根据定理 4.1，$\boldsymbol{A}$ 是可逆矩阵．因此方程组 $\boldsymbol{AX}=\boldsymbol{\beta}$ 有唯一解，并且其解为

$$\begin{aligned} \boldsymbol{X}=\boldsymbol{A}^{-1}\boldsymbol{\beta} &= \frac{1}{\det \boldsymbol{A}}\boldsymbol{A}^{*}\boldsymbol{\beta} \\ &= \frac{1}{\det \boldsymbol{A}}\begin{pmatrix} A_{11} & A_{21} & \cdots & A_{n1} \\ A_{12} & A_{22} & \cdots & A_{n2} \\ \vdots & \vdots & & \vdots \\ A_{1n} & A_{2n} & \cdots & A_{nn} \end{pmatrix}\begin{pmatrix} b_1 \\ b_2 \\ \vdots \\ b_n \end{pmatrix} \\ &= \frac{1}{\det \boldsymbol{A}}\begin{pmatrix} A_{11}b_1+A_{21}b_2+\cdots+A_{n1}b_n \\ A_{12}b_1+A_{22}b_2+\cdots+A_{n2}b_n \\ \vdots \\ A_{1n}b_1+A_{2n}b_2+\cdots+A_{nn}b_n \end{pmatrix} \\ &= \frac{1}{\det \boldsymbol{A}}\begin{pmatrix} \det \boldsymbol{B}_1 \\ \det \boldsymbol{B}_2 \\ \vdots \\ \det \boldsymbol{B}_n \end{pmatrix}. \end{aligned}$$

■

定理 4.6 中解 $n \times n$ 线性方程组的方法称为克拉默法则①.

例 4.24　用克拉默法则解下列线性方程组

① 瑞士数学家克拉默(G. Cramer，1704—1752)在 1750 年将这种方法写入他的著作《代数曲线分析导论》中，所以人们将此方法命名为克拉默法则．事实上，早在 1729 年前后，英国数学家麦克劳林(C. Maclaurin，1698—1746)就已经知道用这种方法解 2 × 2，3 × 3，4 × 4 线性方程组，并且发表在他的遗著《代数论著》中．克拉默法则的完整证明是由法国数学家柯西在 1815 年完成的．

$$\begin{cases} 2x_1 + x_2 - 5x_3 + x_4 = 8, \\ x_1 - 3x_2 - 6x_4 = 9, \\ 2x_2 - x_3 + 2x_4 = -5, \\ x_1 + 4x_2 - 7x_3 + 6x_4 = 0. \end{cases}$$

解　因为

$$\det \boldsymbol{A} = \det\begin{pmatrix} 2 & 1 & -5 & 1 \\ 1 & -3 & 0 & -6 \\ 0 & 2 & -1 & 2 \\ 1 & 4 & -7 & 6 \end{pmatrix} = 27,$$

$$\det \boldsymbol{B}_1 = \det\begin{pmatrix} 8 & 1 & -5 & 1 \\ 9 & -3 & 0 & -6 \\ -5 & 2 & -1 & 2 \\ 0 & 4 & -7 & 6 \end{pmatrix} = 81,$$

$$\det \boldsymbol{B}_2 = \det\begin{pmatrix} 2 & 8 & -5 & 1 \\ 1 & 9 & 0 & -6 \\ 0 & -5 & -1 & 2 \\ 1 & 0 & -7 & 6 \end{pmatrix} = -108,$$

$$\det \boldsymbol{B}_3 = \det\begin{pmatrix} 2 & 1 & 8 & 1 \\ 1 & -3 & 9 & -6 \\ 0 & 2 & -5 & 2 \\ 1 & 4 & 0 & 6 \end{pmatrix} = -27,$$

$$\det \boldsymbol{B}_4 = \det\begin{pmatrix} 2 & 1 & -5 & 8 \\ 1 & -3 & 0 & 9 \\ 0 & 2 & -1 & -5 \\ 1 & 4 & -7 & 0 \end{pmatrix} = 27.$$

所以方程组的解为

$$x_1 = \frac{\det \boldsymbol{B}_1}{\det \boldsymbol{A}} = \frac{81}{27} = 3, \qquad x_2 = \frac{\det \boldsymbol{B}_2}{\det \boldsymbol{A}} = \frac{-108}{27} = -4,$$

$$x_3 = \frac{\det \boldsymbol{B}_3}{\det \boldsymbol{A}} = \frac{-27}{27} = -1, \qquad x_4 = \frac{\det \boldsymbol{B}_4}{\det \boldsymbol{A}} = \frac{27}{27} = 1. \qquad \blacksquare$$

作为一个计算工具，克拉默法则由于其巨大的计算量，根本无法匹敌高斯消元法，但是它是一个有价值的理论工具.

MOOC 4.10
行列式在几何方面的应用

4.6　行列式在几何方面的应用

在解析几何中，我们习惯将平面 $\mathbf{R}^2$ 上的点 P 在直角坐标系下的坐标表示为 $P(x, y)$，于是，从坐标原点到 P 的向量为 $\overrightarrow{OP}=(x, y)$.

立体空间 $\mathbf{R}^3$ 中的点 P 在直角坐标系下的坐标表示为 $P(x, y, z)$，于是，从坐标原点到 P 的向量为 $\overrightarrow{OP}=(x, y, z)$.

引理 4.9　设 l_1 与 l_2 是立体空间 $\mathbf{R}^3$ 中的两条不重合的平行线，$\boldsymbol{\alpha}=\overrightarrow{OA}$ 是 l_1 上的非零向量，$\boldsymbol{\beta}=\overrightarrow{OB}$ 的终点 B 在 l_2 上(如图 4.1). 我们有下列两个结论：

(1) 向量 $\overrightarrow{OP}$ 的终点 P 在 l_2 上等价于存在实数 k，使得 $\overrightarrow{OP}=k\cdot\overrightarrow{OA}+\overrightarrow{OB}$；

(2) 以 $\overrightarrow{OA}$ 与 $\overrightarrow{OB}$ 为邻边构成的平行四边形的面积等于以 $\overrightarrow{OA}$ 与 $k\cdot\overrightarrow{OA}+\overrightarrow{OB}$ 为邻边构成的平行四边形的面积.

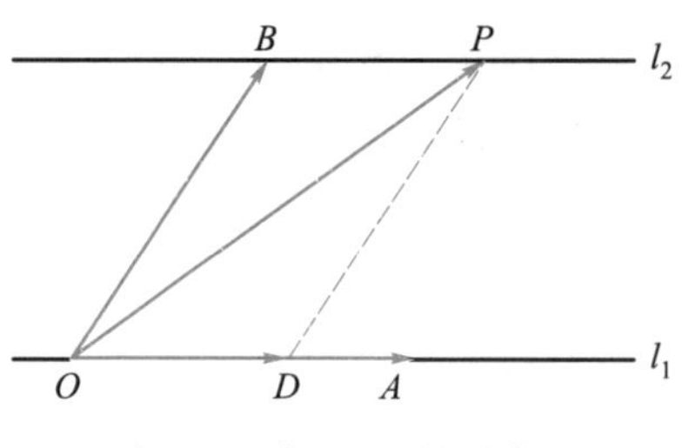

图 4.1　引理 4.9 的示意图

证明　(1) 过 P 作线段 OB 的平行线交 l_1 于 D，那么存在实数 k 使得 $\overrightarrow{OD}=k\cdot\overrightarrow{OA}$，并且

$$\overrightarrow{OP}=\overrightarrow{OD}+\overrightarrow{OB}=k\cdot\overrightarrow{OA}+\overrightarrow{OB}.$$

(2) 因为以 $\overrightarrow{OA}$ 与 $\overrightarrow{OB}$ 为邻边构成的平行四边形和以 $\overrightarrow{OA}$ 与 $k\cdot\overrightarrow{OA}+\overrightarrow{OB}$ 为邻边构成的平行四边形都以 OA 作为一条边，这条边上的高都是 l_1 与 l_2 之间的距离，所以它们有相等的面积. ∎

因为引理 4.9 中的两个结论只依赖于 l_1 与 l_2 是两条不相重合的平行线，所以它们在 $\mathbf{R}^2$ 上也成立.

命题 4.3　以平面 $\mathbf{R}^2$ 上的向量 $\overrightarrow{OP_1}=(x_1, y_1)$，$\overrightarrow{OP_2}=(x_2, y_2)$ 为邻边构成的平行四边形的面积 S 等于行列式 $\det\begin{pmatrix}x_1 & y_1\\ x_2 & y_2\end{pmatrix}$ 或者

$\det\begin{pmatrix} x_1 & x_2 \\ y_1 & y_2 \end{pmatrix}$的绝对值.

证明 记$\boldsymbol{\alpha}=\begin{pmatrix} x_1 \\ y_1 \end{pmatrix}$，$\boldsymbol{\beta}=\begin{pmatrix} x_2 \\ y_2 \end{pmatrix}$. 如果$\boldsymbol{\alpha}$，$\boldsymbol{\beta}$是线性相关的($\boldsymbol{\alpha}$与$\boldsymbol{\beta}$共线)，那么$S=0$. 这时我们有$\det(\boldsymbol{\alpha}, \boldsymbol{\beta})=0$，所以结论成立. 下面设$\boldsymbol{\alpha}$，$\boldsymbol{\beta}$是线性无关的. 根据定理3.13，存在实数$k_0$使得$\boldsymbol{\alpha}$与$\boldsymbol{\gamma}=k_0\boldsymbol{\alpha}+\boldsymbol{\beta}$是正交(垂直)的. 于是，以$\boldsymbol{\alpha}$与$\boldsymbol{\gamma}$为邻边构成的平行四边形的面积等于$|\boldsymbol{\alpha}|\cdot|\boldsymbol{\gamma}|$.

因为

$$\det(\boldsymbol{\alpha}, \boldsymbol{\beta})=\det(\boldsymbol{\alpha}, k_0\boldsymbol{\alpha}+\boldsymbol{\beta})=\det(\boldsymbol{\alpha}, \boldsymbol{\gamma}),$$

所以

$$\begin{aligned}(\det(\boldsymbol{\alpha}, \boldsymbol{\beta}))^2&=(\det(\boldsymbol{\alpha}, \boldsymbol{\gamma}))^2\\&=\det((\boldsymbol{\alpha}, \boldsymbol{\gamma})^{\mathrm{T}}(\boldsymbol{\alpha}, \boldsymbol{\gamma}))\\&=\det\left(\begin{pmatrix}\boldsymbol{\alpha}^{\mathrm{T}}\\ \boldsymbol{\gamma}^{\mathrm{T}}\end{pmatrix}(\boldsymbol{\alpha}, \boldsymbol{\gamma})\right)\\&=\det\begin{pmatrix}\boldsymbol{\alpha}^{\mathrm{T}}\boldsymbol{\alpha} & 0\\ 0 & \boldsymbol{\gamma}^{\mathrm{T}}\boldsymbol{\gamma}\end{pmatrix}\\&=\|\boldsymbol{\alpha}\|^2\cdot\|\boldsymbol{\gamma}\|^2.\end{aligned}$$

根据引理4.9，以$\boldsymbol{\alpha}$与$\boldsymbol{\beta}$为邻边构成的平行四边形的面积等于以$\boldsymbol{\alpha}$与$\boldsymbol{\gamma}$为邻边构成的平行四边形的面积. 因此，S等于$\det(\boldsymbol{\alpha}, \boldsymbol{\beta})$的绝对值. ■

引理 4.10 设π_1与π_2是立体空间$\mathbf{R}^3$中的两个不相重合的平行的平面，$\boldsymbol{\alpha}=\overrightarrow{OA}$与$\boldsymbol{\beta}=\overrightarrow{OB}$是$\pi_1$上的两个不共线的向量，$\boldsymbol{\gamma}=\overrightarrow{OC}$的终点$C$在$\pi_2$上. 我们有下列两个结论：

(1) 向量$\overrightarrow{OP}$的终点P在π_2上等价于存在实数k_1，k_2，使得

$$\overrightarrow{OP}=k_1\cdot\overrightarrow{OA}+k_2\cdot\overrightarrow{OB}+\overrightarrow{OC};$$

(2) 以$\overrightarrow{OA}$，$\overrightarrow{OB}$，$\overrightarrow{OC}$为邻边构成的平行六面体的体积等于由$\overrightarrow{OA}$，$k_0\cdot\overrightarrow{OA}+\overrightarrow{OB}$，$k_1\cdot\overrightarrow{OA}+k_2\cdot\overrightarrow{OB}+\overrightarrow{OC}$为邻边构成的平行六面体的体积. ■

命题 4.4 以立体空间$\mathbf{R}^3$中的三个向量$\overrightarrow{OP_1}=(x_1, y_1, z_1)$，$\overrightarrow{OP_2}=(x_2, y_2, z_2)$，$\overrightarrow{OP_3}=(x_3, y_3, z_3)$为邻边构成的平行六面体的体积$\Omega$等于行列式

$$\det\begin{pmatrix} x_1 & y_1 & z_1 \\ x_2 & y_2 & z_2 \\ x_3 & y_3 & z_3 \end{pmatrix}\text{或者}\det\begin{pmatrix} x_1 & x_2 & x_3 \\ y_1 & y_2 & y_3 \\ z_1 & z_2 & z_3 \end{pmatrix}$$

的绝对值①.

证明　记 $\boldsymbol{\alpha}=\begin{pmatrix}x_1\\y_1\\z_1\end{pmatrix}$，$\boldsymbol{\beta}=\begin{pmatrix}x_2\\y_2\\z_2\end{pmatrix}$，$\boldsymbol{\gamma}=\begin{pmatrix}x_3\\y_3\\z_3\end{pmatrix}$. 如果 $\boldsymbol{\alpha}$，$\boldsymbol{\beta}$，$\boldsymbol{\gamma}$ 是线性相关的（$\boldsymbol{\alpha}$，$\boldsymbol{\beta}$，$\boldsymbol{\gamma}$ 共面），那么 $\Omega=0$. 这时 $\det(\boldsymbol{\alpha},\boldsymbol{\beta},\boldsymbol{\gamma})=0$，所以结论成立．下面设 $\boldsymbol{\alpha}$，$\boldsymbol{\beta}$，$\boldsymbol{\gamma}$ 是线性无关的．根据定理 3.13，存在实数 k_0，k_1，k_2，使得 $\boldsymbol{\alpha}$，$\boldsymbol{\eta}=k_0\boldsymbol{\alpha}+\boldsymbol{\beta}$，$\boldsymbol{\xi}=k_1\boldsymbol{\alpha}+k_2\boldsymbol{\beta}+\boldsymbol{\gamma}$ 是正交向量组，即 $\boldsymbol{\alpha}$，$\boldsymbol{\eta}$，$\boldsymbol{\xi}$ 两两垂直．于是以 $\boldsymbol{\alpha}$，$\boldsymbol{\eta}$，$\boldsymbol{\xi}$ 为邻边构成的平行六面体的体积等于 $\|\boldsymbol{\alpha}\|\cdot\|\boldsymbol{\eta}\|\cdot\|\boldsymbol{\xi}\|$.

因为

$$\det(\boldsymbol{\alpha},\boldsymbol{\beta},\boldsymbol{\gamma})=\det(\boldsymbol{\alpha},k_0\boldsymbol{\alpha}+\boldsymbol{\beta},k_1\boldsymbol{\alpha}+k_2\boldsymbol{\beta}+\boldsymbol{\gamma})=\det(\boldsymbol{\alpha},\boldsymbol{\eta},\boldsymbol{\xi}),$$

所以

$$\begin{aligned}[\det(\boldsymbol{\alpha},\boldsymbol{\beta},\boldsymbol{\gamma})]^2&=[\det(\boldsymbol{\alpha},\boldsymbol{\eta},\boldsymbol{\xi})]^2\\&=\det[(\boldsymbol{\alpha},\boldsymbol{\eta},\boldsymbol{\xi})^{\mathrm T}(\boldsymbol{\alpha},\boldsymbol{\eta},\boldsymbol{\xi})]\\&=\det\left(\begin{pmatrix}\boldsymbol{\alpha}^{\mathrm T}\\\boldsymbol{\eta}^{\mathrm T}\\\boldsymbol{\xi}^{\mathrm T}\end{pmatrix}(\boldsymbol{\alpha},\boldsymbol{\eta},\boldsymbol{\xi})\right)\\&=\det\begin{pmatrix}\boldsymbol{\alpha}^{\mathrm T}\boldsymbol{\alpha}&0&0\\0&\boldsymbol{\eta}^{\mathrm T}\boldsymbol{\eta}&0\\0&0&\boldsymbol{\xi}^{\mathrm T}\boldsymbol{\xi}\end{pmatrix}\\&=\|\boldsymbol{\alpha}\|^2\cdot\|\boldsymbol{\eta}\|^2\cdot\|\boldsymbol{\xi}\|^2.\end{aligned}$$

根据引理 4.10，以 $\boldsymbol{\alpha}$，$\boldsymbol{\beta}$，$\boldsymbol{\gamma}$ 为邻边构成的平行六面体的体积 Ω 等于以 $\boldsymbol{\alpha}$，$\boldsymbol{\eta}$，$\boldsymbol{\xi}$ 为邻边构成的平行六面体的体积．因此，Ω 等于 $\det(\boldsymbol{\alpha},\boldsymbol{\beta},\boldsymbol{\gamma})$ 的绝对值． ■

习题四

1. 计算下列行列式：

(1) $\begin{vmatrix}2&3&1\\1&2&0\\3&4&2\end{vmatrix}$；　　(2) $\begin{vmatrix}1&1&1&1\\1&-1&1&1\\1&1&-1&1\\1&1&1&-1\end{vmatrix}$.

① 用行列式表示三角形的面积和四面体的体积的方法是由拉格朗日(J.-L. Lagrange，1736—1813)首次发现的．

2. 已知行列式 $\begin{vmatrix} a_{11} & a_{12} & a_{13} \\ a_{21} & a_{22} & a_{23} \\ a_{31} & a_{32} & a_{33} \end{vmatrix}=6$，计算下列行列式：

(1) $\begin{vmatrix} a_{11} & 3a_{12} & a_{13}+a_{11} \\ a_{21} & 3a_{22} & a_{23}+a_{21} \\ a_{31} & 3a_{32} & a_{33}+a_{31} \end{vmatrix}$；　　(2) $\begin{vmatrix} a_{13} & a_{11} & 2a_{12} \\ a_{23} & a_{21} & 2a_{22} \\ a_{33} & a_{31} & 2a_{32} \end{vmatrix}$.

3. 计算下列行列式：

(1) $\begin{vmatrix} a-b-c & 2a & 2a \\ 2b & b-c-a & 2b \\ 2c & 2c & c-a-b \end{vmatrix}$；　　(2) $\begin{vmatrix} 1+a & 1 & 1 & 1 \\ 1 & 1-a & 1 & 1 \\ 1 & 1 & 1+b & 1 \\ 1 & 1 & 1 & 1-b \end{vmatrix}$；

(3) $\begin{vmatrix} 1+a & a & a \\ a & 2+a & a \\ a & a & 2+a \end{vmatrix}$.

4. 计算下列 n 阶行列式：

(1) $D_n=\begin{vmatrix} 0 & 1 & 1 & \cdots & 1 & 1 \\ 1 & 0 & 1 & \cdots & 1 & 1 \\ 1 & 1 & 0 & \cdots & 1 & 1 \\ \vdots & \vdots & \vdots & & \vdots & \vdots \\ 1 & 1 & 1 & \cdots & 1 & 0 \end{vmatrix}$；

(2) $D_n=\begin{vmatrix} 1+a_1 & a_2 & a_3 & \cdots & a_n \\ a_1 & 1+a_2 & a_3 & \cdots & a_n \\ a_1 & a_2 & 1+a_3 & \cdots & a_n \\ \vdots & \vdots & \vdots & & \vdots \\ a_1 & a_2 & a_3 & \cdots & 1+a_n \end{vmatrix}$.

5. 用分块方法计算下列行列式：

(1) $\begin{vmatrix} 1 & 2 & 0 & 0 & 0 \\ 3 & 4 & 0 & 0 & 0 \\ 5 & 6 & 1 & 2 & 1 \\ 7 & 8 & 1 & 4 & 3 \\ 9 & 10 & 2 & -3 & 1 \end{vmatrix}$；　　(2) $\begin{vmatrix} 0 & 0 & 0 & 1 & 2 \\ 0 & 0 & 0 & 3 & 4 \\ 3 & 4 & 1 & 0 & 0 \\ 4 & 4 & 5 & 0 & 0 \\ 1 & 2 & 3 & 0 & 0 \end{vmatrix}$.

6. 设 $\boldsymbol{\alpha}_1$，$\boldsymbol{\alpha}_2$，$\boldsymbol{\alpha}_3$，$\boldsymbol{\beta}_1$，$\boldsymbol{\beta}_2$ 都是 4 元向量，并且 $\det(\boldsymbol{\alpha}_1, \boldsymbol{\alpha}_2, \boldsymbol{\alpha}_3, \boldsymbol{\beta}_1)=a$，$\det(\boldsymbol{\alpha}_1, \boldsymbol{\alpha}_2, \boldsymbol{\alpha}_3, \boldsymbol{\beta}_2)=b$，求 4 阶行列式 $\det(\boldsymbol{\alpha}_3, \boldsymbol{\alpha}_2, \boldsymbol{\alpha}_1, \boldsymbol{\beta}_1+\boldsymbol{\beta}_2)$的值．

7. 设 $\boldsymbol{A}=\begin{pmatrix}\boldsymbol{\alpha}^{\mathrm{T}}\\2\boldsymbol{\gamma}^{\mathrm{T}}\\3\boldsymbol{\eta}^{\mathrm{T}}\end{pmatrix}$，$\boldsymbol{B}=\begin{pmatrix}\boldsymbol{\beta}^{\mathrm{T}}\\\boldsymbol{\gamma}^{\mathrm{T}}\\\boldsymbol{\eta}^{\mathrm{T}}\end{pmatrix}$ 是 3 阶矩阵，并且 $|\boldsymbol{A}|=18$，$|\boldsymbol{B}|=2$，求 $|\boldsymbol{A}-\boldsymbol{B}|$.

8. 设方阵 $\boldsymbol{A}$，$\boldsymbol{B}$，$\boldsymbol{A}+\boldsymbol{B}$ 都是可逆矩阵，证明 $\boldsymbol{A}^{-1}+\boldsymbol{B}^{-1}$ 也是可逆矩阵.

9. 利用行列式判断下列矩阵是否可逆：

(1) $\boldsymbol{A}=\begin{pmatrix}5&-3&2\\-7&3&-7\\9&-5&5\end{pmatrix}$；　　(2) $\boldsymbol{B}=\begin{pmatrix}2&-8&0&8\\3&-9&5&10\\-3&0&1&-2\\1&-4&0&6\end{pmatrix}$.

10. 利用行列式判断下列向量组是否线性无关：

(1) $\boldsymbol{\alpha}_1=\begin{pmatrix}4\\6\\-7\end{pmatrix}$，$\boldsymbol{\alpha}_2=\begin{pmatrix}-7\\0\\2\end{pmatrix}$，$\boldsymbol{\alpha}_3=\begin{pmatrix}-3\\-5\\6\end{pmatrix}$；

(2) $\boldsymbol{\alpha}_1=\begin{pmatrix}3\\5\\-6\\4\end{pmatrix}$，$\boldsymbol{\alpha}_2=\begin{pmatrix}2\\-6\\0\\7\end{pmatrix}$，$\boldsymbol{\alpha}_3=\begin{pmatrix}-2\\4\\3\\0\end{pmatrix}$，$\boldsymbol{\alpha}_4=\begin{pmatrix}0\\0\\0\\3\end{pmatrix}$.

11. 讨论 a 取何值时，线性方程组

$$\begin{cases}2x_1+ax_2-x_3=1,\\ax_1-x_2+x_3=2,\\4x_1+5x_2-5x_3=-1\end{cases}$$

有唯一解，有无穷多个解，无解. 在有解时，求出全部解.

12. 设 3 阶矩阵 $\boldsymbol{A}$，$\boldsymbol{B}$ 满足 $\boldsymbol{A}^2\boldsymbol{B}-\boldsymbol{A}-\boldsymbol{B}=\boldsymbol{I}$. 如果 $\boldsymbol{A}=\begin{pmatrix}1&0&1\\0&2&0\\-2&0&1\end{pmatrix}$，求 $\det\boldsymbol{B}$.

13. 设 $\boldsymbol{A}$ 是 n 阶正交矩阵，$|\boldsymbol{A}|<0$，求 $|\boldsymbol{A}+\boldsymbol{I}|$.

14. 计算下列行列式：

(1) $\begin{vmatrix}a^2&(a+1)^2&(a+2)^2\\b^2&(b+1)^2&(b+2)^2\\c^2&(c+1)^2&(c+2)^2\end{vmatrix}$；　　(2) $\begin{vmatrix}0&a&b&0\\a&0&0&b\\0&c&d&0\\c&0&0&d\end{vmatrix}$.

15. 计算下列 n 阶行列式：

(1) $D_n=\begin{vmatrix} 2 & 1 & & & & \\ 1 & 2 & 1 & & & \\ & 1 & 2 & \ddots & & \\ & & \ddots & \ddots & 1 & \\ & & & 1 & 2 & 1 \\ & & & & 1 & 2 \end{vmatrix}$;

(2) $D_n=\begin{vmatrix} 1 & 2 & 3 & \cdots & n-1 & n \\ 2 & 3 & 4 & \cdots & n & 1 \\ 3 & 4 & 5 & \cdots & 1 & 2 \\ \vdots & \vdots & \vdots & & \vdots & \vdots \\ n-1 & n & 1 & \cdots & n-3 & n-2 \\ n & 1 & 2 & \cdots & n-2 & n-1 \end{vmatrix}$.

16. 证明下列等式：

(1) $\begin{vmatrix} a_0 & -1 & 0 & \cdots & 0 & 0 \\ a_1 & x & -1 & \cdots & 0 & 0 \\ a_2 & 0 & x & \cdots & 0 & 0 \\ \vdots & \vdots & \vdots & & \vdots & \vdots \\ a_{n-2} & 0 & 0 & \cdots & x & -1 \\ a_{n-1} & 0 & 0 & \cdots & 0 & x \end{vmatrix}=\sum_{i=0}^{n-1} a_i x^{n-i-1}$;

(2) $\begin{vmatrix} a_1^n & a_1^{n-1}b_1 & a_1^{n-2}b_1^2 & \cdots & a_1 b_1^{n-1} & b_1^n \\ a_2^n & a_2^{n-1}b_2 & a_2^{n-2}b_2^2 & \cdots & a_2 b_2^{n-1} & b_2^n \\ \vdots & \vdots & \vdots & & \vdots & \vdots \\ a_{n+1}^n & a_{n+1}^{n-1}b_{n+1} & a_{n+1}^{n-2}b_{n+1}^2 & \cdots & a_{n+1} b_{n+1}^{n-1} & b_{n+1}^n \end{vmatrix}=\prod_{i=1}^{n+1} a_i^n \prod_{1\leqslant i<j\leqslant n+1}\left(\frac{b_j}{a_j}-\frac{b_i}{a_i}\right)$,

其中 $a_i\neq 0$，$b_i\neq 0$，$i=1, 2, \cdots, n+1$.

17. 已知 4 阶行列式的值为 92，第 2 行的元素依次为 1，0，$a+3$，2，并且第 2 行元素的余子式分别为 1，3，-5，2. 求 a 的值.

18. 设 $\boldsymbol{A}=\begin{pmatrix} 1 & 2 & 3 & 4 & 5 \\ 2 & 2 & 2 & 1 & 1 \\ 3 & 1 & 2 & 4 & 5 \\ 1 & 1 & 1 & 2 & 2 \\ 4 & 3 & 1 & 5 & 0 \end{pmatrix}$，求 $A_{41}+A_{42}+A_{43}$ 和 $A_{44}+A_{45}$ 的值，其中 A_{4j} 是 A 中 a_{4j} 的代数余子式，$j\in\{1, 2, \cdots, 5\}$.

19. 设矩阵 $A=\begin{pmatrix}3&0&4&0\\2&2&2&2\\0&-7&0&0\\5&3&-2&2\end{pmatrix}$，求 A 的第 4 行各元素的余子式之和.

20. 设

$$\begin{cases}x_1+a_1x_2+a_1^2x_3=a_1^3,\\x_1+a_2x_2+a_2^2x_3=a_2^3,\\x_1+a_3x_2+a_3^2x_3=a_3^3,\\x_1+a_4x_2+a_4^2x_3=a_4^3\end{cases}$$

是 **F** 上的 4×3 线性方程组.

(1) 证明如果 a_1，a_2，a_3，a_4 两两不相等，那么此方程组无解；

(2) 设 $a_1=a_3=k$，$a_2=a_4=-k$，$k\neq0$，并且 $\boldsymbol{\gamma}_1=\begin{pmatrix}-1\\1\\1\end{pmatrix}$，$\boldsymbol{\gamma}_2=\begin{pmatrix}1\\1\\-1\end{pmatrix}$是方程组的两个解，求此方程组的通解.

21. 判断下列命题的真假，并说明理由：

(1) 如果 A，B，C 都是 n 阶矩阵，满足 $AB=AC$ 且 $|A|\neq0$，那么 $B=C$；

(2) 如果 A，B 是 n 阶矩阵，那么 $|AB|=|BA|$；

(3) 如果 A 是 n 阶矩阵，I 是 n 阶单位矩阵，c 是一个常数，那么 $|cI-A|=c^n-|A|$；

(4) 如果 A 是 2 阶矩阵，并且 $|A|=0$，那么 A 的一行必是另一行的倍数；

(5) 如果 A 是 n $(n\geqslant3)$阶矩阵，并且 $|A|=0$，那么在 A 中必有一行是另一行的倍数；

(6) 如果 A 是 n 阶矩阵，并且存在正整数 k，使得 $A^k=\mathbf{0}$，那么 $|A|=0$；

(7) 如果 A_1，A_2，…，A_s 都是 n 阶矩阵，并且 $B=A_1A_2\cdots A_s$ 是非奇异的，那么每个 A_i 都是非奇异的，$i\in\{1,2,\cdots,s\}$；

(8) 如果 A 是 n 阶对称矩阵，那么 A^* 也是 n 阶对称矩阵；

(9) 如果 A 是 n 阶矩阵，I 是 n 阶单位矩阵，那么 $A^2+I=\mathbf{0}$ 一定不成立；

(10) 如果 A，B 是 n 阶非零矩阵，并且 $AB=\mathbf{0}$，那么 A 和 B 都是奇异的；

(11) 如果 A 是 n 阶正交矩阵，A_{ij}是 A 中元素 a_{ij}的代数余子式，那么 $A_{ij}=a_{ij}|A|$.

22. 设 A，B 都是 3 阶矩阵，并且 $|A|=-2$，$|B|=3$，计算下列行列式：

(1) $|-2\boldsymbol{A}|$;　　(2) $|\boldsymbol{A}^{-1}|$;

(3) $|\boldsymbol{A}^*|$;　　(4) $|\boldsymbol{A}^*\boldsymbol{B}|$;

(5) $\left|\left(\frac{1}{2}\boldsymbol{AB}\right)^{-1}-\frac{1}{3}(\boldsymbol{AB})^*\right|$;　　(6) $|\boldsymbol{B}^5|$.

23. 已知矩阵 $\boldsymbol{A}=\begin{pmatrix}0&2&5\\0&1&3\\-1&0&0\end{pmatrix}$, $\boldsymbol{B}=\begin{pmatrix}3&2\\4&3\end{pmatrix}$, 求行列式 $\begin{vmatrix}\boldsymbol{0}&3\boldsymbol{A}^*\\\boldsymbol{B}&\boldsymbol{0}\end{vmatrix}$ 的值.

24. 设 $n\geqslant 2$ 是正整数, $\boldsymbol{A}$ 是 n 阶矩阵, $\boldsymbol{A}^*$ 是 $\boldsymbol{A}$ 的伴随矩阵. 证明:

(1) 如果 $\mathrm{r}(\boldsymbol{A})=n$, 那么 $\mathrm{r}(\boldsymbol{A}^*)=n$;

(2) 如果 $\mathrm{r}(\boldsymbol{A})=n-1$, 那么 $\mathrm{r}(\boldsymbol{A}^*)=1$;

(3) 如果 $\mathrm{r}(\boldsymbol{A})<n-1$, 那么 $\mathrm{r}(\boldsymbol{A}^*)=0$.

25. 设 n 阶矩阵 $\boldsymbol{A}=\begin{pmatrix}2a&1&&&&\\a^2&2a&1&&&\\&a^2&2a&1&&\\&&\ddots&\ddots&\ddots&\\&&&a^2&2a&1\\&&&&a^2&2a\end{pmatrix}$, $\boldsymbol{X}=\begin{pmatrix}x_1\\x_2\\\vdots\\x_n\end{pmatrix}$, $\boldsymbol{\beta}=\begin{pmatrix}1\\0\\\vdots\\0\end{pmatrix}$.

(1) 证明 $\det\boldsymbol{A}=(n+1)a^n$.

(2) a 为何值时, 方程组 $\boldsymbol{AX}=\boldsymbol{\beta}$ 有唯一解?

(3) 当 $\boldsymbol{AX}=\boldsymbol{\beta}$ 有唯一解时, 求出第一个未知数 x_1.

26. 计算顶点为 $A(-2, -2)$, $B(0, 3)$, $C(4, -1)$, $D(6, 4)$ 的平行四边形 $ABCD$ 的面积.

27. 求一个顶点在原点 O, 与原点相邻的顶点为 $A(1, 0, -2)$, $B(1, 2, 4)$, $C(7, 1, 0)$ 的平行六面体的体积.

28. 设 $\triangle ABC$ 的顶点坐标为 $A(x_1, y_1)$, $B(x_2, y_2)$, $C(x_3, y_3)$, 证明 $\triangle ABC$ 的面积为 $\frac{1}{2}\begin{vmatrix}x_1&y_1&1\\x_2&y_2&1\\x_3&y_3&1\end{vmatrix}$ 的绝对值.

第五章　方阵的特征值与特征向量

不管我们是否意识到这一点，特征值与特征向量问题在现实生活中无处不在. 当你给吉他调音时，你正在解决特征值问题；当建筑师研究建筑物的结构振动时，他们正在解决特征值问题……正如一句名言所说“有振动的地方就有特征值与特征向量”. 特征值与特征向量问题具有重要的理论意义和应用价值.

5.1　特征值与特征向量的定义与求法

MOOC 5.1
特征值与特征向量的定义及求法

定义 5.1　设 $\boldsymbol{A}$ 是 n 阶矩阵. 如果存在常数 λ 与非零向量 $\boldsymbol{X}=(x_1, x_2, \cdots, x_n)^{\mathrm{T}}$，使得

$$\boldsymbol{A}\boldsymbol{X}=\lambda\boldsymbol{X},$$

那么常数 λ 称为矩阵 $\boldsymbol{A}$ 的特征值，向量 $\boldsymbol{X}$ 称为矩阵 $\boldsymbol{A}$ 的属于特征值 λ 的特征向量.

例 5.1　设 $\boldsymbol{A}=\begin{pmatrix}3 & -3\\ -5 & 5\end{pmatrix}$，$\boldsymbol{\xi}_1=\begin{pmatrix}1\\ 1\end{pmatrix}$，$\boldsymbol{\xi}_2=\begin{pmatrix}3\\ -5\end{pmatrix}$. 因为

$$\boldsymbol{A}\boldsymbol{\xi}_1=\begin{pmatrix}3 & -3\\ -5 & 5\end{pmatrix}\begin{pmatrix}1\\ 1\end{pmatrix}=\begin{pmatrix}0\\ 0\end{pmatrix}=0\cdot\boldsymbol{\xi}_1,$$

$$\boldsymbol{A}\boldsymbol{\xi}_2=\begin{pmatrix}3 & -3\\ -5 & 5\end{pmatrix}\begin{pmatrix}3\\ -5\end{pmatrix}=\begin{pmatrix}24\\ -40\end{pmatrix}=8\cdot\boldsymbol{\xi}_2,$$

所以 0 和 8 都是 $\boldsymbol{A}$ 的特征值，$\boldsymbol{\xi}_1$ 是 $\boldsymbol{A}$ 的属于特征值 0 的特征向量，$\boldsymbol{\xi}_2$ 是 $\boldsymbol{A}$ 的属于特征值 8 的特征向量. ■

因为 $\boldsymbol{A}\boldsymbol{X}=\lambda\boldsymbol{X}$ 等价于 $(\lambda\boldsymbol{I}-\boldsymbol{A})\boldsymbol{X}=\boldsymbol{0}$，所以常数 λ 是方阵 $\boldsymbol{A}$ 的特征值当且仅当齐次方程组 $(\lambda\boldsymbol{I}-\boldsymbol{A})\boldsymbol{X}=\boldsymbol{0}$ 有非零解. 根据定理 4.1，齐次方程组 $(\lambda\boldsymbol{I}-\boldsymbol{A})\boldsymbol{X}=\boldsymbol{0}$ 有非零解等价于 $|\lambda\boldsymbol{I}-\boldsymbol{A}|=0$，于是我们有下面的命题.

命题 5.1　常数 λ 为方阵 $\boldsymbol{A}$ 的特征值当且仅当 λ 满足

$$|\lambda\boldsymbol{I}-\boldsymbol{A}|=0.$$ ■

现在讨论行列式 $|\lambda\boldsymbol{I}-\boldsymbol{A}|$ 的性质. 如果 $\boldsymbol{A}=(a)$ 是 1 阶矩阵，那么 $|\lambda\boldsymbol{I}-\boldsymbol{A}|=\lambda-a$ 是 λ 的首项系数为 1 的 1 次多项式.

如果 $\boldsymbol{A}=\begin{pmatrix}a_{11} & a_{12}\\ a_{21} & a_{22}\end{pmatrix}$ 是 2 阶矩阵，那么

$$|\lambda\boldsymbol{I}-\boldsymbol{A}|=\begin{vmatrix}\lambda-a_{11} & -a_{12}\\ -a_{21} & \lambda-a_{22}\end{vmatrix}$$

$$= (\lambda - a_{11})(\lambda - a_{22}) - a_{12}a_{21}$$

$$= \lambda^2 - (a_{11} + a_{22})\lambda + (a_{11}a_{22} - a_{12}a_{21})$$

是 λ 的首项系数为 1 的 2 次多项式，第 2 项的系数为 $-(a_{11} + a_{22})$.

如果 $\boldsymbol{A} = \begin{pmatrix} a_{11} & a_{12} & a_{13} \\ a_{21} & a_{22} & a_{23} \\ a_{31} & a_{32} & a_{33} \end{pmatrix}$ 是 3 阶矩阵，那么

$$|\lambda \boldsymbol{I} - \boldsymbol{A}| = \begin{vmatrix} \lambda - a_{11} & -a_{12} & -a_{13} \\ -a_{21} & \lambda - a_{22} & -a_{23} \\ -a_{31} & -a_{32} & \lambda - a_{33} \end{vmatrix}$$

$$= (\lambda - a_{11}) \begin{vmatrix} \lambda - a_{22} & -a_{23} \\ -a_{32} & \lambda - a_{33} \end{vmatrix} + a_{12} \begin{vmatrix} -a_{21} & -a_{23} \\ -a_{31} & \lambda - a_{33} \end{vmatrix} - a_{13} \begin{vmatrix} -a_{21} & \lambda - a_{22} \\ -a_{31} & -a_{32} \end{vmatrix}$$

$$= (\lambda - a_{11})(\lambda - a_{22})(\lambda - a_{33}) - (\lambda - a_{11})a_{23}a_{32} - (\lambda - a_{33})a_{12}a_{21} - a_{12}a_{23}a_{31} - a_{13}a_{21}a_{32} - (\lambda - a_{22})a_{13}a_{31}$$

$$= \lambda^3 - (a_{11} + a_{22} + a_{33})\lambda^2 + (a_{11}a_{22} + a_{11}a_{33} + a_{22}a_{33} - a_{23}a_{32} - a_{12}a_{21} - a_{13}a_{31})\lambda - (a_{11}a_{22}a_{33} + a_{12}a_{23}a_{31} + a_{13}a_{21}a_{32} - a_{13}a_{22}a_{31} - a_{12}a_{21}a_{33} - a_{11}a_{23}a_{32})$$

是 λ 的首项系数为 1 的 3 次多项式，第 2 项的系数为 $-(a_{11} + a_{22} + a_{33})$.

一般地，对于 n 阶矩阵，我们有如下命题：

命题 5.2　设 $\boldsymbol{A} = (a_{ij})$ 是 n 阶矩阵，那么行列式

$$|\lambda \boldsymbol{I} - \boldsymbol{A}| = \begin{vmatrix} \lambda - a_{11} & -a_{12} & \cdots & -a_{1n} \\ -a_{21} & \lambda - a_{22} & \cdots & -a_{2n} \\ \vdots & \vdots & & \vdots \\ -a_{n1} & -a_{n2} & \cdots & \lambda - a_{nn} \end{vmatrix}$$

的展开式是 λ 的首项系数为 1 的 n 次多项式

$$f(\lambda) = \lambda^n + c_1\lambda^{n-1} + \cdots + c_{n-1}\lambda + c_n,$$

其中 $c_1 = -(a_{11} + a_{22} + \cdots + a_{nn})$. 如果 $\boldsymbol{A}$ 是实矩阵，那么 $f(\lambda)$ 是实系数多项式.

常数 k 是矩阵 $\boldsymbol{A}$ 的特征值当且仅当 k 是多项式

$$f(\lambda) = |\lambda \boldsymbol{I} - \boldsymbol{A}| = \lambda^n + c_1\lambda^{n-1} + \cdots + c_{n-1}\lambda + c_n$$

的根.　■

这个命题可以利用数学归纳法证明.

定义 5.2 设 $\boldsymbol{A}$ 是 n 阶矩阵. λ 的 n 次多项式

$$f(\lambda)=|\lambda\boldsymbol{I}-\boldsymbol{A}|=\lambda^n+c_1\lambda^{n-1}+\cdots+c_{n-1}\lambda+c_n$$

称为 $\boldsymbol{A}$ 的特征多项式，方程

$$|\lambda\boldsymbol{I}-\boldsymbol{A}|=\lambda^n+c_1\lambda^{n-1}+\cdots+c_{n-1}\lambda+c_n=0$$

称为 $\boldsymbol{A}$ 的特征方程①.

方阵 $\boldsymbol{A}$ 的特征值就是 $\boldsymbol{A}$ 的特征多项式的根或者 $\boldsymbol{A}$ 的特征方程的根. 根据代数学基本定理，n 阶矩阵 $\boldsymbol{A}$ 的特征多项式 $f(\lambda)$ 在复数集上有 n 个根 $\lambda_1, \lambda_2, \cdots, \lambda_n$. 因此，$\lambda_1, \lambda_2, \cdots, \lambda_n$ 是 $\boldsymbol{A}$ 的全部特征值. 进一步地，如果实矩阵 $\boldsymbol{A}$ 的特征值 λ 是复数，那么 λ 的共轭复数 $\bar{\lambda}$ 也是 $\boldsymbol{A}$ 的特征值. 因此，奇数阶的实矩阵必有实的特征值.

根据定义 5.1，我们可以得到关于方阵的特征向量的如下结论.

命题 5.3 设 $\boldsymbol{A}$ 是 n 阶矩阵，$\lambda_1, \lambda_2, \cdots, \lambda_t$ 是 $\boldsymbol{A}$ 的全部互异特征值. 对所有的 $i\in\{1, 2, \cdots, t\}$，如果 $\boldsymbol{\xi}_{i1}, \boldsymbol{\xi}_{i2}, \cdots, \boldsymbol{\xi}_{iq_i}$ 是齐次线性方程组 $(\lambda_i\boldsymbol{I}-\boldsymbol{A})\boldsymbol{X}=\boldsymbol{0}$ 的基础解系，那么，$\boldsymbol{\xi}$ 是 $\boldsymbol{A}$ 的属于特征值 λ_i 的特征向量当且仅当存在不全为零的常数 $k_{i1}, k_{i2}, \cdots, k_{iq_i}$，使得

$$\boldsymbol{\xi}=k_{i1}\boldsymbol{\xi}_{i1}+k_{i2}\boldsymbol{\xi}_{i2}+\cdots+k_{iq_i}\boldsymbol{\xi}_{iq_i}.$$ ■

例 5.2 求矩阵 $\boldsymbol{A}=\begin{pmatrix}1 & 1\\ 1 & 0\end{pmatrix}$ 的特征值与特征向量.

解 因为 $\boldsymbol{A}$ 的特征多项式为

$$|\lambda\boldsymbol{I}-\boldsymbol{A}|=\begin{vmatrix}\lambda-1 & -1\\ -1 & \lambda\end{vmatrix}=\lambda^2-\lambda-1,$$

所以，$\boldsymbol{A}$ 的特征值为

$$\lambda_1=\frac{1-\sqrt{5}}{2}, \qquad \lambda_2=\frac{1+\sqrt{5}}{2}.$$

因为 $\boldsymbol{\xi}_1=\begin{pmatrix}\frac{1-\sqrt{5}}{2}\\ 1\end{pmatrix}$ 是齐次方程组 $(\lambda_1\boldsymbol{I}-\boldsymbol{A})\boldsymbol{X}=\begin{pmatrix}\frac{-1-\sqrt{5}}{2} & -1\\ -1 & \frac{1-\sqrt{5}}{2}\end{pmatrix}\boldsymbol{X}=\boldsymbol{0}$ 的一个基础解系，所以 $\boldsymbol{A}$ 的属于特征值 λ_1 的特征向量为 $k_1\boldsymbol{\xi}_1$，其中 k_1 为非零常数.

---

① 特征方程是柯西定义的.

因为$\boldsymbol{\xi}_2=\begin{pmatrix}\frac{1+\sqrt{5}}{2}\\1\end{pmatrix}$是齐次方程组$(\lambda_2\boldsymbol{I}-\boldsymbol{A})\boldsymbol{X}=\begin{pmatrix}\frac{\sqrt{5}-1}{2}&-1\\-1&\frac{1+\sqrt{5}}{2}\end{pmatrix}\boldsymbol{X}=\boldsymbol{0}$

的一个基础解系，所以$\boldsymbol{A}$的属于特征值λ_2的特征向量为$k_2\boldsymbol{\xi}_2$，其中k_2为非零常数. ■

例 5.3　求下列矩阵的特征值与向量个数最多的线性无关特征向量组：

$$\boldsymbol{A}=\begin{pmatrix}k&0&0\\0&k&0\\0&0&k\end{pmatrix},\quad \boldsymbol{B}=\begin{pmatrix}k&1&0\\0&k&0\\0&0&k\end{pmatrix},\quad \boldsymbol{C}=\begin{pmatrix}k&1&0\\0&k&1\\0&0&k\end{pmatrix},$$

其中k为任意常数.

解　显然，3 个矩阵$\boldsymbol{A}$，$\boldsymbol{B}$，$\boldsymbol{C}$的特征值都为$\lambda_1=\lambda_2=\lambda_3=k$.

（1）因为齐次线性方程组

$$(k\boldsymbol{I}-\boldsymbol{A})\boldsymbol{X}=\begin{pmatrix}0&0&0\\0&0&0\\0&0&0\end{pmatrix}\begin{pmatrix}x_1\\x_2\\x_3\end{pmatrix}=\boldsymbol{0}$$

的一个基础解系为

$$\boldsymbol{\varepsilon}_1=\begin{pmatrix}1\\0\\0\end{pmatrix},\quad \boldsymbol{\varepsilon}_2=\begin{pmatrix}0\\1\\0\end{pmatrix},\quad \boldsymbol{\varepsilon}_3=\begin{pmatrix}0\\0\\1\end{pmatrix},$$

所以$\boldsymbol{\varepsilon}_1$，$\boldsymbol{\varepsilon}_2$，$\boldsymbol{\varepsilon}_3$是$\boldsymbol{A}$的属于特征值$k$的一个向量个数最多的线性无关特征向量组.

（2）因为齐次线性方程组

$$(k\boldsymbol{I}-\boldsymbol{B})\boldsymbol{X}=\begin{pmatrix}0&-1&0\\0&0&0\\0&0&0\end{pmatrix}\begin{pmatrix}x_1\\x_2\\x_3\end{pmatrix}=\boldsymbol{0}$$

的一个基础解系为

$$\boldsymbol{\varepsilon}_1=\begin{pmatrix}1\\0\\0\end{pmatrix},\quad \boldsymbol{\varepsilon}_3=\begin{pmatrix}0\\0\\1\end{pmatrix},$$

所以$\boldsymbol{\varepsilon}_1$，$\boldsymbol{\varepsilon}_3$是$\boldsymbol{B}$的属于特征值$k$的一个向量个数最多的线性无关特征向量组.

（3）因为齐次线性方程组

$$(k\boldsymbol{I}-\boldsymbol{C})\boldsymbol{X}=\begin{pmatrix}0&-1&0\\0&0&-1\\0&0&0\end{pmatrix}\begin{pmatrix}x_1\\x_2\\x_3\end{pmatrix}=\mathbf{0}$$

的一个基础解系为

$$\boldsymbol{\varepsilon}_1=\begin{pmatrix}1\\0\\0\end{pmatrix},$$

所以 $\boldsymbol{\varepsilon}_1$ 是 $\boldsymbol{C}$ 的属于特征值 k 的一个向量个数最多的线性无关特征向量组．■

特征值与特征向量的几何意义　设 $\boldsymbol{A}$ 是 3 阶实矩阵，对于 $\mathbf{R}^3$ 中的任意向量 $\boldsymbol{X}$，$\boldsymbol{X}$ 在 $\boldsymbol{A}$ 的作用下得到的向量 $\boldsymbol{AX}$ 仍然是 $\mathbf{R}^3$ 中的向量．如果存在 $\mathbf{R}^3$ 中的非零向量 $\boldsymbol{X}$，使得 $\boldsymbol{AX}$ 与 $\boldsymbol{X}$ 是共线的，那么存在一个实数 λ，使得 $\boldsymbol{AX}=\lambda\boldsymbol{X}$. 这里的 λ 就是 $\boldsymbol{A}$ 的特征值，$\boldsymbol{X}$ 就是 $\boldsymbol{A}$ 的属于特征值 λ 的一个特征向量．因为 3 阶实矩阵必有实的特征值，所以一定存在 $\mathbf{R}^3$ 中的非零向量，使得 $\boldsymbol{AX}$ 与 $\boldsymbol{X}$ 是共线的．当 $\lambda>0$ 时，$\boldsymbol{AX}$ 与 $\boldsymbol{X}$ 的方向相同，当 $\lambda<0$ 时，$\boldsymbol{AX}$ 与 $\boldsymbol{X}$ 的方向相反(如图 5.1).

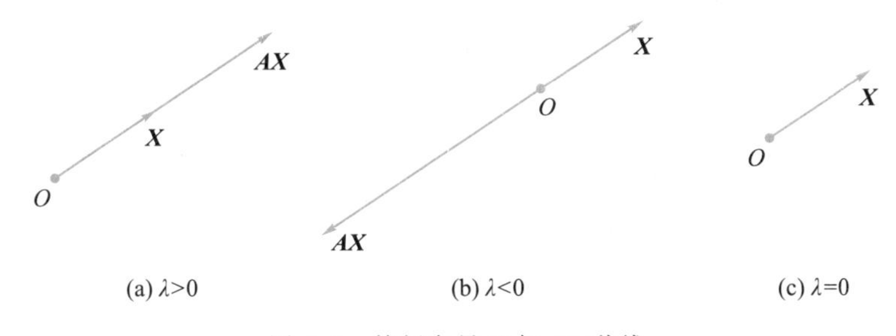

图 5.1　特征向量 $\boldsymbol{X}$ 与 $\boldsymbol{AX}$ 共线

现在考虑地球的任意一个旋转．这个旋转可以归结为一个 3 阶实矩阵 $\boldsymbol{A}$ 作用的结果．对地球的任意旋转，都有一条轴是不动的，设为过南极(S)、北极(N)的直线，以这条直线为 z 轴建立直角坐标系(如图 5.2). 假设地球绕 z 轴沿逆时针方向旋转的角度为 θ，那么地球的旋转矩阵为

$$\boldsymbol{A}=\begin{pmatrix}\cos\theta&-\sin\theta&0\\\sin\theta&\cos\theta&0\\0&0&1\end{pmatrix}.$$

容易验证，z 轴上的所有非零向量 $\boldsymbol{\xi}=\begin{pmatrix}0\\0\\c\end{pmatrix}$ 都是 $\boldsymbol{A}$ 的属于特征值 1 的特征向

量，c 是任意非零实数．如果地球旋转 180°，那么 xy 平面(即赤道平面)上的所有非零向量 $\boldsymbol{\eta}=\begin{pmatrix}a\\b\\0\end{pmatrix}$ 都是 $\boldsymbol{A}$ 的属于特征值-1 的特征向量，其中 a，b 是任意两个不同时为零的实数．

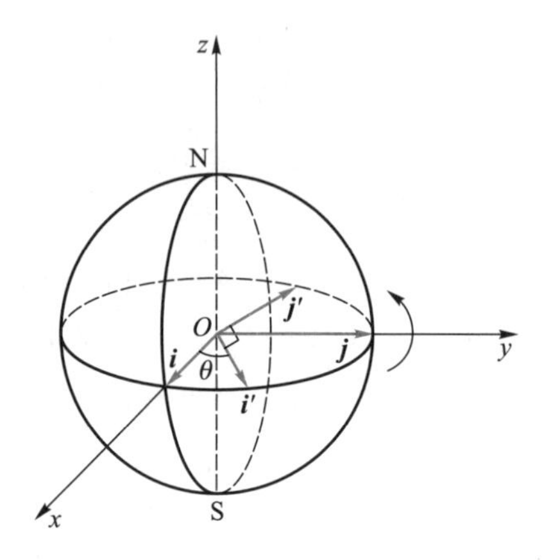

图 5.2　地球旋转

MOOC 5.2
特征值与特征向量的性质

5.2　特征值与特征向量的性质

性质 5.1　设 $\boldsymbol{A}=(a_{ij})$ 是 n 阶矩阵，λ_1，λ_2，…，λ_n 是 $\boldsymbol{A}$ 的全部特征值．如果 $\boldsymbol{A}$ 的特征多项式为

$$f(\lambda)=|\lambda\boldsymbol{I}-\boldsymbol{A}|=\lambda^n+c_1\lambda^{n-1}+\cdots+c_{n-1}\lambda+c_n, \tag{1}$$

那么我们有下列两个结论：

(1) $\lambda_1+\lambda_2+\cdots+\lambda_n=a_{11}+a_{22}+\cdots+a_{nn}=-c_1$；

(2) $\lambda_1\lambda_2\cdots\lambda_n=|\boldsymbol{A}|=(-1)^nc_n$.

证明　因为 $\boldsymbol{A}$ 的特征多项式为

$$f(\lambda)=\lambda^n+c_1\lambda^{n-1}+\cdots+c_{n-1}\lambda+c_n=(\lambda-\lambda_1)(\lambda-\lambda_2)\cdots(\lambda-\lambda_n),$$

所以通过比较系数可以得到

$$\lambda_1+\lambda_2+\cdots+\lambda_n=-c_1, \tag{2}$$

$$\lambda_1\lambda_2\cdots\lambda_n=(-1)^nc_n. \tag{3}$$

根据命题 5.2，$c_1=-(a_{11}+a_{22}+\cdots+a_{nn})$．于是由等式(2)可知，第 1 个结论成立．在等式(1)中，令 $\lambda=0$，得到 $c_n=(-1)^n|\boldsymbol{A}|$，因此，由等式(3)可知，第 2 个结论成立．　■

推论　方阵 $\boldsymbol{A}$ 为可逆矩阵的充要条件是 $\boldsymbol{A}$ 的特征值全部不为零．　■

由特征值与特征向量的定义可知，如果 $\lambda=0$ 是 $\boldsymbol{A}$ 的特征值，那么 $\boldsymbol{\xi}$

是 A 的属于特征值 $\lambda=0$ 的特征向量当且仅当 $\boldsymbol{\xi}$ 是齐次方程组 $AX=\mathbf{0}$ 的非零解.

性质 5.2 设 λ 是方阵 A 的特征值，X 是 A 的属于特征值 λ 的特征向量，即 $AX=\lambda X$，那么我们有下列结论：

(1) 对于任意常数 k，$k\lambda$ 是 kA 的特征值，X 是 kA 的属于特征值 $k\lambda$ 的特征向量；

(2) 对于正整数 m，λ^m 是 A^m 的特征值，X 是 A^m 的属于特征值 λ^m 的特征向量；

(3) 如果 $h(\lambda)$ 是 λ 的多项式，那么 $h(\lambda)$ 是 $h(A)$ 的特征值，X 是 $h(A)$ 的属于特征值 $h(\lambda)$ 的特征向量；

(4) 如果 A 是可逆矩阵，那么 λ^{-1} 是 A^{-1} 的特征值，X 是 A^{-1} 的属于特征值 λ^{-1} 的特征向量.

证明 (1) 对于任意常数 k，因为 $(kA)X=(k\lambda)X$，所以根据定义 5.1 可得，$k\lambda$ 是 kA 的特征值，X 是 kA 的属于特征值 $k\lambda$ 的特征向量.

(2) 对于正整数 m，因为

$$A^m X=A^{m-1}(AX)=\lambda A^{m-1}X=\lambda^2 A^{m-2}X=\cdots=\lambda^m X,$$

所以 λ^m 是 A^m 的特征值，X 是 A^m 的属于特征值 λ^m 的特征向量.

(3) 设

$$h(x)=a_0x^m+a_1x^{m-1}+\cdots+a_{m-1}x+a_m,$$

那么

$$h(A)=a_0A^m+a_1A^{m-1}+\cdots+a_{m-1}A+a_mI.$$

根据前两个结论，我们有

$$\begin{aligned}h(A)X&=a_0A^mX+a_1A^{m-1}X+\cdots+a_{m-1}AX+a_mIX\\&=a_0\lambda^mX+a_1\lambda^{m-1}X+\cdots+a_{m-1}\lambda X+a_mX\\&=(a_0\lambda^m+a_1\lambda^{m-1}+\cdots+a_{m-1}\lambda+a_m)X\\&=h(\lambda)X,\end{aligned}$$

所以 $h(\lambda)$ 是 $h(A)$ 的特征值，X 是 $h(A)$ 的属于特征值 $h(\lambda)$ 的特征向量.

(4) 设 A 是可逆矩阵，由 $AX=\lambda X$ 可得，$\lambda^{-1}X=A^{-1}X$，即 $A^{-1}X=\lambda^{-1}X$，所以 λ^{-1} 是 A^{-1} 的特征值，X 是 A^{-1} 的属于特征值 λ^{-1} 的特征向量. ■

命题 5.4 方阵 A 与其转置 A^{T} 有相同的特征值.

证明 对于方阵 A，因为

$$\det(\lambda I-A^{\mathrm{T}})=\det[(\lambda I-A)^{\mathrm{T}}]=\det(\lambda I-A),$$

所以 A 与 A^{T} 有相同的特征多项式，故有相同的特征值. ■

如果 $A=(a_{ij})$ 是 n 阶三角形矩阵，那么 $\lambda I-A$ 也是三角形矩阵，因此，我们有如下结论．

命题 5.5　n 阶三角形矩阵 $\boldsymbol{A}=(a_{ij})$ 的对角元 a_{11}，a_{22}，⋯，a_{nn} 是 $\boldsymbol{A}$ 的全部特征值．■

例 5.4　设 3 阶矩阵 $\boldsymbol{A}$ 满足 $\boldsymbol{A}^3-3\boldsymbol{A}^2+2\boldsymbol{A}=\boldsymbol{0}$，并且 $\boldsymbol{A}$ 的特征多项式没有重根，求 $\boldsymbol{A}$ 的特征值．

解　记 $h(\boldsymbol{A})=\boldsymbol{A}^3-3\boldsymbol{A}^2+2\boldsymbol{A}$. 如果 λ 是 $\boldsymbol{A}$ 的特征值，那么根据性质 5.2，$h(\lambda)$ 是 $h(\boldsymbol{A})$ 的特征值．根据条件 $h(\boldsymbol{A})=\boldsymbol{0}$，我们有

$$h(\lambda)=\lambda^3-3\lambda^2+2\lambda=\lambda(\lambda-1)(\lambda-2)=0,$$

因此，$\boldsymbol{A}$ 的特征值可能为 0，1，2. 因为 $\boldsymbol{A}$ 的特征值彼此不相等，所以 $\boldsymbol{A}$ 的 3 个特征值为 0，1，2.　■

例 5.5　设 n 阶可逆矩阵 $\boldsymbol{A}$ 的特征值为 λ_1，λ_2，⋯，λ_n，求 $\boldsymbol{A}$ 的伴随矩阵 $\boldsymbol{A}^*$ 的特征值 μ_1，μ_2，⋯，μ_n.

解　因为 $\boldsymbol{A}$ 是可逆矩阵，所以

$$\boldsymbol{A}^*=|\boldsymbol{A}|\boldsymbol{A}^{-1},$$

并且

$$|\boldsymbol{A}|=\lambda_1\lambda_2\cdots\lambda_n\neq 0.$$

又因为 $\boldsymbol{A}^{-1}$ 的全部特征值为 λ_1^{-1}，λ_2^{-1}，⋯，λ_n^{-1}，所以 $\boldsymbol{A}^*$ 的特征值为

$$\mu_1=\lambda_2\lambda_3\cdots\lambda_n,\quad \mu_2=\lambda_1\lambda_3\cdots\lambda_n,\quad\cdots,$$

$$\mu_k=\lambda_1\cdots\lambda_{k-1}\lambda_{k+1}\cdots\lambda_n,\quad\cdots,\quad \mu_n=\lambda_1\lambda_2\cdots\lambda_{n-1}.$$　■

例 5.6　设 n 阶矩阵 $\boldsymbol{A}$ 满足条件：

(1) $\boldsymbol{A}^{\mathrm{T}}\boldsymbol{A}=4\boldsymbol{I}$；(2) $\det\boldsymbol{A}<0$；(3) $\det(2\boldsymbol{I}+\boldsymbol{A})=0$.

求 $\boldsymbol{A}-2\boldsymbol{A}^{-1}+\boldsymbol{A}^*$ 的一个特征值．

解　因为 $\boldsymbol{A}^{\mathrm{T}}\boldsymbol{A}=4\boldsymbol{I}$(条件(1))，所以

$$(\det\boldsymbol{A})^2=\det(\boldsymbol{A}^{\mathrm{T}}\boldsymbol{A})=\det(4\boldsymbol{I})=4^n.$$

因为 $\det\boldsymbol{A}<0$(条件(2))，所以 $\det\boldsymbol{A}=-2^n$. 因此

$$\boldsymbol{A}-2\boldsymbol{A}^{-1}+\boldsymbol{A}^*=\boldsymbol{A}-2\boldsymbol{A}^{-1}+(\det\boldsymbol{A})\boldsymbol{A}^{-1}=\boldsymbol{A}-(2+2^n)\boldsymbol{A}^{-1}.$$

因为 $\det(2\boldsymbol{I}+\boldsymbol{A})=0$(条件(3))，所以

$$(-1)^n\det[(-2)\boldsymbol{I}-\boldsymbol{A}]=0,$$

于是 -2 是 $\boldsymbol{A}$ 的一个特征值，$-\dfrac{1}{2}$ 是 $\boldsymbol{A}^{-1}$ 的一个特征值．

设 $\boldsymbol{X}$ 是 $\boldsymbol{A}$ 的属于特征值 -2 的一个特征向量，那么

$$\boldsymbol{A}\boldsymbol{X}=(-2)\boldsymbol{X},\quad \boldsymbol{A}^{-1}\boldsymbol{X}=\left(-\frac{1}{2}\right)\boldsymbol{X}.$$

由于

$$\begin{aligned}(A-2A^{-1}+A^{*})X&=(A-(2+2^{n})A^{-1})X\\&=AX-(2+2^{n})A^{-1}X\\&=(-2)X-(2+2^{n})\left(-\frac{1}{2}\right)X\\&=(2^{n-1}-1)X,\end{aligned}$$

所以，$2^{n-1}-1$ 是 $A-2A^{-1}+A^{*}$ 的一个特征值. ∎

5.3 方阵的相似

MOOC 5.3
方阵的相似

定义 5.3 设 A 与 B 是两个 n 阶矩阵. 如果存在 n 阶可逆矩阵 P，使得

$$P^{-1}AP=B,$$

那么称 A 与 B 是**相似的**，记作 $A\sim B$，可逆矩阵 P 称为由 A 到 B 的**相似变换矩阵**.

定理 5.1 如果方阵 A 与 B 是相似的，那么 A 与 B 有相同的特征多项式，因而有相同的特征值.

证明 因为 A 与 B 是相似的，所以存在可逆矩阵 P，使得

$$P^{-1}AP=B.$$

因此

$$\begin{aligned}|\lambda I-B|&=|\lambda I-P^{-1}AP|=|P^{-1}(\lambda I-A)P|\\&=|P^{-1}|\cdot|\lambda I-A|\cdot|P|=|\lambda I-A|,\end{aligned}$$

即 A 与 B 有相同的特征多项式，故有相同的特征值. ∎

推论 如果 n 阶矩阵 A 与对角矩阵 $\Lambda=\begin{pmatrix}\lambda_1&&&\\&\lambda_2&&\\&&\ddots&\\&&&\lambda_n\end{pmatrix}$ 是相似的，那么对角矩阵 Λ 的对角元 $\lambda_1,\lambda_2,\cdots,\lambda_n$ 是 A 的全部特征值. ∎

下面的性质说明两个相似矩阵的特征向量之间的关系.

性质 5.3 设方阵 A 与 B 是相似的，P 是相似变换矩阵. 如果 λ 是 A 的特征值，X 是 A 的属于特征值 λ 的特征向量，那么 $P^{-1}X$ 是 B 的属于特征值 λ 的特征向量.

证明 根据条件，$P^{-1}AP=B$，即 $A=PBP^{-1}$. 于是由 $AX=\lambda X$ 可以得到

$$PBP^{-1}X=\lambda X.$$

因此，

$$B(P^{-1}X)=\lambda(P^{-1}X).$$

由于 $P^{-1}X\neq 0$，所以 $P^{-1}X$ 是 B 的属于特征值 λ 的特征向量．■

性质 5.4　设方阵 A 与 B 是相似的，那么我们有下列结论：

（1）$\mathrm{r}(A)=\mathrm{r}(B)$；

（2）$|A|=|B|$；

（3）A 是可逆的当且仅当 B 是可逆的，并且 A^{-1} 与 B^{-1} 是相似的．

证明　因为方阵 A 与 B 是相似的，所以存在可逆矩阵 P，使得 $P^{-1}AP=B$.

（1）因为 P 是可逆的，所以根据定理 2.6 的推论 3，A 与 B 有相同的秩，因此第 1 个结论成立．

（2）因为

$$|B|=|P^{-1}AP|=|P^{-1}|\cdot|A|\cdot|P|=|A|,$$

所以第 2 个结论成立．

（3）因为 $B=P^{-1}AP$，所以当 A 可逆时，B 一定可逆，同理，当 B 可逆时，A 是可逆的．在等式 $P^{-1}AP=B$ 两边求逆，得到

$$P^{-1}A^{-1}P=B^{-1},$$

所以第 3 个结论成立．■

性质 5.5　设 A，B，C 是 3 个 n 阶方阵，那么我们有下列结论：

（1）如果 A 与 B 是相似的，那么 B 与 A 也是相似的；　对称性

（2）如果 A 与 B 是相似的，B 与 C 是相似的，那么 A 与 C 是相似的．　传递性

证明　（1）如果 A 与 B 是相似的，即存在可逆矩阵 P，使得 $P^{-1}AP=B$，那么 $A=(P^{-1})^{-1}BP^{-1}$，所以 B 与 A 是相似的．

（2）如果 A 与 B 是相似的，B 与 C 是相似的，那么存在可逆矩阵 P_1，P_2，使得 $P_1^{-1}AP_1=B$，$P_2^{-1}BP_2=C$. 于是

$$P_2^{-1}P_1^{-1}AP_1P_2=C,$$

即

$$(P_1P_2)^{-1}A(P_1P_2)=C.$$

因此，A 与 C 是相似的．■

命题 5.6　如果 A_i 与 B_i 是相似的，$i\in\{1,2,\cdots,s\}$，那么准对角矩阵

$$\begin{pmatrix}A_1 & & & \\ & A_2 & & \\ & & \ddots & \\ & & & A_s\end{pmatrix} 与 \begin{pmatrix}B_1 & & & \\ & B_2 & & \\ & & \ddots & \\ & & & B_s\end{pmatrix}$$

是相似的．

证明　设 $\boldsymbol{A}_i$ 与 $\boldsymbol{B}_i$ 是相似的，那么存在可逆矩阵 $\boldsymbol{P}_i$，使得 $\boldsymbol{P}_i^{-1}\boldsymbol{A}_i\boldsymbol{P}_i=\boldsymbol{B}_i$，$i\in\{1,2,\cdots,s\}$．令 $\boldsymbol{P}=\begin{pmatrix}\boldsymbol{P}_1 & & & \\ & \boldsymbol{P}_2 & & \\ & & \ddots & \\ & & & \boldsymbol{P}_s\end{pmatrix}$，那么 $\boldsymbol{P}$ 是可逆矩阵，并且

$$\boldsymbol{P}^{-1}\begin{pmatrix}\boldsymbol{A}_1 & & & \\ & \boldsymbol{A}_2 & & \\ & & \ddots & \\ & & & \boldsymbol{A}_s\end{pmatrix}\boldsymbol{P}=\begin{pmatrix}\boldsymbol{B}_1 & & & \\ & \boldsymbol{B}_2 & & \\ & & \ddots & \\ & & & \boldsymbol{B}_s\end{pmatrix}.$$

因此结论成立． ■

命题 5.7　如果方阵 $\boldsymbol{A}$ 与 $\boldsymbol{B}$ 是相似的，那么下列结论成立：

(1) 对任意常数 k，$k\boldsymbol{A}$ 与 $k\boldsymbol{B}$ 是相似的；

(2) 对任意正整数 m，$\boldsymbol{A}^m$ 与 $\boldsymbol{B}^m$ 是相似的；

(3) 对任意多项式 $h(x)$，$h(\boldsymbol{A})$与 $h(\boldsymbol{B})$是相似的． ■

一般来说，求一个方阵的 m 次幂并不是一件很容易的事情，但是对于可以相似到对角矩阵的方阵来说，这将变得非常简单．

命题 5.8　设 $\boldsymbol{A}$ 是 n 阶矩阵，$\boldsymbol{P}$ 是 n 阶可逆矩阵．如果

$$\boldsymbol{P}^{-1}\boldsymbol{A}\boldsymbol{P}=\boldsymbol{\Lambda}=\begin{pmatrix}\lambda_1 & & & \\ & \lambda_2 & & \\ & & \ddots & \\ & & & \lambda_n\end{pmatrix}$$

为对角矩阵，那么对任意正整数 m，我们有

$$\boldsymbol{A}^m=\boldsymbol{P}\boldsymbol{\Lambda}^m\boldsymbol{P}^{-1}=\boldsymbol{P}\begin{pmatrix}\lambda_1^m & & & \\ & \lambda_2^m & & \\ & & \ddots & \\ & & & \lambda_n^m\end{pmatrix}\boldsymbol{P}^{-1}.$$ ■

例 5.7　根据例 5.2，方阵 $\boldsymbol{A}=\begin{pmatrix}1 & 1\\ 1 & 0\end{pmatrix}$的特征值为

$$\lambda_1=\frac{1-\sqrt{5}}{2},\ \lambda_2=\frac{1+\sqrt{5}}{2}.$$

$\boldsymbol{\xi}_1=\begin{pmatrix}\frac{1-\sqrt{5}}{2}\\1\end{pmatrix}$是 $\boldsymbol{A}$ 的属于特征值 λ_1 的一个特征向量，$\boldsymbol{\xi}_2=\begin{pmatrix}\frac{1+\sqrt{5}}{2}\\1\end{pmatrix}$是 $\boldsymbol{A}$ 的属于特征值 λ_2 的一个特征向量．令

$$\boldsymbol{P}=(\boldsymbol{\xi}_1,\ \boldsymbol{\xi}_2)=\begin{pmatrix}\frac{1-\sqrt{5}}{2}&\frac{1+\sqrt{5}}{2}\\1&1\end{pmatrix},$$

那么 $\boldsymbol{P}$ 是可逆矩阵，并且

$$\boldsymbol{P}^{-1}=\begin{pmatrix}\frac{-1}{\sqrt{5}}&\frac{1+\sqrt{5}}{2\sqrt{5}}\\\frac{1}{\sqrt{5}}&\frac{-1+\sqrt{5}}{2\sqrt{5}}\end{pmatrix}.$$

因为

$$\boldsymbol{P}^{-1}\boldsymbol{A}\boldsymbol{P}=\begin{pmatrix}\frac{1-\sqrt{5}}{2}&0\\0&\frac{1+\sqrt{5}}{2}\end{pmatrix},$$

所以根据命题 5.8，我们有

$$\boldsymbol{A}^n=\boldsymbol{P}\begin{pmatrix}\left(\frac{1-\sqrt{5}}{2}\right)^n&0\\0&\left(\frac{1+\sqrt{5}}{2}\right)^n\end{pmatrix}\boldsymbol{P}^{-1}$$

$$=\begin{pmatrix}\frac{(1+\sqrt{5})^{n+1}-(1-\sqrt{5})^{n+1}}{2^{n+1}\sqrt{5}}&\frac{(1+\sqrt{5})^{n}+(1-\sqrt{5})^{n}}{2^{n}\sqrt{5}}\\\frac{(1+\sqrt{5})^{n}-(1-\sqrt{5})^{n}}{2^{n}\sqrt{5}}&\frac{(1+\sqrt{5})^{n-1}-(1-\sqrt{5})^{n-1}}{2^{n-1}\sqrt{5}}\end{pmatrix}.$$

根据例 2.9，斐波那契数列$\{F_n\}$满足

$$\begin{pmatrix}F_{n+1}\\F_n\end{pmatrix}=\begin{pmatrix}1&1\\1&0\end{pmatrix}^n\begin{pmatrix}1\\1\end{pmatrix}=\boldsymbol{A}^n\begin{pmatrix}1\\1\end{pmatrix}.$$

因此，对所有的非负整数 n，我们都有

$$F_n=\frac{1}{\sqrt{5}}\left(\frac{1+\sqrt{5}}{2}\right)^{n+1}-\frac{1}{\sqrt{5}}\left(\frac{1-\sqrt{5}}{2}\right)^{n+1}.\qquad(1)\ ■$$

对于任何一个正整数 n，由式(1)求得的 F_n 都是正整数．这看起来似

乎出人意料，但它确实是准确无误的．实际上，对任意正整数 n，因为

$$0<\frac{1}{\sqrt{5}}\left|\left(\frac{1-\sqrt{5}}{2}\right)^{n+1}\right|<\frac{1}{2},$$

所以 F_n 等于$\frac{1}{\sqrt{5}}\left(\frac{1+\sqrt{5}}{2}\right)^{n+1}$最接近的正整数，如 $n=18$ 时，

$$\frac{1}{\sqrt{5}}\left(\frac{1+\sqrt{5}}{2}\right)^{19}\approx 4\ 180.999\ 964,$$

从而得到 $F_{18}=4\ 181$.

5.4 方阵可以相似对角化的条件

MOOC 5.4

方阵可相似对角化的条件

定义 5.4 设 $\boldsymbol{A}$ 是 n 阶矩阵．如果存在 n 阶可逆矩阵 $\boldsymbol{P}$，使得 $\boldsymbol{P}^{-1}\boldsymbol{A}\boldsymbol{P}=\boldsymbol{\Lambda}$ 为对角矩阵，那么称 $\boldsymbol{A}$ 可以相似对角化．

由定理 5.1 的推论可知，如果 $\boldsymbol{A}$ 可以相似对角化，那么与 $\boldsymbol{A}$ 相似的对角矩阵的对角元就是 $\boldsymbol{A}$ 的全部特征值．

例 5.8 （1）设 $\boldsymbol{A}=\begin{pmatrix}1&1\\1&0\end{pmatrix}$，根据例 5.7，$\boldsymbol{A}$ 可以相似对角化．

（2）设 $\boldsymbol{B}=\begin{pmatrix}1&1\\0&1\end{pmatrix}$．假设 $\boldsymbol{B}$ 可以相似对角化，因为 $\boldsymbol{B}$ 的特征值为 $\lambda_1=\lambda_2=1$，所以存在可逆矩阵 $\boldsymbol{P}$，使得

$$\boldsymbol{P}^{-1}\boldsymbol{B}\boldsymbol{P}=\begin{pmatrix}1&0\\0&1\end{pmatrix}.$$

因此，

$$\boldsymbol{B}=\boldsymbol{P}\begin{pmatrix}1&0\\0&1\end{pmatrix}\boldsymbol{P}^{-1}=\begin{pmatrix}1&0\\0&1\end{pmatrix},$$

得出矛盾，故 $\boldsymbol{B}$ 不可以相似对角化． ■

一、方阵可以相似对角化的充要条件

设 n 阶矩阵 $\boldsymbol{A}$ 可以相似对角化，即存在 n 阶可逆矩阵 $\boldsymbol{P}$，使得

$$\boldsymbol{P}^{-1}\boldsymbol{A}\boldsymbol{P}=\operatorname{diag}(\lambda_1,\ \lambda_2,\ \cdots,\ \lambda_n). \tag{1}$$

在等式(1)两边左乘 $\boldsymbol{P}$，得到

$$\boldsymbol{A}\boldsymbol{P}=\boldsymbol{P}\operatorname{diag}(\lambda_1,\ \lambda_2,\ \cdots,\ \lambda_n).$$

将 $\boldsymbol{P}$ 按列表示为 $\boldsymbol{P}=(\boldsymbol{\xi}_1,\ \boldsymbol{\xi}_2,\ \cdots,\ \boldsymbol{\xi}_n)$，则有

$$\boldsymbol{A}(\boldsymbol{\xi}_1,\ \boldsymbol{\xi}_2,\ \cdots,\ \boldsymbol{\xi}_n)=(\boldsymbol{\xi}_1,\ \boldsymbol{\xi}_2,\ \cdots,\ \boldsymbol{\xi}_n)\operatorname{diag}(\lambda_1,\ \lambda_2,\ \cdots,\ \lambda_n),$$

即

$$A(\xi_1, \xi_2, \cdots, \xi_n) = (\xi_1, \xi_2, \cdots, \xi_n)\begin{pmatrix} \lambda_1 & & & \\ & \lambda_2 & & \\ & & \ddots & \\ & & & \lambda_n \end{pmatrix}.$$

于是

$$(A\xi_1, A\xi_2, \cdots, A\xi_n) = (\lambda_1\xi_1, \lambda_2\xi_2, \cdots, \lambda_n\xi_n). \tag{2}$$

等式(2)等价于

$$A\xi_i = \lambda_i\xi_i, \quad i \in \{1, 2, \cdots, n\}. \tag{3}$$

因为 P 是可逆矩阵，所以式(3)表明 $\xi_1, \xi_2, \cdots, \xi_n$ 是 A 的 n 个线性无关的特征向量.

因此，如果 A 可以相似对角化，那么 A 有 n 个线性无关的特征向量.

反之，如果 A 有 n 个线性无关的特征向量 $\xi_1, \xi_2, \cdots, \xi_n$，并且 ξ_i 是 A 的属于特征值 λ_i 的特征向量，那么

$$A\xi_i = \lambda_i\xi_i, \quad i \in \{1, 2, \cdots, n\}. \tag{4}$$

式(4)等价于

$$(A\xi_1, A\xi_2, \cdots, A\xi_n) = (\lambda_1\xi_1, \lambda_2\xi_2, \cdots, \lambda_n\xi_n).$$

于是

$$A(\xi_1, \xi_2, \cdots, \xi_n) = (\xi_1, \xi_2, \cdots, \xi_n)\begin{pmatrix} \lambda_1 & & & \\ & \lambda_2 & & \\ & & \ddots & \\ & & & \lambda_n \end{pmatrix}. \tag{5}$$

令 $P = (\xi_1, \xi_2, \cdots, \xi_n)$，那么由式(5)可得

$$AP = P\mathrm{diag}(\lambda_1, \lambda_2, \cdots, \lambda_n).$$

因为 $\xi_1, \xi_2, \cdots, \xi_n$ 是线性无关的，所以 P 是可逆矩阵，并且

$$P^{-1}AP = \mathrm{diag}(\lambda_1, \lambda_2, \cdots, \lambda_n).$$

因此，如果 n 阶矩阵 A 有 n 个线性无关的特征向量，那么 A 可以相似对角化. 综合上面的讨论，我们可以得到如下结论.

定理 5.2　n 阶矩阵 A 可以相似对角化的充要条件是 A 有 n 个线性无关的特征向量. ■

说明　如果 n 阶矩阵 A 可以相似对角化，那么满足等式

$$P^{-1}AP = \mathrm{diag}(\lambda_1, \lambda_2, \cdots, \lambda_n)$$

的可逆矩阵 P 不是唯一的，A 的特征值 $\lambda_1, \lambda_2, \cdots, \lambda_n$ 的排列顺序也不是唯一的，只要求 P 的第 i 列 ξ_i 是属于 A 的特征值 λ_i 的特征向量.

例 5.9 设 $\boldsymbol{A}=\begin{pmatrix}1 & 1\\ -1 & 1\end{pmatrix}$，$\boldsymbol{A}$ 的特征值为 $\lambda_1=1+\mathrm{i}$，$\lambda_2=1-\mathrm{i}$，$\boldsymbol{\xi}_1=\begin{pmatrix}1\\ \mathrm{i}\end{pmatrix}$是 $\boldsymbol{A}$ 的属于特征值 λ_1 的一个特征向量，$\boldsymbol{\xi}_2=\begin{pmatrix}1\\ -\mathrm{i}\end{pmatrix}$是 $\boldsymbol{A}$ 的属于特征值 λ_2 的一个特征向量.

因为 $\boldsymbol{\xi}_1$，$\boldsymbol{\xi}_2$ 是 2 阶矩阵 $\boldsymbol{A}$ 的两个线性无关的特征向量，所以根据定理 5.2，$\boldsymbol{A}$ 可以相似对角化. 令

$$\boldsymbol{P}=(\boldsymbol{\xi}_1,\ \boldsymbol{\xi}_2)=\begin{pmatrix}1 & 1\\ \mathrm{i} & -\mathrm{i}\end{pmatrix},$$

那么

$$\boldsymbol{P}^{-1}=\begin{pmatrix}\dfrac{1}{2} & -\dfrac{\mathrm{i}}{2}\\ \dfrac{1}{2} & \dfrac{\mathrm{i}}{2}\end{pmatrix},$$

并且

$$\boldsymbol{P}^{-1}\boldsymbol{A}\boldsymbol{P}=\begin{pmatrix}1+\mathrm{i} & 0\\ 0 & 1-\mathrm{i}\end{pmatrix}$$

为对角矩阵. ■

二、方阵的线性无关的特征向量组

MOOC 5.5 方阵的线性无关特征向量组

设 $\boldsymbol{A}$ 是 n 阶矩阵，λ_1，λ_2，…，λ_t 是 $\boldsymbol{A}$ 的全部互异特征值. 因为 $\mathbf{C}^n$ 是复数集 $\mathbf{C}$ 上的 n 维向量空间，所以在复数集上，$\boldsymbol{A}$ 的线性无关的特征向量的个数至多为 n. 对于所有的 $i\in\{1,\ 2,\ \cdots,\ t\}$，我们可以通过求齐次线性方程组$(\lambda_i\boldsymbol{I}-\boldsymbol{A})\boldsymbol{X}=\boldsymbol{0}$ 的基础解系得到 $\boldsymbol{A}$ 的属于特征值 λ_i 的向量个数最多的线性无关的特征向量组. 现在我们研究如何得到 n 阶矩阵的线性无关的特征向量组，使得其中向量的个数最多.

定理 5.3 设 $\boldsymbol{A}$ 是 n 阶矩阵，λ_1，λ_2，…，λ_t 是 $\boldsymbol{A}$ 的全部互异特征值. 如果 $\boldsymbol{\xi}_1$，$\boldsymbol{\xi}_2$，…，$\boldsymbol{\xi}_t$ 分别是 $\boldsymbol{A}$ 的属于 λ_1，λ_2，…，λ_t 的特征向量，那么 $\boldsymbol{\xi}_1$，$\boldsymbol{\xi}_2$，…，$\boldsymbol{\xi}_t$ 是线性无关的.

证明 用反证法. 假设 $\boldsymbol{\xi}_1$，$\boldsymbol{\xi}_2$，…，$\boldsymbol{\xi}_t$ 是线性相关的. 因为 $\boldsymbol{\xi}_1\neq\boldsymbol{0}$，所以 $\boldsymbol{\xi}_1$ 是线性无关的，于是，存在最小的正整数 $s\in\{1,\ 2,\ \cdots,\ t-1\}$，使得 $\boldsymbol{\xi}_1$，$\boldsymbol{\xi}_2$，…，$\boldsymbol{\xi}_s$ 是线性无关的，但是 $\boldsymbol{\xi}_1$，$\boldsymbol{\xi}_2$，…，$\boldsymbol{\xi}_s$，$\boldsymbol{\xi}_{s+1}$ 是线性相关的. 根据定理 3.2，$\boldsymbol{\xi}_{s+1}$ 可以由 $\boldsymbol{\xi}_1$，$\boldsymbol{\xi}_2$，…，$\boldsymbol{\xi}_s$ 线性表示，即存在常数 k_1，k_2，…，k_s，使得

$$\boldsymbol{\xi}_{s+1}=k_1\boldsymbol{\xi}_1+k_2\boldsymbol{\xi}_2+\cdots+k_s\boldsymbol{\xi}_s. \tag{6}$$

在等式(6)两边左乘 $\boldsymbol{A}$，得到

$$\boldsymbol{A\xi}_{s+1}=k_1\boldsymbol{A\xi}_1+k_2\boldsymbol{A\xi}_2+\cdots+k_s\boldsymbol{A\xi}_s. \tag{7}$$

因为对于所有的 $i\in\{1,2,\cdots,t\}$，都有 $\boldsymbol{A\xi}_i=\lambda_i\boldsymbol{\xi}_i$，故由等式(7)得到

$$\lambda_{s+1}\boldsymbol{\xi}_{s+1}=k_1\lambda_1\boldsymbol{\xi}_1+k_2\lambda_2\boldsymbol{\xi}_2+\cdots+k_s\lambda_s\boldsymbol{\xi}_s. \tag{8}$$

在等式(6)两边乘 λ_{s+1}，得到

$$\lambda_{s+1}\boldsymbol{\xi}_{s+1}=k_1\lambda_{s+1}\boldsymbol{\xi}_1+k_2\lambda_{s+1}\boldsymbol{\xi}_2+\cdots+k_s\lambda_{s+1}\boldsymbol{\xi}_s. \tag{9}$$

用等式(9)减去等式(8)，得到

$$k_1(\lambda_{s+1}-\lambda_1)\boldsymbol{\xi}_1+k_2(\lambda_{s+1}-\lambda_2)\boldsymbol{\xi}_2+\cdots+k_s(\lambda_{s+1}-\lambda_s)\boldsymbol{\xi}_s=\boldsymbol{0}.$$

因为 $\boldsymbol{\xi}_1,\boldsymbol{\xi}_2,\cdots,\boldsymbol{\xi}_s$ 是线性无关的，所以对于所有的 $i\in\{1,2,\cdots,s\}$，都有

$$k_i(\lambda_{s+1}-\lambda_i)=0.$$

又因为 $\lambda_1,\lambda_2,\cdots,\lambda_t$ 彼此不相等，所以 $k_1=k_2=\cdots=k_s=0$. 因此

$$\boldsymbol{\xi}_{s+1}=k_1\boldsymbol{\xi}_1+k_2\boldsymbol{\xi}_2+\cdots+k_s\boldsymbol{\xi}_s=\boldsymbol{0},$$

这与 $\boldsymbol{\xi}_{s+1}$ 是 $\boldsymbol{A}$ 的特征向量相矛盾．这个矛盾说明 $\boldsymbol{\xi}_1,\boldsymbol{\xi}_2,\cdots,\boldsymbol{\xi}_t$ 是线性无关的． ■

由定理 5.3 可以推出如下结论．

推论　如果 n 阶矩阵 $\boldsymbol{A}$ 有 n 个互异特征值，即 $\boldsymbol{A}$ 的特征多项式无重根，那么 $\boldsymbol{A}$ 可以相似对角化．

证明　对 $\boldsymbol{A}$ 的每个特征值都可以取一个特征向量，根据定理 5.3，这 n 个特征向量是线性无关的，所以由定理 5.2 可知，$\boldsymbol{A}$ 可以相似对角化． ■

定义 5.5　设 $\boldsymbol{A}$ 是 n 阶矩阵，λ 是 $\boldsymbol{A}$ 的特征值，我们将矩阵 $\lambda\boldsymbol{I}-\boldsymbol{A}$ 的零空间的维数 $\dim N(\lambda\boldsymbol{I}-\boldsymbol{A})$ 称为特征值 λ 的**几何重数**．

设 λ 是 n 阶矩阵 $\boldsymbol{A}$ 的一个特征值．根据定理 3.10，λ 的几何重数为 $n-\mathrm{r}(\lambda\boldsymbol{I}-\boldsymbol{A})$，它就是齐次方程组 $(\lambda\boldsymbol{I}-\boldsymbol{A})\boldsymbol{X}=\boldsymbol{0}$ 的基础解系中解向量的个数．

现在我们构造方阵的线性无关的特征向量组，使得其中的向量个数最多．

定理 5.4　设 $\boldsymbol{A}$ 是 n 阶矩阵，$\lambda_1,\lambda_2,\cdots,\lambda_t$ 是 $\boldsymbol{A}$ 的全部互异特征值．如果 $\boldsymbol{\xi}_{i1},\boldsymbol{\xi}_{i2},\cdots,\boldsymbol{\xi}_{iq_i}$ 是齐次线性方程组 $(\lambda_i\boldsymbol{I}-\boldsymbol{A})\boldsymbol{X}=\boldsymbol{0}$ 的一个基础解系，$i\in\{1,2,\cdots,t\}$，那么向量组

$$\boldsymbol{\xi}_{11},\boldsymbol{\xi}_{12},\cdots,\boldsymbol{\xi}_{1q_1},\quad \boldsymbol{\xi}_{21},\boldsymbol{\xi}_{22},\cdots,\boldsymbol{\xi}_{2q_2},\quad \cdots,\quad \boldsymbol{\xi}_{t1},\boldsymbol{\xi}_{t2},\cdots,\boldsymbol{\xi}_{tq_t}$$

是 $\boldsymbol{A}$ 的一个线性无关的特征向量组，并且含有向量的个数最多．

证明　假设常数 $k_{11},k_{12},\cdots,k_{1q_1},k_{21},k_{22},\cdots,k_{2q_2},\cdots,k_{t1},k_{t2},\cdots,k_{tq_t}$ 满足

$$(k_{11}\boldsymbol{\xi}_{11}+k_{12}\boldsymbol{\xi}_{12}+\cdots+k_{1q_1}\boldsymbol{\xi}_{1q_1})+(k_{21}\boldsymbol{\xi}_{21}+k_{22}\boldsymbol{\xi}_{22}+\cdots+k_{2q_2}\boldsymbol{\xi}_{2q_2})+\cdots+$$
$$(k_{t1}\boldsymbol{\xi}_{t1}+k_{t2}\boldsymbol{\xi}_{t2}+\cdots+k_{tq_t}\boldsymbol{\xi}_{tq_t})=\mathbf{0}.$$

下面证明所有的 k_{11}，k_{12}，$\cdots$，k_{1q_1}，k_{21}，k_{22}，$\cdots$，k_{2q_2}，$\cdots$，k_{t1}，k_{t2}，$\cdots$，k_{tq_t}都为零．

记

$$\boldsymbol{\alpha}_i=k_{i1}\boldsymbol{\xi}_{i1}+k_{i2}\boldsymbol{\xi}_{i2}+\cdots+k_{iq_i}\boldsymbol{\xi}_{iq_i},\quad i\in\{1,2,\cdots,t\},$$

那么有

$$\boldsymbol{\alpha}_1+\boldsymbol{\alpha}_2+\cdots+\boldsymbol{\alpha}_t=\mathbf{0}.$$

如果存在 $i\in\{1,2,\cdots,t\}$，使得 $\boldsymbol{\alpha}_i\neq\mathbf{0}$，那么 $\boldsymbol{\alpha}_i$ 是属于 λ_i 的特征向量．根据定理 5.3，$\boldsymbol{\alpha}_1$，$\boldsymbol{\alpha}_2$，$\cdots$，$\boldsymbol{\alpha}_t$ 中所有非零向量构成的向量组是线性无关的，这与

$$\boldsymbol{\alpha}_1+\boldsymbol{\alpha}_2+\cdots+\boldsymbol{\alpha}_t=\mathbf{0}$$

是矛盾的．于是 $\boldsymbol{\alpha}_1$，$\boldsymbol{\alpha}_2$，$\cdots$，$\boldsymbol{\alpha}_t$ 都是零向量，因此常数

$$k_{11},\ k_{12},\ \cdots,\ k_{1q_1},\ k_{21},\ k_{22},\ \cdots,\ k_{2q_2},\ \cdots,\ k_{t1},\ k_{t2},\ \cdots,\ k_{tq_t}$$

都为零，从而向量组

$$\boldsymbol{\xi}_{11},\ \boldsymbol{\xi}_{12},\ \cdots,\ \boldsymbol{\xi}_{1q_1},\ \boldsymbol{\xi}_{21},\ \boldsymbol{\xi}_{22},\ \cdots,\ \boldsymbol{\xi}_{2q_2},\ \cdots,\ \boldsymbol{\xi}_{t1},\ \boldsymbol{\xi}_{t2},\ \cdots,\ \boldsymbol{\xi}_{tq_t}$$

是线性无关的．它显然是 $\boldsymbol{A}$ 的向量个数最多的线性无关的特征向量组． ■

由定理 5.4 可以得到下面的结论．

推论　设 $\boldsymbol{A}$ 是 n 阶矩阵，λ_1，λ_2，$\cdots$，λ_t 是 $\boldsymbol{A}$ 的全部互异特征值．如果 $q_i=n-\mathrm{r}(\lambda_i\boldsymbol{I}-\boldsymbol{A})$ 是特征值 λ_i 的几何重数，$i\in\{1,2,\cdots,t\}$，那么 $\boldsymbol{A}$ 可以相似对角化的充分必要条件是

$$q_1+q_2+\cdots+q_t=n.$$ ■

这个推论等价于说 $\boldsymbol{A}$ 可以相似对角化的充分必要条件是定理 5.4 中给出的向量组

$$\boldsymbol{\xi}_{11},\ \boldsymbol{\xi}_{12},\ \cdots,\ \boldsymbol{\xi}_{1q_1},\ \boldsymbol{\xi}_{21},\ \boldsymbol{\xi}_{22},\ \cdots,\ \boldsymbol{\xi}_{2q_2},\ \cdots,\ \boldsymbol{\xi}_{t1},\ \boldsymbol{\xi}_{t2},\ \cdots,\ \boldsymbol{\xi}_{tq_t}$$

含有 n 个向量．

三、方阵的特征值的代数重数

定义 5.6　设 $\boldsymbol{A}$ 是 n 阶矩阵，λ_1，λ_2，$\cdots$，λ_t 是 $\boldsymbol{A}$ 的全部互异特征值．通过因式分解，我们可以将 $\boldsymbol{A}$ 的特征多项式表示为

$$\begin{aligned}f(\lambda)=|\lambda\boldsymbol{I}-\boldsymbol{A}|&=\lambda^n+c_1\lambda^{n-1}+\cdots+c_{n-1}\lambda+c_n\\&=(\lambda-\lambda_1)^{p_1}(\lambda-\lambda_2)^{p_2}\cdots(\lambda-\lambda_t)^{p_t}.\end{aligned}$$

$\boldsymbol{A}$ 的特征值 λ_i 作为 $\boldsymbol{A}$ 的特征多项式 $f(\lambda)$ 的根的重数 p_i 称为 λ_i 的代数重数，$i\in\{1,2,\cdots,t\}$．

根据定义 5.6，显然有 $p_1+p_2+\cdots+p_t=n$．

为了讨论方阵的特征值的几何重数与代数重数之间的关系，我们先证明两个结论．

定理 5.5　设 $\boldsymbol{A}$ 是 n 阶矩阵，λ_1，λ_2，…，λ_t 是 $\boldsymbol{A}$ 的全部互异特征值．如果 λ_i 的代数重数为 p_i，$i\in\{1, 2, \cdots, t\}$，那么 $\boldsymbol{A}$ 可以相似到对角元依次为

$$\underbrace{\lambda_1, \cdots, \lambda_1}_{p_1\text{个}}, \underbrace{\lambda_2, \cdots, \lambda_2}_{p_2\text{个}}, \cdots, \underbrace{\lambda_t, \cdots, \lambda_t}_{p_t\text{个}}$$

的上三角形矩阵．

证明　对矩阵的阶数 n 用数学归纳法．当 $n=1$ 时，结论显然成立．假设 $n\geqslant 2$，并且结论对所有 $n-1$ 阶矩阵都成立，下面证明结论对 n 阶矩阵 $\boldsymbol{A}$ 也成立．

设 $\boldsymbol{\xi}_1$ 是 $\boldsymbol{A}$ 的属于特征值 λ_1 的一个特征向量．根据命题 3.16，我们可以将 $\boldsymbol{\xi}_1$ 扩充为复数集 $\mathbf{C}$ 上的 n 维向量空间 $\mathbf{C}^n$ 的一个基 $\boldsymbol{\xi}_1$，$\boldsymbol{\xi}_2$，…，$\boldsymbol{\xi}_n$.

将 $\boldsymbol{A\xi}_1$，$\boldsymbol{A\xi}_2$，…，$\boldsymbol{A\xi}_n$ 都用 $\mathbf{C}^n$ 的基 $\boldsymbol{\xi}_1$，$\boldsymbol{\xi}_2$，…，$\boldsymbol{\xi}_n$ 线性表示，得到

$$\begin{aligned}
\boldsymbol{A\xi}_1 &= \lambda_1\boldsymbol{\xi}_1, \\
\boldsymbol{A\xi}_2 &= b_{12}\boldsymbol{\xi}_1 + b_{22}\boldsymbol{\xi}_2 + \cdots + b_{n2}\boldsymbol{\xi}_n, \\
&\cdots, \\
\boldsymbol{A\xi}_n &= b_{1n}\boldsymbol{\xi}_1 + b_{2n}\boldsymbol{\xi}_2 + \cdots + b_{nn}\boldsymbol{\xi}_n.
\end{aligned}$$

于是我们有

$$\begin{aligned}
\boldsymbol{A}(\boldsymbol{\xi}_1, \boldsymbol{\xi}_2, \cdots, \boldsymbol{\xi}_n) &= (\boldsymbol{A\xi}_1, \boldsymbol{A\xi}_2, \cdots, \boldsymbol{A\xi}_n) \\
&= (\boldsymbol{\xi}_1, \boldsymbol{\xi}_2, \cdots, \boldsymbol{\xi}_n)\begin{pmatrix} \lambda_1 & b_{12} & \cdots & b_{1n} \\ 0 & b_{22} & \cdots & b_{2n} \\ \vdots & \vdots & & \vdots \\ 0 & b_{n2} & \cdots & b_{nn} \end{pmatrix}.
\end{aligned} \tag{10}$$

令 $\boldsymbol{G}=(\boldsymbol{\xi}_1, \boldsymbol{\xi}_2, \cdots, \boldsymbol{\xi}_n)$，那么 $\boldsymbol{G}$ 是可逆矩阵，并且

$$\boldsymbol{G}^{-1}\boldsymbol{AG} = \begin{pmatrix} \lambda_1 & b_{12} & \cdots & b_{1n} \\ 0 & b_{22} & \cdots & b_{2n} \\ \vdots & \vdots & & \vdots \\ 0 & b_{n2} & \cdots & b_{nn} \end{pmatrix} = \begin{pmatrix} \lambda_1 & \boldsymbol{\alpha}^{\mathrm{T}} \\ \boldsymbol{0} & \boldsymbol{B} \end{pmatrix}, \tag{11}$$

其中 $\boldsymbol{\alpha}=\begin{pmatrix} b_{12} \\ b_{13} \\ \vdots \\ b_{1n} \end{pmatrix}$，$\boldsymbol{B}=\begin{pmatrix} b_{22} & b_{23} & \cdots & b_{2n} \\ b_{32} & b_{33} & \cdots & b_{3n} \\ \vdots & \vdots & & \vdots \\ b_{n2} & b_{n3} & \cdots & b_{nn} \end{pmatrix}$. 等式(11)意味着 $\boldsymbol{A}$ 与 $\begin{pmatrix} \lambda_1 & \boldsymbol{\alpha}^{\mathrm{T}} \\ \boldsymbol{0} & \boldsymbol{B} \end{pmatrix}$

是相似的.

因为

$$\det\left[\lambda \boldsymbol{I}_n - \begin{pmatrix} \lambda_1 & \boldsymbol{\alpha}^{\mathrm{T}} \\ \boldsymbol{0} & \boldsymbol{B} \end{pmatrix}\right] = (\lambda - \lambda_1)\det(\lambda \boldsymbol{I}_{n-1} - \boldsymbol{B}),$$

所以 $\boldsymbol{B}$ 的特征值为

$$\underbrace{\lambda_1, \cdots, \lambda_1}_{p_1-1个}, \underbrace{\lambda_2, \cdots, \lambda_2}_{p_2个}, \cdots, \underbrace{\lambda_t, \cdots, \lambda_t}_{p_t个}.$$

根据归纳假设，存在 $n-1$ 阶可逆矩阵 $\boldsymbol{H}$ 使得 $\boldsymbol{H}^{-1}\boldsymbol{B}\boldsymbol{H}$ 是对角元依次为

$$\underbrace{\lambda_1, \cdots, \lambda_1}_{p_1-1个}, \underbrace{\lambda_2, \cdots, \lambda_2}_{p_2个}, \cdots, \underbrace{\lambda_t, \cdots, \lambda_t}_{p_t个}$$

的上三角形矩阵. 令 $\boldsymbol{P}=\boldsymbol{G}\begin{pmatrix} 1 & \boldsymbol{0} \\ \boldsymbol{0} & \boldsymbol{H} \end{pmatrix}$，那么 $\boldsymbol{P}$ 是 n 阶可逆矩阵. 并且

$$\begin{aligned} \boldsymbol{P}^{-1}\boldsymbol{A}\boldsymbol{P} &= \begin{pmatrix} 1 & \boldsymbol{0} \\ \boldsymbol{0} & \boldsymbol{H}^{-1} \end{pmatrix}\boldsymbol{G}^{-1}\boldsymbol{A}\boldsymbol{G}\begin{pmatrix} 1 & \boldsymbol{0} \\ \boldsymbol{0} & \boldsymbol{H} \end{pmatrix} \\ &= \begin{pmatrix} 1 & \boldsymbol{0} \\ \boldsymbol{0} & \boldsymbol{H}^{-1} \end{pmatrix}\begin{pmatrix} \lambda_1 & \boldsymbol{\alpha}^{\mathrm{T}} \\ \boldsymbol{0} & \boldsymbol{B} \end{pmatrix}\begin{pmatrix} 1 & \boldsymbol{0} \\ \boldsymbol{0} & \boldsymbol{H} \end{pmatrix} \\ &= \begin{pmatrix} \lambda_1 & \boldsymbol{\alpha}^{\mathrm{T}}\boldsymbol{H} \\ \boldsymbol{0} & \boldsymbol{H}^{-1}\boldsymbol{B}\boldsymbol{H} \end{pmatrix}, \end{aligned}$$

所以 $\boldsymbol{P}^{-1}\boldsymbol{A}\boldsymbol{P}$ 是对角元依次为

$$\underbrace{\lambda_1, \cdots, \lambda_1}_{p_1个}, \underbrace{\lambda_2, \cdots, \lambda_2}_{p_2个}, \cdots, \underbrace{\lambda_t, \cdots, \lambda_t}_{p_t个}$$

的上三角形矩阵. 这完成了定理的证明. ■

引理 5.1 上三角形矩阵的秩不小于其非零对角元的个数.

证明 设 $\boldsymbol{A}$ 是上三角形矩阵，$\boldsymbol{A}$ 有 t 个非零对角元 $a_{i_1i_1}$，$a_{i_2i_2}$，$\cdots$，$a_{i_ti_t}$. 设 $\boldsymbol{M}$ 是由 $\boldsymbol{A}$ 的第 i_1，i_2，$\cdots$，i_t 行，i_1，i_2，$\cdots$，i_t 列构成的子矩阵. 因为 $\boldsymbol{M}$ 是以 $a_{i_1i_1}$，$a_{i_2i_2}$，$\cdots$，$a_{i_ti_t}$ 为对角元的上三角形矩阵，所以 $\boldsymbol{M}$ 是可逆的，于是 $|\boldsymbol{M}|\neq 0$. 因此，$\boldsymbol{A}$ 中含有 t 阶非零子式. 根据定理 4.5，$\boldsymbol{A}$ 的秩不小于 t. ■

现在给出方阵的特征值的几何重数与代数重数之间的关系.

定理 5.6 方阵的任意一个特征值的几何重数不大于它的代数重数.

证明 设 $\boldsymbol{A}$ 是 n 阶矩阵，λ_1，λ_2，$\cdots$，λ_t 是 $\boldsymbol{A}$ 的全部互异特征值. 进一步地，设 λ_i 的几何重数为 q_i，代数重数为 p_i，$i\in\{1, 2, \cdots, t\}$. 现在我们证明对所有的 $i\in\{1, 2, \cdots, t\}$，都有 $q_i\leqslant p_i$. 根据定理 5.5，

A 可以相似到对角元依次为

$$\underbrace{\lambda_1, \cdots, \lambda_1}_{p_1个}, \underbrace{\lambda_2, \cdots, \lambda_2}_{p_2个}, \cdots, \underbrace{\lambda_t, \cdots, \lambda_t}_{p_t个}$$

的上三角形矩阵 $\boldsymbol{U}$. 于是对所有的 $i\in\{1, 2, \cdots, t\}$, $\lambda_i\boldsymbol{I}-\boldsymbol{A}$ 与 $\lambda_i\boldsymbol{I}-\boldsymbol{U}$ 是相似的. 因为 $\lambda_i\boldsymbol{I}-\boldsymbol{U}$ 的对角元中恰好有 $n-p_i$ 个是非零的, 所以根据引理 5.1, 我们有

$$\mathrm{r}(\lambda_i\boldsymbol{I}-\boldsymbol{U}) \geqslant n-p_i.$$

于是

$$\mathrm{r}(\lambda_i\boldsymbol{I}-\boldsymbol{A}) = \mathrm{r}(\lambda_i\boldsymbol{I}-\boldsymbol{U}) \geqslant n-p_i.$$

因此

$$q_i = n-\mathrm{r}(\lambda_i\boldsymbol{I}-\boldsymbol{A}) \leqslant p_i. \qquad \blacksquare$$

根据定理 5.6, 我们可以得到如下推论.

推论　设 $\boldsymbol{A}$ 是 n 阶矩阵, $\lambda_1, \lambda_2, \cdots, \lambda_t$ 是 $\boldsymbol{A}$ 的全部互异特征值, λ_i 的几何重数与代数重数分别为 q_i 与 p_i, $i\in\{1, 2, \cdots, t\}$, 那么 $\boldsymbol{A}$ 可以相似对角化的充分必要条件是对所有的 $i\in\{1, 2, \cdots, t\}$, 都有 $q_i = p_i$. $\blacksquare$

MOOC 5.6
将方阵相似对角化的方法

5.5　将方阵相似对角化的方法

在这一节, 我们将根据定理 5.6 的推论, 给出判断方阵 $\boldsymbol{A}$ 是否可以相似对角化的方法; 当 $\boldsymbol{A}$ 可以相似对角化时, 给出求与 $\boldsymbol{A}$ 相似的对角矩阵以及所用的相似变换矩阵的方法. 步骤如下:

(1) 求出 $\boldsymbol{A}$ 的全部互异特征值 $\lambda_1, \lambda_2, \cdots, \lambda_t$, 以及它们的代数重数 $p_1, p_2, \cdots, p_t$.

(2) 对所有的 $i\in\{1, 2, \cdots, t\}$, 求矩阵 $\lambda_i\boldsymbol{I}-\boldsymbol{A}$ 的秩, 得到 λ_i 的几何重数

$$q_i = n-\mathrm{r}(\lambda_i\boldsymbol{I}-\boldsymbol{A}).$$

如果存在 $i\in\{1, 2, \cdots, t\}$, 使得 $q_i<p_i$, 那么可以判定 $\boldsymbol{A}$ 不可以相似对角化. 下面假设对所有的 $i\in\{1, 2, \cdots, t\}$, 都有 $q_i = p_i$.

(3) 对所有的 $i\in\{1, 2, \cdots, t\}$, 求齐次线性方程组 $(\lambda_i\boldsymbol{I}-\boldsymbol{A})\boldsymbol{X} = \boldsymbol{0}$ 的一个基础解系 $\boldsymbol{\xi}_{i1}, \boldsymbol{\xi}_{i2}, \cdots, \boldsymbol{\xi}_{iq_i}$.

(4) 令

$$\boldsymbol{P} = (\boldsymbol{\xi}_{11}, \boldsymbol{\xi}_{12}, \cdots, \boldsymbol{\xi}_{1q_1}, \boldsymbol{\xi}_{21}, \boldsymbol{\xi}_{22}, \cdots, \boldsymbol{\xi}_{2q_2}, \cdots, \boldsymbol{\xi}_{t1}, \boldsymbol{\xi}_{t2}, \cdots, \boldsymbol{\xi}_{tq_t}),$$

$$\boldsymbol{\Lambda} = \mathrm{diag}(\underbrace{\lambda_1, \cdots, \lambda_1}_{q_1个}, \underbrace{\lambda_2, \cdots, \lambda_2}_{q_2个}, \cdots, \underbrace{\lambda_t, \cdots, \lambda_t}_{q_t个}),$$

则有

$$\boldsymbol{P}^{-1}\boldsymbol{A}\boldsymbol{P} = \boldsymbol{\Lambda}.$$

例 5.10 设 $\boldsymbol{A}=\begin{pmatrix}3&-1&2\\1&1&2\\1&-1&4\end{pmatrix}$. 求可逆矩阵 $\boldsymbol{P}$ 以及对角矩阵 $\boldsymbol{\Lambda}$，使得 $\boldsymbol{P}^{-1}\boldsymbol{A}\boldsymbol{P}=\boldsymbol{\Lambda}$.

解 因为

$$\det(\lambda\boldsymbol{I}-\boldsymbol{A})=\det\begin{pmatrix}\lambda-3&1&-2\\-1&\lambda-1&-2\\-1&1&\lambda-4\end{pmatrix}=(\lambda-2)^2(\lambda-4),$$

所以 $\boldsymbol{A}$ 的特征值为 $\lambda_1=\lambda_2=2$，$\lambda_3=4$.

当 $\lambda=2$ 时，因为齐次线性方程组 $(2\boldsymbol{I}-\boldsymbol{A})\boldsymbol{X}=\boldsymbol{0}$ 的系数矩阵 $\begin{pmatrix}-1&1&-2\\-1&1&-2\\-1&1&-2\end{pmatrix}$ 的简化阶梯形为 $\begin{pmatrix}1&-1&2\\0&0&0\\0&0&0\end{pmatrix}$，所以 $(2\boldsymbol{I}-\boldsymbol{A})\boldsymbol{X}=\boldsymbol{0}$ 的一个基础解系为

$$\boldsymbol{\xi}_1=\begin{pmatrix}1\\1\\0\end{pmatrix},\quad \boldsymbol{\xi}_2=\begin{pmatrix}-2\\0\\1\end{pmatrix}.$$

当 $\lambda=4$ 时，因为齐次线性方程组 $(4\boldsymbol{I}-\boldsymbol{A})\boldsymbol{X}=\boldsymbol{0}$ 的系数矩阵 $\begin{pmatrix}1&1&-2\\-1&3&-2\\-1&1&0\end{pmatrix}$ 的简化阶梯形为 $\begin{pmatrix}1&0&-1\\0&1&-1\\0&0&0\end{pmatrix}$，所以 $(4\boldsymbol{I}-\boldsymbol{A})\boldsymbol{X}=\boldsymbol{0}$ 的一个基础解系为

$$\boldsymbol{\xi}_3=\begin{pmatrix}1\\1\\1\end{pmatrix}.$$

根据定理 5.4，$\boldsymbol{\xi}_1$，$\boldsymbol{\xi}_2$，$\boldsymbol{\xi}_3$ 是线性无关的．令

$$\boldsymbol{P}=(\boldsymbol{\xi}_1,\ \boldsymbol{\xi}_2,\ \boldsymbol{\xi}_3)=\begin{pmatrix}1&-2&1\\1&0&1\\0&1&1\end{pmatrix},$$

那么 $\boldsymbol{P}$ 是可逆矩阵，并且

$$\boldsymbol{P}^{-1}\boldsymbol{A}\boldsymbol{P}=\begin{pmatrix}2&0&0\\0&2&0\\0&0&4\end{pmatrix}$$

为对角矩阵． ■

例 5.11　设 4 阶矩阵 $A=\begin{pmatrix} * & * & * & * \\ 1 & * & * & * \\ 0 & 2 & * & * \\ 0 & 0 & 3 & * \end{pmatrix}$，其中 * 表示任意常数．证明如果 A 的特征多项式有重根，那么 A 不可以相似对角化．

证明　设 λ 是 A 的特征多项式的重根，即 λ 的代数重数至少为 2. 因为 $|\lambda I-A|=0$，并且 $\lambda I-A$ 有一个非零的 3 阶子式 $\begin{vmatrix} -1 & * & * \\ 0 & -2 & * \\ 0 & 0 & -3 \end{vmatrix}$，所以，根据定理 4.5，$r(\lambda I-A)=3$. 因此，$\lambda$ 的几何重数为 1，小于它的代数重数．根据定理 5.6 的推论，A 不可以相似对角化．■

人口迁移问题[①]　历年的统计数据表明，每年 A 国的城市人口中的 1%迁居乡村，乡村人口中的 2.5%迁居城市．假设现在总人口的 60%住在城市，人口总数 P 保持不变，流动的趋势也不变，求最终住在城市的人口所占的比例．

解　设 x_0，y_0 分别表示现在居住在城市与乡村的人口所占比例，那么根据假设，我们有 $x_0=0.6$，$y_0=0.4$. 设第 n 年末居住在城市与乡村的人口所占比例分别为 x_n，y_n. 根据条件，第 1 年末居住在城市的人口数为

$$x_1P=0.99x_0P+0.025y_0P; \tag{1}$$

居住在乡村的人口数为

$$y_1P=0.01x_0P+0.975y_0P. \tag{2}$$

将式(1)与式(2)写成矩阵形式，则有

$$\begin{pmatrix} x_1 \\ y_1 \end{pmatrix}=\begin{pmatrix} 0.99 & 0.025 \\ 0.01 & 0.975 \end{pmatrix}\begin{pmatrix} x_0 \\ y_0 \end{pmatrix}.$$

因为人口流动的趋势不变，所以对任意非负整数 n，都有

$$\begin{pmatrix} x_{n+1} \\ y_{n+1} \end{pmatrix}=\begin{pmatrix} 0.99 & 0.025 \\ 0.01 & 0.975 \end{pmatrix}\begin{pmatrix} x_n \\ y_n \end{pmatrix}.$$

显然，第 $n+1$ 年末居住在城市与乡村的人口所占比例仅与第 n 年的情况有关．我们将在自然科学与社会科学中广泛出现的这类后一事件只与前一事件有关的事件序列称为马尔可夫过程．矩阵

$$A=\begin{pmatrix} 0.99 & 0.025 \\ 0.01 & 0.975 \end{pmatrix}$$

① 这个问题取自张肇炽主编的《线性代数及其应用》，西北工业大学出版社，1992.

称为这个过程的转移矩阵.

与斐波那契数列的情况类似，第 n 年末居住在城市与乡村的人口所占比例可以由下面的表达式求出：

$$\begin{pmatrix} x_n \\ y_n \end{pmatrix} = \begin{pmatrix} 0.99 & 0.025 \\ 0.01 & 0.975 \end{pmatrix}^n \begin{pmatrix} x_0 \\ y_0 \end{pmatrix} = \boldsymbol{A}^n \begin{pmatrix} x_0 \\ y_0 \end{pmatrix}.$$

因此，最终人口的分布情况取决于当 $n\to\infty$ 时，向量 $\begin{pmatrix} x_n \\ y_n \end{pmatrix}$ 中两个分量的极限. 因为 2 阶矩阵 $\boldsymbol{A}$ 的特征值为 $\lambda_1=1$，$\lambda_2=0.965$，属于 λ_1 的一个特征向量为 $\begin{pmatrix} 2.5 \\ 1 \end{pmatrix}$，属于 λ_2 的一个特征向量为 $\begin{pmatrix} -1 \\ 1 \end{pmatrix}$，所以

$$\boldsymbol{A} = \begin{pmatrix} 2.5 & -1 \\ 1 & 1 \end{pmatrix} \begin{pmatrix} 1 & 0 \\ 0 & 0.965 \end{pmatrix} \begin{pmatrix} 2.5 & -1 \\ 1 & 1 \end{pmatrix}^{-1}.$$

于是

$$\begin{aligned} \begin{pmatrix} x_n \\ y_n \end{pmatrix} &= \begin{pmatrix} 2.5 & -1 \\ 1 & 1 \end{pmatrix} \begin{pmatrix} 1 & 0 \\ 0 & 0.965 \end{pmatrix}^n \begin{pmatrix} 2.5 & -1 \\ 1 & 1 \end{pmatrix}^{-1} \begin{pmatrix} x_0 \\ y_0 \end{pmatrix} \\ &= \frac{1}{7} \begin{pmatrix} 5+2\times 0.965^n & 5-5\times 0.965^n \\ 2-2\times 0.965^n & 2+5\times 0.965^n \end{pmatrix} \begin{pmatrix} x_0 \\ y_0 \end{pmatrix}. \end{aligned}$$

因此，当 $n\to\infty$ 时，

$$\begin{pmatrix} x_n \\ y_n \end{pmatrix} \to \frac{1}{7} \begin{pmatrix} 5 & 5 \\ 2 & 2 \end{pmatrix} \begin{pmatrix} x_0 \\ y_0 \end{pmatrix}.$$

因为 $x_0+y_0=1$，所以最终总人口的 $\frac{5}{7}$ 居住在城市. ■

值得注意的是，得到的结果与最初的人口分布 x_0，y_0 无关. 人口的迁移最终要趋于平衡：由城市迁移到乡村的人口等于由乡村迁移到城市的人口.

5.6 3 类特殊矩阵的相似对角化问题

MOOC 5.7
秩为 1 的矩阵与幂等矩阵

一、幂零矩阵

定义 5.7 设 $\boldsymbol{A}$ 是方阵. 如果存在正整数 m，使得 $\boldsymbol{A}^m=\boldsymbol{0}$，那么称 $\boldsymbol{A}$ 为幂零矩阵.

命题 5.9 设 $\boldsymbol{A}$ 是幂零矩阵. 如果 $\boldsymbol{A}\neq\boldsymbol{0}$，那么 $\boldsymbol{A}$ 不可以相似到对角矩阵.

证明　设 $\boldsymbol{A}$ 是 n 阶幂零矩阵．因为存在正整数 m，使得 $\boldsymbol{A}^m=\boldsymbol{0}$，所以 $\boldsymbol{A}$ 的特征值都为 0，故 0 的代数重数为 n. 另一方面，因为 $\boldsymbol{A}\neq\boldsymbol{0}$，所以 $\mathrm{r}(\boldsymbol{A})\geqslant 1$，于是齐次线性方程组 $\boldsymbol{AX}=\boldsymbol{0}$ 的基础解系中至多有 $n-1$ 个解向量．因此，$\boldsymbol{A}$ 的特征值 0 的几何重数小于它的代数重数．根据定理 5.6 的推论，$\boldsymbol{A}$ 不可以相似到对角矩阵． ■

二、幂等矩阵

定义 5.8　设 $\boldsymbol{A}$ 是方阵．如果 $\boldsymbol{A}^2=\boldsymbol{A}$，那么称 $\boldsymbol{A}$ 为幂等矩阵．

设 $\boldsymbol{A}$ 是秩为 r 的 n 阶幂等矩阵．如果 $r=0$，那么 $\boldsymbol{A}$ 为零矩阵．如果 $r=n$，那么 $\boldsymbol{A}$ 为单位矩阵．

下面假设 $0<r<n$. 设 λ 是 $\boldsymbol{A}$ 的特征值．因为 $\boldsymbol{A}^2=\boldsymbol{A}$，所以 $\lambda^2=\lambda$，于是 $\lambda\in\{0,1\}$.

设 $\boldsymbol{A}$ 的 n 个列构成的向量组为 $\boldsymbol{\alpha}_1$，$\boldsymbol{\alpha}_2$，$\cdots$，$\boldsymbol{\alpha}_n$，并且 $\boldsymbol{\alpha}_{i_1}$，$\boldsymbol{\alpha}_{i_2}$，$\cdots$，$\boldsymbol{\alpha}_{i_r}$ 是 $\boldsymbol{\alpha}_1$，$\boldsymbol{\alpha}_2$，$\cdots$，$\boldsymbol{\alpha}_n$ 的一个极大无关组．因为 $\boldsymbol{A}^2=\boldsymbol{A}$，所以

$$(\boldsymbol{I}-\boldsymbol{A})\boldsymbol{A}=\boldsymbol{0}.$$

因此，$\boldsymbol{\alpha}_{i_1}$，$\boldsymbol{\alpha}_{i_2}$，$\cdots$，$\boldsymbol{\alpha}_{i_r}$ 是 $\boldsymbol{A}$ 的属于特征值 1 的线性无关的特征向量组．

因为 $\mathrm{r}(\boldsymbol{A})=r<n$，所以齐次线性方程组 $\boldsymbol{AX}=\boldsymbol{0}$ 有非零解．设 $\boldsymbol{\xi}_1$，$\boldsymbol{\xi}_2$，$\cdots$，$\boldsymbol{\xi}_{n-r}$ 是 $\boldsymbol{AX}=\boldsymbol{0}$ 的一个基础解系，那么 $\boldsymbol{\xi}_1$，$\boldsymbol{\xi}_2$，$\cdots$，$\boldsymbol{\xi}_{n-r}$ 是 $\boldsymbol{A}$ 的属于特征值 0 的线性无关的特征向量组．

根据定理 5.4，$\boldsymbol{\alpha}_{i_1}$，$\boldsymbol{\alpha}_{i_2}$，$\cdots$，$\boldsymbol{\alpha}_{i_r}$，$\boldsymbol{\xi}_1$，$\boldsymbol{\xi}_2$，$\cdots$，$\boldsymbol{\xi}_{n-r}$ 是 $\boldsymbol{A}$ 的 n 个线性无关的特征向量．因此，$\boldsymbol{A}$ 可以相似对角化，并且 $\boldsymbol{A}$ 的特征值 1 的代数重数为 r，0 的代数重数为 $n-r$.

令

$$\boldsymbol{P}=(\boldsymbol{\alpha}_{i_1},\ \boldsymbol{\alpha}_{i_2},\ \cdots,\ \boldsymbol{\alpha}_{i_r},\ \boldsymbol{\xi}_1,\ \boldsymbol{\xi}_2,\ \cdots,\ \boldsymbol{\xi}_{n-r}),$$

那么

$$\boldsymbol{P}^{-1}\boldsymbol{AP}=\begin{pmatrix}1&&&&&\\&\ddots&&&&\\&&1&&&\\&&&0&&\\&&&&\ddots&\\&&&&&0\end{pmatrix}$$

为对角线上有 r 个 1，$n-r$ 个 0 的对角矩阵．

综合上面的讨论，我们有如下结论．

命题 5.10　如果 $\boldsymbol{A}$ 是秩为 r 的 n 阶幂等矩阵，那么我们有下列结论：

(1) $\boldsymbol{A}$ 的特征值只可能为 1 或者 0;

(2) $\boldsymbol{A}$ 的特征值 1 的代数重数为 r，0 的代数重数为 $n-r$;

(3) $\boldsymbol{A}$ 可以相似对角化. ■

例 5.12 设 $\boldsymbol{A}$ 是秩为 r 的 n 阶幂等矩阵，计算行列式 $\det(-\boldsymbol{A}+3\boldsymbol{I})$.

解 因为 $\boldsymbol{A}$ 是秩为 r 的 n 阶幂等矩阵，所以 $\boldsymbol{A}$ 的特征值为 r 个 1 与 $n-r$ 个 0. 因此 $-\boldsymbol{A}+3\boldsymbol{I}$ 的特征值为 r 个 2 与 $n-r$ 个 3，从而得到

$$\det(-\boldsymbol{A}+3\boldsymbol{I})=2^r\cdot 3^{n-r}.$$ ■

三、秩为 1 的矩阵

设 $\boldsymbol{A}=(\boldsymbol{\alpha}_1,\boldsymbol{\alpha}_2,\cdots,\boldsymbol{\alpha}_n)$ 是秩为 1 的 $m\times n$ 矩阵. $\boldsymbol{A}$ 中必有非零列 $\boldsymbol{\alpha}_i=\begin{pmatrix}a_1\\a_2\\\vdots\\a_m\end{pmatrix}$，并且 $\boldsymbol{A}$ 的任意一列 $\boldsymbol{\alpha}_j$ 都可以表示为 $\boldsymbol{\alpha}_j=b_j\boldsymbol{\alpha}_i$，其中 b_j 为常数，$j=1,2,\cdots,n$. 因此

$$\boldsymbol{A}=(\boldsymbol{\alpha}_1,\boldsymbol{\alpha}_2,\cdots,\boldsymbol{\alpha}_n)=(b_1\boldsymbol{\alpha}_i,b_2\boldsymbol{\alpha}_i,\cdots,b_n\boldsymbol{\alpha}_i)$$
$$=\begin{pmatrix}a_1\\a_2\\\vdots\\a_m\end{pmatrix}(b_1,b_2,\cdots,b_n),$$

其中 $a_1,a_2,\cdots,a_m$ 不全为零，$b_1,b_2,\cdots,b_n$ 也不全为零.

反之，如果 $a_1,a_2,\cdots,a_m$ 不全为零，$b_1,b_2,\cdots,b_n$ 也不全为零，那么 $m\times n$ 矩阵

$$\boldsymbol{A}=\begin{pmatrix}a_1\\a_2\\\vdots\\a_m\end{pmatrix}(b_1,b_2,\cdots,b_n)$$

的秩为 1.

于是我们得到如下命题.

命题 5.11 $m\times n$ 矩阵 $\boldsymbol{A}$ 的秩为 1 的充分必要条件是存在不全为零的常数 $a_1,a_2,\cdots,a_m$，以及不全为零的常数 $b_1,b_2,\cdots,b_n$，使得

$$\boldsymbol{A}=\begin{pmatrix}a_1\\a_2\\\vdots\\a_m\end{pmatrix}(b_1,b_2,\cdots,b_n).$$ ■

设 $n\geqslant 2$ 是正整数，$\boldsymbol{\alpha}=\begin{pmatrix}a_1\\a_2\\\vdots\\a_n\end{pmatrix}$，$\boldsymbol{\beta}=\begin{pmatrix}b_1\\b_2\\\vdots\\b_n\end{pmatrix}$是两个非零的 n 元向量．根据命题 5.11，$\boldsymbol{A}=\boldsymbol{\alpha}\boldsymbol{\beta}^{\mathrm{T}}$ 是秩为 1 的 n 阶矩阵．记

$$\boldsymbol{\beta}^{\mathrm{T}}\boldsymbol{\alpha}=a_1b_1+a_2b_2+\cdots+a_nb_n=c,$$

则有

$$\boldsymbol{A}^2=(\boldsymbol{\alpha}\boldsymbol{\beta}^{\mathrm{T}})(\boldsymbol{\alpha}\boldsymbol{\beta}^{\mathrm{T}})=\boldsymbol{\alpha}(\boldsymbol{\beta}^{\mathrm{T}}\boldsymbol{\alpha})\boldsymbol{\beta}^{\mathrm{T}}=c\boldsymbol{\alpha}\boldsymbol{\beta}^{\mathrm{T}}=c\boldsymbol{A}.$$

设 λ 是 $\boldsymbol{A}$ 的特征值．因为 $\lambda^2=c\lambda$，所以 $\lambda\in\{0,\ c\}$．当 $\lambda=0$ 时，因为齐次线性方程组 $(\lambda\boldsymbol{I}-\boldsymbol{A})\boldsymbol{X}=-\boldsymbol{A}\boldsymbol{X}=\boldsymbol{0}$ 的系数矩阵的秩为 1，所以方程组 $-\boldsymbol{A}\boldsymbol{X}=\boldsymbol{0}$ 的基础解系中恰有 $n-1$ 个解向量，设为 $\boldsymbol{\xi}_1$，$\boldsymbol{\xi}_2$，…，$\boldsymbol{\xi}_{n-1}$．这 $n-1$ 个向量构成 $\boldsymbol{A}$ 的属于特征值 0 的向量个数最多的线性无关的特征向量组．

如果 $c=0$，那么 $\boldsymbol{A}$ 的特征值全部都为 0．因为 $\boldsymbol{A}$ 至多有 $n-1$ 个线性无关的特征向量，所以 $\boldsymbol{A}$ 不可以相似对角化．

设 $c\neq 0$．因为 $\boldsymbol{A}\boldsymbol{\alpha}=(\boldsymbol{\alpha}\boldsymbol{\beta}^{\mathrm{T}})\boldsymbol{\alpha}=\boldsymbol{\alpha}(\boldsymbol{\beta}^{\mathrm{T}}\boldsymbol{\alpha})=c\boldsymbol{\alpha}$，所以 c 是 $\boldsymbol{A}$ 的一个特征值，$\boldsymbol{\alpha}$ 是 $\boldsymbol{A}$ 的属于特征值 c 的一个特征向量．根据定理 5.4，$\boldsymbol{\alpha}$，$\boldsymbol{\xi}_1$，$\boldsymbol{\xi}_2$，…，$\boldsymbol{\xi}_{n-1}$ 是 $\boldsymbol{A}$ 的 n 个线性无关的特征向量．令 $\boldsymbol{P}=(\boldsymbol{\alpha},\ \boldsymbol{\xi}_1,\ \boldsymbol{\xi}_2,\ \cdots,\ \boldsymbol{\xi}_{n-1})$，那么 $\boldsymbol{P}$ 是可逆矩阵，并且

$$\boldsymbol{P}^{-1}\boldsymbol{A}\boldsymbol{P}=\begin{pmatrix}c&&&\\&0&&\\&&\ddots&\\&&&0\end{pmatrix}$$

为对角矩阵．

我们将以上讨论的结果总结为下面的命题．

命题 5.12　设 $n\geqslant 2$ 是正整数．如果 $\boldsymbol{\alpha}=\begin{pmatrix}a_1\\a_2\\\vdots\\a_n\end{pmatrix}$，$\boldsymbol{\beta}=\begin{pmatrix}b_1\\b_2\\\vdots\\b_n\end{pmatrix}$是两个非零的 n 元向量，那么 $\boldsymbol{A}=\boldsymbol{\alpha}\boldsymbol{\beta}^{\mathrm{T}}$ 是秩为 1 的 n 阶矩阵，并且 $\boldsymbol{A}$ 可以相似对角化的充分必要条件是

$$\boldsymbol{\beta}^{\mathrm{T}}\boldsymbol{\alpha}=a_1b_1+a_2b_2+\cdots+a_nb_n\neq 0.$$

■

5.7 实对称矩阵的相似对角化

一、实对称矩阵的特征值与特征向量

定义 5.9 设 $\boldsymbol{A}=(a_{ij})$ 是复数集上的 $m \times n$ 矩阵，将 $\boldsymbol{A}$ 的每个元素取共轭，得到的 $m \times n$ 矩阵 $\overline{\boldsymbol{A}}=(\overline{a}_{ij})$ 称为 $\boldsymbol{A}$ 的共轭矩阵．

根据定义，$\boldsymbol{A}$ 为实矩阵的充分必要条件是 $\overline{\boldsymbol{A}}=\boldsymbol{A}$.

性质 5.6 设 $\boldsymbol{A}=(a_{ij})$ 是复数集上的矩阵，那么我们有下列 6 个结论：

(1) $\overline{(\overline{\boldsymbol{A}})}=\boldsymbol{A}$；　　(2) $\overline{\boldsymbol{A}+\boldsymbol{B}}=\overline{\boldsymbol{A}}+\overline{\boldsymbol{B}}$；

(3) $\overline{k\boldsymbol{A}}=\overline{k}\,\overline{\boldsymbol{A}}$；　　(4) $\overline{\boldsymbol{AB}}=\overline{\boldsymbol{A}}\,\overline{\boldsymbol{B}}$；

(5) $\overline{\boldsymbol{A}}^{\mathrm{T}}=\overline{\boldsymbol{A}^{\mathrm{T}}}$；

(6) 当 $\boldsymbol{X}=(x_1, x_2, \cdots, x_n)^{\mathrm{T}} \neq \boldsymbol{0}$ 时，

$$\overline{\boldsymbol{X}}^{\mathrm{T}}\boldsymbol{X}=\overline{x}_1 x_1+\overline{x}_2 x_2+\cdots+\overline{x}_n x_n>0.$$ ■

下面我们讨论实对称矩阵的特征值与特征向量的性质．

定理 5.7 实对称矩阵的特征值都是实数[①]．

证明 设 $\boldsymbol{A}$ 是实对称矩阵，λ 是 $\boldsymbol{A}$ 的任意一个特征值，$\boldsymbol{X}$ 是 $\boldsymbol{A}$ 的属于特征值 λ 的一个特征向量．于是有等式

$$\boldsymbol{AX}=\lambda\boldsymbol{X}. \tag{1}$$

在等式(1)两边取共轭，得到

$$\overline{\boldsymbol{A}}\,\overline{\boldsymbol{X}}=\overline{\lambda}\,\overline{\boldsymbol{X}}. \tag{2}$$

在等式(2)两边取转置，得到

$$\overline{\boldsymbol{X}}^{\mathrm{T}}\,\overline{\boldsymbol{A}}^{\mathrm{T}}=\overline{\lambda}\,\overline{\boldsymbol{X}}^{\mathrm{T}}. \tag{3}$$

因为 $\boldsymbol{A}$ 是实对称矩阵，所以 $\overline{\boldsymbol{A}}^{\mathrm{T}}=\boldsymbol{A}$. 因此，由等式(3)得到

$$\overline{\boldsymbol{X}}^{\mathrm{T}}\boldsymbol{A}=\overline{\lambda}\,\overline{\boldsymbol{X}}^{\mathrm{T}}. \tag{4}$$

在等式(4)两边右乘 $\boldsymbol{X}$，得到

$$\overline{\boldsymbol{X}}^{\mathrm{T}}\boldsymbol{AX}=\overline{\lambda}\,\overline{\boldsymbol{X}}^{\mathrm{T}}\boldsymbol{X}. \tag{5}$$

因为 $\boldsymbol{AX}=\lambda\boldsymbol{X}$，所以由等式(5)得到

$$\lambda\overline{\boldsymbol{X}}^{\mathrm{T}}\boldsymbol{X}=\overline{\lambda}\,\overline{\boldsymbol{X}}^{\mathrm{T}}\boldsymbol{X}. \tag{6}$$

因为 $\boldsymbol{X}\neq\boldsymbol{0}$，所以 $\overline{\boldsymbol{X}}^{\mathrm{T}}\boldsymbol{X}>0$. 因此，根据等式(6)，我们得到 $\lambda=\overline{\lambda}$. 这就证

---

① 这个结论最先是由柯西在研究行列式的时候得到的．后来，布赫海姆(A. Buchheim，1859—1888)独立证明了这个结论．

明了 λ 是实数．■

意义　由于实对称矩阵 $\boldsymbol{A}$ 的特征值 λ 是实数，所以齐次方程组 $(\lambda\boldsymbol{I}-\boldsymbol{A})\boldsymbol{X}=\boldsymbol{0}$ 的系数矩阵 $\lambda\boldsymbol{I}-\boldsymbol{A}$ 是实矩阵，从而齐次方程组 $(\lambda\boldsymbol{I}-\boldsymbol{A})\boldsymbol{X}=\boldsymbol{0}$ 有实的基础解系．因此，我们可以将实对称矩阵的特征向量都取为实向量．

关于实对称矩阵的属于不同特征值的特征向量之间的关系，我们有如下定理．

定理 5.8　实对称矩阵的属于不同特征值的特征向量是正交的．

证明　设 $\boldsymbol{A}$ 是实对称矩阵，λ_1，λ_2 是 $\boldsymbol{A}$ 的两个不同的特征值，$\boldsymbol{\xi}_1$，$\boldsymbol{\xi}_2$ 是 $\boldsymbol{A}$ 的分别属于特征值 λ_1，λ_2 的特征向量．于是

$$\boldsymbol{A}\boldsymbol{\xi}_1=\lambda_1\boldsymbol{\xi}_1, \tag{7}$$

$$\boldsymbol{A}\boldsymbol{\xi}_2=\lambda_2\boldsymbol{\xi}_2. \tag{8}$$

在等式(7)两边取转置，得到

$$\boldsymbol{\xi}_1^{\mathrm{T}}\boldsymbol{A}=\lambda_1\boldsymbol{\xi}_1^{\mathrm{T}}. \tag{9}$$

在等式(9)两边右乘 $\boldsymbol{\xi}_2$，得到

$$\boldsymbol{\xi}_1^{\mathrm{T}}(\boldsymbol{A}\boldsymbol{\xi}_2)=\lambda_1(\boldsymbol{\xi}_1^{\mathrm{T}}\boldsymbol{\xi}_2). \tag{10}$$

在等式(8)两边左乘 $\boldsymbol{\xi}_1^{\mathrm{T}}$，得到

$$\boldsymbol{\xi}_1^{\mathrm{T}}(\boldsymbol{A}\boldsymbol{\xi}_2)=\lambda_2(\boldsymbol{\xi}_1^{\mathrm{T}}\boldsymbol{\xi}_2). \tag{11}$$

综合等式(10)与(11)得到

$$\lambda_1(\boldsymbol{\xi}_1^{\mathrm{T}}\boldsymbol{\xi}_2)=\lambda_2(\boldsymbol{\xi}_1^{\mathrm{T}}\boldsymbol{\xi}_2). \tag{12}$$

因为 $\lambda_1\neq\lambda_2$，所以由等式(12)可以得到 $\boldsymbol{\xi}_1^{\mathrm{T}}\boldsymbol{\xi}_2=0$，即 $\boldsymbol{\xi}_1$，$\boldsymbol{\xi}_2$ 是正交的．

■

例 5.13　设 4 阶实对称矩阵 $\boldsymbol{A}$ 的特征值为 $\lambda_1=\lambda_2=\lambda_3=2$，$\lambda_4=-2$，$\boldsymbol{\xi}_1=(1,\ -1,\ 0,\ 0)^{\mathrm{T}}$，$\boldsymbol{\xi}_2=(1,\ 0,\ -1,\ 0)^{\mathrm{T}}$，$\boldsymbol{\xi}_3=(1,\ 0,\ 0,\ -1)^{\mathrm{T}}$ 是 $\boldsymbol{A}$ 的属于特征值 2 的特征向量．

(1) 求 $\boldsymbol{A}$ 的属于特征值 $\lambda_4=-2$ 的一个特征向量；

(2) 求矩阵 $\boldsymbol{A}$.

解　(1) 设 $\boldsymbol{\xi}_4=(x_1,\ x_2,\ x_3,\ x_4)^{\mathrm{T}}$ 是 $\boldsymbol{A}$ 的属于特征值 $\lambda_4=-2$ 的特征向量．根据定理 5.8，$\boldsymbol{\xi}_4$ 与 $\boldsymbol{\xi}_1$，$\boldsymbol{\xi}_2$，$\boldsymbol{\xi}_3$ 都是正交的．于是 $\boldsymbol{\xi}_4$ 是齐次线性方程组

$$\begin{cases}x_1-x_2=0,\\x_1-x_3=0,\\x_1-x_4=0\end{cases}$$

的非零解．因此，我们可以取 $\boldsymbol{\xi}_4=(1,\ 1,\ 1,\ 1)^{\mathrm{T}}$.

（2）令

$$P=(\boldsymbol{\xi}_1,\ \boldsymbol{\xi}_2,\ \boldsymbol{\xi}_3,\ \boldsymbol{\xi}_4)=\begin{pmatrix}1&1&1&1\\-1&0&0&1\\0&-1&0&1\\0&0&-1&1\end{pmatrix},$$

则有

$$P^{-1}AP=\mathrm{diag}(2,\ 2,\ 2,\ -2).$$

因此，

$$A=P\mathrm{diag}(2,\ 2,\ 2,\ -2)P^{-1}=\begin{pmatrix}1&-1&-1&-1\\-1&1&-1&-1\\-1&-1&1&-1\\-1&-1&-1&1\end{pmatrix}.$$ ■

二、实对称矩阵的相似对角化

MOOC 5.9 实对称矩阵的相似对角化

这部分讨论实对称矩阵的相似对角化．

引理 5.2 如果 Q_1，Q_2 都是 n 阶正交矩阵，那么 Q_1Q_2 也是 n 阶正交矩阵．

证明 因为

$$(Q_1Q_2)^{\mathrm{T}}Q_1Q_2=Q_2^{\mathrm{T}}Q_1^{\mathrm{T}}Q_1Q_2=Q_2^{\mathrm{T}}(Q_1^{\mathrm{T}}Q_1)Q_2=Q_2^{\mathrm{T}}Q_2=I,$$

所以 Q_1Q_2 是正交矩阵． ■

定理 5.9 设 $A=(a_{ij})$ 是 n 阶实对称矩阵．如果 λ_1，λ_2，…，λ_n 是 A 的全部特征值，那么存在 n 阶正交矩阵 Q，使得

$$Q^{\mathrm{T}}AQ=Q^{-1}AQ=\begin{pmatrix}\lambda_1&&&\\&\lambda_2&&\\&&\ddots&\\&&&\lambda_n\end{pmatrix}$$

为对角矩阵．

证明 对实对称矩阵的阶数 n 用数学归纳法．结论对 1 阶实对称矩阵显然成立，假设 $n\geqslant 2$，并且结论对所有的 $n-1$ 阶实对称矩阵成立，下面证明结论对 n 阶实对称矩阵 A 也成立．设 A 的特征值为 λ_1，λ_2，…，λ_n，$\boldsymbol{\xi}_1$ 是 A 的属于特征值 λ_1 的长度为 1 的特征向量．根据命题 3.19，$\boldsymbol{\xi}_1$ 可以扩充为 $\mathbf{R}^n$ 的规范正交基 $\boldsymbol{\xi}_1$，$\boldsymbol{\xi}_2$，…，$\boldsymbol{\xi}_n$．令 $Q_1=(\boldsymbol{\xi}_1,\ \boldsymbol{\xi}_2,\ \cdots,\ \boldsymbol{\xi}_n)$，那么 Q_1 是正交矩阵．直接计算可得

$$\boldsymbol{Q}_1^{\mathrm{T}}\boldsymbol{A}\boldsymbol{Q}_1=\begin{pmatrix}\boldsymbol{\xi}_1^{\mathrm{T}}\\ \boldsymbol{\xi}_2^{\mathrm{T}}\\ \vdots\\ \boldsymbol{\xi}_n^{\mathrm{T}}\end{pmatrix}\boldsymbol{A}(\boldsymbol{\xi}_1,\ \boldsymbol{\xi}_2,\ \cdots,\ \boldsymbol{\xi}_n)$$

$$=\begin{pmatrix}\boldsymbol{\xi}_1^{\mathrm{T}}\boldsymbol{A}\boldsymbol{\xi}_1 & \boldsymbol{\xi}_1^{\mathrm{T}}\boldsymbol{A}\boldsymbol{\xi}_2 & \cdots & \boldsymbol{\xi}_1^{\mathrm{T}}\boldsymbol{A}\boldsymbol{\xi}_n\\ \boldsymbol{\xi}_2^{\mathrm{T}}\boldsymbol{A}\boldsymbol{\xi}_1 & \boldsymbol{\xi}_2^{\mathrm{T}}\boldsymbol{A}\boldsymbol{\xi}_2 & \cdots & \boldsymbol{\xi}_2^{\mathrm{T}}\boldsymbol{A}\boldsymbol{\xi}_n\\ \vdots & \vdots & & \vdots\\ \boldsymbol{\xi}_n^{\mathrm{T}}\boldsymbol{A}\boldsymbol{\xi}_1 & \boldsymbol{\xi}_n^{\mathrm{T}}\boldsymbol{A}\boldsymbol{\xi}_2 & \cdots & \boldsymbol{\xi}_n^{\mathrm{T}}\boldsymbol{A}\boldsymbol{\xi}_n\end{pmatrix}$$

$$=\begin{pmatrix}\lambda_1 & 0 & \cdots & 0\\ 0 & \boldsymbol{\xi}_2^{\mathrm{T}}\boldsymbol{A}\boldsymbol{\xi}_2 & \cdots & \boldsymbol{\xi}_2^{\mathrm{T}}\boldsymbol{A}\boldsymbol{\xi}_n\\ \vdots & \vdots & & \vdots\\ 0 & \boldsymbol{\xi}_n^{\mathrm{T}}\boldsymbol{A}\boldsymbol{\xi}_2 & \cdots & \boldsymbol{\xi}_n^{\mathrm{T}}\boldsymbol{A}\boldsymbol{\xi}_n\end{pmatrix}$$

$$=\begin{pmatrix}\lambda_1 & \mathbf{0}\\ \mathbf{0} & \boldsymbol{B}\end{pmatrix}.$$

因为 $\boldsymbol{Q}_1^{\mathrm{T}}\boldsymbol{A}\boldsymbol{Q}_1$ 是实对称矩阵，所以 $n-1$ 阶矩阵 $\boldsymbol{B}$ 是实对称的．因为 $\boldsymbol{Q}_1^{\mathrm{T}}\boldsymbol{A}\boldsymbol{Q}_1$ 与 $\boldsymbol{A}$ 是相似的，所以 λ_2，λ_3，$\cdots$，λ_n 是 $\boldsymbol{B}$ 的全部特征值．根据归纳假设，存在 $n-1$ 阶正交矩阵 $\boldsymbol{P}$，使得

$$\boldsymbol{P}^{\mathrm{T}}\boldsymbol{B}\boldsymbol{P}=\begin{pmatrix}\lambda_2 & & & \\ & \lambda_3 & & \\ & & \ddots & \\ & & & \lambda_n\end{pmatrix}.$$

令 $\boldsymbol{Q}_2=\begin{pmatrix}1 & \mathbf{0}\\ \mathbf{0} & \boldsymbol{P}\end{pmatrix}$，则 $\boldsymbol{Q}_2$ 是正交矩阵．因为 $\boldsymbol{Q}_1$，$\boldsymbol{Q}_2$ 都是 n 阶正交矩阵，所以根据引理 5.2，$\boldsymbol{Q}=\boldsymbol{Q}_1\boldsymbol{Q}_2$ 是正交矩阵，并且满足

$$\boldsymbol{Q}^{\mathrm{T}}\boldsymbol{A}\boldsymbol{Q}=\begin{pmatrix}\lambda_1 & & & \\ & \lambda_2 & & \\ & & \ddots & \\ & & & \lambda_n\end{pmatrix}.$$ ■

定理 5.9 说明实对称矩阵一定可以相似对角化，并且相似变换矩阵可以取为正交矩阵．

根据定理 5.9，有以下推论：

推论 1　设 $\boldsymbol{A}$ 是 n 阶实对称矩阵，那么存在 $\boldsymbol{A}$ 的特征向量 $\boldsymbol{\xi}_1$，$\boldsymbol{\xi}_2$，$\cdots$，

ξ_n 构成 $\mathbf{R}^n$ 的一个规范正交基. ■

推论 2 设 $\boldsymbol{A}$ 是 n 阶实对称矩阵，那么有

$$\boldsymbol{A} = \lambda_1\boldsymbol{\xi}_1\boldsymbol{\xi}_1^{\mathrm{T}} + \lambda_2\boldsymbol{\xi}_2\boldsymbol{\xi}_2^{\mathrm{T}} + \cdots + \lambda_n\boldsymbol{\xi}_n\boldsymbol{\xi}_n^{\mathrm{T}}, \tag{13}$$

其中 $\lambda_1, \lambda_2, \cdots, \lambda_n$ 是 $\boldsymbol{A}$ 的特征值，$\boldsymbol{\xi}_1, \boldsymbol{\xi}_2, \cdots, \boldsymbol{\xi}_n$ 是 $\boldsymbol{A}$ 的属于 $\lambda_1, \lambda_2, \cdots, \lambda_n$ 的规范正交特征向量. ■

在式(13)中，对任意 $i\in\{1, 2, \cdots, n\}$，$\boldsymbol{\xi}_i\boldsymbol{\xi}_i^{\mathrm{T}}$ 都是秩为 1 的矩阵. 式(13)被称为矩阵 $\boldsymbol{A}$ 的谱分解，它在数值分析和最优化中有非常重要的作用.

例 5.14 设 $\boldsymbol{A}$，$\boldsymbol{B}$ 是 n 阶实对称矩阵，并且 $\boldsymbol{A}$ 与 $\boldsymbol{B}$ 是相似的. 证明存在正交矩阵 $\boldsymbol{Q}$，使得

$$\boldsymbol{Q}^{\mathrm{T}}\boldsymbol{A}\boldsymbol{Q} = \boldsymbol{B}.$$

证明 因为 n 阶矩阵 $\boldsymbol{A}$ 与 $\boldsymbol{B}$ 是相似的，所以 $\boldsymbol{A}$ 与 $\boldsymbol{B}$ 有相同的特征值，设为 $\lambda_1, \lambda_2, \cdots, \lambda_n$. 因为 $\boldsymbol{A}$，$\boldsymbol{B}$ 是实对称矩阵，所以根据定理 5.9，存在正交矩阵 $\boldsymbol{Q}_1$ 与 $\boldsymbol{Q}_2$，使得

$$\boldsymbol{Q}_1^{\mathrm{T}}\boldsymbol{A}\boldsymbol{Q}_1 = \mathrm{diag}(\lambda_1, \lambda_2, \cdots, \lambda_n), \tag{14}$$

$$\boldsymbol{Q}_2^{\mathrm{T}}\boldsymbol{B}\boldsymbol{Q}_2 = \mathrm{diag}(\lambda_1, \lambda_2, \cdots, \lambda_n). \tag{15}$$

由等式(14)与(15)可以得到

$$\boldsymbol{Q}_1^{\mathrm{T}}\boldsymbol{A}\boldsymbol{Q}_1 = \boldsymbol{Q}_2^{\mathrm{T}}\boldsymbol{B}\boldsymbol{Q}_2. \tag{16}$$

在等式(16)两边左乘 $\boldsymbol{Q}_2$，右乘 $\boldsymbol{Q}_2^{\mathrm{T}}$，得到

$$(\boldsymbol{Q}_1\boldsymbol{Q}_2^{\mathrm{T}})^{\mathrm{T}}\boldsymbol{A}(\boldsymbol{Q}_1\boldsymbol{Q}_2^{\mathrm{T}}) = \boldsymbol{B}. \tag{17}$$

令 $\boldsymbol{Q}=\boldsymbol{Q}_1\boldsymbol{Q}_2^{\mathrm{T}}$，那么根据引理 5.2，$\boldsymbol{Q}$ 为正交矩阵. 进一步地，由等式(17)可知

$$\boldsymbol{Q}^{\mathrm{T}}\boldsymbol{A}\boldsymbol{Q} = \boldsymbol{B}.$$ ■

三、用正交矩阵将实对称矩阵相似对角化的方法

下面给出用正交矩阵将实对称矩阵相似对角化的方法.

设 $\boldsymbol{A}$ 是 n 阶实对称矩阵，按照下列步骤可以将 $\boldsymbol{A}$ 用正交矩阵相似到对角矩阵.

(1) 求出 $\boldsymbol{A}$ 的全部互异特征值 $\lambda_1, \lambda_2, \cdots, \lambda_t$；

(2) 对每个特征值 λ_i，求出齐次线性方程组 $(\lambda_i\boldsymbol{I}-\boldsymbol{A})\boldsymbol{X}=\boldsymbol{0}$ 的一个基础解系 $\boldsymbol{\xi}_{i1}, \boldsymbol{\xi}_{i2}, \cdots, \boldsymbol{\xi}_{iq_i}$，$i\in\{1, 2, \cdots, t\}$；

(3) 对所有的 $i\in\{1, 2, \cdots, t\}$，用施密特方法将 $\boldsymbol{\xi}_{i1}, \boldsymbol{\xi}_{i2}, \cdots, \boldsymbol{\xi}_{iq_i}$ 正交规范化，得到 $\boldsymbol{\eta}_{i1}, \boldsymbol{\eta}_{i2}, \cdots, \boldsymbol{\eta}_{iq_i}$；

(4) 令

$$\boldsymbol{Q} = (\boldsymbol{\eta}_{11}, \boldsymbol{\eta}_{12}, \cdots, \boldsymbol{\eta}_{1q_1}, \boldsymbol{\eta}_{21}, \boldsymbol{\eta}_{22}, \cdots, \boldsymbol{\eta}_{2q_2}, \cdots, \boldsymbol{\eta}_{t1}, \boldsymbol{\eta}_{t2}, \cdots, \boldsymbol{\eta}_{tq_t}),$$

$$\boldsymbol{\Lambda}=\operatorname{diag}(\underbrace{\lambda_1,\cdots,\lambda_1}_{q_1\text{个}},\underbrace{\lambda_2,\cdots,\lambda_2}_{q_2\text{个}},\cdots,\underbrace{\lambda_t,\cdots,\lambda_t}_{q_t\text{个}}),$$

则有

$$\boldsymbol{Q}^{\mathrm{T}}\boldsymbol{A}\boldsymbol{Q}=\boldsymbol{\Lambda}.$$

例 5.15　设 $\boldsymbol{A}=\begin{pmatrix}2&1&-1\\1&2&-1\\-1&-1&2\end{pmatrix}$. 求正交矩阵 $\boldsymbol{Q}$，使得 $\boldsymbol{Q}^{\mathrm{T}}\boldsymbol{A}\boldsymbol{Q}=\boldsymbol{\Lambda}$ 为对角矩阵.

解　因为 $\boldsymbol{A}$ 的特征多项式为

$$|\lambda\boldsymbol{I}-\boldsymbol{A}|=\begin{vmatrix}\lambda-2&-1&1\\-1&\lambda-2&1\\1&1&\lambda-2\end{vmatrix}=(\lambda-1)^2(\lambda-4),$$

所以 $\boldsymbol{A}$ 的特征值为 $\lambda_1=\lambda_2=1$，$\lambda_3=4$.

当 $\lambda=1$ 时，因为 $\boldsymbol{I}-\boldsymbol{A}=\begin{pmatrix}-1&-1&1\\-1&-1&1\\1&1&-1\end{pmatrix}$ 的简化阶梯形为 $\begin{pmatrix}1&1&-1\\0&0&0\\0&0&0\end{pmatrix}$，所以 $(\boldsymbol{I}-\boldsymbol{A})\boldsymbol{X}=\boldsymbol{0}$ 的一个基础解系为

$$\boldsymbol{\xi}_1=\begin{pmatrix}-1\\1\\0\end{pmatrix},\quad \boldsymbol{\xi}_2=\begin{pmatrix}1\\0\\1\end{pmatrix}.$$

当 $\lambda=4$ 时，因为 $4\boldsymbol{I}-\boldsymbol{A}=\begin{pmatrix}2&-1&1\\-1&2&1\\1&1&2\end{pmatrix}$ 的简化阶梯形为 $\begin{pmatrix}1&0&1\\0&1&1\\0&0&0\end{pmatrix}$，所以 $(4\boldsymbol{I}-\boldsymbol{A})\boldsymbol{X}=\boldsymbol{0}$ 的一个基础解系为

$$\boldsymbol{\xi}_3=\begin{pmatrix}-1\\-1\\1\end{pmatrix}.$$

将 $\boldsymbol{\xi}_1$，$\boldsymbol{\xi}_2$ 正交化，得到

$$\boldsymbol{\beta}_1=\boldsymbol{\xi}_1=\begin{pmatrix}-1\\1\\0\end{pmatrix},$$

$$\boldsymbol{\beta}_2=-\frac{(\boldsymbol{\xi}_2,\boldsymbol{\beta}_1)}{(\boldsymbol{\beta}_1,\boldsymbol{\beta}_1)}\boldsymbol{\beta}_1+\boldsymbol{\xi}_2=\frac{1}{2}\begin{pmatrix}-1\\1\\0\end{pmatrix}+\begin{pmatrix}1\\0\\1\end{pmatrix}=\begin{pmatrix}\frac{1}{2}\\\frac{1}{2}\\1\end{pmatrix}.$$

将 $\boldsymbol{\beta}_1$，$\boldsymbol{\beta}_2$ 规范化，得到

$$\boldsymbol{\eta}_1=\begin{pmatrix}-\frac{1}{\sqrt{2}}\\ \frac{1}{\sqrt{2}}\\ 0\end{pmatrix},\quad \boldsymbol{\eta}_2=\begin{pmatrix}\frac{1}{\sqrt{6}}\\ \frac{1}{\sqrt{6}}\\ \frac{2}{\sqrt{6}}\end{pmatrix}.$$

将 $\boldsymbol{\xi}_3$ 规范化，得到

$$\boldsymbol{\eta}_3=\begin{pmatrix}-\frac{1}{\sqrt{3}}\\ -\frac{1}{\sqrt{3}}\\ \frac{1}{\sqrt{3}}\end{pmatrix}.$$

令

$$\boldsymbol{Q}=(\boldsymbol{\eta}_1,\ \boldsymbol{\eta}_2,\ \boldsymbol{\eta}_3)=\begin{pmatrix}-\frac{1}{\sqrt{2}} & \frac{1}{\sqrt{6}} & -\frac{1}{\sqrt{3}}\\ \frac{1}{\sqrt{2}} & \frac{1}{\sqrt{6}} & -\frac{1}{\sqrt{3}}\\ 0 & \frac{2}{\sqrt{6}} & \frac{1}{\sqrt{3}}\end{pmatrix},$$

那么 $\boldsymbol{Q}$ 为正交矩阵，并且 $\boldsymbol{Q}$ 满足

$$\boldsymbol{Q}^{\mathrm{T}}\boldsymbol{A}\boldsymbol{Q}=\begin{pmatrix}1 & 0 & 0\\ 0 & 1 & 0\\ 0 & 0 & 4\end{pmatrix}.$$ ■

习题五

1. 求下列方阵的特征值和特征向量：

(1) $\begin{pmatrix}0.5 & -0.6\\ 0.75 & 1.1\end{pmatrix}$；

(2) $\begin{pmatrix}1 & 2 & 3\\ 2 & 1 & 3\\ 3 & 3 & 6\end{pmatrix}$；

(3) $\begin{pmatrix}0 & -4 & -6\\ -1 & 0 & -3\\ 1 & 2 & 5\end{pmatrix}$；

(4) $\begin{pmatrix}1 & 1 & 1 & 1\\ 1 & 1 & -1 & -1\\ 1 & -1 & 1 & -1\\ 1 & -1 & -1 & 1\end{pmatrix}$.

2. 设 $\boldsymbol{A}$ 是正交矩阵，并且 $|\boldsymbol{A}|=-1$. 证明 $\lambda=-1$ 是 $\boldsymbol{A}$ 的一个特征值.

3. 证明 0 是奇数阶反称矩阵的特征值.

4. 设 3 阶矩阵 $\boldsymbol{A}=\begin{pmatrix}7&4&-1\\4&7&-1\\-4&-4&a\end{pmatrix}$ 的特征值为 $\lambda_1=\lambda_2=3$，$\lambda_3=12$.

(1) 求常数 a；

(2) 求 $\boldsymbol{A}$ 的特征向量.

5. 设方阵 $\boldsymbol{A}$ 满足 $\boldsymbol{A}^2=\boldsymbol{I}$.

(1) 确定 $\boldsymbol{A}$ 的特征值的取值范围；

(2) 用(1)的结果证明 $3\boldsymbol{I}-\boldsymbol{A}$ 是可逆矩阵.

6. 设 $\boldsymbol{A}=\begin{pmatrix}2&2&1\\2&5&2\\3&6&4\end{pmatrix}$，求 $\boldsymbol{A}$ 的伴随矩阵 $\boldsymbol{A}^*$ 的特征值与特征向量.

7. 设 $\boldsymbol{A}=\begin{pmatrix}7&2\\-4&1\end{pmatrix}$，$\boldsymbol{P}=\begin{pmatrix}1&-1\\-1&2\end{pmatrix}$.

(1) 证明 $\boldsymbol{P}^{-1}\boldsymbol{A}\boldsymbol{P}=\begin{pmatrix}5&0\\0&3\end{pmatrix}$；

(2) 对正整数 n，求 $\boldsymbol{A}^n$.

8. 设 $\boldsymbol{\xi}_1$，$\boldsymbol{\xi}_2$ 是方阵 $\boldsymbol{A}$ 的属于不同特征值的特征向量，证明 $\boldsymbol{\xi}_1+\boldsymbol{\xi}_2$ 不是 $\boldsymbol{A}$ 的特征向量.

9. 设 $\boldsymbol{A}$ 是 2 阶实矩阵. 如果 $\boldsymbol{A}$ 的行列式小于零，证明 $\boldsymbol{A}$ 可以相似对角化.

10. 设矩阵 $\boldsymbol{A}=\begin{pmatrix}2&0&0\\0&0&1\\0&1&x\end{pmatrix}$ 与 $\boldsymbol{B}=\begin{pmatrix}2&&\\&y&\\&&-1\end{pmatrix}$ 是相似的.

(1) 求 x，y 的值；

(2) 求行列式 $|2\boldsymbol{A}^{-1}+\boldsymbol{I}|$ 的值.

11. 已知 $\boldsymbol{AP}=\boldsymbol{PB}$，其中 $\boldsymbol{B}=\begin{pmatrix}1&0&0\\0&0&0\\0&0&-1\end{pmatrix}$，$\boldsymbol{P}=\begin{pmatrix}1&0&0\\2&-1&0\\2&1&1\end{pmatrix}$，求 $\boldsymbol{A}$ 以及 $\boldsymbol{A}^6$.

12. 设 $\boldsymbol{A}=\begin{pmatrix}1&a&1\\a&1&b\\1&b&1\end{pmatrix}$，$\boldsymbol{B}=\begin{pmatrix}2&0&0\\0&1&0\\0&0&0\end{pmatrix}$. 当 a，b 满足什么条件时，$\boldsymbol{A}$ 与 $\boldsymbol{B}$ 是相似的？

13. 设$\boldsymbol{A}=\begin{pmatrix}2&0&0\\0&3&5\\0&1&2\end{pmatrix}$，$\boldsymbol{B}=\begin{pmatrix}3&1&0\\7&3&0\\0&0&1\end{pmatrix}$，问$\boldsymbol{A}$与$\boldsymbol{B}$是否相似？证明你的结论.

14. 下列矩阵中，哪些可以相似对角化？对可以相似对角化的矩阵，求出与其相似的对角矩阵$\boldsymbol{\Lambda}$以及相似变换矩阵$\boldsymbol{P}$.

（1）$\begin{pmatrix}1&6\\5&2\end{pmatrix}$；　　（2）$\begin{pmatrix}1&1&0\\0&1&1\\0&0&1\end{pmatrix}$；

（3）$\begin{pmatrix}2&4&3\\-4&-6&-3\\3&3&1\end{pmatrix}$；　　（4）$\begin{pmatrix}1&3&3\\-3&-5&-3\\3&3&1\end{pmatrix}$.

15. 已知矩阵$\boldsymbol{A}=\begin{pmatrix}1&0&0&0\\a&1&0&0\\2&b&2&0\\2&3&c&2\end{pmatrix}$，确定$a$，$b$，$c$的值，使得$\boldsymbol{A}$可以相似对角化.

16. 已知3阶矩阵$\boldsymbol{A}=\begin{pmatrix}2&x&2\\5&y&3\\-1&1&-1\end{pmatrix}$有特征值±1. 问$\boldsymbol{A}$是否可以相似对角化？如果可以，求相似变换矩阵$\boldsymbol{P}$，使得$\boldsymbol{P}^{-1}\boldsymbol{AP}$为对角矩阵；如果不可以，请说明理由.

17. 判断下列命题的真假，并说明理由：

（1）设$\boldsymbol{A}$是n阶矩阵，如果$\boldsymbol{\xi}_1$，$\boldsymbol{\xi}_2$是$\boldsymbol{A}$的线性无关的特征向量，那么它们一定属于$\boldsymbol{A}$的不同特征值；

（2）如果n阶矩阵$\boldsymbol{A}$满足$\boldsymbol{A}^2=\boldsymbol{0}$，那么$\boldsymbol{A}$的特征值都为零；

（3）如果n阶矩阵$\boldsymbol{A}$的每行元素之和都等于k，那么k是$\boldsymbol{A}$的一个特征值；

（4）对矩阵作初等行变换不改变矩阵的特征值；

（5）一个非零向量不可能是属于矩阵$\boldsymbol{A}$的两个不同的特征值的特征向量；

（6）设$\boldsymbol{A}$，$\boldsymbol{B}$是n阶矩阵，如果$\boldsymbol{A}$相似于$\boldsymbol{B}$，那么$\boldsymbol{A}$等价于$\boldsymbol{B}$；

（7）设$\boldsymbol{A}$，$\boldsymbol{B}$是n阶矩阵，如果$\boldsymbol{A}$和$\boldsymbol{B}$有相同的特征值，那么$\boldsymbol{A}$相似于$\boldsymbol{B}$；

（8）设$\boldsymbol{A}$是n阶矩阵，如果$\boldsymbol{A}$不可以相似对角化，那么$\boldsymbol{A}$是奇异的；

(9) 设 $\boldsymbol{A}$，$\boldsymbol{B}$ 是 n 阶矩阵，如果 $\boldsymbol{A}$ 是非奇异的，那么 $\boldsymbol{AB}$ 相似于 $\boldsymbol{BA}$；

(10) 设 $\boldsymbol{A}$ 是 n 阶矩阵，$\boldsymbol{A}$ 可以相似对角化的充分必要条件是存在 $\boldsymbol{A}$ 的特征向量构成 $\mathbf{F}^n$ 的一个基；

(11) 设 $\boldsymbol{A}$ 是 n 阶矩阵，如果 $\boldsymbol{A}$ 相似于一个可以相似对角化的 n 阶矩阵 $\boldsymbol{B}$，那么 $\boldsymbol{A}$ 必可以相似对角化；

(12) 设 $\boldsymbol{A}$ 是 n 阶矩阵，如果 $\boldsymbol{A}$ 可以相似对角化，那么当特征值 λ 的重数是 n 时，$\boldsymbol{A}=\lambda\boldsymbol{I}_n$.

18. 设 $\boldsymbol{A}$ 和 $\boldsymbol{B}$ 是 n 阶矩阵，$\boldsymbol{A}$ 有 n 个互异特征值. 如果 $\boldsymbol{A}$ 的特征向量都是 $\boldsymbol{B}$ 的特征向量，证明 $\boldsymbol{AB}=\boldsymbol{BA}$.

19. 设 $\boldsymbol{A}=\begin{pmatrix}2&0&0\\0&0&1\\0&1&0\end{pmatrix}$，$\boldsymbol{B}=\begin{pmatrix}1&0&0\\0&-1&0\\0&-6&2\end{pmatrix}$.

(1) 证明 $\boldsymbol{A}$ 与 $\boldsymbol{B}$ 都是可以相似对角化的，并且相似于同一个对角矩阵；

(2) 求可逆矩阵 $\boldsymbol{P}$，使得 $\boldsymbol{P}^{-1}\boldsymbol{AP}=\boldsymbol{B}$.

20. 已知 $\boldsymbol{A}$ 是 $\mathbf{F}$ 上的 3 阶矩阵，$\boldsymbol{\alpha}_1$，$\boldsymbol{\alpha}_2$，$\boldsymbol{\alpha}_3$ 是 $\mathbf{F}^3$ 中的线性无关的向量组，满足

$$\boldsymbol{A\alpha}_1=-\boldsymbol{\alpha}_1-3\boldsymbol{\alpha}_2-3\boldsymbol{\alpha}_3,\quad \boldsymbol{A\alpha}_2=4\boldsymbol{\alpha}_1+4\boldsymbol{\alpha}_2+\boldsymbol{\alpha}_3,\quad \boldsymbol{A\alpha}_3=-2\boldsymbol{\alpha}_1+3\boldsymbol{\alpha}_3.$$

(1) 求 $\boldsymbol{A}$ 的特征值；

(2) 求 $\boldsymbol{A}$ 的特征向量(表示为 $\boldsymbol{\alpha}_1$，$\boldsymbol{\alpha}_2$，$\boldsymbol{\alpha}_3$ 的线性组合).

21. 设矩阵 $\boldsymbol{A}=\begin{pmatrix}-1&0&2\\a&1&a-2\\-3&0&4\end{pmatrix}$ 有 3 个线性无关的特征向量.

(1) 求 a 的值；

(2) 求 $\boldsymbol{A}^n$.

22. n 阶矩阵 $\boldsymbol{A}$ 满足 $\boldsymbol{A}^2-3\boldsymbol{A}+2\boldsymbol{I}=\boldsymbol{0}$，证明 $\boldsymbol{A}$ 可以相似对角化.

23. 对下列实对称矩阵，求正交矩阵 $\boldsymbol{Q}$，使得 $\boldsymbol{Q}^{-1}\boldsymbol{AQ}$ 为对角矩阵.

(1) $\begin{pmatrix}2&2&-2\\2&5&-4\\-2&-4&5\end{pmatrix}$；　(2) $\begin{pmatrix}4&1&1\\1&4&1\\1&1&4\end{pmatrix}$；

(3) $\begin{pmatrix}2&-2&0\\-2&1&-2\\0&-2&0\end{pmatrix}$；　(4) $\begin{pmatrix}1&1&0&-1\\1&1&-1&0\\0&-1&1&1\\-1&0&1&1\end{pmatrix}$.

24. 设 $\boldsymbol{A}$ 是 3 阶实对称矩阵，1，0，-2 是 $\boldsymbol{A}$ 的特征值，$\begin{pmatrix}1\\2\\1\end{pmatrix}$ 和 $\begin{pmatrix}1\\-1\\a\end{pmatrix}$ 分别是 $\boldsymbol{A}$ 的属于特征值 1 和 -2 的特征向量．

（1）求 a 的值；

（2）求方程组 $\boldsymbol{AX}=\boldsymbol{0}$ 的通解．

25. 设 $\boldsymbol{\alpha}$ 和 $\boldsymbol{\beta}$ 是 $\mathbf{R}^n$ 中的规范正交向量，矩阵 $\boldsymbol{A}=\boldsymbol{\alpha}\boldsymbol{\alpha}^{\mathrm{T}}+\boldsymbol{\beta}\boldsymbol{\beta}^{\mathrm{T}}$.

（1）证明 $\boldsymbol{A}$ 是幂等矩阵；

（2）证明任何形如 $k\boldsymbol{\alpha}+l\boldsymbol{\beta}$ 的非零向量都是 $\boldsymbol{A}$ 的属于特征值 1 的特征向量；

（3）求 $\boldsymbol{A}$ 的所有特征值，并求出每个特征值的几何重数．

26. 设 $\boldsymbol{\alpha}$ 是 $\mathbf{R}^n$ 中的单位向量，矩阵 $\boldsymbol{A}=\boldsymbol{I}-2\boldsymbol{\alpha}\boldsymbol{\alpha}^{\mathrm{T}}$，其中 $\boldsymbol{I}$ 是 n 阶单位矩阵．

（1）证明 $\boldsymbol{A}$ 是对称矩阵；

（2）计算 $\boldsymbol{A}\boldsymbol{\alpha}$；

（3）设 $\boldsymbol{\beta}\in\mathbf{R}^n$，并且 $\boldsymbol{\alpha}^{\mathrm{T}}\boldsymbol{\beta}=0$，计算 $\boldsymbol{A}\boldsymbol{\beta}$；

（4）求 $\boldsymbol{A}$ 的特征值，并求出每个特征值的几何重数．

第六章　二次型与正定矩阵

在解析几何中，为了便于研究二次曲线或者二次曲面的几何性质，我们可以选择适当的坐标变换，将它们的方程化为标准形式．这样一类问题在许多理论研究(如物理学、力学等)或实际工程(如设计和优化、信号处理)中经常出现．本章，我们将这类问题一般化，讨论 n 个变量的二次齐次多项式的化简问题，以及它们的性质．

MOOC 6.1
二次型以及二次型的标准形

6.1　二次型的定义以及二次型的标准形

定义 6.1　设 $\mathbf{F}$ 是实数集或者复数集，以 $\mathbf{F}$ 中的元素为系数，x_1，x_2，…，x_n 为未知数的二次齐次多项式

$$\begin{aligned} f(x_1, x_2, \cdots, x_n) = a_{11}x_1^2 + 2a_{12}x_1x_2 + 2a_{13}x_1x_3 + \cdots + 2a_{1n}x_1x_n + \\ a_{22}x_2^2 + 2a_{23}x_2x_3 + \cdots + 2a_{2n}x_2x_n + \cdots + \\ a_{(n-1)(n-1)}x_{n-1}^2 + 2a_{(n-1)n}x_{n-1}x_n + \\ a_{nn}x_n^2 \end{aligned} \tag{1}$$

称为 $\mathbf{F}$ 上的 n 元二次型，简称为二次型．在二次型(1)中，相同未知数相乘构成的项称为平方项，不同未知数相乘构成的项称为交叉项．系数都是实数的二次型称为实二次型．

未加说明的二次型都是复的．

在二次型(1)中，如果令 $a_{ij}=a_{ji}$，那么 $2a_{ij}x_ix_j = a_{ij}x_ix_j + a_{ji}x_jx_i$．因此，二次型 f 可以表示为

$$\begin{aligned} f(x_1, x_2, \cdots, x_n) &= a_{11}x_1^2 + a_{12}x_1x_2 + \cdots + a_{1n}x_1x_n + \\ &\quad a_{21}x_2x_1 + a_{22}x_2^2 + \cdots + a_{2n}x_2x_n + \cdots + \\ &\quad a_{n1}x_nx_1 + a_{n2}x_nx_2 + \cdots + a_{nn}x_n^2 \\ &= \sum_{i=1}^{n}\sum_{j=1}^{n} a_{ij}x_ix_j \\ &= \sum_{i=1}^{n} x_i \sum_{j=1}^{n} a_{ij}x_j \\ &= (x_1, x_2, \cdots, x_n)\begin{pmatrix} a_{11}x_1 + a_{12}x_2 + \cdots + a_{1n}x_n \\ a_{21}x_1 + a_{22}x_2 + \cdots + a_{2n}x_n \\ \vdots \\ a_{n1}x_1 + a_{n2}x_2 + \cdots + a_{nn}x_n \end{pmatrix} \end{aligned}$$

$$= (x_1, x_2, \cdots, x_n)\begin{pmatrix} a_{11} & a_{12} & \cdots & a_{1n} \\ a_{21} & a_{22} & \cdots & a_{2n} \\ \vdots & \vdots & & \vdots \\ a_{n1} & a_{n2} & \cdots & a_{nn} \end{pmatrix}\begin{pmatrix} x_1 \\ x_2 \\ \vdots \\ x_n \end{pmatrix}.$$

如果令 $\boldsymbol{A}=\begin{pmatrix} a_{11} & a_{12} & \cdots & a_{1n} \\ a_{21} & a_{22} & \cdots & a_{2n} \\ \vdots & \vdots & & \vdots \\ a_{n1} & a_{n2} & \cdots & a_{nn} \end{pmatrix}$，$\boldsymbol{X}=\begin{pmatrix} x_1 \\ x_2 \\ \vdots \\ x_n \end{pmatrix}$，那么二次型 f 的矩阵形式为

$$f(\boldsymbol{X}) = \boldsymbol{X}^{\mathrm{T}}\boldsymbol{A}\boldsymbol{X}.$$

因为对任意的 $i, j\in\{1, 2, \cdots, n\}$，都有 $a_{ij}=a_{ji}$，所以 $\boldsymbol{A}$ 是 n 阶对称矩阵，称为二次型 f 的矩阵，对称矩阵 $\boldsymbol{A}$ 的秩称为二次型 f 的秩．如果 $\boldsymbol{A}$ 是 n 阶对称矩阵，那么二次型 $f(\boldsymbol{X})=\boldsymbol{X}^{\mathrm{T}}\boldsymbol{A}\boldsymbol{X}$ 称为对称矩阵 A 的二次型．

根据定义，二次型的矩阵只能是对称矩阵．对任意的 n 阶矩阵 $\boldsymbol{B}$，$\boldsymbol{X}^{\mathrm{T}}\boldsymbol{B}\boldsymbol{X}$ 是 $x_1, x_2, \cdots, x_n$ 的二次型，但是 $\boldsymbol{B}$ 不一定是二次型的矩阵．例如，令

$$\boldsymbol{B} = \begin{pmatrix} 1 & 2 & 3 \\ 4 & 5 & 6 \\ 7 & 8 & 9 \end{pmatrix},$$

那么

$$\boldsymbol{X}^{\mathrm{T}}\boldsymbol{B}\boldsymbol{X} = (x_1, x_2, x_3)\begin{pmatrix} 1 & 2 & 3 \\ 4 & 5 & 6 \\ 7 & 8 & 9 \end{pmatrix}\begin{pmatrix} x_1 \\ x_2 \\ x_3 \end{pmatrix}$$

$$= x_1^2 + 5x_2^2 + 9x_3^2 + 6x_1x_2 + 10x_1x_3 + 14x_2x_3$$

是二次型，但是，$\boldsymbol{B}$ 不是这个二次型的矩阵．实际上，这个二次型的矩阵为

$$\begin{pmatrix} 1 & 3 & 5 \\ 3 & 5 & 7 \\ 5 & 7 & 9 \end{pmatrix}.$$

约定　二次型 $f(\boldsymbol{X})=\boldsymbol{X}^{\mathrm{T}}\boldsymbol{A}\boldsymbol{X}$ 的矩阵 $\boldsymbol{A}$ 都是对称矩阵．

命题 6.1　二次型 $f(\boldsymbol{X})=\boldsymbol{X}^{\mathrm{T}}\boldsymbol{A}\boldsymbol{X}$ 的矩阵 $\boldsymbol{A}$ 是唯一的；反过来，如果 $\boldsymbol{A}$ 是对称矩阵，那么 $\boldsymbol{A}$ 的二次型 $f(\boldsymbol{X})=\boldsymbol{X}^{\mathrm{T}}\boldsymbol{A}\boldsymbol{X}$ 是唯一的．■

例 6.1　写出二次型 $f=x_1^2+4x_2^2-3x_3^2+7x_1x_2-2x_2x_3$ 的矩阵．

解　由二次型 f 的系数可知

$$a_{11}=1,\quad a_{22}=4,\quad a_{33}=-3,$$

$$a_{12}=a_{21}=\frac{7}{2},\quad a_{13}=a_{31}=0,\quad a_{23}=a_{32}=-1.$$

因此，二次型f的矩阵为

$$\begin{pmatrix} 1 & \frac{7}{2} & 0 \\ \frac{7}{2} & 4 & -1 \\ 0 & -1 & -3 \end{pmatrix}.$$ ■

下面介绍二次型的线性替换.

定义 6.2　设x_1，x_2，…，x_n与y_1，y_2，…，y_n是两组未知数，表达式

$$\begin{cases} x_1=p_{11}y_1+p_{12}y_2+\cdots+p_{1n}y_n, \\ x_2=p_{21}y_1+p_{22}y_2+\cdots+p_{2n}y_n, \\ \cdots\cdots\cdots\cdots \\ x_n=p_{n1}y_1+p_{n2}y_2+\cdots+p_{nn}y_n \end{cases} \tag{2}$$

称为从未知数x_1，x_2，…，x_n到未知数y_1，y_2，…，y_n的线性替换，简称为线性替换. 如果p_{ij}都是实数，那么表达式(2)称为实线性替换.

未加说明的线性替换都是复的. 令

$$\boldsymbol{X}=\begin{pmatrix} x_1 \\ x_2 \\ \vdots \\ x_n \end{pmatrix},\quad \boldsymbol{Y}=\begin{pmatrix} y_1 \\ y_2 \\ \vdots \\ y_n \end{pmatrix},\quad \boldsymbol{P}=\begin{pmatrix} p_{11} & p_{12} & \cdots & p_{1n} \\ p_{21} & p_{22} & \cdots & p_{2n} \\ \vdots & \vdots & & \vdots \\ p_{n1} & p_{n2} & \cdots & p_{nn} \end{pmatrix},$$

那么表达式(2)的矩阵形式为$\boldsymbol{X}=\boldsymbol{PY}$，这里的$n$阶矩阵$\boldsymbol{P}$称为线性替换矩阵. 如果$\boldsymbol{P}$是非奇异的，即$\boldsymbol{P}$是可逆矩阵，那么线性替换$\boldsymbol{X}=\boldsymbol{PY}$称为是非退化的.

定义 6.3　设$f(\boldsymbol{X})=\boldsymbol{X}^{\mathrm{T}}\boldsymbol{AX}$是以$x_1$，$x_2$，…，$x_n$为未知数的二次型，$\boldsymbol{X}=\boldsymbol{PY}$是非退化的线性替换，将$\boldsymbol{X}=\boldsymbol{PY}$代入$f(\boldsymbol{X})$，得到

$$f(\boldsymbol{X})=\boldsymbol{X}^{\mathrm{T}}\boldsymbol{AX}=\boldsymbol{Y}^{\mathrm{T}}(\boldsymbol{P}^{\mathrm{T}}\boldsymbol{AP})\boldsymbol{Y}=g(\boldsymbol{Y}).$$

如果

$$g(\boldsymbol{Y})=b_1y_1^2+b_2y_2^2+\cdots+b_ny_n^2$$

只含有未知数y_1，y_2，…，y_n的平方项，那么$g(\boldsymbol{Y})$称为$f(\boldsymbol{X})$的一个标准形.

命题 6.2　非退化的线性替换不改变二次型的秩.

证明　设$f(\boldsymbol{X})=\boldsymbol{X}^{\mathrm{T}}\boldsymbol{AX}$是二次型，$\boldsymbol{X}=\boldsymbol{PY}$是$f$的非退化的线性替换. 因为$\boldsymbol{P}$是可逆的，所以$\boldsymbol{P}^{\mathrm{T}}\boldsymbol{AP}$与$\boldsymbol{A}$有相同的秩，因此，$f(\boldsymbol{X})=\boldsymbol{X}^{\mathrm{T}}\boldsymbol{AX}$与

$g(\boldsymbol{Y})=\boldsymbol{Y}^{\mathrm{T}}(\boldsymbol{P}^{\mathrm{T}}\boldsymbol{A}\boldsymbol{P})\boldsymbol{Y}$ 有相同的秩． ■

命题 6.3　设 $f(\boldsymbol{X})=\boldsymbol{X}^{\mathrm{T}}\boldsymbol{A}\boldsymbol{X}$ 是以 $x_1, x_2, \cdots, x_n$ 为未知数的二次型．如果 $\boldsymbol{X}=\boldsymbol{P}_1\boldsymbol{Y}$ 是从 $x_1, x_2, \cdots, x_n$ 到 $y_1, y_2, \cdots, y_n$ 的非退化的线性替换，$\boldsymbol{Y}=\boldsymbol{P}_2\boldsymbol{Z}$ 是从 $y_1, y_2, \cdots, y_n$ 到 $z_1, z_2, \cdots, z_n$ 的非退化的线性替换，那么 $\boldsymbol{X}=(\boldsymbol{P}_1\boldsymbol{P}_2)\boldsymbol{Z}$ 是从 $x_1, x_2, \cdots, x_n$ 到 $z_1, z_2, \cdots, z_n$ 的非退化的线性替换． ■

定义 6.4　设 $f(\boldsymbol{X})=\boldsymbol{X}^{\mathrm{T}}\boldsymbol{A}\boldsymbol{X}$ 是以 $x_1, x_2, \cdots, x_n$ 为未知数的二次型．如果 $\boldsymbol{X}=\boldsymbol{P}_1\boldsymbol{Y}$ 是从 $x_1, x_2, \cdots, x_n$ 到 $y_1, y_2, \cdots, y_n$ 的非退化的线性替换，$\boldsymbol{Y}=\boldsymbol{P}_2\boldsymbol{Z}$ 是从 $y_1, y_2, \cdots, y_n$ 到 $z_1, z_2, \cdots, z_n$ 的非退化的线性替换，那么线性替换 $\boldsymbol{X}=(\boldsymbol{P}_1\boldsymbol{P}_2)\boldsymbol{Z}$ 称为线性替换 $\boldsymbol{X}=\boldsymbol{P}_1\boldsymbol{Y}$ 与线性替换 $\boldsymbol{Y}=\boldsymbol{P}_2\boldsymbol{Z}$ 的合成．

6.2　化二次型为标准形的配方法

MOOC 6.2
化二次型为标准形的配方法

引理 6.1　设 $f(\boldsymbol{X})=\boldsymbol{X}^{\mathrm{T}}\boldsymbol{A}\boldsymbol{X}$ 是以 $x_1, x_2, \cdots, x_n$ 为未知数的二次型．如果 $a_{11}\neq 0$，那么经过非退化的线性替换

$$\begin{cases}x_1=y_1-a_{11}^{-1}(a_{12}y_2+a_{13}y_3+\cdots+a_{1n}y_n),\\ x_2=y_2,\\ \cdots\cdots\cdots\cdots\\ x_n=y_n\end{cases}$$

可以将二次型 f 化为

$$f(\boldsymbol{X})=a_{11}y_1^2+h(y_2, \cdots, y_n),$$

其中 $h(y_2, \cdots, y_n)$ 是以 $y_2, \cdots, y_n$ 为未知数的 $n-1$ 元二次型．

证明　考虑 $f(\boldsymbol{X})$ 中所有含有 x_1 的项的和，将它们按下面的方法配成完全平方形式

$$\begin{aligned}&a_{11}x_1^2+2a_{12}x_1x_2+2a_{13}x_1x_3+\cdots+2a_{1n}x_1x_n\\ =\ &a_{11}[x_1^2+2x_1a_{11}^{-1}(a_{12}x_2+a_{13}x_3+\cdots+a_{1n}x_n)]\\ =\ &a_{11}[x_1+a_{11}^{-1}(a_{12}x_2+a_{13}x_3+\cdots+a_{1n}x_n)]^2-\\ &a_{11}^{-1}(a_{12}x_2+a_{13}x_3+\cdots+a_{1n}x_n)^2.\end{aligned}$$

于是 $f(\boldsymbol{X})$ 中含有 x_1 的项都在下面的表达式中：

$$a_{11}[x_1+a_{11}^{-1}(a_{12}x_2+a_{13}x_3+\cdots+a_{1n}x_n)]^2.$$

令

$$\begin{cases}y_1=x_1+a_{11}^{-1}(a_{12}x_2+a_{13}x_3+\cdots+a_{1n}x_n),\\ y_2=x_2,\\ \cdots\cdots\cdots\cdots\\ y_n=x_n,\end{cases}\tag{1}$$

那么表达式(1)等价于下面的表达式

$$\begin{cases}x_1=y_1-a_{11}^{-1}(a_{12}y_2+a_{13}y_3+\cdots+a_{1n}y_n),\\x_2=y_2,\\\cdots\cdots\cdots\cdots\\x_n=y_n.\end{cases}\tag{2}$$

显然，表达式(2)是从 $x_1, x_2, \cdots, x_n$ 到 $y_1, y_2, \cdots, y_n$ 的线性替换，线性替换矩阵为上三角形矩阵

$$\boldsymbol{P}=\begin{pmatrix}1&-a_{11}^{-1}a_{12}&-a_{11}^{-1}a_{13}&\cdots&-a_{11}^{-1}a_{1n}\\0&1&0&\cdots&0\\0&0&1&\cdots&0\\\vdots&\vdots&\vdots&&\vdots\\0&0&0&\cdots&1\end{pmatrix}.$$

因为 $|\boldsymbol{P}|=1$，所以线性替换(2)是非退化的，并且线性替换(2)将二次型 $f(\boldsymbol{X})=\boldsymbol{X}^{\mathrm{T}}\boldsymbol{A}\boldsymbol{X}$ 化为

$$f(\boldsymbol{X})=a_{11}y_1^2+h(y_2,\cdots,y_n),$$

其中 $h(y_2,\cdots,y_n)$是以 $y_2,\cdots,y_n$ 为未知数的 $n-1$ 元二次型. ■

引理 6.2 设 $f(\boldsymbol{X})=\boldsymbol{X}^{\mathrm{T}}\boldsymbol{A}\boldsymbol{X}$ 是以 $x_1, x_2, \cdots, x_n$ 为未知数的二次型. 如果 $i, j\in\{1, 2, \cdots, n\}$，$i\neq j$，那么

$$\begin{cases}x_i=y_j,\\x_j=y_i,\\x_k=y_k,\quad k\in\{1,2,\cdots,n\}-\{i,j\}\end{cases}$$

是从 $x_1, x_2, \cdots, x_n$ 到 $y_1, y_2, \cdots, y_n$ 的非退化的线性替换，线性替换矩阵为

$$\boldsymbol{E}_1=\begin{pmatrix}1&&&&&&&&\\&\ddots&&&&&&&\\&&1&&&&&&\\&&&0&\cdots&1&&&\\&&&&1&&&&\\&&&\vdots&\ddots&\vdots&&&\\&&&&&1&&&\\&&&1&\cdots&0&&&\\&&&&&&1&&\\&&&&&&&\ddots&\\&&&&&&&&1\end{pmatrix}\begin{matrix}\\\\\\\leftarrow 第\,i\,行\\\\\\\\\leftarrow 第\,j\,行\\\\\\\\\end{matrix}.$$

（↑第 i 列，↑第 j 列） ■

引理 6.2 中的非退化的线性替换相当于互换二次型 $f(\boldsymbol{X})$ 中的未知数 x_i 与 x_j 的位置.

引理 6.3　设 $f(\boldsymbol{X})=\boldsymbol{X}^{\mathrm{T}}\boldsymbol{A}\boldsymbol{X}$ 是以 x_1, x_2, …, x_n 为未知数的二次型. 如果 i, $j\in\{1, 2, \cdots, n\}$, $i\neq j$, 那么

$$\begin{cases} x_i=y_i+y_j, \\ x_j=y_i-y_j, \\ x_k=y_k, \quad k\in\{1, 2, \cdots, n\}-\{i, j\} \end{cases}$$

是从 x_1, x_2, …, x_n 到 y_1, y_2, …, y_n 的非退化的线性替换, 线性替换矩阵为

$$\boldsymbol{P}=\begin{pmatrix} 1 &&&&&&&&&&& \\ & \ddots &&&&&&&&&& \\ && 1 &&&&&&&&& \\ &&& 1 && \cdots &&& 1 &&& \\ &&&& 1 &&&&&&& \\ &&& \vdots && \ddots &&& \vdots &&& \\ &&&&&&& 1 &&&& \\ &&& 1 && \cdots &&& -1 &&& \\ &&&&&&&&& 1 && \\ &&&&&&&&&& \ddots & \\ &&&&&&&&&&& 1 \end{pmatrix}\begin{matrix} \\ \\ \\ \leftarrow 第\, i\, 行 \\ \\ \\ \\ \leftarrow 第\, j\, 行 \\ \\ \\ \\ \end{matrix}. \quad \blacksquare$$

(↑ 第 i 列　　↑ 第 j 列)

当 $a_{ii}=a_{jj}=0$, $a_{ij}\neq 0$ 时, 引理 6.3 中的非退化线性替换可以将 y_i^2 的系数化为非零常数 $2a_{ij}$.

例 6.2　设

$$f(x_1, x_2)=x_1x_2=(x_1, x_2)\begin{pmatrix} 0 & \frac{1}{2} \\ \frac{1}{2} & 0 \end{pmatrix}\begin{pmatrix} x_1 \\ x_2 \end{pmatrix}.$$

令 $\begin{pmatrix} x_1 \\ x_2 \end{pmatrix}=\begin{pmatrix} 1 & 1 \\ 1 & -1 \end{pmatrix}\begin{pmatrix} y_1 \\ y_2 \end{pmatrix}$, 那么 $\begin{pmatrix} 1 & 1 \\ 1 & -1 \end{pmatrix}$ 是非奇异的, 并且

$$f(x_1, x_2)=(y_1, y_2)\begin{pmatrix} 1 & 1 \\ 1 & -1 \end{pmatrix}^{\mathrm{T}}\begin{pmatrix} 0 & \frac{1}{2} \\ \frac{1}{2} & 0 \end{pmatrix}\begin{pmatrix} 1 & 1 \\ 1 & -1 \end{pmatrix}\begin{pmatrix} y_1 \\ y_2 \end{pmatrix}$$

$$= (y_1, y_2)\begin{pmatrix}1 & 0\\ 0 & -1\end{pmatrix}\begin{pmatrix}y_1\\ y_2\end{pmatrix}$$

$$= y_1^2 - y_2^2.$$

所以$f(x_1, x_2)=x_1x_2$ 的一个标准形为 $y_1^2-y_2^2$. ■

我们通过下面定理的证明建立起将二次型化为标准形的配方法.

定理 6.1 如果$f(\boldsymbol{X})=\boldsymbol{X}^{\mathrm{T}}\boldsymbol{A}\boldsymbol{X}$ 是 n 元二次型，那么存在非退化的线性替换，将$f(\boldsymbol{X})$化为标准形.

证明 我们用逐次配方的方法构造出$f(\boldsymbol{X})$的一个标准形.

情况 1 $a_{11}\neq 0$.

用引理 6.1 中的非退化线性替换可以将$f(\boldsymbol{X})$化为

$$f(\boldsymbol{X}) = a_{11}y_1^2 + h(y_2, \cdots, y_n),$$

于是$f(\boldsymbol{X})$中所有含 x_1 的项都配到了平方项 $a_{11}y_1^2$ 中. 然后，对 $n-1$ 元二次型 $h(y_2, \cdots, y_n)$继续配方.

情况 2 $a_{11}=0$，但是存在 $i\in\{2, \cdots, n\}$，使得 $a_{ii}\neq 0$.

令

$$\begin{cases}x_1 = y_i,\\ x_i = y_1,\\ x_k = y_k, \quad k\in\{1, 2, \cdots, n\}-\{1, i\},\end{cases} \tag{3}$$

那么根据引理 6.2，线性替换(3)是非退化的. 设$f(\boldsymbol{X})$经过线性替换(3)得到的二次形为 $g_1(\boldsymbol{Y})$，那么在 $g_1(\boldsymbol{Y})$中，y_1^2 的系数 $a_{ii}\neq 0$. 对 $g_1(\boldsymbol{Y})$用情况 1 中的方法继续配方.

情况 3 对所有的 $i\in\{1, 2, \cdots, n\}$，都有 $a_{ii}=0$，但是 $a_{st}\neq 0$.

令

$$\begin{cases}x_s = y_s + y_t,\\ x_t = y_s - y_t,\\ x_k = y_k, \quad k\in\{1, 2, \cdots, n\}-\{s, t\},\end{cases} \tag{4}$$

那么根据引理 6.3，线性替换(4)是非退化的. 设$f(\boldsymbol{X})$经过线性替换(4)得到的二次形为 $g_2(\boldsymbol{Y})$，那么在 $g_2(\boldsymbol{Y})$中，y_s^2 的系数 $2a_{st}\neq 0$. 对 $g_2(\boldsymbol{Y})$用情况 1 或者情况 2 中的方法继续配方.

根据命题 6.3，非退化的线性替换的合成仍然是非退化的线性替换，因此，累次使用上述 3 种情况中的方法，一定可以将二次型$f(\boldsymbol{X})$化为标准形. ■

由定理 6.1 的证明可知，实二次型可以用非退化的实线性替换化为标准形.

例 6.3　用配方法将二次型

$$f(x_1, x_2, x_3)=2x_1^2+9x_2^2+15x_3^2+8x_1x_2-4x_1x_3-14x_2x_3 \tag{5}$$

化为标准形，并且求出所用的线性替换矩阵.

解　$f=2x_1^2+9x_2^2+15x_3^2+8x_1x_2-4x_1x_3-14x_2x_3$

$$\begin{aligned}
&=2(x_1^2+4x_1x_2-2x_1x_3)+9x_2^2+15x_3^2-14x_2x_3\\
&=2(x_1+2x_2-x_3)^2-2(2x_2-x_3)^2+9x_2^2+15x_3^2-14x_2x_3\\
&=2(x_1+2x_2-x_3)^2+x_2^2+13x_3^2-6x_2x_3\\
&=2(x_1+2x_2-x_3)^2+(x_2^2-6x_2x_3)+13x_3^2\\
&=2(x_1+2x_2-x_3)^2+(x_2-3x_3)^2-9x_3^2+13x_3^2\\
&=2(x_1+2x_2-x_3)^2+(x_2-3x_3)^2+4x_3^2.
\end{aligned}$$

令

$$\begin{cases} y_1=x_1+2x_2-x_3,\\ y_2=x_2-3x_3,\\ y_3=x_3, \end{cases} \tag{6}$$

那么表达式(6)等价于下面的非退化线性替换

$$\begin{cases} x_1=y_1-2y_2-5y_3,\\ x_2=y_2+3y_3,\\ x_3=y_3. \end{cases} \tag{7}$$

二次型(5)经过非退化线性替换(7)得到的标准形为

$$f=2y_1^2+y_2^2+4y_3^2,$$

所用的线性替换矩阵为

$$\boldsymbol{P}=\begin{pmatrix}1&-2&-5\\0&1&3\\0&0&1\end{pmatrix}.$$

■

例 6.4　用配方法将二次型

$$f(x_1, x_2, x_3)=2x_1x_2-x_1x_3+5x_2x_3 \tag{8}$$

化为标准形，并且求出所用的线性替换矩阵.

解　因为二次型(8)的所有平方项的系数都等于零，所以根据引理 6.3，可以令

$$\begin{cases} x_1=y_1+y_2,\\ x_2=y_1-y_2,\\ x_3=y_3, \end{cases} \tag{9}$$

将二次型(8)化为形式

$$f = 2y_1^2 - 2y_2^2 + 4y_1y_3 - 6y_2y_3. \tag{10}$$

对二次型(10)用引理6.1中的方法配方，得到

$$\begin{aligned} f &= 2y_1^2 - 2y_2^2 + 4y_1y_3 - 6y_2y_3 \\ &= 2(y_1^2 + 2y_1y_3) - 2y_2^2 - 6y_2y_3 \\ &= 2(y_1 + y_3)^2 - 2y_3^2 - 2y_2^2 - 6y_2y_3 \\ &= 2(y_1 + y_3)^2 - 2\left(y_2 + \frac{3}{2}y_3\right)^2 + \frac{9}{2}y_3^2 - 2y_3^2 \\ &= 2(y_1 + y_3)^2 - 2\left(y_2 + \frac{3}{2}y_3\right)^2 + \frac{5}{2}y_3^2. \end{aligned}$$

令

$$\begin{cases} z_1 = y_1 + y_3, \\ z_2 = y_2 + \dfrac{3}{2}y_3, \\ z_3 = y_3, \end{cases}$$

该表达式等价于线性替换

$$\begin{cases} y_1 = z_1 - z_3, \\ y_2 = z_2 - \dfrac{3}{2}z_3, \\ y_3 = z_3, \end{cases} \tag{11}$$

经过线性替换(9)和(11)，我们得到$f(x_1, x_2, x_3)$的一个标准形

$$f = 2z_1^2 - 2z_2^2 + \frac{5}{2}z_3^2.$$

记

$$\boldsymbol{X} = \begin{pmatrix} x_1 \\ x_2 \\ x_3 \end{pmatrix}, \quad \boldsymbol{Y} = \begin{pmatrix} y_1 \\ y_2 \\ y_3 \end{pmatrix}, \quad \boldsymbol{Z} = \begin{pmatrix} z_1 \\ z_2 \\ z_3 \end{pmatrix},$$

$$\boldsymbol{P}_1 = \begin{pmatrix} 1 & 1 & 0 \\ 1 & -1 & 0 \\ 0 & 0 & 1 \end{pmatrix}, \quad \boldsymbol{P}_2 = \begin{pmatrix} 1 & 0 & -1 \\ 0 & 1 & -\dfrac{3}{2} \\ 0 & 0 & 1 \end{pmatrix},$$

则有 $\boldsymbol{X}=\boldsymbol{P}_1\boldsymbol{Y}$，$\boldsymbol{Y}=\boldsymbol{P}_2\boldsymbol{Z}$，所以 $\boldsymbol{X}=\boldsymbol{P}_1\boldsymbol{P}_2\boldsymbol{Z}$. 因此，从 x_1，x_2，x_3 到 z_1，z_2，z_3 的线性替换矩阵为

$$\boldsymbol{P} = \boldsymbol{P}_1\boldsymbol{P}_2 = \begin{pmatrix} 1 & 1 & 0 \\ 1 & -1 & 0 \\ 0 & 0 & 1 \end{pmatrix}\begin{pmatrix} 1 & 0 & -1 \\ 0 & 1 & -\dfrac{3}{2} \\ 0 & 0 & 1 \end{pmatrix} = \begin{pmatrix} 1 & 1 & -\dfrac{5}{2} \\ 1 & -1 & \dfrac{1}{2} \\ 0 & 0 & 1 \end{pmatrix}.$$ ∎

MOOC 6.3
方阵的合同

6.3 方阵的合同

方阵的合同与二次型的标准形有着非常密切的关系.

命题 6.4 二次型 $f(\boldsymbol{X})=\boldsymbol{X}^{\mathrm{T}}\boldsymbol{A}\boldsymbol{X}$ 只含有未知数 $x_1, x_2, \cdots, x_n$ 的平方项的充分必要条件是 $f(\boldsymbol{X})$ 的矩阵 $\boldsymbol{A}$ 为对角矩阵. ■

因此，用非退化的线性替换 $\boldsymbol{X}=\boldsymbol{P}\boldsymbol{Y}$ 将二次型 $f(\boldsymbol{X})=\boldsymbol{X}^{\mathrm{T}}\boldsymbol{A}\boldsymbol{X}$ 化为标准形，等价于求非奇异矩阵 $\boldsymbol{P}$，使得 $\boldsymbol{P}^{\mathrm{T}}\boldsymbol{A}\boldsymbol{P}$ 为对角矩阵.

定义 6.5 设 $\boldsymbol{A}$，$\boldsymbol{B}$ 是两个 n 阶矩阵. 如果存在非奇异矩阵 $\boldsymbol{P}$，使得 $\boldsymbol{P}^{\mathrm{T}}\boldsymbol{A}\boldsymbol{P}=\boldsymbol{B}$，那么称 $\boldsymbol{A}$ 与 $\boldsymbol{B}$ 是合同的.

性质 6.1 设 $\boldsymbol{A}$，$\boldsymbol{B}$，$\boldsymbol{C}$ 都是 n 阶矩阵.

(1) 如果 $\boldsymbol{A}$ 与 $\boldsymbol{B}$ 是合同的，那么 $\mathrm{r}(\boldsymbol{A})=\mathrm{r}(\boldsymbol{B})$；

(2) 如果 $\boldsymbol{A}$ 与 $\boldsymbol{B}$ 是合同的，并且 $\boldsymbol{A}$ 是对称矩阵，那么 $\boldsymbol{B}$ 也是对称矩阵；

(3) 如果 $\boldsymbol{A}$ 与 $\boldsymbol{B}$ 是合同的，那么 $\boldsymbol{B}$ 与 $\boldsymbol{A}$ 也是合同的；

(4) 如果 $\boldsymbol{A}$ 与 $\boldsymbol{B}$ 是合同的，$\boldsymbol{B}$ 与 $\boldsymbol{C}$ 是合同的，那么 $\boldsymbol{A}$ 与 $\boldsymbol{C}$ 也是合同的.

证明 设 $\boldsymbol{A}$ 与 $\boldsymbol{B}$ 是合同的，那么存在非奇异矩阵 $\boldsymbol{P}$，使得

$$\boldsymbol{P}^{\mathrm{T}}\boldsymbol{A}\boldsymbol{P}=\boldsymbol{B}. \tag{1}$$

因为 $\boldsymbol{P}$ 为非奇异矩阵，所以根据定理 2.6 的推论 3，我们有 $\mathrm{r}(\boldsymbol{A})=\mathrm{r}(\boldsymbol{P}^{\mathrm{T}}\boldsymbol{A}\boldsymbol{P})$. 因此，由等式(1)可得 $\mathrm{r}(\boldsymbol{A})=\mathrm{r}(\boldsymbol{B})$，于是第 1 个结论成立.

如果 $\boldsymbol{A}$ 是对称矩阵，那么在等式(1)两边取转置，得到

$$\boldsymbol{B}^{\mathrm{T}}=(\boldsymbol{P}^{\mathrm{T}}\boldsymbol{A}\boldsymbol{P})^{\mathrm{T}}=\boldsymbol{P}^{\mathrm{T}}\boldsymbol{A}^{\mathrm{T}}(\boldsymbol{P}^{\mathrm{T}})^{\mathrm{T}}=\boldsymbol{P}^{\mathrm{T}}\boldsymbol{A}\boldsymbol{P}=\boldsymbol{B},$$

即知 $\boldsymbol{B}$ 是对称矩阵. 因此第 2 个结论成立.

在等式(1)两边左乘 $(\boldsymbol{P}^{\mathrm{T}})^{-1}$，右乘 $\boldsymbol{P}^{-1}$，得到

$$\boldsymbol{A}=(\boldsymbol{P}^{\mathrm{T}})^{-1}\boldsymbol{B}\boldsymbol{P}^{-1}=(\boldsymbol{P}^{-1})^{\mathrm{T}}\boldsymbol{B}\boldsymbol{P}^{-1}.$$

因为 $\boldsymbol{P}^{-1}$ 是非奇异矩阵，所以 $\boldsymbol{B}$ 与 $\boldsymbol{A}$ 是合同的. 这证明了第 3 个结论.

现在证明第 4 个结论. 设 $\boldsymbol{A}$ 与 $\boldsymbol{B}$ 是合同的，$\boldsymbol{B}$ 与 $\boldsymbol{C}$ 是合同的，那么存在非奇异矩阵 $\boldsymbol{P}_1$ 与 $\boldsymbol{P}_2$，使得

$$\boldsymbol{P}_1^{\mathrm{T}}\boldsymbol{A}\boldsymbol{P}_1=\boldsymbol{B}, \quad \boldsymbol{P}_2^{\mathrm{T}}\boldsymbol{B}\boldsymbol{P}_2=\boldsymbol{C}.$$

于是

$$\boldsymbol{P}_2^{\mathrm{T}}\boldsymbol{P}_1^{\mathrm{T}}\boldsymbol{A}\boldsymbol{P}_1\boldsymbol{P}_2=\boldsymbol{C},$$

即

$$(\boldsymbol{P}_1\boldsymbol{P}_2)^{\mathrm{T}}\boldsymbol{A}(\boldsymbol{P}_1\boldsymbol{P}_2)=\boldsymbol{C}.$$

因为 $\boldsymbol{P}_1\boldsymbol{P}_2$ 是非奇异矩阵，所以 $\boldsymbol{A}$ 与 $\boldsymbol{C}$ 是合同的. 因此第 4 个结论成

立． ■

命题 6.5 如果对所有的 $i \in \{1, 2, \cdots, s\}$，都有 $\boldsymbol{A}_i$ 与 $\boldsymbol{B}_i$ 是合同的，那么准对角矩阵

$$\begin{pmatrix} \boldsymbol{A}_1 & & & \\ & \boldsymbol{A}_2 & & \\ & & \ddots & \\ & & & \boldsymbol{A}_s \end{pmatrix} \text{与} \begin{pmatrix} \boldsymbol{B}_1 & & & \\ & \boldsymbol{B}_2 & & \\ & & \ddots & \\ & & & \boldsymbol{B}_s \end{pmatrix}$$

也是合同的． ■

根据定理 6.1，任意一个二次型都可以经过非退化的线性替换化为标准形，所以我们有如下定理．

定理 6.2 如果 $\boldsymbol{A}$ 是对称矩阵，那么存在非奇异矩阵 $\boldsymbol{P}$，使得

$$\boldsymbol{P}^{\mathrm{T}}\boldsymbol{A}\boldsymbol{P} = \begin{pmatrix} b_1 & & & \\ & b_2 & & \\ & & \ddots & \\ & & & b_n \end{pmatrix}$$

为对角矩阵，即对称矩阵一定可以合同到对角矩阵．

特别地，如果 $\boldsymbol{A}$ 是实对称矩阵，那么存在实的可逆矩阵 $\boldsymbol{P}$，使得 $\boldsymbol{P}^{\mathrm{T}}\boldsymbol{A}\boldsymbol{P}$ 为实的对角矩阵． ■

性质 6.2 如果 $\boldsymbol{E}$ 是初等矩阵，那么 $\boldsymbol{E}^{\mathrm{T}}\boldsymbol{A}\boldsymbol{E}$ 相当于对 $\boldsymbol{A}$ 作相同的初等列变换与初等行变换：

如果 $\boldsymbol{A}$ 的右边乘 $\boldsymbol{E}$ 表示互换 $\boldsymbol{A}$ 的第 i 列与第 j 列，那么 $\boldsymbol{A}$ 的左边乘 $\boldsymbol{E}^{\mathrm{T}}$ 表示互换 $\boldsymbol{A}$ 的第 i 行与第 j 行；如果 $\boldsymbol{A}$ 的右边乘 $\boldsymbol{E}$ 表示 $\boldsymbol{A}$ 的第 i 列乘非零常数 h，那么 $\boldsymbol{A}$ 的左边乘 $\boldsymbol{E}^{\mathrm{T}}$ 表示 $\boldsymbol{A}$ 的第 i 行乘非零常数 h；如果 $\boldsymbol{A}$ 的右边乘 $\boldsymbol{E}$ 表示 $\boldsymbol{A}$ 的第 i 列的 k 倍加到第 j 列，那么 $\boldsymbol{A}$ 的左边乘 $\boldsymbol{E}^{\mathrm{T}}$ 表示 $\boldsymbol{A}$ 的第 i 行的 k 倍加到第 j 行． ■

设 $\boldsymbol{A}$ 是 n 阶对称矩阵，$\boldsymbol{P}$ 是 n 阶非奇异矩阵，它们满足 $\boldsymbol{P}^{\mathrm{T}}\boldsymbol{A}\boldsymbol{P}$ 是对角矩阵．因为 $\boldsymbol{P}$ 是非奇异矩阵，所以根据定理 2.6，$\boldsymbol{P}$ 可以表示为有限个初等矩阵的乘积，$\boldsymbol{P}=\boldsymbol{P}_1\boldsymbol{P}_2\cdots\boldsymbol{P}_s$．因此

$$\begin{aligned} \boldsymbol{P}^{\mathrm{T}}\boldsymbol{A}\boldsymbol{P} &= (\boldsymbol{P}_1\boldsymbol{P}_2\cdots\boldsymbol{P}_s)^{\mathrm{T}}\boldsymbol{A}(\boldsymbol{P}_1\boldsymbol{P}_2\cdots\boldsymbol{P}_s) \\ &= \boldsymbol{P}_s^{\mathrm{T}}\cdots\boldsymbol{P}_2^{\mathrm{T}}\boldsymbol{P}_1^{\mathrm{T}}\boldsymbol{A}\boldsymbol{P}_1\boldsymbol{P}_2\cdots\boldsymbol{P}_s. \end{aligned}$$

因为 $\boldsymbol{P}_1^{\mathrm{T}}\boldsymbol{A}\boldsymbol{P}_1$ 意味着对 $\boldsymbol{A}$ 作一对相同的初等列变换与初等行变换，所以 $\boldsymbol{A}$ 可以经过有限对相同的初等列变换与初等行变换化为对角矩阵．

根据前面的讨论，我们可以给出求非奇异矩阵 $\boldsymbol{P}$，将对称矩阵 $\boldsymbol{A}$ 合

同到对角矩阵的方法.

设 $\boldsymbol{A}$ 是 n 阶对称矩阵，可以按照以下步骤将 $\boldsymbol{A}$ 化为对角矩阵：

(1) 构造 $(2n)\times n$ 矩阵 $\boldsymbol{H}=\begin{pmatrix}\boldsymbol{A}\\ \boldsymbol{I}_n\end{pmatrix}$；

(2) 用相同的初等列变换与初等行变换将 $\boldsymbol{H}$ 化为 $\begin{pmatrix}\boldsymbol{B}\\ \boldsymbol{P}\end{pmatrix}$，使得 $\boldsymbol{B}$ 为对角矩阵. 这时候 $\boldsymbol{P}$ 为非奇异矩阵，并且 $\boldsymbol{P}$ 满足 $\boldsymbol{P}^{\mathrm{T}}\boldsymbol{A}\boldsymbol{P}=\boldsymbol{B}$.

我们在这一节所讲的关于对称矩阵合同的内容是弗罗贝尼乌斯①的贡献.

例 6.5 设 $\boldsymbol{A}=\begin{pmatrix}2&2&-2\\2&5&-4\\-2&-4&5\end{pmatrix}$. 求可逆矩阵 $\boldsymbol{P}$，使得 $\boldsymbol{P}^{\mathrm{T}}\boldsymbol{A}\boldsymbol{P}$ 为对角矩阵.

解

$$\begin{pmatrix}2&2&-2\\2&5&-4\\-2&-4&5\\1&0&0\\0&1&0\\0&0&1\end{pmatrix}\xrightarrow[\text{第 2 列}]{\substack{\text{第 1 列}\\ \text{乘}-1\\ \text{加到}}}\begin{pmatrix}2&0&-2\\2&3&-4\\-2&-2&5\\1&-1&0\\0&1&0\\0&0&1\end{pmatrix}\xrightarrow{(-1)R_1+R_2}\begin{pmatrix}2&0&-2\\0&3&-2\\-2&-2&5\\1&-1&0\\0&1&0\\0&0&1\end{pmatrix}$$

$$\xrightarrow[\text{第 3 列}]{\substack{\text{第 1 列}\\ \text{加到}}}\begin{pmatrix}2&0&0\\0&3&-2\\-2&-2&3\\1&-1&1\\0&1&0\\0&0&1\end{pmatrix}\xrightarrow{R_1+R_3}\begin{pmatrix}2&0&0\\0&3&-2\\0&-2&3\\1&-1&1\\0&1&0\\0&0&1\end{pmatrix}$$

$$\xrightarrow[\text{第 3 列}]{\substack{\text{第 2 列}\\ \text{乘}\frac{2}{3}\\ \text{加到}}}\begin{pmatrix}2&0&0\\0&3&0\\0&-2&\frac{5}{3}\\1&-1&\frac{1}{3}\\0&1&\frac{2}{3}\\0&0&1\end{pmatrix}\xrightarrow{\frac{2}{3}R_2+R_3}\begin{pmatrix}2&0&0\\0&3&0\\0&0&\frac{5}{3}\\1&-1&\frac{1}{3}\\0&1&\frac{2}{3}\\0&0&1\end{pmatrix}.$$

① 弗罗贝尼乌斯(F. G. Frobenius，1849—1917)，德国数学家. 弗罗贝尼乌斯在线性代数的历史上是一位重要人物. 我们在前面学过的矩阵的秩(矩阵的非零子式的最大阶数)、向量组的线性相关、线性无关都是他定义的，他对正交矩阵、方阵的相似、方阵的合同都做了许多工作.

令 $\boldsymbol{P}=\begin{pmatrix}1 & -1 & \frac{1}{3}\\ 0 & 1 & \frac{2}{3}\\ 0 & 0 & 1\end{pmatrix}$，则有

$$\boldsymbol{P}^{\mathrm{T}}\boldsymbol{A}\boldsymbol{P}=\begin{pmatrix}1 & 0 & 0\\ -1 & 1 & 0\\ \frac{1}{3} & \frac{2}{3} & 1\end{pmatrix}\begin{pmatrix}2 & 2 & -2\\ 2 & 5 & -4\\ -2 & -4 & 5\end{pmatrix}\begin{pmatrix}1 & -1 & \frac{1}{3}\\ 0 & 1 & \frac{2}{3}\\ 0 & 0 & 1\end{pmatrix}=\begin{pmatrix}2 & 0 & 0\\ 0 & 3 & 0\\ 0 & 0 & \frac{5}{3}\end{pmatrix}.$$ ■

例 6.6 设 $\boldsymbol{A}=\begin{pmatrix}0 & -4 & 1\\ -4 & 0 & 3\\ 1 & 3 & 0\end{pmatrix}$. 求可逆矩阵 $\boldsymbol{P}$，使得 $\boldsymbol{P}^{\mathrm{T}}\boldsymbol{A}\boldsymbol{P}$ 为对角矩阵.

解

$$\begin{pmatrix}0 & -4 & 1\\ -4 & 0 & 3\\ 1 & 3 & 0\\ 1 & 0 & 0\\ 0 & 1 & 0\\ 0 & 0 & 1\end{pmatrix}\xrightarrow{\substack{\text{第 3 列}\\\text{加到}\\\text{第 1 列}}}\begin{pmatrix}1 & -4 & 1\\ -1 & 0 & 3\\ 1 & 3 & 0\\ 1 & 0 & 0\\ 0 & 1 & 0\\ 1 & 0 & 1\end{pmatrix}\xrightarrow{R_3+R_1}\begin{pmatrix}2 & -1 & 1\\ -1 & 0 & 3\\ 1 & 3 & 0\\ 1 & 0 & 0\\ 0 & 1 & 0\\ 1 & 0 & 1\end{pmatrix}$$

$$\xrightarrow{\substack{\text{第 2 列}\\\text{乘 2}}}\begin{pmatrix}2 & -2 & 1\\ -1 & 0 & 3\\ 1 & 6 & 0\\ 1 & 0 & 0\\ 0 & 2 & 0\\ 1 & 0 & 1\end{pmatrix}\xrightarrow{2R_2}\begin{pmatrix}2 & -2 & 1\\ -2 & 0 & 6\\ 1 & 6 & 0\\ 1 & 0 & 0\\ 0 & 2 & 0\\ 1 & 0 & 1\end{pmatrix}$$

$$\xrightarrow{\substack{\text{第 1 列}\\\text{加到}\\\text{第 2 列}}}\begin{pmatrix}2 & 0 & 1\\ -2 & -2 & 6\\ 1 & 7 & 0\\ 1 & 1 & 0\\ 0 & 2 & 0\\ 1 & 1 & 1\end{pmatrix}\xrightarrow{R_1+R_2}\begin{pmatrix}2 & 0 & 1\\ 0 & -2 & 7\\ 1 & 7 & 0\\ 1 & 1 & 0\\ 0 & 2 & 0\\ 1 & 1 & 1\end{pmatrix}$$

$$\xrightarrow{\substack{\text{第 3 列}\\\text{乘 2}}}\begin{pmatrix}2 & 0 & 2\\ 0 & -2 & 14\\ 1 & 7 & 0\\ 1 & 1 & 0\\ 0 & 2 & 0\\ 1 & 1 & 2\end{pmatrix}\xrightarrow{2R_3}\begin{pmatrix}2 & 0 & 2\\ 0 & -2 & 14\\ 2 & 14 & 0\\ 1 & 1 & 0\\ 0 & 2 & 0\\ 1 & 1 & 2\end{pmatrix}$$

$$\xrightarrow{\substack{\text{第 1 列}\\ \text{乘}-1\\ \text{加到}\\ \text{第 3 列}}}\begin{pmatrix}2&0&0\\0&-2&14\\2&14&-2\\1&1&-1\\0&2&0\\1&1&1\end{pmatrix}\xrightarrow{(-1)R_1+R_3}\begin{pmatrix}2&0&0\\0&-2&14\\0&14&-2\\1&1&-1\\0&2&0\\1&1&1\end{pmatrix}$$

$$\xrightarrow{\substack{\text{第 2 列}\\ \text{乘 }7\\ \text{加到}\\ \text{第 3 列}}}\begin{pmatrix}2&0&0\\0&-2&0\\0&14&96\\1&1&6\\0&2&14\\1&1&8\end{pmatrix}\xrightarrow{7R_2+R_3}\begin{pmatrix}2&0&0\\0&-2&0\\0&0&96\\1&1&6\\0&2&14\\1&1&8\end{pmatrix}$$

$$\xrightarrow{\substack{\text{互换}\\ \text{第 2 与}\\ \text{第 3 列}}}\begin{pmatrix}2&0&0\\0&0&-2\\0&96&0\\1&6&1\\0&14&2\\1&8&1\end{pmatrix}\xrightarrow{R_2\leftrightarrow R_3}\begin{pmatrix}2&0&0\\0&96&0\\0&0&-2\\1&6&1\\0&14&2\\1&8&1\end{pmatrix}.$$

因此，令 $\boldsymbol{P}=\begin{pmatrix}1&6&1\\0&14&2\\1&8&1\end{pmatrix}$，则有

$$\boldsymbol{P}^{\mathrm{T}}\boldsymbol{A}\boldsymbol{P}=\begin{pmatrix}1&0&1\\6&14&8\\1&2&1\end{pmatrix}\begin{pmatrix}0&-4&1\\-4&0&3\\1&3&0\end{pmatrix}\begin{pmatrix}1&6&1\\0&14&2\\1&8&1\end{pmatrix}=\begin{pmatrix}2&0&0\\0&96&0\\0&0&-2\end{pmatrix}.\quad ■$$

MOOC 6.4 化二次型为标准形的初等变换法

6.4　化二次型为标准形的初等变换法

设 $\boldsymbol{A}$ 是 n 阶对称矩阵，$f(\boldsymbol{X})=\boldsymbol{X}^{\mathrm{T}}\boldsymbol{A}\boldsymbol{X}$ 是矩阵 $\boldsymbol{A}$ 的二次型．根据定理 6.2，对称矩阵 $\boldsymbol{A}$ 可以合同到对角矩阵，即存在非奇异矩阵 $\boldsymbol{P}$，使得 $\boldsymbol{P}^{\mathrm{T}}\boldsymbol{A}\boldsymbol{P}$ 为对角矩阵．因此，非退化的线性替换 $\boldsymbol{X}=\boldsymbol{P}\boldsymbol{Y}$ 将二次型 $f(\boldsymbol{X})=\boldsymbol{X}^{\mathrm{T}}\boldsymbol{A}\boldsymbol{X}$ 化为标准形．

设 $f(\boldsymbol{X})=f(x_1,\ x_2,\ \cdots,\ x_n)=\sum\limits_{i=1}^{n}\sum\limits_{j=1}^{n}a_{ij}x_ix_j$ 是 n 元二次型，用初等变换化二次型 f 为标准形的步骤可以归纳如下：

（1）写出二次型 f 的矩阵 $\boldsymbol{A}=(a_{ij})$；

(2) 构造 $(2n)\times n$ 矩阵 $\boldsymbol{H}=\begin{pmatrix}\boldsymbol{A}\\ \boldsymbol{I}_n\end{pmatrix}$;

(3) 用相同的初等列变换与行变换将 $\boldsymbol{H}$ 的上面 n 个行构成的方阵 $\boldsymbol{A}$ 化为对角矩阵

$$\begin{pmatrix}b_1 & & & \\ & b_2 & & \\ & & \ddots & \\ & & & b_n\end{pmatrix},$$

变换后所得矩阵下面的 n 个行构成的方阵记为 $\boldsymbol{P}$;

(4) $f(\boldsymbol{X})=\boldsymbol{X}^{\mathrm{T}}\boldsymbol{A}\boldsymbol{X}$ 经过非退化的线性替换 $\boldsymbol{X}=\boldsymbol{P}\boldsymbol{Y}$ 得到的标准形为

$$f(\boldsymbol{X})=\boldsymbol{X}^{\mathrm{T}}\boldsymbol{A}\boldsymbol{X}=\boldsymbol{Y}^{\mathrm{T}}(\boldsymbol{P}^{\mathrm{T}}\boldsymbol{A}\boldsymbol{P})\boldsymbol{Y}=b_1y_1^2+b_2y_2^2+\cdots+b_ny_n^2.$$

例 6.7 用初等变换法将二次型

$$f=2x_1^2+9x_2^2+15x_3^2+8x_1x_2-4x_1x_3-14x_2x_3$$

化为标准形，并且求出所用的线性替换.

解 二次型 f 的矩阵为 $\boldsymbol{A}=\begin{pmatrix}2&4&-2\\4&9&-7\\-2&-7&15\end{pmatrix}$. 对 $\begin{pmatrix}\boldsymbol{A}\\ \boldsymbol{I}_3\end{pmatrix}$ 作初等变换:

$$\begin{pmatrix}2&4&-2\\4&9&-7\\-2&-7&15\\1&0&0\\0&1&0\\0&0&1\end{pmatrix}\to\begin{pmatrix}2&0&-2\\4&1&-7\\-2&-3&15\\1&-2&0\\0&1&0\\0&0&1\end{pmatrix}\to\begin{pmatrix}2&0&-2\\0&1&-3\\-2&-3&15\\1&-2&0\\0&1&0\\0&0&1\end{pmatrix}$$

$$\to\begin{pmatrix}2&0&0\\0&1&-3\\-2&-3&13\\1&-2&1\\0&1&0\\0&0&1\end{pmatrix}\to\begin{pmatrix}2&0&0\\0&1&-3\\0&-3&13\\1&-2&1\\0&1&0\\0&0&1\end{pmatrix}$$

$$\to\begin{pmatrix}2&0&0\\0&1&0\\0&-3&4\\1&-2&-5\\0&1&3\\0&0&1\end{pmatrix}\to\begin{pmatrix}2&0&0\\0&1&0\\0&0&4\\1&-2&-5\\0&1&3\\0&0&1\end{pmatrix}.$$

令 $P=\begin{pmatrix}1&-2&-5\\0&1&3\\0&0&1\end{pmatrix}$，那么 P 是非奇异的，并且

$$P^{T}AP=\begin{pmatrix}2&0&0\\0&1&0\\0&0&4\end{pmatrix}.$$

因此，经过非退化的线性替换 $X=PY$，得到的二次型 f 的标准形为

$$f(X)=2y_1^2+y_2^2+4y_3^2.$$ ■

例 6.8　用初等变换法将二次型

$$f(x_1,x_2,x_3)=-8x_1x_2+2x_1x_3+6x_2x_3$$

化为标准形，并且求出所用的线性替换 .

解　二次型 f 的矩阵为 $A=\begin{pmatrix}0&-4&1\\-4&0&3\\1&3&0\end{pmatrix}$. 由例 6.6 知，非奇异矩阵

$P=\begin{pmatrix}1&6&1\\0&14&2\\1&8&1\end{pmatrix}$ 满足

$$P^{T}AP=\begin{pmatrix}1&0&1\\6&14&8\\1&2&1\end{pmatrix}\begin{pmatrix}0&-4&1\\-4&0&3\\1&3&0\end{pmatrix}\begin{pmatrix}1&6&1\\0&14&2\\1&8&1\end{pmatrix}=\begin{pmatrix}2&0&0\\0&96&0\\0&0&-2\end{pmatrix}.$$

因此，经过非退化的线性替换 $X=PY$，得到的二次型 f 的标准形为

$$f(X)=2y_1^2+96y_2^2-2y_3^2.$$ ■

MOOC 6.5
化实二次型为标准形的正交替换法

6.5　化实二次型为标准形的正交替换法

本节讨论用正交替换化实二次型为标准形的方法以及意义 .

一、正交替换法

定义 6.6　设 $X=\begin{pmatrix}x_1\\x_2\\\vdots\\x_n\end{pmatrix}$ 与 $Y=\begin{pmatrix}y_1\\y_2\\\vdots\\y_n\end{pmatrix}$ 是两组未知数构成的 n 元向量 . 如果 Q 是 n 阶正交矩阵，那么非退化的线性替换 $X=QY$ 称为从未知数 x_1，x_2，…，x_n 到 y_1，y_2，…，y_n 的正交替换 .

设 $A=(a_{ij})$ 是 n 阶实对称矩阵，λ_1，λ_2，…，λ_n 是 A 的全部特征值 .

根据定理 5.9，存在 n 阶正交矩阵 $\boldsymbol{Q}$，使得 $\boldsymbol{Q}^{\mathrm{T}}\boldsymbol{A}\boldsymbol{Q}=\begin{pmatrix}\lambda_1 & & & \\ & \lambda_2 & & \\ & & \ddots & \\ & & & \lambda_n\end{pmatrix}$为对角矩阵．因此，对于实二次型，我们有下面的结论．

定理 6.3 设 $\boldsymbol{A}=(a_{ij})$是 n 阶实对称矩阵，λ_1，λ_2，…，λ_n 是 $\boldsymbol{A}$ 的全部特征值．如果$f(\boldsymbol{X})=\boldsymbol{X}^{\mathrm{T}}\boldsymbol{A}\boldsymbol{X}$ 是以 $\boldsymbol{A}$ 为矩阵的实二次型，那么存在正交替换 $\boldsymbol{X}=\boldsymbol{Q}\boldsymbol{Y}$，使得

$$f(\boldsymbol{X})=\boldsymbol{X}^{\mathrm{T}}\boldsymbol{A}\boldsymbol{X}=\boldsymbol{Y}^{\mathrm{T}}(\boldsymbol{Q}^{\mathrm{T}}\boldsymbol{A}\boldsymbol{Q})\boldsymbol{Y}=\lambda_1y_1^2+\lambda_2y_2^2+\cdots+\lambda_ny_n^2$$

为标准形． ■

定理 6.3 称为主轴定理，定理中的矩阵 $\boldsymbol{Q}$ 的列称为二次型 $\boldsymbol{X}^{\mathrm{T}}\boldsymbol{A}\boldsymbol{X}$ 的主轴，向量 $\boldsymbol{Y}$ 是向量 $\boldsymbol{X}$ 在由这些主轴构成的 $\mathbf{R}^n$ 的规范正交基下的坐标向量.

设 $f(\boldsymbol{X})=f(x_1, x_2, \cdots, x_n)=\sum\limits_{i=1}^{n}\sum\limits_{j=1}^{n}a_{ij}x_ix_j$ 是 n 元实二次型，按照以下步骤可以通过正交替换将 f 化为标准形：

（1）写出二次型$f(\boldsymbol{X})$的矩阵 $\boldsymbol{A}=(a_{ij})$，这里的 $\boldsymbol{A}$ 为实对称矩阵；

（2）求出 $\boldsymbol{A}$ 的全部互异特征值 λ_1，λ_2，…，λ_t；

（3）对每一个特征值 λ_i，求出齐次线性方程组$(\lambda_i\boldsymbol{I}-\boldsymbol{A})\boldsymbol{X}=\boldsymbol{0}$ 的一个基础解系 $\boldsymbol{\xi}_{i1}$，$\boldsymbol{\xi}_{i2}$，…，$\boldsymbol{\xi}_{iq_i}$，$i\in\{1, 2, \cdots, t\}$；

（4）对所有的 $i\in\{1, 2, \cdots, t\}$，用施密特方法将 $\boldsymbol{\xi}_{i1}$，$\boldsymbol{\xi}_{i2}$，…，$\boldsymbol{\xi}_{iq_i}$ 正交规范化，得到 $\boldsymbol{\eta}_{i1}$，$\boldsymbol{\eta}_{i2}$，…，$\boldsymbol{\eta}_{iq_i}$；

（5）令

$$\boldsymbol{Q}=(\boldsymbol{\eta}_{11}, \boldsymbol{\eta}_{12}, \cdots, \boldsymbol{\eta}_{1q_1}, \boldsymbol{\eta}_{21}, \boldsymbol{\eta}_{22}, \cdots, \boldsymbol{\eta}_{2q_2}, \cdots, \boldsymbol{\eta}_{t1}, \boldsymbol{\eta}_{t2}, \cdots, \boldsymbol{\eta}_{tq_t}),$$

$$\boldsymbol{\Lambda}=\operatorname{diag}(\underbrace{\lambda_1, \cdots, \lambda_1}_{q_1\text{个}}, \underbrace{\lambda_2, \cdots, \lambda_2}_{q_2\text{个}}, \cdots, \underbrace{\lambda_t, \cdots, \lambda_t}_{q_t\text{个}}),$$

那么 $\boldsymbol{Q}$ 为 n 阶正交矩阵，$\boldsymbol{\Lambda}$ 为 n 阶对角矩阵，并且

$$\boldsymbol{Q}^{\mathrm{T}}\boldsymbol{A}\boldsymbol{Q}=\boldsymbol{\Lambda};$$

（6）写出正交替换 $\boldsymbol{X}=\boldsymbol{Q}\boldsymbol{Y}$，以及 $f(\boldsymbol{X})$的标准形

$$f(\boldsymbol{X})=\boldsymbol{X}^{\mathrm{T}}\boldsymbol{A}\boldsymbol{X}=\boldsymbol{Y}^{\mathrm{T}}(\boldsymbol{Q}^{\mathrm{T}}\boldsymbol{A}\boldsymbol{Q})\boldsymbol{Y}=\boldsymbol{Y}^{\mathrm{T}}\boldsymbol{\Lambda}\boldsymbol{Y}.$$

例 6.9 已知实二次型

$$f(x_1, x_2, x_3)=x_1^2+x_2^2+x_3^2-6x_1x_2-6x_1x_3-6x_2x_3,$$

求正交替换 $\boldsymbol{X}=\boldsymbol{Q}\boldsymbol{Y}$ 将 f 化为标准形．

解　(1) 写出二次型$f(x_1, x_2, x_3)$的矩阵

$$A=\begin{pmatrix}1&-3&-3\\-3&1&-3\\-3&-3&1\end{pmatrix}.$$

(2) 求A的特征值. 因为

$$|\lambda I-A|=\begin{vmatrix}\lambda-1&3&3\\3&\lambda-1&3\\3&3&\lambda-1\end{vmatrix}=(\lambda-4)^2(\lambda+5),$$

所以A的特征值为$\lambda_1=\lambda_2=4$, $\lambda_3=-5$.

(3) 求$(4I-A)X=0$的一个基础解系. 因为$4I-A$的简化阶梯形为

$\begin{pmatrix}1&1&1\\0&0&0\\0&0&0\end{pmatrix}$, 所以$(4I-A)X=0$的一个基础解系为

$$\xi_1=\begin{pmatrix}-1\\1\\0\end{pmatrix},\quad \xi_2=\begin{pmatrix}-1\\0\\1\end{pmatrix}.$$

求$(-5I-A)X=0$的一个基础解系. 因为$-5I-A$的简化阶梯形为

$\begin{pmatrix}1&0&-1\\0&1&-1\\0&0&0\end{pmatrix}$, 所以$(-5I-A)X=0$的一个基础解系为

$$\xi_3=\begin{pmatrix}1\\1\\1\end{pmatrix}.$$

(4) 用施密特方法将ξ_1, ξ_2正交化, 得到

$$\beta_1=\xi_1=\begin{pmatrix}-1\\1\\0\end{pmatrix},$$

$$\beta_2=-\frac{(\xi_2, \beta_1)}{(\beta_1, \beta_1)}\beta_1+\xi_2=\frac{1}{2}\begin{pmatrix}-1\\-1\\2\end{pmatrix}.$$

将β_1, β_2规范化, 得到

$$\eta_1=\frac{1}{|\beta_1|}\beta_1=\frac{1}{\sqrt{2}}\begin{pmatrix}-1\\1\\0\end{pmatrix},$$

$$\boldsymbol{\eta}_2=\frac{1}{|\boldsymbol{\beta}_2|}\boldsymbol{\beta}_2=\frac{1}{\sqrt{6}}\begin{pmatrix}-1\\-1\\2\end{pmatrix}.$$

将 $\boldsymbol{\xi}_3$ 规范化，得到

$$\boldsymbol{\eta}_3=\frac{1}{|\boldsymbol{\xi}_3|}\boldsymbol{\xi}_3=\frac{1}{\sqrt{3}}\begin{pmatrix}1\\1\\1\end{pmatrix}.$$

(5) 令 $\boldsymbol{Q}=\begin{pmatrix}-\frac{1}{\sqrt{2}} & -\frac{1}{\sqrt{6}} & \frac{1}{\sqrt{3}}\\ \frac{1}{\sqrt{2}} & -\frac{1}{\sqrt{6}} & \frac{1}{\sqrt{3}}\\ 0 & \frac{2}{\sqrt{6}} & \frac{1}{\sqrt{3}}\end{pmatrix}$，那么 $\boldsymbol{Q}$ 为正交矩阵．

(6) 对二次型 $f(x_1, x_2, x_3)$ 作正交替换 $\boldsymbol{X}=\boldsymbol{QY}$，得到的标准形为

$$f=4y_1^2+4y_2^2-5y_3^2.$$

■

二、正交替换的意义

设 $\boldsymbol{X}=\begin{pmatrix}x_1\\x_2\\\vdots\\x_n\end{pmatrix}$，$\boldsymbol{Y}=\begin{pmatrix}y_1\\y_2\\\vdots\\y_n\end{pmatrix}$ 是 $\mathbf{R}^n$ 中的向量，$\boldsymbol{Q}$ 是正交矩阵，$\boldsymbol{X}=\boldsymbol{QY}$ 是从 $\boldsymbol{X}$ 到 $\boldsymbol{Y}$ 的正交替换．因为

$$\|\boldsymbol{X}\|^2=\boldsymbol{X}^{\mathrm{T}}\boldsymbol{X}=(\boldsymbol{QY})^{\mathrm{T}}(\boldsymbol{QY})=\boldsymbol{Y}^{\mathrm{T}}(\boldsymbol{Q}^{\mathrm{T}}\boldsymbol{Q})\boldsymbol{Y}=\boldsymbol{Y}^{\mathrm{T}}\boldsymbol{Y}=\|\boldsymbol{Y}\|^2,$$

所以 $\mathbf{R}^n$ 中的向量经过正交替换，长度保持不变．

设 $\boldsymbol{Y}_1$，$\boldsymbol{Y}_2$ 是 $\mathbf{R}^n$ 中的非零向量，$\boldsymbol{X}_1=\boldsymbol{QY}_1$，$\boldsymbol{X}_2=\boldsymbol{QY}_2$，显然 $\boldsymbol{X}_1$，$\boldsymbol{X}_2$ 是 $\mathbf{R}^n$ 中的非零向量．因为

$$(\boldsymbol{X}_1, \boldsymbol{X}_2)=(\boldsymbol{QY}_1, \boldsymbol{QY}_2)=(\boldsymbol{QY}_1)^{\mathrm{T}}\boldsymbol{QY}_2=\boldsymbol{Y}_1^{\mathrm{T}}\boldsymbol{Q}^{\mathrm{T}}\boldsymbol{QY}_2=\boldsymbol{Y}_1^{\mathrm{T}}\boldsymbol{Y}_2=(\boldsymbol{Y}_1, \boldsymbol{Y}_2),$$

所以

$$\langle\boldsymbol{X}_1, \boldsymbol{X}_2\rangle=\arccos\frac{(\boldsymbol{X}_1, \boldsymbol{X}_2)}{\|\boldsymbol{X}_1\|\|\boldsymbol{X}_2\|}=\arccos\frac{(\boldsymbol{Y}_1, \boldsymbol{Y}_2)}{\|\boldsymbol{Y}_1\|\|\boldsymbol{Y}_2\|}=\langle\boldsymbol{Y}_1, \boldsymbol{Y}_2\rangle$$

因此，$\mathbf{R}^n$ 中的任意两个非零向量经过正交替换，夹角保持不变．

设 $f(\boldsymbol{X})=\boldsymbol{X}^{\mathrm{T}}\boldsymbol{AX}$，$\boldsymbol{A}$ 是 2 阶非奇异实对称矩阵，c 是一个常数，于是 $\boldsymbol{X}^{\mathrm{T}}\boldsymbol{AX}=c$ 表示一个中心在原点的有心二次曲线，根据判别式的不同，这个二次曲线可能是椭圆、双曲线或者各种退化情形．

如果 $\boldsymbol{A}$ 是对角矩阵，方程 $\boldsymbol{X}^{\mathrm{T}}\boldsymbol{AX}=c$ 称为二次曲线的标准方程，在非

退化的情形下，二次曲线如图 6.1 所示，其图像的轴与 x 轴一致，两个顶点之间线段的垂直平分线与 y 轴一致，即二次曲线在标准位置上．

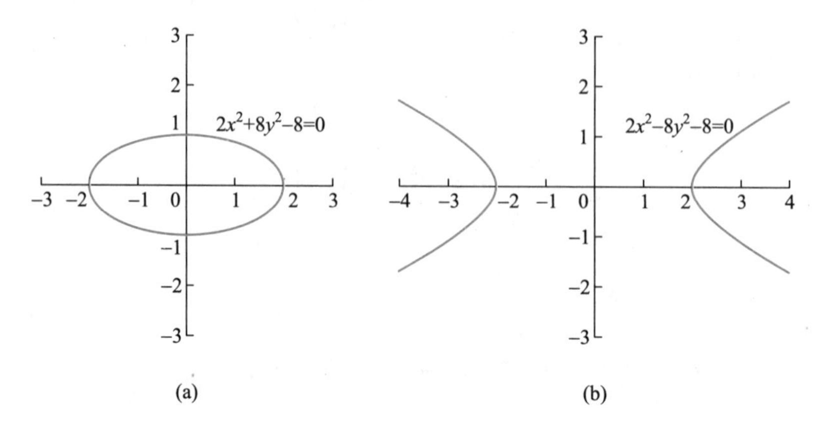

图 6.1　标准位置上的二次曲线

如果 $\boldsymbol{A}$ 不是对角矩阵，$\boldsymbol{X}^{\mathrm{T}}\boldsymbol{A}\boldsymbol{X}=c$ 是标准方程的图像的旋转，如图 6.2 所示．正交替换就是找到二次型 $\boldsymbol{X}^{\mathrm{T}}\boldsymbol{A}\boldsymbol{X}$ 的主轴作为新的坐标系，使得在新坐标系下 $\boldsymbol{X}^{\mathrm{T}}\boldsymbol{A}\boldsymbol{X}=c$ 的图像在标准位置上．

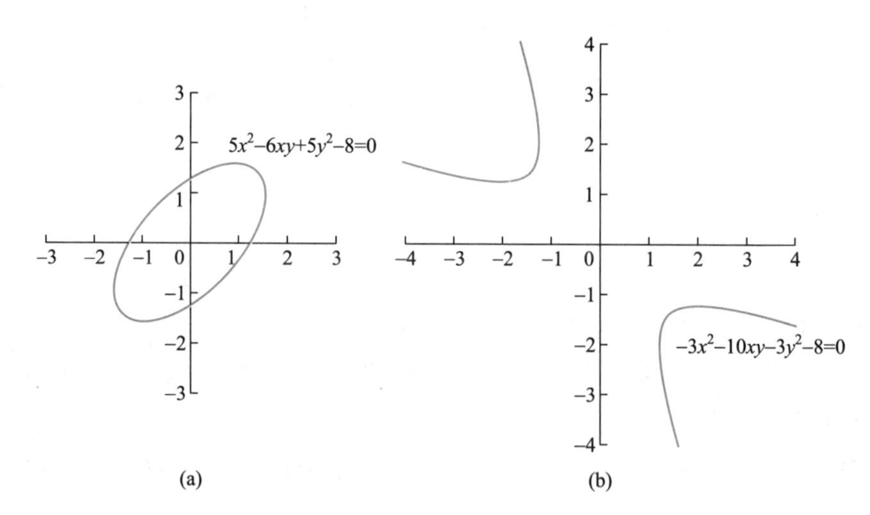

图 6.2　非标准位置上的二次曲线

根据例 6.9，二次型

$$f(x_1, x_2, x_3)=x_1^2+x_2^2+x_3^2-6x_1x_2-6x_1x_3-6x_2x_3$$

经过正交替换得到的标准形为

$$4y_1^2+4y_2^2-5y_3^2.$$

因此，方程 $f(x_1, x_2, x_3)=1$ 表示的曲面与方程 $4y_1^2+4y_2^2-5y_3^2=1$ 表示

的曲面是一样的，都是立体空间 $\mathbf{R}^3$ 中的单叶双曲面，如图 6.3 所示.

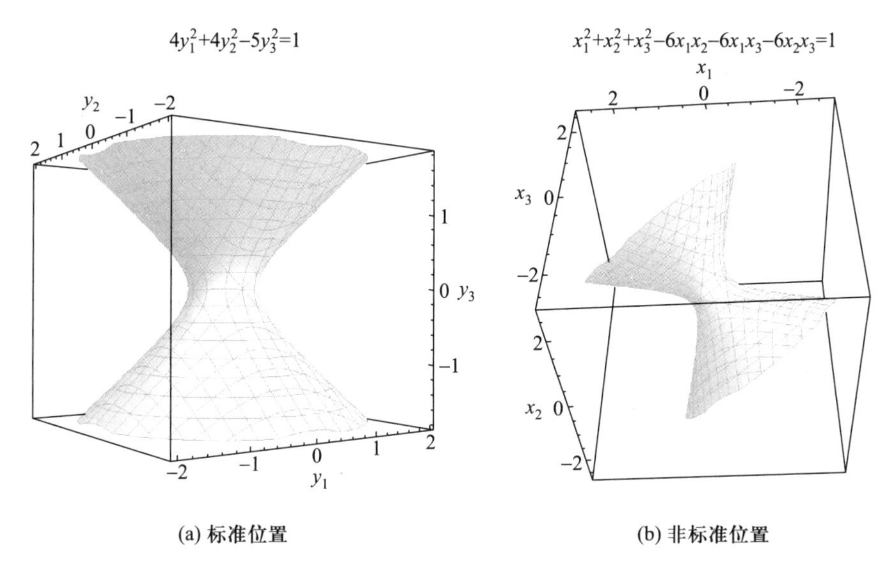

图 6.3 单叶双曲面

因为二次型

$$g(x_1, x_2, x_3) = 3x_1^2 + 3x_2^2 + 3x_3^2 + 2x_1x_2 + 2x_1x_3 + 2x_2x_3$$

的矩阵的特征值为 $\lambda_1=\lambda_2=2$，$\lambda_3=5$，所以 g 经过正交替换得到的标准形为

$$2y_1^2 + 2y_2^2 + 5y_3^2.$$

因此，$g(x_1, x_2, x_3)=1$ 表示的是 $\mathbf{R}^3$ 中的椭球面，如图 6.4 所示.

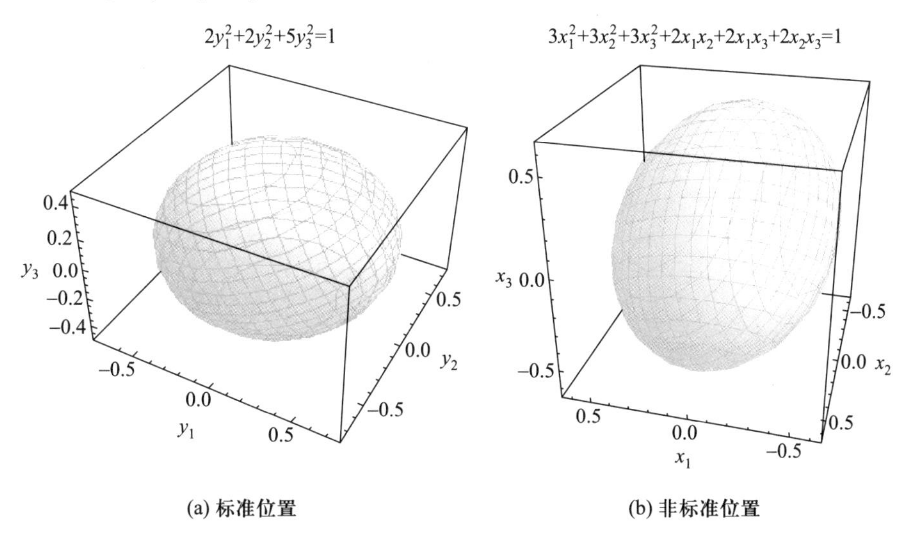

图 6.4 椭球面

6.6　二次型的规范形

引理 6.4　设 $g(y_1, y_2, \cdots, y_n)=b_1y_1^2+b_2y_2^2+\cdots+b_ny_n^2$ 是一个二次型．对 $b_1, b_2, \cdots, b_n$ 的任意一个排列 $b_{i_1}, b_{i_2}, \cdots, b_{i_n}$，令

$$\begin{cases} y_{i_1}=z_1, \\ y_{i_2}=z_2, \\ \cdots\cdots\cdots\cdots \\ y_{i_n}=z_n, \end{cases} \tag{1}$$

那么表达式(1)是从未知数 $y_1, y_2, \cdots, y_n$ 到未知数 $z_1, z_2, \cdots, z_n$ 的非退化的线性替换，并且

$$\begin{aligned} g(y_1, y_2, \cdots, y_n) &= b_1y_1^2+b_2y_2^2+\cdots+b_ny_n^2 \\ &= b_{i_1}z_1^2+b_{i_2}z_2^2+\cdots+b_{i_n}z_n^2. \end{aligned}$$ ■

这个引理的意义在于二次型的标准形的系数经过任意排列得到的新的二次型仍然是原来二次型的标准形，因此，我们有如下命题．

命题 6.6　如果 n 元二次型 $f(\boldsymbol{X})=\boldsymbol{X}^{\mathrm{T}}\boldsymbol{AX}$ 的秩为 r，那么 f 可以经过非退化的线性替换化为

$$b_1y_1^2+b_2y_2^2+\cdots+b_ry_r^2, \tag{2}$$

其中 $b_1, b_2, \cdots, b_r$ 都是非零常数．

证明　因为二次型 f 的秩为 r，所以 f 的矩阵 $\boldsymbol{A}$ 的秩也等于 r. 因此，当 $\boldsymbol{A}$ 合同到对角矩阵时，对角矩阵的 n 个对角元中恰好有 r 个是非零的．于是二次型 f 的标准形中恰好有 r 个项的系数不等于零．根据引理 6.4，我们可以将标准形中的前 r 个项的系数取为非零，这就证明了命题． ■

在复数集上，令

$$\begin{cases} y_1=\dfrac{1}{\sqrt{b_1}}z_1, \\ \cdots\cdots\cdots\cdots \\ y_r=\dfrac{1}{\sqrt{b_r}}z_r, \\ y_{r+1}=z_{r+1}, \\ \cdots\cdots\cdots\cdots \\ y_n=z_n, \end{cases} \tag{3}$$

那么表达式(3)是非退化的线性替换，并且这个线性替换将(2)中的二次型化为下列形式的标准形

$$z_1^2+z_2^2+\cdots+z_r^2. \tag{4}$$

定义 6.7 设$f(\boldsymbol{X})$是秩为r的n元二次型．在复数集上，$f(\boldsymbol{X})$的形如表达式(4)的标准形称为$f(\boldsymbol{X})$的规范形．

定理 6.4 设$f(\boldsymbol{X})$是秩为r的n元二次型．在复数集上，$f(\boldsymbol{X})$可以经过非退化的线性替换化为规范形，并且规范形是唯一的． ■

在复数集上，二次型的规范形由二次型的秩唯一确定．下面的推论是定理 6.4 的矩阵形式．

推论 1 如果$\boldsymbol{A}$是秩为r的n阶对称矩阵，那么在复数集上，存在可逆矩阵$\boldsymbol{P}$，使得

$$\boldsymbol{P}^{\mathrm{T}}\boldsymbol{A}\boldsymbol{P}=\begin{pmatrix}\boldsymbol{I}_r & \boldsymbol{0}\\ \boldsymbol{0} & \boldsymbol{0}\end{pmatrix}.$$ ■

根据定理 6.4，我们还可以得到如下结论．

推论 2 设$\boldsymbol{A}$，$\boldsymbol{B}$是两个n阶对称矩阵．在复数集上，$\boldsymbol{A}$与$\boldsymbol{B}$合同的充分必要条件是$\mathrm{r}(\boldsymbol{A})=\mathrm{r}(\boldsymbol{B})$． ■

前面的结论都建立在复数集上，下面我们将数的范围限定在实数集上，讨论实二次型经过非退化的实线性替换得到的标准形．

命题 6.7 如果$f(\boldsymbol{X})$是秩为r的n元实二次型，那么$f(\boldsymbol{X})$可以经过非退化的实线性替换化为如下形式的标准形

$$b_1y_1^2+\cdots+b_py_p^2-b_{p+1}y_{p+1}^2-\cdots-b_ry_r^2, \tag{5}$$

其中$b_i>0$，$i\in\{1,2,\cdots,r\}$．

进一步地，令

$$\begin{cases}y_1=\dfrac{1}{\sqrt{b_1}}z_1,\\ \cdots\cdots\cdots\cdots\\ y_r=\dfrac{1}{\sqrt{b_r}}z_r,\\ y_{r+1}=z_{r+1},\\ \cdots\cdots\cdots\cdots\\ y_n=z_n,\end{cases} \tag{6}$$

那么表达式(6)是非退化的实线性替换，并且这个线性替换将表达式(5)中的二次型化为如下形式的标准形

$$z_1^2+\cdots+z_p^2-z_{p+1}^2-\cdots-z_r^2.$$ ■

定义 6.8 设$f(\boldsymbol{X})$是秩为r的n元实二次型，$f(\boldsymbol{X})$的形如表达式

$$z_1^2+\cdots+z_p^2-z_{p+1}^2-\cdots-z_r^2$$

的标准形称为实二次型$f(\boldsymbol{X})$的规范形.

关于实二次型的规范形，我们有下面的定理.

MOOC 6.7

惯性定理

定理 6.5　任意的实二次型都可以经过非退化的实线性替换化为规范形，并且实二次型的规范形是唯一的.

证明　设$f(\boldsymbol{X})=f(x_1, x_2, \cdots, x_n)=\boldsymbol{X}^{\mathrm{T}}\boldsymbol{A}\boldsymbol{X}$是$n$元实二次型，$f(\boldsymbol{X})$的秩为$r$. 根据命题6.7，$f(\boldsymbol{X})$的规范形是存在的. 下面证明$f(\boldsymbol{X})$的规范形是唯一的.

设$f(\boldsymbol{X})$经过非退化的实线性替换$\boldsymbol{X}=\boldsymbol{P}_1\boldsymbol{Y}$得到的规范形为

$$f(\boldsymbol{X})=y_1^2+\cdots+y_p^2-y_{p+1}^2-\cdots-y_r^2; \tag{7}$$

$f(\boldsymbol{X})$经过非退化的实线性替换$\boldsymbol{X}=\boldsymbol{P}_2\boldsymbol{Z}$得到的规范形为

$$f(\boldsymbol{X})=z_1^2+\cdots+z_q^2-z_{q+1}^2-\cdots-z_r^2. \tag{8}$$

下面用反证法证明$p=q$. 不妨假设$p>q$. 根据等式(7)和(8)可以得到下面的等式

$$y_1^2+\cdots+y_p^2-y_{p+1}^2-\cdots-y_r^2=z_1^2+\cdots+z_q^2-z_{q+1}^2-\cdots-z_r^2. \tag{9}$$

因为$\boldsymbol{X}=\boldsymbol{P}_1\boldsymbol{Y}$，$\boldsymbol{X}=\boldsymbol{P}_2\boldsymbol{Z}$，所以$\boldsymbol{Z}=(\boldsymbol{P}_2^{-1}\boldsymbol{P}_1)\boldsymbol{Y}$. 令

$$\boldsymbol{P}_2^{-1}\boldsymbol{P}_1=\begin{pmatrix} c_{11} & c_{12} & \cdots & c_{1n} \\ c_{21} & c_{22} & \cdots & c_{2n} \\ \vdots & \vdots & & \vdots \\ c_{n1} & c_{n2} & \cdots & c_{nn} \end{pmatrix},$$

那么由$\boldsymbol{Z}=(\boldsymbol{P}_2^{-1}\boldsymbol{P}_1)\boldsymbol{Y}$可得

$$\begin{cases} z_1=c_{11}y_1+c_{12}y_2+\cdots+c_{1n}y_n, \\ z_2=c_{21}y_1+c_{22}y_2+\cdots+c_{2n}y_n, \\ \cdots\cdots\cdots\cdots \\ z_n=c_{n1}y_1+c_{n2}y_2+\cdots+c_{nn}y_n. \end{cases} \tag{10}$$

构造以$y_1, y_2, \cdots, y_n$为未知数的齐次线性方程组

$$\begin{cases} c_{11}y_1+c_{12}y_2+\cdots+c_{1n}y_n=0, \\ \cdots\cdots\cdots\cdots \\ c_{q1}y_1+c_{q2}y_2+\cdots+c_{qn}y_n=0, \\ y_{p+1}=0, \\ \cdots\cdots\cdots\cdots \\ y_n=0. \end{cases} \tag{11}$$

齐次方程组(11)中方程的个数为$q+(n-p)$. 因为$p>q$，所以$q+(n-p)<n$，即齐次方程组(11)中方程的个数小于未知数的个数. 因此，齐次方程

组(11)有非零解. 设

$$y_1=k_1,\ y_2=k_2,\ \cdots,\ y_n=k_n$$

是齐次方程组(11)的一个非零解. 因为 $y_{p+1}=y_{p+2}=\cdots=y_n=0$，所以 $k_{p+1}=k_{p+2}=\cdots=k_n=0$. 于是 $k_1, k_2, \cdots, k_p$ 不全为零. 因此，将 $y_1=k_1, y_2=k_2, \cdots, y_n=k_n$ 代入等式(7)得到

$$\begin{aligned}y_1^2+\cdots+y_p^2-y_{p+1}^2-\cdots-y_r^2&=k_1^2+\cdots+k_p^2-k_{p+1}^2-\cdots-k_r^2\\&=k_1^2+\cdots+k_p^2>0.\end{aligned}\tag{12}$$

通过方程组(10)中的前 r 个等式，将 $y_1=k_1, y_2=k_2, \cdots, y_n=k_n$ 代入等式(8)，注意到齐次方程组(11)的前 q 个方程意味着 $z_1=z_2=\cdots=z_q=0$，于是我们得到

$$\begin{aligned}z_1^2+\cdots+z_q^2-z_{q+1}^2-\cdots-z_r^2&=-z_{q+1}^2-\cdots-z_r^2\\&=-[c_{(q+1)1}k_1+c_{(q+1)2}k_2+\cdots+c_{(q+1)n}k_n]^2-\cdots-\\&\quad[c_{r1}k_1+c_{r2}k_2+\cdots+c_{rn}k_n]^2\\&\leqslant 0.\end{aligned}\tag{13}$$

表达式(12)和(13)的结论与等式(9)相矛盾，因此 $p\leqslant q$. 同理可证 $q\leqslant p$，所以 $p=q$，即二次型 $f(\boldsymbol{X})$ 的规范形是唯一的. ■

根据定理 6.5，实二次型的规范形由这个二次型的秩 r 与它的标准形中正平方项的个数 p 唯一确定.

定理 6.5 通常被称为惯性定理. 它最先是由西尔维斯特发现的，西尔维斯特认为这个结论显然成立，没有证明的必要. 后来雅可比[①]重新发现了这个结论，并且给出了证明.

定义 6.9 设 $f(\boldsymbol{X})$ 是秩为 r 的实二次型. $f(\boldsymbol{X})$ 的标准形中正平方项的个数 p 称为 $f(\boldsymbol{X})$ 的正惯性指数，负平方项的个数 $r-p$ 称为 $f(\boldsymbol{X})$ 的负惯性指数.

关于实对称矩阵，也有正、负惯性指数的概念.

定义 6.10 设 $\boldsymbol{A}$ 是秩为 r 的实对称矩阵. 实二次型 $\boldsymbol{X}^{\mathrm{T}}\boldsymbol{A}\boldsymbol{X}$ 的正惯性指数 p 称为 $\boldsymbol{A}$ 的正惯性指数，$\boldsymbol{X}^{\mathrm{T}}\boldsymbol{A}\boldsymbol{X}$ 的负惯性指数 $r-p$ 称为 $\boldsymbol{A}$ 的负惯性指数.

由定理 6.5，我们可以得到如下结论.

定理 6.6 设 $\boldsymbol{A}$ 是秩为 r 的 n 阶实对称矩阵. 如果 $\boldsymbol{A}$ 的正惯性指数为 p，那么存在 n 阶可逆的实矩阵 $\boldsymbol{C}$，使得

---

① 雅可比(C. G. J. Jacobi, 1804—1851)，德国数学家.

$$C^{\mathrm{T}}AC=\begin{pmatrix} I_p & 0 & 0 \\ 0 & -I_{r-p} & 0 \\ 0 & 0 & 0 \end{pmatrix}.$$ ■

推论　在实数集上，两个 n 阶实对称矩阵 A 与 B 合同的充分必要条件是 A 与 B 的秩相同，正惯性指数也相同． ■

例 6.10　由例 6.4 我们知道，二次型

$$f(x_1,\ x_2,\ x_3)=2x_1x_2-x_1x_3+5x_2x_3$$

的一个标准形为

$$f(x_1,\ x_2,\ x_3)=2y_1^2-2y_2^2+\frac{5}{2}y_3^2.$$

再作非退化的实线性替换

$$y_1=\sqrt{\frac{1}{2}}z_1,\quad y_2=\sqrt{\frac{1}{2}}z_3,\quad y_3=\sqrt{\frac{2}{5}}z_2,$$

可以得到 $f(x_1,\ x_2,\ x_3)$ 的规范形

$$f(x_1,\ x_2,\ x_3)=z_1^2+z_2^2-z_3^2.$$ ■

MOOC 6.8

实二次型的定性

6.7　实二次型的定性

定义 6.11　设 $f(x_1,\ x_2,\ \cdots,\ x_n)$ 是 n 元实二次型．

如果对任意不全为零的实数 $k_1,\ k_2,\ \cdots,\ k_n$，都有 $f(k_1,\ k_2,\ \cdots,\ k_n)>0$，那么称 f 是正定的；

如果对任意不全为零的实数 $k_1,\ k_2,\ \cdots,\ k_n$，都有 $f(k_1,\ k_2,\ \cdots,\ k_n)<0$，那么称 f 是负定的；

如果对任意实数 $k_1,\ k_2,\ \cdots,\ k_n$，都有 $f(k_1,\ k_2,\ \cdots,\ k_n)\geqslant 0$，并且存在不全为零的实数 $h_1,\ h_2,\ \cdots,\ h_n$，使得 $f(h_1,\ h_2,\ \cdots,\ h_n)=0$，那么称 f 是半正定的；

如果对任意实数 $k_1,\ k_2,\ \cdots,\ k_n$，都有 $f(k_1,\ k_2,\ \cdots,\ k_n)\leqslant 0$，并且存在不全为零的实数 $h_1,\ h_2,\ \cdots,\ h_n$，使得 $f(h_1,\ h_2,\ \cdots,\ h_n)=0$，那么称 f 是半负定的；

如果既存在实数 $k_1,\ k_2,\ \cdots,\ k_n$，使得 $f(k_1,\ k_2,\ \cdots,\ k_n)>0$，又存在实数 $h_1,\ h_2,\ \cdots,\ h_n$，使得 $f(h_1,\ h_2,\ \cdots,\ h_n)<0$，那么称 f 是不定的．

任意一个实二次型都属于也只能属于这 5 种二次型中的一种．实二次型的定性就是确定实二次型所属的种类．5 种定性的 2 元实二次型的图像如图 6.5 所示．

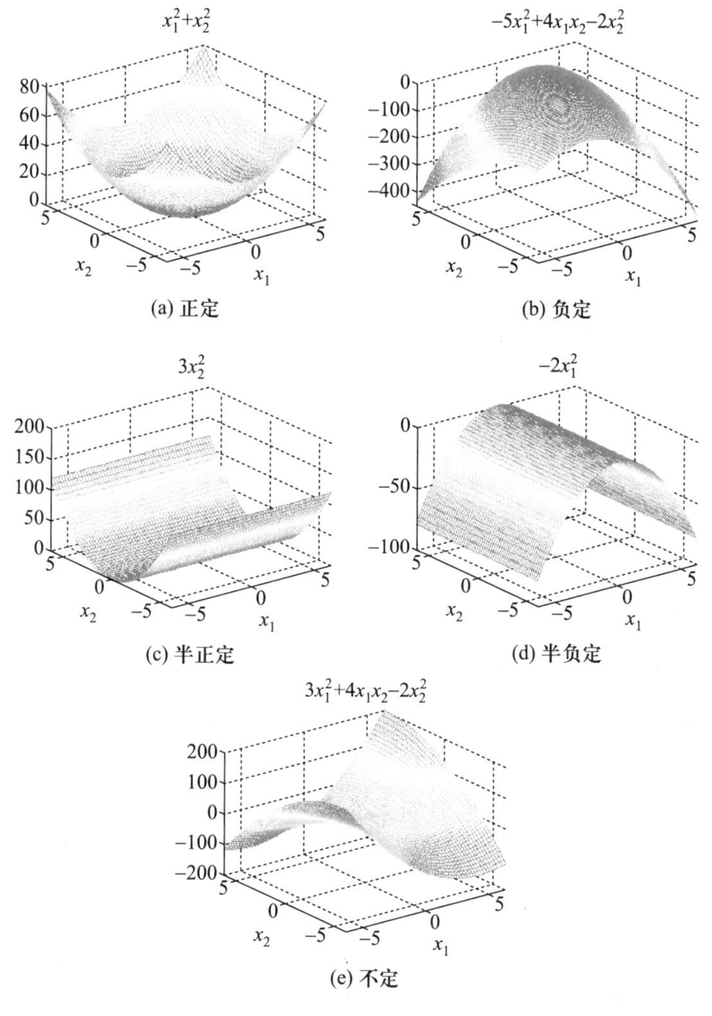

(a) 正定　(b) 负定　(c) 半正定　(d) 半负定　(e) 不定

图 6.5　二次型的定性

实二次型的正定、负定、半正定、半负定这些术语最早出现在高斯于 1801 年发表的著作《算数研究》中．

实对称矩阵也有定性的概念．

定义 6.12　设 $\boldsymbol{A}$ 是实对称矩阵，$f(\boldsymbol{X})=\boldsymbol{X}^{\mathrm{T}}\boldsymbol{A}\boldsymbol{X}$ 是以 $\boldsymbol{A}$ 为矩阵的实二次型．如果 f 是正定的，则称 $\boldsymbol{A}$ 是正定矩阵；如果 f 是负定的，则称 $\boldsymbol{A}$ 是负定矩阵；如果 f 是半正定的，则称 $\boldsymbol{A}$ 是半正定矩阵；如果 f 是半负定的，则称 $\boldsymbol{A}$ 是半负定矩阵；如果 f 是不定的，则称 $\boldsymbol{A}$ 是不定矩阵．

实二次型的定性和实对称矩阵的定性有如下性质．

命题 6.8　实二次型 $f(\boldsymbol{X})$ 为正定的充要条件是 $-f(\boldsymbol{X})$ 为负定的，$f(\boldsymbol{X})$ 为半正定的充要条件是 $-f(\boldsymbol{X})$ 为半负定的．实对称矩阵 $\boldsymbol{A}$ 为正定的

充要条件是 $-\boldsymbol{A}$ 为负定的，$\boldsymbol{A}$ 为半正定的充要条件是 $-\boldsymbol{A}$ 为半负定的．■

例 6.11　二次型 $f(x_1, x_2, \cdots, x_n)=x_1^2+x_2^2+\cdots+x_n^2$ 是正定的；

二次型 $f(x_1, x_2, \cdots, x_n)=-x_1^2-x_2^2-\cdots-x_n^2$ 是负定的；

如果 $r<n$，那么二次型 $f(x_1, x_2, \cdots, x_n)=x_1^2+x_2^2+\cdots+x_r^2$ 是半正定的，二次型 $f(x_1, x_2, \cdots, x_n)=-x_1^2-x_2^2-\cdots-x_r^2$ 是半负定的；

如果 $0<p<r$，那么二次型 $f(x_1, x_2, \cdots, x_n)=x_1^2+\cdots+x_p^2-x_{p+1}^2-\cdots-x_r^2$ 是不定的．■

定理 6.7　非退化的实线性替换不改变实二次型的定性．

证明　设 n 元实二次型 $f(\boldsymbol{X})=\boldsymbol{X}^{\mathrm{T}}\boldsymbol{A}\boldsymbol{X}$ 是正定的，n 阶实矩阵 $\boldsymbol{P}$ 是非奇异的，$\boldsymbol{X}=\boldsymbol{P}\boldsymbol{Y}$ 是非退化的实线性替换. 令 $\boldsymbol{B}=\boldsymbol{P}^{\mathrm{T}}\boldsymbol{A}\boldsymbol{P}$，那么

$$f(\boldsymbol{X})=\boldsymbol{X}^{\mathrm{T}}\boldsymbol{A}\boldsymbol{X}=\boldsymbol{Y}^{\mathrm{T}}(\boldsymbol{P}^{\mathrm{T}}\boldsymbol{A}\boldsymbol{P})\boldsymbol{Y}=\boldsymbol{Y}^{\mathrm{T}}\boldsymbol{B}\boldsymbol{Y}=g(\boldsymbol{Y}).$$

下面证明实二次型 $g(\boldsymbol{Y})=\boldsymbol{Y}^{\mathrm{T}}\boldsymbol{B}\boldsymbol{Y}$ 是正定的．对任意的 n 元非零实向量 $\boldsymbol{\alpha}$，因为 $\boldsymbol{P}$ 是非奇异的，所以 $\boldsymbol{\beta}=\boldsymbol{P}\boldsymbol{\alpha}\neq\boldsymbol{0}$. 因为

$$g(\boldsymbol{\alpha})=\boldsymbol{\alpha}^{\mathrm{T}}\boldsymbol{B}\boldsymbol{\alpha}=\boldsymbol{\alpha}^{\mathrm{T}}\boldsymbol{P}^{\mathrm{T}}\boldsymbol{A}\boldsymbol{P}\boldsymbol{\alpha}=(\boldsymbol{P}\boldsymbol{\alpha})^{\mathrm{T}}\boldsymbol{A}(\boldsymbol{P}\boldsymbol{\alpha})=\boldsymbol{\beta}^{\mathrm{T}}\boldsymbol{A}\boldsymbol{\beta}=f(\boldsymbol{\beta})>0,$$

所以二次型 $g(\boldsymbol{Y})=\boldsymbol{Y}^{\mathrm{T}}\boldsymbol{B}\boldsymbol{Y}$ 是正定的．

另外 4 种情况可以类似地证明．■

根据定理 6.7，一个二次型的定性与它的标准形或者规范形的定性是相同的，结合例 6.11，我们有如下推论．

推论　设 $f(\boldsymbol{X})$ 是 n 元实二次型．如果 f 的秩为 r，正惯性指数为 p，负惯性指数为 $r-p$，那么我们有下列结论：

(1) $f(\boldsymbol{X})$ 为正定的充要条件是 $p=n$；

(2) $f(\boldsymbol{X})$ 为负定的充要条件是 $r-p=n$；

(3) $f(\boldsymbol{X})$ 为半正定的充要条件是 $p=r<n$；

(4) $f(\boldsymbol{X})$ 为半负定的充要条件是 $r-p=r<n$；

(5) $f(\boldsymbol{X})$ 为不定的充要条件是 $p>0$，并且 $r-p>0$.■

根据定理 6.7 的推论，要判断二次型的定性，只需要将它化为标准形即可．

设 $f(x_1, x_2, \cdots, x_n)$ 是 n 元实二次型，可以通过初等变换的方法判断实二次型的定性．步骤如下：

(1) 写出二次型 f 的矩阵 $\boldsymbol{A}$；

(2) 用相同的初等列变换和初等行变换将 $\boldsymbol{A}$ 合同到对角矩阵

$$\boldsymbol{B}=\operatorname{diag}(b_1, b_2, \cdots, b_n);$$

(3) 根据 $\boldsymbol{B}$ 的对角元 $b_1, b_2, \cdots, b_n$ 判断二次型 f 的定性．

将实二次型化为标准形不仅有初等变换法，而且有配方法以及特征

值方法，后面两种方法也可以用来判断实二次型的定性 .

例 6.12 判断二次型

$$f(x_1, x_2, x_3) = 2x_1^2 + 5x_2^2 + 5x_3^2 + 4x_1x_2 - 4x_1x_3 - 8x_2x_3$$

是否正定 .

解 二次型 f 的矩阵为 $A = \begin{pmatrix} 2 & 2 & -2 \\ 2 & 5 & -4 \\ -2 & -4 & 5 \end{pmatrix}$. 由例 6.5 可知 A 与矩阵 $\begin{pmatrix} 2 & 0 & 0 \\ 0 & 3 & 0 \\ 0 & 0 & \frac{5}{3} \end{pmatrix}$ 是合同的，所以 f 是正定的 .

另解 也可以用配方法判断二次型 f 的定性 . 将二次型

$$f(x_1, x_2, x_3) = 2x_1^2 + 5x_2^2 + 5x_3^2 + 4x_1x_2 - 4x_1x_3 - 8x_2x_3$$

配方得

$$\begin{aligned} f(x_1, x_2, x_3) &= 2(x_1^2 + 2x_1x_2 - 2x_1x_3) + 5x_2^2 + 5x_3^2 - 8x_2x_3 \\ &= 2(x_1 + x_2 - x_3)^2 + 3x_2^2 + 3x_3^2 - 4x_2x_3 \\ &= 2(x_1 + x_2 - x_3)^2 + 3\left(x_2 - \frac{2}{3}x_3\right)^2 + \frac{5}{3}x_3^2. \end{aligned}$$

因为 f 的标准形中平方项的个数等于未知数的个数，并且平方项的系数都是大于零的，所以 f 是正定的 . ■

6.8 正定矩阵

MOOC 6.9
正定矩阵

定理 6.8 设 A 是 n 阶实对称矩阵，那么下列论断彼此等价：

(1) A 是正定矩阵；

(2) A 与 n 阶单位矩阵 I_n 是合同的，即 A 的正惯性指数等于 n；

(3) 存在 n 阶非奇异的实矩阵 B，使得 $A = B^{\mathrm{T}}B$；

(4) A 的特征值都大于零 .

证明 我们采用循环论证的方法证明定理中的 4 个论断彼此等价 .

(1) 推出 (2) 设 A 是正定矩阵 . 因为实二次型 $X^{\mathrm{T}}AX$ 是正定的，所以 $X^{\mathrm{T}}AX$ 的规范形为 $z_1^2 + z_2^2 + \cdots + z_n^2$. 因此，A 与单位矩阵 I_n 是合同的 .

(2) 推出 (3) 设 A 与 n 阶单位矩阵 I_n 是合同的 . 根据两个矩阵合同的定义，存在 n 阶非奇异的实矩阵 P，使得 $P^{\mathrm{T}}AP = I_n$. 令 $B = P^{-1}$，则有

$$A = (P^{\mathrm{T}})^{-1}I_n(P^{-1}) = (P^{-1})^{\mathrm{T}}(P^{-1}) = B^{\mathrm{T}}B.$$

（3）推出（4）　设存在 n 阶非奇异的实矩阵 $\boldsymbol{B}$，使得 $\boldsymbol{A}=\boldsymbol{B}^{\mathrm{T}}\boldsymbol{B}$. 设 λ 是 $\boldsymbol{A}$ 的一个特征值，$\boldsymbol{\xi}$ 是 $\boldsymbol{A}$ 的属于 λ 的一个特征向量，即 $\boldsymbol{A\xi}=\lambda\boldsymbol{\xi}$. 一方面

$$\boldsymbol{\xi}^{\mathrm{T}}\boldsymbol{A\xi}=\boldsymbol{\xi}^{\mathrm{T}}(\boldsymbol{A\xi})=\boldsymbol{\xi}^{\mathrm{T}}(\lambda\boldsymbol{\xi})=\lambda(\boldsymbol{\xi}^{\mathrm{T}}\boldsymbol{\xi});\tag{1}$$

另一方面，

$$\boldsymbol{\xi}^{\mathrm{T}}\boldsymbol{A\xi}=(\boldsymbol{\xi}^{\mathrm{T}}\boldsymbol{B}^{\mathrm{T}})(\boldsymbol{B\xi})=(\boldsymbol{B\xi})^{\mathrm{T}}(\boldsymbol{B\xi})>0.\tag{2}$$

由等式（1）与不等式（2），我们可以得到

$$\lambda(\boldsymbol{\xi}^{\mathrm{T}}\boldsymbol{\xi})>0.\tag{3}$$

因为 $\boldsymbol{\xi}$ 是特征向量，所以 $\boldsymbol{\xi}\neq\boldsymbol{0}$，从而 $\boldsymbol{\xi}^{\mathrm{T}}\boldsymbol{\xi}>0$. 因此，由不等式（3）可以得到 $\lambda>0$.

（4）推出（1）　设 $\boldsymbol{A}$ 的特征值都大于零．这时实二次型 $\boldsymbol{X}^{\mathrm{T}}\boldsymbol{AX}$ 的正惯性指数为 n，即 $\boldsymbol{X}^{\mathrm{T}}\boldsymbol{AX}$ 是正定二次型，因此 $\boldsymbol{A}$ 是正定矩阵．■

根据定理 6.8，可以得到如下推论．

推论　正定矩阵的行列式大于零．■

这个推论的逆命题是不成立的，即行列式大于零的实对称矩阵不一定是正定的．例如，设 $\boldsymbol{A}=\begin{pmatrix}-1 & 0\\ 0 & -1\end{pmatrix}$，则有 $\det\boldsymbol{A}=1>0$. 但是，因为 $\boldsymbol{A}$ 的特征值都小于零，所以 $\boldsymbol{A}$ 不是正定的．

下面介绍用实对称矩阵的子矩阵的行列式来判断实对称矩阵是否正定的方法．

定义 6.13　设 $\boldsymbol{A}=(a_{ij})$ 是 n 阶矩阵．我们将 $\boldsymbol{A}$ 的子矩阵

$$\boldsymbol{M}_t=\begin{pmatrix}a_{11} & a_{12} & \cdots & a_{1t}\\ a_{21} & a_{22} & \cdots & a_{2t}\\ \vdots & \vdots & & \vdots\\ a_{t1} & a_{t2} & \cdots & a_{tt}\end{pmatrix}$$

的行列式 $\Delta_t=\det\boldsymbol{M}_t$ 称为 $\boldsymbol{A}$ 的第 t 个顺序主子式，$t\in\{1,2,\cdots,n\}$.

定理 6.9　n 阶实对称矩阵 $\boldsymbol{A}=(a_{ij})$ 为正定矩阵的充要条件是 $\boldsymbol{A}$ 的 n 个顺序主子式都大于零，即

$$\Delta_1=a_{11}>0,\quad \Delta_2=\det\begin{pmatrix}a_{11} & a_{12}\\ a_{21} & a_{22}\end{pmatrix}>0,\quad \cdots,\quad \Delta_n=\det\boldsymbol{A}>0.$$

证明　设 $\boldsymbol{A}=(a_{ij})$ 是 n 阶实对称矩阵，$f(x_1,x_2,\cdots,x_n)=\boldsymbol{X}^{\mathrm{T}}\boldsymbol{AX}$ 是以 $x_1,x_2,\cdots,x_n$ 为未知数，$\boldsymbol{A}$ 为矩阵的实二次型．

必要性　设 $\boldsymbol{A}$ 是 n 阶正定矩阵．于是 $f(x_1,x_2,\cdots,x_n)=\boldsymbol{X}^{\mathrm{T}}\boldsymbol{AX}$ 是正定二次型．对任意的 $t\in\{1,2,\cdots,n\}$，设 $\boldsymbol{X}_t=(x_1,x_2,\cdots,x_t)^{\mathrm{T}}$ 是由

t 个未知数 x_1, x_2, …, x_t 构成的 t 元向量. 令

$$f(x_1, x_2, \cdots, x_t, 0, \cdots, 0) = \boldsymbol{X}_t^{\mathrm{T}}\boldsymbol{M}_t\boldsymbol{X}_t,$$

那么由二次型 f 是正定的，可知 t 元二次型 $\boldsymbol{X}_t^{\mathrm{T}}\boldsymbol{M}_t\boldsymbol{X}_t$ 也是正定的，于是 $\boldsymbol{M}_t$ 是正定矩阵. 根据定理 6.8 的推论，$\boldsymbol{M}_t$ 的行列式 Δ_t 大于零.

充分性　设 $\boldsymbol{A}$ 是 n 阶实对称矩阵，并且 $\boldsymbol{A}$ 的 n 个顺序主子式都大于零. 我们对实对称矩阵 $\boldsymbol{A}$ 的阶数 n 用数学归纳法证明 $\boldsymbol{A}$ 是正定矩阵. 当 $n=1$ 时，结论显然成立. 假设 $n\geqslant 2$，并且结论对所有 $n-1$ 阶实对称矩阵都成立，现在证明结论对 n 阶实对称矩阵 $\boldsymbol{A}$ 也成立. 将 $\boldsymbol{A}$ 按如下方法分块

$$\boldsymbol{A} = \left(\begin{array}{cccc:c} a_{11} & a_{12} & \cdots & a_{1(n-1)} & a_{1n} \\ a_{21} & a_{22} & \cdots & a_{2(n-1)} & a_{2n} \\ \vdots & \vdots & & \vdots & \vdots \\ a_{(n-1)1} & a_{(n-1)2} & \cdots & a_{(n-1)(n-1)} & a_{(n-1)n} \\ \hdashline a_{n1} & a_{n2} & \cdots & a_{n(n-1)} & a_{nn} \end{array}\right) = \begin{pmatrix} \boldsymbol{M}_{n-1} & \boldsymbol{\alpha} \\ \boldsymbol{\alpha}^{\mathrm{T}} & a_{nn} \end{pmatrix},$$

其中 $\boldsymbol{M}_{n-1} = \begin{pmatrix} a_{11} & a_{12} & \cdots & a_{1(n-1)} \\ a_{21} & a_{22} & \cdots & a_{2(n-1)} \\ \vdots & \vdots & & \vdots \\ a_{(n-1)1} & a_{(n-1)2} & \cdots & a_{(n-1)(n-1)} \end{pmatrix}$, $\boldsymbol{\alpha} = \begin{pmatrix} a_{1n} \\ a_{2n} \\ \vdots \\ a_{(n-1)n} \end{pmatrix}$. 因为 $\boldsymbol{A}$ 是 n 阶实对称矩阵，所以 $\boldsymbol{M}_{n-1}$ 是 $n-1$ 阶实对称矩阵. 根据条件，$\boldsymbol{M}_{n-1}$ 的全部 $n-1$ 个顺序主子式都是大于零的. 根据归纳假设，$\boldsymbol{M}_{n-1}$ 是正定的. 根据定理 6.8，存在 $n-1$ 阶可逆的实矩阵 $\boldsymbol{B}$，使得

$$\boldsymbol{B}^{\mathrm{T}}\boldsymbol{M}_{n-1}\boldsymbol{B} = \boldsymbol{I}_{n-1}.$$

因为 $\det \boldsymbol{M}_{n-1} > 0$，所以 $\boldsymbol{M}_{n-1}$ 是可逆的. 因此，根据定理 2.7 中的第 3 个等式，得到

$$\begin{pmatrix} \boldsymbol{I}_{n-1} & \boldsymbol{0} \\ -\boldsymbol{\alpha}^{\mathrm{T}}(\boldsymbol{M}_{n-1})^{-1} & 1 \end{pmatrix}\begin{pmatrix} \boldsymbol{M}_{n-1} & \boldsymbol{\alpha} \\ \boldsymbol{\alpha}^{\mathrm{T}} & a_{nn} \end{pmatrix}\begin{pmatrix} \boldsymbol{I}_{n-1} & -(\boldsymbol{M}_{n-1})^{-1}\boldsymbol{\alpha} \\ \boldsymbol{0} & 1 \end{pmatrix} = \begin{pmatrix} \boldsymbol{M}_{n-1} & \boldsymbol{0} \\ \boldsymbol{0} & d \end{pmatrix}, \tag{4}$$

其中 $d = a_{nn} - \boldsymbol{\alpha}^{\mathrm{T}}(\boldsymbol{M}_{n-1})^{-1}\boldsymbol{\alpha}$. 因为

$$\begin{pmatrix} \boldsymbol{I}_{n-1} & \boldsymbol{0} \\ -\boldsymbol{\alpha}^{\mathrm{T}}(\boldsymbol{M}_{n-1})^{-1} & 1 \end{pmatrix} = \begin{pmatrix} \boldsymbol{I}_{n-1} & -(\boldsymbol{M}_{n-1})^{-1}\boldsymbol{\alpha} \\ \boldsymbol{0} & 1 \end{pmatrix}^{\mathrm{T}},$$

并且

$$\det \begin{pmatrix} \boldsymbol{I}_{n-1} & -(\boldsymbol{M}_{n-1})^{-1}\boldsymbol{\alpha} \\ \boldsymbol{0} & 1 \end{pmatrix} = 1,$$

所以由等式(4)可知，$\boldsymbol{A} = \begin{pmatrix} \boldsymbol{M}_{n-1} & \boldsymbol{\alpha} \\ \boldsymbol{\alpha}^{\mathrm{T}} & a_{nn} \end{pmatrix}$ 与 $\begin{pmatrix} \boldsymbol{M}_{n-1} & \boldsymbol{0} \\ \boldsymbol{0} & d \end{pmatrix}$ 是合同的.

因为

$$\det \boldsymbol{A} = \det \begin{pmatrix} \boldsymbol{M}_{n-1} & \boldsymbol{0} \\ \boldsymbol{0} & d \end{pmatrix} = d \cdot \det \boldsymbol{M}_{n-1},$$

并且 $\det \boldsymbol{A} > 0$，$\det \boldsymbol{M}_{n-1} > 0$，所以 $d > 0$. 因为

$$\det \begin{pmatrix} \boldsymbol{B} & \boldsymbol{0} \\ \boldsymbol{0} & \frac{1}{\sqrt{d}} \end{pmatrix} = \frac{1}{\sqrt{d}} \cdot \det \boldsymbol{B} \neq 0,$$

并且

$$\begin{pmatrix} \boldsymbol{B} & \boldsymbol{0} \\ \boldsymbol{0} & \frac{1}{\sqrt{d}} \end{pmatrix}^{\mathrm{T}} \begin{pmatrix} \boldsymbol{M}_{n-1} & \boldsymbol{0} \\ \boldsymbol{0} & d \end{pmatrix} \begin{pmatrix} \boldsymbol{B} & \boldsymbol{0} \\ \boldsymbol{0} & \frac{1}{\sqrt{d}} \end{pmatrix} = \begin{pmatrix} \boldsymbol{B}^{\mathrm{T}} \boldsymbol{M}_{n-1} \boldsymbol{B} & \boldsymbol{0} \\ \boldsymbol{0} & 1 \end{pmatrix} = \begin{pmatrix} \boldsymbol{I}_{n-1} & \boldsymbol{0} \\ \boldsymbol{0} & 1 \end{pmatrix} = \boldsymbol{I}_n,$$

所以，$\begin{pmatrix} \boldsymbol{M}_{n-1} & \boldsymbol{0} \\ \boldsymbol{0} & d \end{pmatrix}$与 n 阶单位矩阵 $\boldsymbol{I}_n$ 是合同的．于是，根据性质 6.1，$\boldsymbol{A}$ 与 n 阶单位矩阵 $\boldsymbol{I}_n$ 是合同的．因此，根据定理 6.8，$\boldsymbol{A}$ 是正定矩阵． ■

定理 6.9 是赫尔维茨[①]的贡献，所以这个定理经常被称为赫尔维茨定理．

例 6.13　确定实数 t 的取值范围，使得二次型

$$f(x_1, x_2, x_3) = x_1^2 + 3x_2^2 + 3x_3^2 + 2tx_1x_2 + 2x_1x_3 - 4x_2x_3$$

是正定的．

解　二次型 $f(x_1, x_2, x_3)$ 的矩阵为

$$\boldsymbol{A} = \begin{pmatrix} 1 & t & 1 \\ t & 3 & -2 \\ 1 & -2 & 3 \end{pmatrix}.$$

根据定理 6.9，$\boldsymbol{A}$ 为正定矩阵的充要条件是 $\boldsymbol{A}$ 的各阶顺序主子式都大于零．计算可得

$$\Delta_1 = a_{11} = 1,$$

$$\Delta_2 = \det \begin{pmatrix} 1 & t \\ t & 3 \end{pmatrix} = 3 - t^2,$$

$$\Delta_3 = \det \begin{pmatrix} 1 & t & 1 \\ t & 3 & -2 \\ 1 & -2 & 3 \end{pmatrix} = -(3t^2 + 4t - 2).$$

由 $\Delta_2 > 0$ 可得 $-\sqrt{3} < t < \sqrt{3}$，由 $\Delta_3 > 0$ 可得 $-\frac{\sqrt{10}+2}{3} < t < \frac{\sqrt{10}-2}{3}$. 于是 $\boldsymbol{A}$

---

① 赫尔维茨（A. Hurwitz，1859—1919），德国数学家．

为正定矩阵的充分必要条件是 t 满足下列条件

$$-\frac{\sqrt{10}+2}{3}<t<\frac{\sqrt{10}-2}{3}.$$

因此，当$-\frac{\sqrt{10}+2}{3}<t<\frac{\sqrt{10}-2}{3}$时，$f(x_1, x_2, x_3)$为正定二次型．■

习题六

1. 写出下列二次型的矩阵：

(1) $f(x_1, x_2, x_3)=5x_1^2+3x_2^2+2x_3^2-x_1x_2+8x_2x_3$；

(2) $f(x_1, x_2, x_3, x_4)=(b_1x_1+b_2x_2+b_3x_3+b_4x_4)^2$；

(3) $f(x_1, x_2, x_3)=(x_1, x_2, x_3)\begin{pmatrix}3&2&1\\6&5&4\\9&8&7\end{pmatrix}\begin{pmatrix}x_1\\x_2\\x_3\end{pmatrix}$；

(4) $f(x_1, x_2, \cdots, x_n)=\sum\limits_{i=1}^{n}x_i^2+\sum\limits_{i=1}^{n-1}x_ix_{i+1}$.

2. 设 $\boldsymbol{A}$ 是 n 阶实对称矩阵．如果对任意的 $\boldsymbol{X}\in\mathbf{R}^n$ 都有 $f(\boldsymbol{X})=\boldsymbol{X}^{\mathrm{T}}\boldsymbol{A}\boldsymbol{X}=0$，证明 $\boldsymbol{A}$ 为零矩阵．

3. 求二次型$f(x_1, x_2, x_3, x_4)=(x_1+x_2)^2+(x_2-x_3)^2+(x_3-x_4)^2+(x_4+x_1)^2$的秩．

4. 用配方法将下列二次型化为标准形，并求出所用的线性替换矩阵：

(1) $f(x_1, x_2, x_3)=x_1^2+2x_2^2+2x_1x_2-6x_2x_3$；

(2) $f(x_1, x_2, x_3)=x_2^2+x_3^2-2x_1x_2+4x_2x_3$；

(3) $f(x_1, x_2, x_3)=x_1x_2+x_1x_3+x_2x_3$.

5. 对下列矩阵，求可逆矩阵 $\boldsymbol{P}$，使得 $\boldsymbol{P}^{\mathrm{T}}\boldsymbol{A}\boldsymbol{P}$ 为对角矩阵：

(1) $\begin{pmatrix}2&2&-2\\2&5&-4\\-2&-4&5\end{pmatrix}$；　　(2) $\begin{pmatrix}0&1&2\\1&0&0\\2&0&0\end{pmatrix}$.

6. 设 $\boldsymbol{A}$，$\boldsymbol{B}$，$\boldsymbol{C}$，$\boldsymbol{D}$ 都是 n 阶对称矩阵，并且 $\boldsymbol{A}$ 与 $\boldsymbol{B}$ 是合同的，$\boldsymbol{C}$ 与 $\boldsymbol{D}$ 是合同的．判断下列结论是否成立．如果成立，则给出证明；如果不成立，则举出反例．

(1) $\boldsymbol{A}+\boldsymbol{C}$ 与 $\boldsymbol{B}+\boldsymbol{D}$ 是合同的；

（2）$\begin{pmatrix} \boldsymbol{A} & \boldsymbol{0} \\ \boldsymbol{0} & \boldsymbol{C} \end{pmatrix}$与$\begin{pmatrix} \boldsymbol{B} & \boldsymbol{0} \\ \boldsymbol{0} & \boldsymbol{D} \end{pmatrix}$是合同的.

7. 用初等变换法将下列二次型化为标准形，并且求出所用的非退化线性替换：

（1）$f(x_1, x_2, x_3)=x_1^2+2x_1x_2+2x_2^2-6x_2x_3$；

（2）$f(x_1, x_2, x_3)=2x_1^2+6x_2^2+9x_3^2+4x_1x_2+8x_1x_3+6x_2x_3$；

（3）$f(x_1, x_2, x_3)=4x_1x_2+2x_1x_3+8x_2x_3$.

8. 用正交替换法将下列实二次型化为标准形，并且求出所用的正交替换：

（1）$f(x_1, x_2, x_3)=2x_1^2+5x_2^2+5x_3^2+4x_1x_2-4x_1x_3-8x_2x_3$；

（2）$f(x_1, x_2, x_3)=2x_1x_2+2x_1x_3+2x_2x_3$.

9. 用正交替换法将下列方程中的实二次型化为标准形，并且指出其在直角坐标系中图形的名称：

（1）$5x_1^2+5x_2^2-6x_1x_2=8$；

（2）$2x_1^2+x_2^2-4x_1x_2-4x_2x_3=4$.

10. 设 $\boldsymbol{A}$ 是一个秩为 r 的 n 阶实对称矩阵，证明：

（1）$\boldsymbol{A}$ 与 $\mathrm{diag}(d_1, d_2, \cdots, d_r, 0, \cdots, 0)$是合同的，其中 $d_i \neq 0$，$i \in \{1, 2, \cdots, r\}$；

（2）$\boldsymbol{A}$ 可以表示为 r 个秩为 1 的实对称矩阵之和.

11. 已知实二次型 $f(x_1, x_2, x_3)=\boldsymbol{X}^{\mathrm{T}}\boldsymbol{A}\boldsymbol{X}$ 在正交替换 $\boldsymbol{X}=\boldsymbol{Q}\boldsymbol{Y}$ 下的标准型为 $6y_1^2$，并且 $\boldsymbol{Q}$ 的第 1 列为 $\left(\frac{1}{\sqrt{3}}, \frac{1}{\sqrt{3}}, \frac{1}{\sqrt{3}}\right)^{\mathrm{T}}$. 求原二次型 $f(x_1, x_2, x_3)$.

12. 设实二次型 $f(x_1, x_2, x_3)=x_1^2+x_2^2+x_3^2+2ax_1x_2+2bx_2x_3+2x_1x_3$ 经过正交替换 $\boldsymbol{X}=\boldsymbol{Q}\boldsymbol{Y}$ 化成 $y_1^2+2y_3^2$，其中 $\boldsymbol{X}=(x_1, x_2, x_3)^{\mathrm{T}}$，$\boldsymbol{Y}=(y_1, y_2, y_3)^{\mathrm{T}}$ 是 $\mathbf{R}^3$ 中的向量，$\boldsymbol{Q}$ 是 3 阶正交矩阵，求常数 a，b 以及矩阵 $\boldsymbol{Q}$.

13. 将第 4 题中的二次型在复数集上化为规范形，并且求出所用的非退化线性替换.

14. 将第 8 题中的二次型在实数集上化为规范形，并且求出所用的非退化线性替换.

15. 证明所有的 n 阶实对称矩阵按合同分类，共有$\frac{1}{2}(n+1)(n+2)$类.

16. 设 $\boldsymbol{A}=\begin{pmatrix} 1 & 0 & 0 \\ 0 & 2 & 0 \\ 0 & 0 & 3 \end{pmatrix}$，$\boldsymbol{B}=\begin{pmatrix} 2 & -2 & 0 \\ -2 & -1 & 0 \\ 0 & 0 & 2 \end{pmatrix}$，$\boldsymbol{C}=\begin{pmatrix} 1 & 1 & 0 \\ 1 & 1 & 0 \\ 0 & 0 & 1 \end{pmatrix}$.

（1）$\boldsymbol{A}$ 与 $\boldsymbol{B}$ 在复数集上是否合同？$\boldsymbol{A}$ 与 $\boldsymbol{C}$ 在复数集上是否合同？说明理由；

（2）$\boldsymbol{A}$ 与 $\boldsymbol{B}$ 在实数集上是否合同？$\boldsymbol{A}$ 与 $\boldsymbol{C}$ 在实数集上是否合同？说明理由．

17. 如果实二次型 $\boldsymbol{X}^{\mathrm{T}}\boldsymbol{A}\boldsymbol{X}$ 的正、负惯性指数都不为零，证明存在非零向量 $\boldsymbol{X}_1$，$\boldsymbol{X}_2$，$\boldsymbol{X}_3$，使得 $\boldsymbol{X}_1^{\mathrm{T}}\boldsymbol{A}\boldsymbol{X}_1>0$，$\boldsymbol{X}_2^{\mathrm{T}}\boldsymbol{A}\boldsymbol{X}_2=0$，$\boldsymbol{X}_3^{\mathrm{T}}\boldsymbol{A}\boldsymbol{X}_3<0$.

18. 设实二次型 $f(x_1,x_2,x_3)=x_1^2+ax_2^2+x_3^2+2x_1x_2-2x_2x_3-2ax_1x_3$ 的正、负惯性指数都为 1，求参数 a.

19. 判断下列二次型是否正定：

（1）$f(x_1,x_2,x_3)=6x_1^2+5x_2^2+7x_3^2-4x_1x_2+4x_1x_3$；

（2）$f(x_1,x_2,\cdots,x_n)=\sum\limits_{i=1}^{n}x_i^2+\sum\limits_{i=1}^{n-1}x_ix_{i+1}$.

20. 判断下列矩阵是否正定：

（1）$\begin{pmatrix}1&3&4\\3&26&0\\4&0&26\end{pmatrix}$；　　（2）$\begin{pmatrix}1&3&5\\3&5&7\\5&7&9\end{pmatrix}$.

21. 判断下列命题的真假，并说明理由：

（1）设 $\boldsymbol{X}\in\mathbf{R}^n$，表达式 $\|\boldsymbol{X}^2\|$ 不是一个二次型；

（2）设 $\boldsymbol{A}$，$\boldsymbol{B}$ 都是 n 阶实对称矩阵．如果 $\boldsymbol{A}$ 与 $\boldsymbol{B}$ 是相似的，那么 $\boldsymbol{A}$ 与 $\boldsymbol{B}$ 是合同的；

（3）设 $\boldsymbol{A}$，$\boldsymbol{B}$ 是 n 阶矩阵．如果 $\boldsymbol{A}$ 与 $\boldsymbol{B}$ 是合同的，那么 $\boldsymbol{A}$ 与 $\boldsymbol{B}$ 是等价的；

（4）线性替换不改变二次型的秩；

（5）如果 $\boldsymbol{B}$ 是 $m\times n$ 实矩阵，那么 $\boldsymbol{B}^{\mathrm{T}}\boldsymbol{B}$ 是正定的；

（6）行列式大于零的实矩阵是正定的；

（7）设 $f(\boldsymbol{X})$ 是 $\mathbf{R}$ 上的 n 元二次型，如果 $f(\boldsymbol{X})$ 是正定的，那么对任意 $\boldsymbol{X}\in\mathbf{R}^n$，都有 $f(\boldsymbol{X})>0$；

（8）设 $\boldsymbol{A}$，$\boldsymbol{B}$ 都是 n 阶实对称矩阵，如果 $\boldsymbol{A}$，$\boldsymbol{B}$ 的特征值都是正的，那么 $\boldsymbol{A}+\boldsymbol{B}$ 的特征值也都是正的.

22. 确定参数 a 的取值范围，使得下列二次型是正定的：

（1）$f(x_1,x_2,x_3)=x_1^2+6x_1x_2+8x_1x_3+ax_2^2+ax_3^2$；

（2）$f(x_1,x_2,x_3)=x_1^2+x_2^2+5x_3^2+2ax_1x_2-2x_1x_3+4x_2x_3$.

23. 设

$f(x_1,x_2,\cdots,x_n)=(x_1+a_1x_2)^2+(x_2+a_2x_3)^2+(x_{n-1}+a_{n-1}x_n)^2+(x_n+a_nx_1)^2$

是 n 元二次型，其中 a_1，a_2，…，a_n 为实数．当 a_1，a_2，…，a_n 满足什么条件时，$f(x_1, x_2, \cdots, x_n)$ 为正定二次型？

24. 设 $\boldsymbol{A}=\begin{pmatrix} a & b \\ b & d \end{pmatrix}$ 为 2 阶实矩阵，$f(\boldsymbol{X})=\boldsymbol{X}^{\mathrm{T}}\boldsymbol{A}\boldsymbol{X}$. 证明：

(1) 如果 $\det \boldsymbol{A}>0$，并且 $a>0$，那么 f 是正定的；

(2) 如果 $\det \boldsymbol{A}>0$，并且 $a<0$，那么 f 是负定的；

(3) 如果 $\det \boldsymbol{A}<0$，那么 f 是不定的．

25. 设 $\boldsymbol{A}$ 是正定矩阵．证明：

(1) $\boldsymbol{A}^{-1}$ 是正定矩阵；

(2) $\boldsymbol{A}$ 的伴随矩阵 $\boldsymbol{A}^*$ 是正定矩阵；

(3) $\boldsymbol{A}^k$ 是正定矩阵，其中 k 为正整数.

26. 设 s 与 t 是正数，$\boldsymbol{A}$ 与 $\boldsymbol{B}$ 是正定矩阵．证明 $s\boldsymbol{A}+t\boldsymbol{B}$ 是正定矩阵．

27. 设 $\boldsymbol{A}$ 是 $m\times n$ 实矩阵．证明 $\boldsymbol{A}\boldsymbol{A}^{\mathrm{T}}$ 为正定矩阵的充要条件是 $\mathrm{r}(\boldsymbol{A})=m$.

28. 设 $\boldsymbol{A}$ 是 n 阶实对称矩阵，并且 $\boldsymbol{A}^3-6\boldsymbol{A}^2+11\boldsymbol{A}-6\boldsymbol{I}=\boldsymbol{0}$. 证明 $\boldsymbol{A}$ 是正定矩阵．

29. 设 $\boldsymbol{A}$ 是 $m\times n$ 实矩阵，$\boldsymbol{I}$ 是 n 阶单位矩阵．如果 $a>0$，证明 $a\boldsymbol{I}+\boldsymbol{A}^{\mathrm{T}}\boldsymbol{A}$ 是正定矩阵．

30. 设 $\boldsymbol{B}=(b_{ij})$ 是 n 阶实矩阵，

$$f(x_1, x_2, \cdots, x_n)=\sum_{i=1}^{n}(b_{i1}x_1+b_{i2}x_2+\cdots+b_{in}x_n)^2.$$

证明：f 为正定二次型的充要条件是 $|\boldsymbol{B}|\neq 0$.

参考文献

[1] ANTON H, RORRES C. Elementary Linear Algebra with Applications. 9th ed. Hoboken: John Wiley & Sons, Inc., 2005.

[2] HEFFERON J. Linear Algebra. Ann Arbor: Orthogonal Publishing L3c, 2014.

[3] HOFFMAN K, KUNZE R. Linear Algebra. 2nd ed. Upper Saddle River: Prentice Hall, Inc. , 1971.

[4] JOHNSON L W, RIESS R D, ARNOLD J T. Introduction to Linear Algebra. 6th ed. Boston: Addison Wesley, 2011.

[5] KLINE M. Mathematical Thoughts from Ancient to Modern Times. New York: Oxford University Press, 1972.

[6] LARSON R, FALVO D C. Elementary Linear Algebra. 6th ed. Boston: Houghton Mifflin Harcourt Publishing Company, 2009.

[7] LAY D C. Linear Algebra and Its Applications. New York: Pearson Education, Inc., 2012.

[8] MESSER R. Linear Algebra: Gateway to Mathematics. New York: Harper Collins College Publishers, 1994.

[9] NICHOLSON W K. Linear Algebra with Applications. 3rd ed. Boston: PWS Publishing Company, 1995.

[10] POOLE D. Linear Algebra: A Modern Introduction. 4th ed. Stamford: Brooks/Cole, Thomson Learning, 2011.

[11] STRANG G. Linear Algebra and Its Applications. 4th ed. Stamford: Brooks/Cole, Thomson Learning, 2006.

[12] 杨刚，吴惠彬. 线性代数. 北京：高等教育出版社，2007.

[13] 杨刚，吴惠彬，闫桂峰. 线性代数学习指导与习题解答. 北京：高等教育出版社，2010.

[14] 黄廷祝. 线性代数. 北京：高等教育出版社，2021.

索　引

R

S

T

X